PBL을 위한

3판

공학윤리

Engineering Ethics

배원병 · 김종식 · 윤순현 · 임오강 편저

북스힐

머 리 말

공학교육인증제도의 확산에 따라 많은 대학이 공학윤리를 공대학생들의 전문교양과목으로 도입하게 됨에 따라 2006년 국내외의 자료를 참고하여 사례중심의 공학윤리 교재를 만들어 사용하다가 부족한 부분을 보충하고 불필요한 부분을 줄여서 2014년 2판을 출간하였다. 2판에서 추가된 주요 내용은 1장에서 일반 윤리와 공학윤리의 차이점을, 2장에서 윤리문제의 해결방법에 순서도 기법과 7단계 문제해결법을 추가하였고, 선긋기 기법의 적용에서는 고려해야 할 특징의 비중이 달라야 하므로 모든 사례 분석에서 특징별로 가중치를 부여하여 분석결과의 실용성을 높이고자 하였다. 그 외에 부록 II에 있는 사례의 내용을 우리나라 실정에 맞게 다듬고 새로 추가하였다.

그런데 2판을 출간한지 8년이 지나는 동안 개정된 환경 관련 법률, 달라진 환경오염의 실태, 정보통신 활용에 관한 현황 등을 반영할 필요성이 있어서 3판을 출간하게 되었다. 또한 3판에서는 부록 II 사례에 최근에 발생한 현장사례를 다시 추가하였고, 불필요한 사례는 삭제하였다.

교재는 크게 두 부분으로 나눌 수 있다. 전반부는 공학윤리의 개요, 윤리적 쟁점의 해결방법과 윤리이론, 엔지니어의 책임과 윤리의 실천방안 등을 다룬다. 후반부는 앞에서 다룬 윤리이론을 일상생활과 산업현장에서 경험할 수 있는 정직, 위험, 환경과 정보통신에 관련된 윤리문제에 적용하여 분석하고 해결하는 훈련을 하도록 하였다. 특히 사례분석에서는 최근에 발생한 국내 사례들도 포함시킴으로써 학생들에게 바로 자신의 삶의 현장에서 윤리이론을 적용할 수 있다는 것을 느끼게 하였다.

강의운영은 편저자들의 경험에 비추어 보면 담당교수의 요약강의 후에 조별로 토의와 발표를 하도록 하는 것이 학생들의 적극적인 참여를 유도할 수 있고 의사소통 능력을 향상시킬 수 있을 것으로 생각한다. 상황이 허락된다면, 중간고사 이후에는 학생이 주도하는 문제중심 학습법(problem-based learning)을 적용해보는 것도 좋으리라 생각한다. 편저자들의 경우에는 중간고사 이전에는 교수가 먼저 강의를 하고 학생들이 조별로 토론하고 발표하는 방식을 취하고, 중간고사 이후에는 교수는 문제를 제시하고 학생들이 스스로 학습하여 조별로 토론하고 발표하는 문제중심학습법을 적용하여 좋은 성과를 거두고 있다. 조의 편성은 수강생의 규모에 따라 약간 다르나 4명 정도로 하였다. 시간배정은 중간고사 이전에는 토의과제는 수업시간 75분 중 개념강의와 과제제시에 25분, 조별토의와 요약 리포트 작성에 40분, 교수의 평가 및 보충설명에 10분을 할애하였다. 토론과제는 미리 75분가량 다음 과제에 관련된 강의를 한 후에 과제를 제시하여 수업 이외의 시간에 조별로 토론한 결과를 개인별보고서와 함께 조별 전체요약보고서로 만들어 제출하고, 조별 대표 1명이 전체요약보고서의 내용을 20분 동안 발표하여 평가를 받도록 하였다. 중간고사 이후에는 사전 강의를 생략하고, 문제를 제시한 후에 학생들이 토론하는 동안에 조언을 해주거나 조별발표 후에 부족한 부분을 요약하여 강의해주는 학생 주도의 문제중심 학습법을 취하였다. 현재 시행하고 있는 문제중심학습법의 절차는 부록 III에 나와 있다.

집필과정에서 주로 참고한 Engineering Ethics: Concept & Cases의 저자 C. E. Harris 등을 비롯한 국내외 참고문헌의 저자들에게 감사를 드리며, 참고한 내용은 가능한 한 그 페이지마다 출처를 밝혔다. 또한 이 교재가 완성되기까지 수고를 아끼지 않은 북스힐 출판사 조승식 사장님을 비롯한 관계자 여러분에게도 깊은 감사를 드린다.

2022년 12월

편저자 일동

차 례

1장 공학윤리의 개요

1.1 서론

공학은 인간의 삶의 질을 높이기 위하여 물질이나 시스템을 개발하고 적용하고 운용하는 데 관심을 갖는다. 사회적 욕구를 충족하기 위하여 개발된 물질이나 시스템이 때로는 환경 파괴의 위험, 생명, 자유, 재산의 손실 등 사회적인 문제나 위기 상황을 초래할 수도 있다. 예를 들면, 칼이 어떤 사람에게는 생명을 살리는 도구이지만 어떤 사람에게는 생명을 죽이는 도구로 사용될 수 있다. 핵물리학의 성과는 암의 치료에 사용될 수도 있으며, 또한 핵폭탄 제조에 사용될 수도 있다. 공학은 인간에게 유익하게 또는 해롭게도 사용될 수 있는 것으로서 그 자체로는 특별한 의미도 갖지 못한다. 공학은 인간의 삶의 질을 높일 수 있는 원리인 윤리를 기반으로 해야만 온전하게 삶의 질을 높이는 수단이 될 수 있다. 만일 공학이 윤리를 바탕으로 하지 않는다면, 공학은 다만 하나의 재능일 뿐이다.

그래서 1장에서는 공학의 역사를 통해 공학이란 무엇이며 공학적 활동을 하는 엔지니어의 마음자세와 자격이 무엇인가를 알아보고, 엔지니어가 공학적인 업무를 수행하는 데에 공학윤리가 왜 필요한지를 공부하기로 한다. 그리고 공학윤리가 일반윤리와 다른 점들을 알아보고, 엔지니어가 업무수행에 있어서 윤리적 기준이 되는 공학윤리헌장의 필요성과 특징을 살펴보고자 한다. 끝으로 복잡하고 애매모호한 공학윤리문제를 해결하는 절차와 공학윤리를 체계적으로 배우기 위한 방법에 대하여 설명하고자 한다.

공학현장에서 윤리가 어떤 역할을 하는지 보여주기 위하여 우주왕복선 챌린저호 폭발 사고와 대구지하철 화재 참사에 관한 공학적 사례들을 소개한다.

사례 I 우주왕복선 챌린저호 참사

1986년 1월 28일, 세계의 수많은 사람이 TV를 통해 지켜보는 가운데 젊은 여교사 1명과 우주비행사 6명을 태운 우주왕복선 챌린저호가 미국 플로리다 케네디 우주센터에서 우주를 향해 발사되었다.

그러나 챌린저호는 발사된 지 불과 73초 만에 갑자기 공중 폭발해 불길에 휩싸이더니 불꽃놀이에서 보듯 부스러기가 되어 떨어졌다. TV를 보던 사람들은 아연실색하지 않을 수 없었다.

사건 발생 후 미국 정부는 로저스(Rogers)를 단장으로 대통령 직속 조사단을 구성하고 진상 조사에 나섰다. 조사단이 밝힌 바에 의하면 사고 원인은 챌린저호의 주 엔진에 장착된 두 개의 부스터 로켓 때문이었다. 그중에서도 부스터 로켓의 부품들을 현장에서 조립할 때, 부스터 로켓의 연결부분에 밀봉을 위해 끼워 넣은 오링의 결함 때문이었다. 부스터 로켓은 지름 3.6 m, 높이 34.8 m로 매우 큰 원통형 고체연료 탱크이다. 그중에서도 부스터 로켓이 너무 커서 조립된 상태로 운반할 수 없었기 때문에 유타 주에 있는 사이오콜(Thiokol)사에서 두 개의 조각으로 제작하여 플로리다 주에 있는 케네디 우주센터 발사장 현장에서 그림 1.1과 같이 조립하였다. 조인트 부분에서 연료가 새지 않도록 조립할 때 두 개의 오링을 끼워 넣도록 설계하였다.

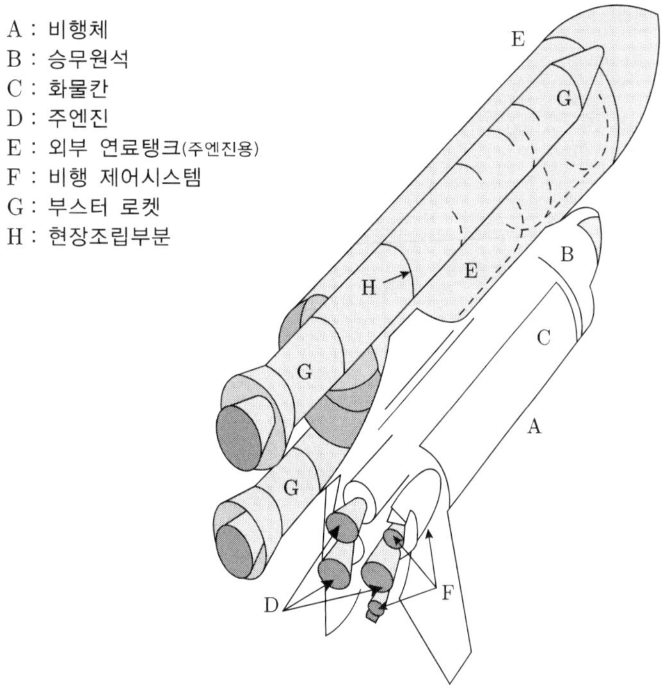

그림 1.1 우주왕복선 챌린저호 구조

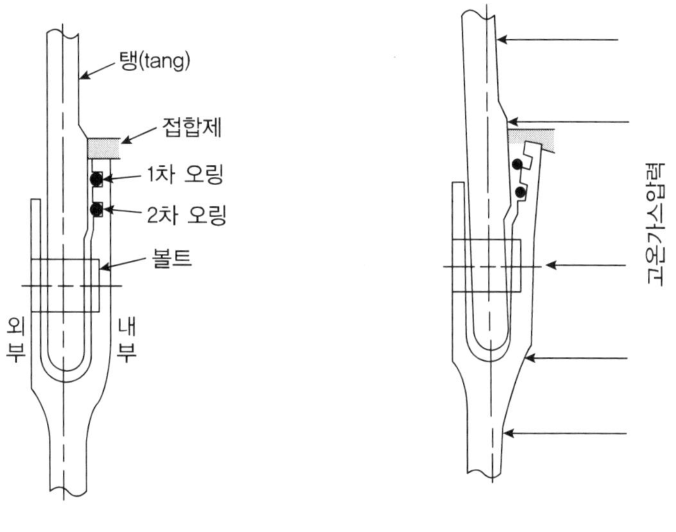

(a) 점화 전 조인트 부분　　(b) 점화 후 조인트 부분

그림 1.2 점화 전후의 부스터 로켓의 조인트 부분

사고의 원인이 된 오링은 두 가지의 문제점이 있었다. 하나는 부스터 로켓이 점화되면서 그 압력에 의해 자동으로 오링이 자기 위치를 찾아 가도록 설계된 것이고, 다른 하나는 온도가 18℃ 이하가 되면 오링이 유연성을 상실하여 조인트 사이에 틈이 생기고 그 사이로 가스가 새면서 화염이 번지게 되어 액체수소를 실은 연료탱크가 폭발할 수 있다는 것이다. 그림 1.2는 점화 전후의 부스터 로켓에서 조인트 부분의 상태를 나타낸다.

오링을 이용한 부스터 로켓의 설계 방식은 1973년 사이오콜사가 미국 항공우주국(National Aeronautics and Space Administration; NASA)으로부터 부스터 로켓 과제를 수주하기 위해 저렴한 가격으로 부스터 로켓을 조립할 수 있는 방안으로 제시된 것이다. 사이오콜사는 그 덕에 다른 경쟁사들을 제치고 1차로 부스터 로켓 37기를 납품하는 과제를 수주할 수 있었다. 그러나 1977년 첫 번째 시험에 들어가면서부터 오링의 설계상의 문제점이 노출되었다. 이후 1985년 7월 우주왕복선 51-F 비행시험이 이루어지는 동안 NASA와 마셜 우주비행센터의 엔지니어들은 꾸준히 그 문제점을 제기하였다. 그러나 "그때까지 비행시험에서 심각할 정도의 고장이 발생하지 않았으므로 큰 문제는 아니다."라는 것이 사이오콜사의 입장이었다. 그렇지만 1985년 4월 우주왕복선 51-B 비행시험 이후부터는 사이오콜사의 엔지니어, 특히 오링을 직접 설계한 수석 엔지니어인 보이스졸리(Boisjoly)도 오링에 대하여 걱정하기 시작하였다. 그래서 그는 오링을 재설계하거나 아니면 이 문제가 해결될 때까지 챌린저호의 발사를 연기할 것을 최고경영자들에게 여러 번 권고하였으나 끝내 그의 의견은 받아들여지지 않았다.

챌린저호가 발사되던 날 아침 케네디 우주센터의 온도는 영하 1.7℃였다. 지금까지 11.7℃ 이하에서 시험해 본 적이 없었으며, 온도가 낮으면 오링이 유연성을 잃기 때문에 사실 영하 1.7℃는 챌린저호를 발사하기에는 너무 낮은 온도였다. 발사 하루 전날 일기예보를 들은 보이스졸리를 포함한 사이오콜사의 엔지니어들은 케네디 우주센터에 연락하여 발사 연기를 다시 한 번 권고하였다. 두 번에 걸쳐 케네디 우주센터, 마셜 우주비행센터, 그리고 사이오콜사의 엔지니어들이 원격 전화회의를 통하여 이 문제를 심도 있게 토의하였으나 결국 발사를 계획대로 진행할 것을 건의하는 것으로 결론을 내렸다. 이들 엔지니어 가운데 오링의 문제점에 대해 확고한 신념을 가지고 최고경영자들을 설득시킨 엔지니어는 아무도 없었다. 이 사업에 관여한 엔지니어들과 최고경영자들은 무리가 따르더라도 원래 계획대로 발사를 진행시켜야 된다는 은근한 압력도 받았을 것이다. 사이오콜사 입장에서는 NASA와 곧 2차 계약을 맺어야 하는 시점에서 자기 회사에서 설계, 제작된 부스터 로켓에 중대한 결함이 있다는 것을 드러내고 싶지 않았을 것이다. 챌린저호 발사를 총 지휘하는 NASA, 케네디 우주센터 그리고 마셜 우주비행센터의 최고경영자들도 챌린저호 발사일 저녁 미국 의회에서 시정연설을 하기로 되어 있는 레이건 대통령을 실망시키고 싶지 않았을 것이다. 아이러니는 그 최고경영자들도 한 때는 엔지니어였다는 사실이다.

사례 II 대구지하철 화재 참사

대구지하철 화재 참사는 2003년 2월 18일 오전 9시 53분 대구지하철 1호선에서 한 승객의 방화로 인해 화재가 발생하고, 192명의 사망자와 148명의 부상자를 낸 사건이다. 방화범은 2001년 4월 뇌졸중으로 쓰러져 오른쪽 몸을 잘 쓰지 못하는 2급 지체장애자로서 평소 세상을 비관하다가 페트병에 시너(thinner)를 담아 지하철에 뿌린 뒤 자살하겠다고 1079호 열차에 불을 질렀다.

최초로 발화된 1079호 열차의 기관사는 방화사실을 확인한 즉시 이를 사령실에 보고하지 않고 화재진압에만 몰두하였다. 그러나 그는 화재진압에 실패하였고 심한 화상을 입은 채 승객들과 함께 현장을 탈출하였다. 반대 방향으로 운행하던 1080호 열차는 화재가 발생한 후 약 2분 뒤에 바로 전 역을 출발하였다. 1080호 열차기관사는 사령실로부터 중앙로역 화재 발생 사실과 주의 운전을 통보받았다. 그러나 1080호 열차가 중앙로역에 정차하여 열차 출입문을 열자 차내로 연기가 들어왔다. 1080호 열차 기관사는 연기가 심하게 열차내로 들어오는 것을 막기 위해 출입문을 닫은 후 이를 사령실에 보고하고 지시를 기다리고 있었다. 1 m 가량 떨어진 1079호 열차의 화재를 보면서 1080호 열차에 불이 옮겨 붙을 것이라고는 생각조차 하지 못한 1080호 열차 기관사는 사령실 지시를 5분 정도 기다린 후, 약 5분간 열차의 출발을 시도했으나 실패하였다. 그러다 1079호 열차의 복사열로 인해 1080호 열차에 불이 붙자 기관사는 마스터 제어열쇠를 휴대하고 승객들을 방치한 채 혼자 현장을 탈출하였다.

그림 1.3 불탄 대구지하철 차량 내부

철도차량이 불에 타기 쉽고 유독가스를 방출하는 소재로 만들어졌다는 점과, 사고지점에 진입한 1080호 열차의 기관사가 상황에 올바르게 대처하지 못하여 열차에 불이 옮겨 붙었고 출입문까지 열리지 않는 바람에 피해는 더욱 확대되었다. 정부는 2월 19일 대구를 특별재난지역으로 선포하고 사태수습에 들어갔으며, 6월 29일에는 사망자 192명에 대한 합동 영결식이 거행되었다. 이 사건과 관련하여 9명은 구속 기소, 2명은 불구속 기소되었으며, 방화범에게는 무기징역이 선고되었다. 대구지하철 1호선은 10월 21일 사건발생 후 8개월 3일 만에 중앙로역을 제외한 전 구간에서 운행이 재개되었다. 그림 1.3은 불타버린 대구지하철 차량의 내부이다.

1.2 공학과 엔지니어

공학(engineering)의 정확한 기원을 확인하기는 쉽지 않다. 공학의 기원은 인간이 자신의 창의력(ingenuity; 발명의 재주)을 이용하여 자연에 있는 재료와 힘을 실생활에 편리하게 활용하면서 시작되었다고 생각한다. 'engineer'라는 명칭은 서기 1000년 이후 '전쟁무기를 독창적으로 만드는 사람'을 라틴어로 'ingeniator(발명의 재주가 많은 사람)'이라 부른 데서 시작되었다. 그러다가 12세기에 프랑스에서 '전쟁무기의 발명을 잘 하는 사람'을 'ingenieur'라 불렀고 이 단어가 영어로 'engineer'로 표현되었다. 또한 엔지니어가 자신의 창의력을 이용하여 새로운 것들을 만들어내는 활동을 공학(engineering)이라 하였다. 11세기부터 15세기 말까지 십자군전쟁, 스페인의 재정복 전쟁, 영국과 프랑스의 100년 전쟁과 같이 유럽의 기독교 국가들과 이슬람 국가들 사이에 혹은 유럽 나라들 사이에 영토 때문에 전쟁을 계속하였으므로 무기를 잘 만드는 기술자들은 왕에게 고용되어서 강력한 대포를 만들거나 견고한 요새를 건설하였다. 그러나 15세기 말 신항로 개척이후 포르투갈, 스페인, 네덜란드, 영국 등이 동방무역으로 막대한 부를 축적한 상인, 금융업자 등이 시민계급을 형성하여 영향력을 크게 행사하였으므로 왕들은 그들에게서 더 많은 세금을 거두기 위해 시민계급의 경제활동을 보호 육성하였다. 17세기이후에는 공학이 시민들의 생활에 도움이 되는 도로, 교량, 운하 등의 건설에 활용되었으므로 1771년 영국 스미튼(Smeaton)은 공학을 시민공학(civil engineering)이라 부르자고 하였다. 1818년에는 세계 최초의 시민공학회(현재의 토목공학회)가 영국에서 결성되었으며, 공학은 자연의 거대한 동력원을 사람들에게 유리하게 쓸 수 있게 하는 기술이라고 정의하였다. 증기기관의 발명으로 시작된 1차 산업혁명으로 증기기관차 등 기계공업이 발달하게 되어 기계공학회가 1847년에 따로 독립하였다. 또한 전신기기의 발달로 전신공학회가 1871년에 창립되었으며, 전력기기의 급속한 발달로 1881년에는 전기공학회라 개칭하였다. 공학의 전문분화는 20세기에 들어서자 더욱더 진척되어 화학공학, 재료공학, 원자력공학 등이 탄생되었다. 20세기 후반부터는 기계, 장치, 시설 등의 노동수단과 관련된 시스템뿐만 아니라 인간이 활동하는 모든 분야에 공학적 기법을 적용하게 되었다.[1)]

---

1) 이대식, 김영필, 김영진 공저, *공학윤리*, 인터비전, pp.1~5, 2003.

현재까지 공학은 4차에 걸친 산업혁명으로 획기적으로 발전하고 있다. 18세기 후반 인간의 육체노동을 기계가 대신하게 하는 기계공학적인 1차 산업혁명(1차 지식혁명: 전통 생산지식과 과학지식(기계공학)의 결합) 그리고 19세기 후반 대량생산이 가능하게 한 전기공학적인 2차 산업혁명을 이루었다. 20세기 후반 반도체 집적회로에 의한 마이크로컴퓨터가 개발되어 지능이 부여된 스마트로봇이 인간의 정신노동을 대신할 수 있는 전자공학적인 3차 산업혁명을 이루었다. 그리고 21세기 인공지능 기술개발로 자율주행차와 같이 인간의 육체 및 정신노동을 기계가 대신할 수 있는 컴퓨터·제어공학적인 4차 산업혁명시대에 살고 있다. 이제는 1차 지식혁명(1차 산업혁명)에 이어서 과학지식에 우리의 오감을 만족시킬 수 있는 미학(예술, 감성)적 지식이 융합된 2차 지식혁명으로 공학이 더욱 우리 삶의 질을 윤택하게 하고 있다.

이와 같은 공학의 역사적 배경으로부터 공학을 다음과 같이 정의할 수 있다. 공학은 인간의 삶의 질을 향상시키기 위하여 과학적 지식과 기술을 이용하여 인간에게 유용한 제품을 만드는 학문이다. 그러므로 공학의 관심영역은 자연과학뿐만 아니라 인문사회과학 그리고 예술에 이르기까지 인간 삶의 모든 부분이 해당된다. 공학적 활동은 우리의 삶의 질을 향상시킬 수 있는 사회적 욕구 즉 공학적 문제를 찾는 것으로부터 시작되고, 그 문제를 해결할 수 있는 과학적 지식의 수집과 기술의 개발에 중점을 두게 된다.

공학적인 활동의 첫 단계인 공학현장에서 문제를 제대로 인식하기 위해서 엔지니어가 가져야 할 마음자세는 이웃을 배려하는 것이다. 왜냐하면 공학적 문제는 우리의 삶의 현장에서 이웃을 배려하는 마음으로 바라볼 때 이웃의 불편함과 불만족이 나의 문제로 다가오기 때문이다. 예를 들면, 자동차에서 나오는 배기가스를 보고 아무런 느낌이 없을 때는 공학적인 문제로 인식되지 못한다. 그렇지만 이 배기가스를 보고 우리 모두의 건강을 지키기 위하여 이 문제를 해결하겠다는 배려하는 마음이 있어야 한다. 바로 그 마음이 이 문제를 해결하기 위하여 완전 연소시킬 수 있는 자동차 엔진에 대하여 연구하게 하고 나아가서는 배기가스 문제를 근원적으로 해결할 수 있는 전기자동차 개발에도 도전하게 하는 것이다. 이와 같이 이웃을 배려하는 마음이 공학발전의 원동력이 되므로 엔지니어들은 우리 주위에 있는 삶의 문제에 대하여 현재뿐만 아니라 미래에 있을 수 있는 불만족에 대해 항상 관심을 가져야 한다. 이러한 공학적 문제에 대한 관심을 통하여 삶의 문제들을 해결하는 사람이 엔지니어이다.

또한 공학적 활동의 두 번째 단계인 수집한 과학적 지식을 분석하고 새로운 기술을 개발하기 위해 엔지니어는 고도의 전문성과 창의적인 사고를 가져야 한다. 따라서 엔지니어는 상당한 시간동안 공학에 관한 전문지식의 교육과 실무경험을 거쳐서 삶의 질을 창의적으로 개선할 수 있는 숙련된 전문가(professional)가 되어야 한다. 숙련된 전문가인 엔지니어에게는 재료, 부품과 장치의 결정, 시험, 평가 등의 업무에 관한 결정권이 주어지게 된다. 따라서 엔지니어들은 직업에 대한 사명감과 자부심을 가져도 좋을 것이다.[2)] 예전에는 전문가하면 주로 신학, 법학, 의학 등의 고도의 전문성, 공공성, 인체와 재산 등에 영향을 미칠 수 있는 성직자, 변호사, 의사 등을 말했다. 그렇지만 현대 엔지니어는 거대화된 과학기술을 다루기 위해 고도의 기술과 전문지식이 요구되고, 엔지니어의 공학적 활동이 공중의 안전, 건강과 재산에 직접적으로 영향을 미칠 수 있으므로 전문가로서 자격이 충분하다. 동시에 엔지니어는 전문가의 자격에 합당한 책임과 윤리의식을 가지는 것이 당연하다.

1.3 공학윤리의 필요성

앞서 살펴보았듯이 공학은 과학기술을 이용하여 인간의 삶을 더 안락하게 하기 위한 활동이고, 그 과학기술은 우리 삶의 모든 영역에 밀접하게 관련되어 있다. 버스, 지하철, 자동차 등 교통수단이 없이 직장이나 학교에 가는 것을 생각하기 힘들다. 업무를 수행하려면 전화, 팩스, 컴퓨터 등 정보매체가 필수품이 되었다. 국제화에 따라 비행기가 업무와 여가의 핵심적 수단이 된 지 이미 오

2) 기계공학개론교재편찬위원회, *기계공학개론*, 북스힐, pp.3~6, 2011.

래다. 한마디로 21세기는 우리의 의식주를 포함한 삶의 전 영역이 과학기술로 구성되는 추세가 더욱 가속화될 것으로 예상된다.[3)]

그런데 과학기술이 발전할수록 우리 삶이 편리해지지만, 정작 우리 삶의 질이 좋아진 것은 아니라는 것이다. 왜냐하면 성수대교와 삼풍백화점 붕괴, 대구 지하철 화재, 챌린저호 폭발, 체르노빌 원전 누출 등과 같이 현대의 과학기술을 믿고 사용했던 공학적 시설에서 발생한 대형 사고로 많은 사람들이 목숨을 잃거나 다쳤기 때문이다. 더불어 일상적으로 일어나는 교통사고, 환경오염, 식품 및 약품의 위해성, 유전공학에 의한 생명조작 등은 끊임없이 우리의 삶을 위협하고 있다. 이렇게 과학기술문명으로부터 유발된 생태위기, 안전위기, 윤리위기 등 우리의 삶에서 희생이 그것으로 인해 누린 풍요보다 더 큰 것이 아닌가 생각된다.

이런 부정적인 결과를 초래한 근본적인 원인은 과학기술의 적용으로 영향을 받을 수 있는 사람들을 대상으로 전반적이고 객관적인 검토를 하지 않고 편리와 이익을 추구하려는 사람들의 부분적이고 주관적인 욕구만을 만족시키려 했기 때문이다. 그러므로 자신과 관련된 사람들만이 아니라 공학적 활동의 결과로 영향을 받을 수 있는 사람들의 편익까지 고려하여 공학적인 판단을 할 수 있는 체계적인 공학윤리교육이 절실히 필요하다. 체계적인 공학윤리교육을 통하여 엔지니어가 과학기술을 적용하는 데 있어서 긍정적인 측면을 극대화하고 부정적인 측면을 최소화할 수 있는 노력을 기울이도록 하는 것이다. 이러한 노력이 성과를 거두기 위해서는 현재의 과학기술에 대한 올바른 이해와 동시에 미래의 과학기술에 대한 윤리적 책임을 인식해야 한다.

공학윤리교육에 대해서는 1970년부터 미국에서 중점적으로 논의되기 시작하였다. 미국정부는 1978년부터 2년 동안 '철학과 공학윤리 프로젝트'를 시작하였으며, 1979부터 1985년까지 3년마다 전국적인 세미나를 개최하였다. 1987년 미국 전문엔지니어협회(National Society of Professional Engineers; NSPE), 1990년 미국 전기전자공학회(Institute of Electrical and Electronic Engineers; IEEE)가 윤

3) 김환석, 과학기술의 민주화: 왜? 그리고 어떻게?, 국민대 사회학과.

리강령을 제정하였다. 1996년에 미국 엔지니어의 국가인증시험에 공학윤리를 5% 반영하도록 하였다.[4)]

그런데, 우리나라 엔지니어들은 대학에서 주로 자기 전공과목을 배우고, 철학이나 역사학 같은 일반교양 과목들을 배운다. 그렇지만 자기가 하는 일이 사회에 어떤 영향을 미치며, 엔지니어로서 사회적 책임은 무엇인가를 고민하고 답을 찾아낼 수 있는 기본 소양을 쌓는 데는 미흡하였다. 따라서 우리나라에서도 엔지니어가 될 공과대학 학생들은 과학기술이 사회에 미치는 영향을 직접적으로 다루는 공학윤리를 대학에서 체계적으로 배워 복잡한 공학윤리문제들을 분석하고 가장 윤리적으로 합당한 해결방법을 찾을 수 있게 해야 한다.

우리나라에서는 1999년에 바람직한 공학교육을 위해 한국공학한림원, 한국공학기술학회, 교육부, 산업자원부, 전국 공과대학장협의회, 산업체, 공학 관련 전문학회 등이 참여하여 한국공학교육인증원을 설립하였다. 한국공학교육인증원에서는 공학교육인증에 대한 정책, 절차, 기준 등을 정하여 시행하고 있고, 공과대학 학생들에게 공학 활동에서 엔지니어의 윤리적인 책임의식을 기르기 위하여 공학윤리를 가르칠 것을 적극 권장하고 있다. 특히 엔지니어의 윤리의식을 높이기 위하여 전공과목에서 수행하는 설계프로젝트에서 설계제한조건으로 경제, 환경 및 안전과 함께 윤리 및 기타 사회적인 영향을 고려하도록 하고 있다.

이제 공학윤리의 필요성을 강조하기 위하여, 능력(파워)과 일이라는 물리량을 가지고 삶과 공학을 생각해보기로 한다. 삶의 목표는 행복한 삶, 성공적인 삶이라고 할 수 있다. 삶은 우리가 태어나서 죽을 때까지 시간의 연속이다. 그러므로 살아 움직이는 힘(파워) 자체도 중요하지만 파워(P)를 시간(t)에 따라 적분한 일생(T)동안 이룬 일(W), 즉 업적 또한 중요하다.

$$W = \int_0^T Pdt$$

4) 양해림 외 3인 공저, *과학기술시대의 공학윤리*, 철학과 현실사, p.21, 2006.

따라서 우리가 행복한 삶, 성공적인 삶을 살았는가는 삶의 순간마다 자신이 있는 곳에서 자기에게 주어진 능력(파워)을 가지고 어떤 자세로 임했는가에 달려 있다고 할 수 있다. 그러므로 성공적인 엔지니어가 되기 위해서는 이웃을 배려하는 자세로 공학적 문제를 찾고, 그 문제를 해결하기 위해 과학적 지식과 기술을 바탕으로 창의성을 발휘하여 현재 있는 곳에서 최선을 다해야 한다. 이것이 공학교육의 목표이다.

그렇지만 최근 공학교육에서는 이웃을 배려하는 것에 대한 교육이 없이 과학적 지식과 기술을 바탕으로 한 창의성 배양에만 치중하고 있는 것이 현실이다. 엔지니어의 능력과 마찬가지로 엔지니어의 삶의 자세와 방향도 중요하다. 엔지니어가 가져야 할 자세는 이웃을 배려하여 서로의 마음이 하나가 되는 것이다. 실제로 배려하는 자세는 상대방을 이해하고 겸손히 섬기는 자세, 일의 결과에 책임지는 자세, 헌신 봉사하는 사랑의 자세이다. 또한 엔지니어가 추구해야 할 삶의 방향은 보다 나은 삶의 가치 즉 진리, 공중의 선, 자유, 평등과 정의를 실천할 수 있는 방향이다. 그러므로 공학윤리 교육을 통해 엔지니어의 삶의 자세와 방향을 강조함으로써 성공적인 엔지니어가 되도록 하는 것이 공학윤리 교육의 목표이고 공학윤리 교육의 필요성이다.

1.4 공학윤리의 특징

윤리의 단계를 살펴보면, 태어나면서 가지는 도덕적 기반인 양심이 제일 밑에 있고, 양심을 기초로 한 인간으로서 지켜야 할 도덕 즉 일반 윤리가 있고, 다음에 직업인에게 일반적으로 통용되는 직업윤리가 있다. 그 다음 최고 단계인 전문직에 적용되는 전문윤리(의료윤리, 정치윤리, 보도윤리 등)가 있다. 공학윤리는 고도의 전문지식을 가진 엔지니어가 공중의 안전, 건강과 재산에 영향을 미치는 활동을 하는 데에 적용되는 윤리이므로 바로 전문윤리의 하나이다. 여기서는 먼저 전문윤리인 공학윤리와 일반윤리의 차이점을 살펴본 후, 예방윤리로서 공학윤리의 특징에 대해서 설명하고자 한다.

(1) 공학윤리와 일반윤리의 차이점[5)]

공학윤리와 일반윤리의 차이점을 살펴보면 다음과 같다.

첫째, 일반윤리는 모든 사람들이 일상생활에서 언제나 행해야 하는 도덕규범인데, 공학윤리는 산업현장에서 문제가 발생할 경우에 그 문제에 직접 관련된 사람에게만 적용되는 규범이다. 예를 들면, 자동차 배기가스로 인해서 공기오염과 지구온난화의 영향이 심각하므로 자동차의 배기가스를 적극 규제하기 시작했다. 이 문제는 공학 활동의 결과로 빚어진 것이므로, 이 해결책을 찾는 것은 자동차를 운전하는 일반인들이 아닌 자동차를 설계하고 제작하는 엔지니어들의 윤리적인 책임이다.

둘째, 일반윤리는 판단결과가 선과 악의 절대적인 가치를 가지지만, 공학윤리는 판단결과는 사람의 입장에 따라 다른 상대적인 가치를 가진다. 예를 들면 상수원 확보를 위해 댐을 막을 경우, 댐건설로 혜택을 받을 댐 하류 주민들과 집과 논밭이 물속에 잠기는 댐 상류 주민들의 판단은 서로 다를 것이 분명하다. 그렇지만 둘 다 어느 것이 옳다 그르다고 얘기할 수 없는 것과 같다. 그러므로 공학적 활동의 결과에 대한 판단은 실리적 가치(건강, 이익, 편리 등)에 따라 달라지므로 그 활동의 결과가 이윤, 안전, 건강 등의 여러 요소 사이에 균형을 이룰 수 있도록 해야 한다.

셋째, 일반윤리는 종교적인 사상에서 발달한 내용이 많고, 인간 양심이 판단의 기초이므로 그 판단결과는 후세에도 적용되는 보편적인 것이다. 그러나 공학윤리는 가치의 판단이 시대, 사회, 문화 등에 따라 다르다. 예를 들면, 종교는 사람의 생명을 빼앗는 행위를 최대의 악으로 판단하지만, 현재 군대를 가지고 있는 모든 나라가 나라를 지키기 위해서 과학기술을 이용하여 적군의 생명을 빼앗을 수 있는 첨단 대량살상무기를 개발하고 있다.

넷째, 일반윤리는 일상생활에서 행동의 옳고 그름을 마음에서 판단만 하지

---

5) 堀田源治 著, *工學倫理*, 工學圖書株式會社, pp.55~60, 2006.

만, 공학윤리는 행위의 결과가 좋지 않다고 판단되면 반드시 고쳐야 하는 실천적인 윤리이다. 왜냐하면 행위의 결과가 좋지 않을 경우에는 공중의 건강이나 재산상의 피해를 줄 수 있기 때문이다. 예를 들면, 한 주민이 주택가 인근의 작은 공장에서 비가 오는 날 저녁에 폐수를 배출하는 것을 목격했다면, '이 공장의 사장이 나쁘구나.'라고 마음속으로 생각만하고 그냥 지나칠 수 있다. 그러나 그 공장의 폐수처리시설을 관리하는 엔지니어는 회사가 폐수처리비용을 줄일 수는 있지만, 폐수로 인해서 피해를 볼 다수의 사람을 위해서 그에 대한 개선방안을 모색하는 것이 윤리적이라 할 수 있다.

(2) 예방윤리로서의 공학윤리

공학의 결과로 나오는 제품들이 엔지니어들의 노력만으로 생산되는 것 같지만, 실제로는 사회의 정치와 경제적 제도들을 기반으로 하여 생산되고, 통제되고, 운용된다. 엔지니어들은 이러한 공학과정 안에서 제도에 종속되어 그릇된 판단을 하는 경우가 종종 있다. 공학과정 중 이러한 그릇된 판단으로 인하여 엄청난 재난이 초래되기도 한다. 이때 그 책임을 경영자나 관련된 정치인, 또는 고위 행정관료 등 공학의 결과를 운용하는 사람들에게 물을 경우도 있지만, 공학에 관한 전문적인 사항에 대해서는 비전문가인 그들에게 묻기 힘든 경우가 많다. 그럴 경우에는 자연히 엔지니어가 그것에 대해 책임을 질 수밖에 없다. 이 점은 과학기술사회가 지니는 불가피한 특성이라고 할 수 있다.

따라서 공학윤리는 무엇보다도 공학적 재난을 예방할 수 있는 것에 초점을 맞추어야 한다. 그래서 공학윤리는 철저히 예방윤리를 강조해야 한다. 예방윤리 개념은 질병의 예방 개념에서 따온 것으로, 예방주사 개념과 유사하게 윤리적 위기로 발전할 수 있는 사안을 사전에 예방하도록 하는 것이다. 공학윤리는 자연히 이러한 윤리적 위기로 가는 문제들을 미리 예상해 봄으로써 그러한 위기가 발생하지 않도록 대처하도록 하는 성격을 띤다.

공학윤리교육은 자신에게도 그러한 일이 언제 닥칠지도 모르므로 산업현장에서 발생할 수 있는 가상적인 사고를 설정하여 그 사고를 원천적으로 막거나 최소화하는 예방시스템을 구축하는 것이다. 즉, 그대로 두면 자칫 윤리적 위기로 비화될 수 있을 윤리적인 문제들을 미리 예상해 봄으로써 그러한 위기가 발생하지 않도록 미리 대처하는 것이다.

이제 재난에 관한 구체적인 사례들을 통하여 재난에 대한 윤리적 설명이 가능함을 보이고, 이를 예방하기 위한 공학윤리의 중요성을 입증하기로 한다. 현대는 일상생활에서 공학적 산물들을 너무나 많이 사용하고 있기 때문에 공학적 실패가 일어나면 많은 경우 재난이 발생하게 된다. 이때 우리는 재난이 재발하는 것을 예방하기 위하여 재난이 왜 일어나는가를 그 원인을 찾아보고 설명할 수 있어야 한다. 재난의 설명 방식에는 공학적 실패, 경영적 실패, 윤리적 실패 등 여러 가지가 있으며, 그 설명은 인과적 설명이 되어야 한다.[6)]

구체적인 예를 들어 재난을 설명하기 위해 첫 번째 사례로 챌린저호 폭발 참사에 대하여 생각해보기로 한다. 이 참사는 공학적 실패, 경영적 실패와 윤리적 실패 때문에 발생했다고 설명할 수 있다. 챌린저호의 다단계 로켓의 연결부 설계의 실패에 초점을 맞추는 공학적 실패, NASA 또는 로켓의 보조 추진장치의 제조업체인 사이오콜사의 최고경영자들의 경영적 실패, 그리고 NASA 또는 제조업체의 관계자들의 비윤리적인 행위에 의한 윤리적 실패로 인해 그 재난이 발생했다고 설명할 수 있다. 재난을 어떻게 설명하는가에 따라서 그 재난의 책임 소재가 달라지고 대응 방식도 다르게 된다.

챌린저호의 경우에 공학적 실패, 즉 오링의 설계 실패에 초점을 맞출 수 있다. 낮은 온도에서는 오링이 제대로 작동하지 못하고, 다른 실링의 부재, 연료의 누설 등으로 인하여 참사가 발생했다고 보는 공학적 실패로 설명할 수 있다. 다른 방식으로는 경영적 실패를 들 수 있다. 챌린저호를 예정대로 발사하면 다음 과제를 주문 받는 데 유리한 입장이 되므로, 공학적으로 어려운 상황임에도 불구하고 최고경영자들이 발사할 것을 결정하였다. 그 결과 챌린저호는 폭발하게 되었고 재산상의 큰 손실을 가져왔으므로 경영적 실패라고 할 수 있다.

또 다른 방식으로 윤리적 실패를 들 수 있다. 만약 최고경영자들이 챌린저호

---

6) 김유신, "기술, 정보사회, 윤리", 통합연구, pp.10-46, 1996.

의 탑승자들이었다면 엔지니어들의 권고를 듣고도 발사를 승인할 수 있었겠는가? 그리고 탑승자들에게 엔지니어의 권고를 전달했을 때, 탑승자들은 과연 챌린저호에 탔겠는가라는 질문을 할 수 있다. 아마 아무도 타지 않았을 것이다. 그렇다면, 발사를 명령한 최고경영자들이나 그것을 받아들인 엔지니어들은 "네가 대접받고자 하는 대로 남을 대접하라."라는 황금률을 어긴 셈이 된다. 그렇다면 그들의 비윤리적인 태도가 재난에 대한 주요한 원인이었다고 볼 수 있다. 왜냐하면, 공학설계의 실패는 이미 알고 있었기 때문에 그러한 정보를 이용하는 사람들인 최고경영자들의 결단이 설계의 실패보다 훨씬 근본적인 원인이 된다고 보아야 하기 때문이다. 이것은 결국 예방을 위한 쪽으로 우리의 설명 방식이 수렴되어야 한다는 것을 보여주는 예이다. 그러나 실제의 경우는 이와 다른 경우가 허다하다. 책임을 회피하기 위해 설명을 예방과 관련 없는 방향으로 이끄는 경우가 많다. 이러한 현상은 다음에 살펴볼 사례인 대구지하철 화재 참사에서 확인할 수 있다.

이제 대구지하철 화재 참사에 대해 생각해 보기로 한다. 이 참사 역시 실패의 세 가지 유형인 공학적 실패, 경영적 실패, 윤리적 실패 등으로 설명하기로 한다. 공학적 실패 관점에서 본다면, 대구지하철 참사는 챌린저호의 경우처럼 분명하지 않다. 챌린저호 참사에서는 오링의 기능 상실이 공학적 실패에 가장 직접적인 원인이었다. 왜냐하면 발사에 필요한 최소한의 장치와 환경만으로도 그러한 폭발이 가능하였기 때문이다. 그런데, 대구지하철 참사의 경우 지하철 전동차가 정상적인 작동 환경 속에서는 아무 문제가 없었기 때문에 공학적 실패라고 보기에는 실패의 정의에 따라 달라진다. 지하철은 수많은 승객이 타고 내리는 교통수단으로 일반대중과 밀접하게 접촉되어 있다. 따라서 지하철의 정상적인 운영을 위한 최소 환경이라는 것도 챌린저호의 경우와는 다르게 정의되어야 한다. 지하철의 경우 승객의 안전이 가장 중요하므로, 화재나 폭발 일어났을 경우에 초기에 이를 제거하여 승객의 안전을 보장할 수 있게 전동차를 설계하여야 한다.

이렇게 본다면, 전동차에 불이 붙었다는 것 자체가 문제가 된다. 외국으로 수출하는 전동차에는 내부에 불에 잘 타지 않는 재료를 사용하도록 되어있지만, 국내에서 운행하는 전동차에는 불에 잘 타지 않는 재료를 사용하지 않았다는 사실은 공학적 실패의 주요 요인 중의 하나이다. 또한 화재가 감지되는 즉시 전력을 차단하여 화재 확산을 막기 위해 설계된 전력차단시스템은 오히려 화재를 확산시키는 결과를 낳았다. 화재 발생 즉시 전력이 차단되어서 맞은편에 정차해 있던 1080호 열차의 운행이 중단된 것은 물론 출입문의 자동개폐, 조명과 환풍 기능까지 중단되어 탈출과 구조를 불가능하게 하였다. 게다가 전력이 끊기면서 사령실과 열차 간의 통신망까지 작동되지 않는 바람에 수많은 사람이 생명을 빼앗기는 최악의 상황이 초래되었다. 그뿐만이 아니라 수익성만을 고려한 공간설계로 대합실과 상가 밑 지하 3층에 승강장이 있어서 승객들의 지상대피가 더 어려웠고, 유독가스가 밖으로 제대로 배출되지 않아서 질식한 경우도 있었다. 이러한 사실에서 대구지하철 참사는 공학적 실패가 원인이라고 할 수 있다.

다음, 경영적 실패에 대해 생각해 보기로 한다. 지하철 건설과 운영에 대한 투자비용을 줄이고 수익을 높이기 위하여 전동차에 값싼 내장재를 사용하였고, 단순한 전력차단시스템을 도입했으며, 승강장을 지하 3층에 설치하였다. 그러나 화재로 인해 전동차의 모든 기능이 상실되고, 전동차가 전소되어 차 안에 갇힌 승객들이 생명을 잃고 승강장에 있던 사람들이 질식하는 크나큰 피해를 당했다. 그로 인해 대구지하철공사는 사상자에 대한 피해보상과 지하철의 복구를 위해 막대한 비용을 지불했으므로 경영적으로 실패를 했다고 볼 수 있다.

끝으로, 윤리적 실패에 대한 설명이 가능한지를 살펴보자. 사실상 이 열차가 이렇게 화재에 취약하여 수많은 인명이 피해를 입을 수 있다는 것을 알았다면, 엔지니어나 경영자가 지하철을 탔겠는가? 경영자가 그 사실을 알았다면 지하철을 타지 않고 자가용을 탔을 것이다. 엔지니어는 타고 싶지 않지만 대안이 없기 때문에 지하철을 탔을지도 모른다. 그렇다면, 경영자와 엔지니어의 비윤리적 태도가 이러한 재난을 가중시킨 것으로 설명될 수 있다. 이와 같이 황금률을 위반했다는 것만으로도 윤리적 실패의 설명이 가능하지만, 직접적으로 윤리적 실패에 대해 설명할 수 있는 상황이 실제로 있었다.

직접적인 윤리적 실패는 1079호 기관사로부터 화재 발생사실을 통보받은 종합사령실에서 매뉴얼대로 반대쪽에서 중앙로역에 진입하는 1080호를 무정차로 통과시키지 않은 것이다. 대구지하철공사의 '종합안전 방재관리 계획서'에 의하면 화재가 발생했을 때, 진입열차는 무정차로 통과시키고 후속열차는 운행 중지시키도록 되어 있다. 또한 1080호 기관사가 다급한 마음에 전동차의 마스터키를 자신이 가지고 피함으로써 전동차 안의 승객들이 대피할 기회를 잃고 생명을 잃게 된 것은 크나큰 윤리적 실패라고 할 수 있다.

이 세 가지 설명은 어디로 수렴되는가? 엔지니어들은 표준 안전수칙을 알면서도 위반했고, 경영자들은 경영 이익을 위해 그것을 용납하거나 아니면 그렇게 운용하도록 강요했을 것이다. 그렇다면, 이 재난에 대한 원인은 이 사건에 직·간접적으로 관련되어 있는 엔지니어들, 이를테면 지하철 역사와 전력 자동차단시스템을 설계한 엔지니어들과 전동차를 설계하고 제작한 엔지니어들, 그리고 지하철역과 열차를 점검, 관리, 운용하는 엔지니어들과 이들을 지휘할 책임이 있는 경영자들에게 있는 것이 분명하다. 그들은 자신들의 이익을 위해 비윤리적으로 경영을 하고, 그 책임을 엔지니어들에게 전가시킨 것이라고 추정할 수밖에 없다. 대구지하철 화재 참사 사건 역시 윤리적 실패가 주요한 원인이라고 설명할 수 있다.

앞에서 제시한 두 사례를 통하여 재난의 원인을 설명하는 데 있어서 윤리적 설명의 중요성을 부각시켰고, 동시에 윤리적 설명은 재난의 예방을 위한 목표로 수렴되는 것을 볼 수 있었다. 그래서 큰 재난이 발생할 수 있는 공학적 상황에서 공학윤리는 재난 예방을 위한 윤리가 되는 것이 바람직하다.

1.5 공학윤리헌장

윤리 헌장 또는 강령(code of ethics)은 직업을 이끌어나가는 정신을 포함하고 있으며, 직업종사자에게 직업적 의무와 권리의 방향과 수행과정에 대한 안내, 윤리문제들에 대한 식견들을 제공한다. 따라서 엔지니어도 공학윤리헌장이 절대적으로 필요하다. 엔지니어는 전문가로서 사회로부터 특히, 기업주나 경영자로부터 엔지니어의 양심의 권위를 인정받아야 한다. 이를 위해 사회가 전문가인 엔지니어가 공중의 안전을 수호하는 윤리적 양심과 태도에 권한을 부여하고 그들의 윤리적 태도를 최대한 발휘할 수 있는 보호장치를 만들어야 한다. 그러기 위해서 엔지니어의 재량권의 한계를 논의하고, 이러한 논의의 결과들을 기업과 사회가 수용하고, 이를 실천할 수 있는 사회적 방안인 공학윤리헌장이 필요하다. 이러한 공학윤리헌장이 만들어짐으로써 엔지니어가 공학적 실패로 인해 발생할 수 있는 재난을 예방하는 역할을 충분히 수행할 수 있다.

윤리헌장은 윤리적 판단을 위한 틀을 제공하고, 관련 직업인들 모두가 바람직한 윤리적 행위를 하자는 공동서약의 기회를 제공한다. 윤리헌장에는 기존 윤리적 원리들을 주어진 업무를 수행할 때 일어나는 일들과 관련하여 4가지 규범적 판단 즉, (1) 해야 할 일, (2) 안 해야 할 일, (3) 해도 좋은 일, (4) 안 해도 좋은 일을 업무에 직접 적용할 수 있게 정리한 것들이 포함된다.

윤리헌장은 새로운 도덕원리를 만드는 것이 아니라 기존의 윤리적 원리를 실제로 잘 적용할 수 있도록 돕고자 하는 데 있다. 애매하여 여러 가지 해석이 가능한 문장은 이러한 목표를 달성하는 데 아무런 도움이 되지 않고 혼란을 야기 시킬 수도 있다. 그러므로 윤리헌장이 실효성이 있기 위해서는, 윤리헌장은 다음과 같은 특성들을 갖도록 작성되어야 한다.[7)]

1. 구체성 : 지켜야 할 사안이 구체적으로 표현되어야 한다.
2. 명확성 : 조문은 애매모호해서는 안 되며 명확해야 한다.
3. 논리성 : 조문 사이에는 상호충돌이 없어야 한다.
4. 보편성 : 구성원이면 남녀노소와 신분에 관계없이 누구에게나 적용되어야 한다.

---

7) C. MacDonald, *Creating a Code of Ethics for Your Organization,* Dalhousie University, Philosophy Dept., Halifax, Canada.

5. 체계성 : 조문들의 순서는 중요도에 따라 정하여야 한다.

대부분의 전문 단체나 기관은 윤리헌장을 가지고 있지만, 이를 불이행하는 경우가 많은 것이 현실이다. 공학 분야의 경우는 더 그렇다. 그 이유는 엔지니어 소수가 엔지니어협회의 회원으로 가입되어 있기 때문이기도 하지만, 회원들도 윤리헌장의 내용에 관하여 잘 모르거나 알아도 적용하는 사람이 드물기 때문이다. 때로는 윤리헌장의 내용들이 실제 상황에서는 심각한 내부 충돌을 일으켜 이를 지키기가 어려울 때도 있다. 그러므로 윤리헌장은 이러한 내부 충돌을 가능한 한 피할 수 있도록 만들어져야 한다.

이제 구체적으로 엔지니어협회들의 윤리헌장들(부록 I 참조)에 대해 알아보기로 한다. 그중에서 대조되어 관심을 끄는 윤리헌장은 미국 전기전자공학회(The Institute of Electrical and Electronic Engineers; IEEE)와 미국 전문엔지니어협회(National Society of Professional Engineers; NSPE)의 윤리헌장이다. IEEE 윤리헌장은 엔지니어의 사회적 책임을 강조하고, NSPE 윤리헌장은 엔지니어의 고용주에 대한 의무를 강조하고 있는 것이 특징이다.

IEEE 윤리헌장의 특징은 (1) 고용주에 대한 의무에 관한 조문이 전혀 없고, (2) 환경보호에 대한 의무에 관한 조문이 있다는 점이다. 특히 주목해야 할 점은 1990년 이 윤리헌장이 만들어질 당시, 다른 공학윤리 헌장들에는 환경보호에 대한 의무에 관한 조문이 없었다는 점이다.

IEEE 윤리헌장

우리 IEEE 학회 회원들은 전 세계를 통하여 삶의 질에 영향을 미치는 우리의 기술의 중요성을 인식하고, 우리의 직업, 학회 구성원, 그리고 우리가 봉사하는 공동체에 대한 개인적인 의무를 받아들이는 데 있어서, 최상의 윤리적, 전문가적 행위를 수행할 것을 서약하고, 다음 사항들에 동의한다.

1. 공중의 안전, 건강, 복지에 부합되는 공학적 결정을 하는 것에 책임을 지고, 인간이나 환경을 위협할지도 모르는 요인들을 즉시 알린다.
2. 실제적이거나 예상되는 이해충돌은 가능한 한 언제든지 피하고, 그러한 충돌이 있을 때에는 당사자들에게 이를 알린다.
3. 청구 또는 평가에 대한 진술은 타당한 자료에 근거해야 하며 정직하고 현실적이어야 한다.
4. 어떤 형태이든 뇌물을 거절한다.
5. 기술과 그 적절한 응용, 그리고 잠정적 결과에 대한 이해를 향상시킨다.
6. 우리의 기술적 역량을 유지하고 향상시키며, 오직 훈련이나 경험에 의해 자격이 부여될 때, 혹은 관련된 한계점이 완전히 밝혀진 후에 타인을 위한 기술적 과제를 맡는다.
7. 기술적인 일에 대하여 진솔한 비판을 추구하며, 수용하고, 제공한다. 또 잘못을 범했을 때에는 이를 인정하고 바로 잡으며 다른 사람들이 기여한 바를 올바르게 인정한다.
8. 인종, 종교, 성별, 장애, 나이, 출신 국가 등에 관계없이 모든 사람들을 공평하게 대한다.
9. 거짓되고 악의적 행동으로 다른 사람들의 신체, 재산, 명성이나 고용을 해치지 않도록 한다.
10. 동료나 동업자가 전문가적인 발전을 하도록 돕고, 이 윤리헌장을 준수하도록 그들을 지원한다.

이것은 엔지니어와 고용주의 윤리적 충돌을 피하고, 엔지니어의 윤리적 의무와 권리를 강화함으로써 환경보호에 대한 의무를 소중히 다루고자 하는 의도이다. 이 두 가지 점은 직업윤리보다 일반 개인윤리가 더 우선적이고 근원적임을 명백히 밝히고 있다. IEEE 윤리헌장은 다음과 같이 서문과 10개의 조문으로 구성되어 있다.

NSPE 윤리헌장은 서문과 기본 6개의 조문, 그리고 제6조를 제외한 조문들에 대한 2~7개의 세부헌장(업무규칙)들로 이루어져 있다. 다음은 NSPE 윤리헌장의 서문과 6개의 기본 조문의 내용이다.

NSPE 윤리헌장

공학은 중요하고, 학식이 있는 전문직이다. 이러한 전문직의 일원으로서 엔지니어들은 최고 수준의 정직성과 청렴함을 보여주리라고 기대한다. 공학은 인간의 삶의 질에 직접적으로 지대한 영향을 준다. 따라서 엔지니어들에 의해 제공되는 서비스는 정직, 공명정대, 공평, 그리고 평등함이 있어야 하며, 공중의 건강, 안전 그리고 복지를 유지하는 데 활용되어야만 한다. 엔지니어들은 윤리적 행위의 최고 원리들을 지켜야 하는 전문가적 행위의 기준에 근거하여 행동해야 한다.

엔지니어들은 자신들의 전문적인 업무를 수행함에 있어서, 다음 사항들을 지켜야 한다.

1. 공중의 안전, 건강과 복지를 최우선으로 고려하여야 한다.
2. 자신이 능력 있는 영역에서만 일을 한다.
3. 공적인 진술서는 객관적이고 진실하게 발행한다.
4. 고용주 또는 고객에 대하여 충실한 대리인 또는 수탁자로 행동한다.
5. 사기 행위를 하지 않는다.
6. 전문직의 명예, 명성 그리고 실용성을 높이기 위하여 스스로 명예롭게, 책임감 있게, 윤리적으로, 그리고 합법적으로 행동한다.

윤리헌장의 조문들은 가장 중요하고 기본적인 것을 정하고 있음에도 불구하고, 특정 과제나 업무를 수행함에 있어 이에 적용되는 윤리 조문들을 모두 다

지킬 수 없는 상황이 종종 발생한다. 이 경우에는 심각한 윤리적 문제가 일어나게 된다. 왜냐하면 하나의 조문을 지키려면, 다른 한 조문이 위배되기 때문이다. 즉 윤리적 행위와 비윤리적 행위가 동시에 발생하기 때문이다. 이런 경우 윤리적 의무들이 서로 충돌한다고 말한다. 이러한 심각성에도 불구하고 윤리헌장 자체에는 이에 대한 아무런 해결책을 언급하고 있지 않다.

예를 들면, 내적 충돌이 가장 심한 것은 고용주에 대한 의무와 공중에 대한 의무이다. NSPE 윤리헌장 제4조(고용주에 대한 엔지니어의 의무)에 의하면, 고용주가 선호하는 설계는 안전하지 않은 설계이더라도 계속해야 한다. 반면에 제1조에는 "공중의 안전을 최우선으로 고려하여야 한다."라고 되어 있다. 여기서 이 두 조문 간의 충돌이 예상된다. 이 경우에는 일반적으로 공중의 안전이 우선되어야 한다. 이와 같은 내부 충돌을 해결하기 위해서는 윤리헌장의 조문들의 내재적 우선순위에 따라 수행되어야 한다.

윤리헌장은 고용주가 고용인에게 취하는 비윤리적 행위에 대한 방어 수단이 되기도 하며, 윤리헌장이 고용인인 엔지니어의 권리를 보호하기도 한다. 구체적인 실례로, 미국 샌프란시스코 고속전철 회사에서 철도차량을 설계한 후 시험운전 과정에서 제어시스템에 결함이 있음을 지적하고 3명의 엔지니어를 파면 해고하였다. 그들은 면직 후 곧 소송을 제기하였고, 이때 IEEE 윤리헌장이 판결과정에서 대단히 중요한 역할을 하여 승소판결을 받았다. 이 사례에 대한 자세한 내용은 4장의 내부 고발 사례를 참고하기 바란다.

전문인협회만이 윤리헌장을 만드는 유일한 기관은 아니다. 회사나 법인도 윤리헌장을 개발하고 있다. 왜냐하면 전문인협회는 윤리헌장을 지키도록 하는 강제력이 없기 때문에 고용주와 고용인의 관계를 명백히 하지 못하고 있다. 그렇지만 회사나 법인의 윤리헌장은 전문인협회의 윤리헌장에서 다루기 힘든 고용주와 고용인의 의무와 권리, 고용주와 고용인 사이의 윤리적 문제의 해결방법 등을 제시한다. 최근 회사나 법인의 활동에 대한 공중의 감시와 개선요청이 증가함에 따라 회사나 법인의 윤리의식이 높아지고 있고, 많은 회사나 법인이 자체 실정에 적합한 공동윤리헌장을 개발하고 있다.

결론적으로 전문인협회나 회사 모두 그 조직의 특수성을 고려하여 유익한 윤리헌장을 개발하고 문서화할 필요가 있다. 특히 고용인들이 윤리적 쟁점에 관한 인식이 증대되고 있으므로, 윤리헌장의 개발을 통하여 강력한 윤리문화를 조성하는 데 사회 구성원 모두가 노력해야 할 것이다.

1.6 공학윤리문제의 해결절차

공학윤리문제는 '문제(problem)'라기 보다 '과제(project)'라고 말하는 것이 더 적절할 것이다. 왜냐하면 공학윤리문제에 대한 답, 즉 해결책은 한 가지만 있는 것이 아니라 여러 가지가 있을 수 있기 때문이다. 그렇지만 이 해결책들 사이에는 먼저 시도해 보아야 하는 우선순위가 존재하므로 해결책의 우선순위를 정하고, 그중 최선의 해결책을 선택하는 것이 공학윤리문제를 해결하는 절차이다. 이런 의미에서 공학윤리문제의 해결절차가 공학적이라고 말할 수 있다. 즉 공학윤리문제를 해결하는 데는 문제해결의 기술(problem-solving techniques)을 필요로 한다. 이런 의미에서 공학윤리를 '윤리공학(ethics engineering)'이라 칭하기도 한다.

이러한 특성을 공학적 설계절차와 비교해 보면 좀 더 쉽게 이해할 수 있다. 공학과정의 핵심 활동은 생산품, 구조물, 공정 등의 설계라고 볼 수 있다. 공학적 설계문제 해결을 위해 공학적 문제들이 설정되고 이들에 대한 구체적인 시방서(specification)인 성능(performance), 가격(price), 미(aesthetics) 등의 좋고 나쁨을 정량적으로 분석하고 이를 개선할 수 있는 방안을 내놓는다. 이와 같이 시방서의 여러 가지 내용을 고려해야 하는 공학설계에서는 단 하나의 답이 있을 수 없으며 많은 해결책이 존재할 뿐이다. 그리고 공학설계의 해결책들 사이에도 우선순위가 존재하므로 공학윤리문제의 해결은 공학설계의 해결과정과 유사하다고 할 수 있다. 또 다른 유사성은 공학설계문제나 공학윤리문제가 다 같이 만족스런 문제의 해결을 위해서는 폭넓은 지식, 논리적 사고력과 예리한 분석력이 필요하다는 점이다.

일반적으로 공학과정에서 발생되는 윤리적 문제에 대한 해결책은 복잡하며 불명확하다. 왜냐하면 윤리적 문제의 해결을 위하여 고려할 사항과 적용할 원리가 명확하지 않기 때문이다. 그러므로 엔지니어로서 공학적 실패를 피하기 위해서는 실제 사례분석을 통하여 예방윤리인 공학윤리를 실천할 수 있는 능력과 태도를 기르는 것이 필수적이다. 이 교재에서는 각 장마다 부록 II에 있는 사례들 중 일부를 제시하여 학생들이 분석하도록 하였다. 이는 학생들이 사례들을 분석함으로써 합리적인 윤리적 쟁점의 분석 및 종합을 할 수 있는 능력을 개발할 수 있기 때문이다. 또한 사례연구를 통하여 윤리적 문제들을 해결하는 데 있어서 가능한 해결책들과 그 해결책들의 결과를 미리 예측하고 도전함으로써 도덕적 상상력을 자극하는 좋은 훈련을 할 수도 있다. 그러나 사례연구에서 무엇보다도 중요한 것은 문제를 바라보는 태도이다. 사안을 공정한 태도로 바라보지 못하면, 결코 문제를 해결할 수 없을 뿐만 아니라 논리 전개과정에서 일관성을 유지하기 어렵거나 자기모순에 빠져 오히려 은폐하려는 문제점만 노출시킬 수도 있다.

이와 같은 사례연구는 각자가 수행할 수도 있지만, 여러 사람이 같이 연구하고 토론함으로써 더욱 바람직한 해결책을 도출할 수 있다. 토론은 의사소통 능력을 배양하고, 엔지니어에게 필요한 삶의 자세인 이웃을 배려하는 자세를 배우는 훌륭하고 실제적인 방법 중의 하나이다. 특히 학생이 실제 상황에서 능동적으로 윤리적 문제를 찾아내고, 분석하여 해결책을 찾기 위해서는 자기 주도적 학습방법이 절실히 요청된다. 여기서는 최근 많이 활용되고 있는 학습자 주도의 문제중심학습법(Problem-Based Learning; PBL)에 대하여 설명하고자 한다.[8)]

21세기의 정보사회에서는 엄청난 정보 가운데서 문제 해결에 필요한 지식을 찾아내어 적용할 수 있으며, 팀 구성원으로서 역할과 기능을 다할 수 있는 능력을 요구하고 있다. PBL은 이런 시대의 요청에 합당한 학습법이라 할 수 있다. 왜냐하면 기존 학습법은 강의자가 주도하여 학생들에게 지식을 주입식으로 전달하는 수동적 학습법이지만, PBL은 학습자가 스스로 주어진 문제의 해결에

8) 2007년 공학교육을 위한 PBL Workshop 자료집, 연세대학교 공학교육혁신센터.

필요한 지식을 찾고, 학습자들이 서로 토론하면서 해결방안을 찾아내는 능동적 학습법이기 때문이다. PBL 과정은 팀구성, 문제 제시와 문제에 대한 학습내용 추론, 문제의 해결에 필요한 지식의 수집과 학습, 문제의 해결방안 검토, 문제의 해결방안의 발표 및 평가 등으로 구성되어 있다. PBL과정에서 강의자는 실질적인 문제를 제시하고, 학습자가 스스로 문제를 해결할 수 있게 안내하는 역할만 한다. 그러므로 PBL이 성공하기 위해서는 강의자는 해결방안이 다양하게 나올 수 있도록 문제를 잘 만들어서 제시해야 한다. PBL 운영에 관한 상세한 자료는 부록 III에서 찾아볼 수 있다.

실제로 윤리적 문제들을 간편하게 분석하고 해결책을 찾기 위해서 선긋기 기법(line-drawing technique), 창의적 중도해결책(creative-middle-way solution), 순서도 기법(flow-chart technique), 7단계 문제해결법(seven-step guide) 등을 사용한다.[9)10)11)] 한편 더 복잡한 윤리적 문제들에 대해서는 공리주의, 인간존중의 원리 등의 윤리이론들을 적용하여 보다 더 체계적인 해결책을 도출할 수 있다. 공학윤리문제의 구체적인 분석과정은 2장과 3장에서 설명하기로 한다.

고려할 사례

사례 2	개인용 공구의 구매
사례 8	납품업자의 골프 초대
사례 20	상사의 휴식시간 음주
사례 21	새로운 에어백의 개발
사례 28	엔지니어의 문서위조
사례 42	취업추천서의 작성

9) C. E. Harris et. al, "Engineering Ethics: What? Why? How? and When?", *Journal of Engineering Education*, pp.93~96, 1996.
10) 이광수, 이재성 공역(C. B. Fleddermann 원저), *공학윤리*, 3판, 홍릉과학출판사, pp.66~68, 2009.
11) 김정식, 최우승 공저, *공학윤리*, 연학사, pp.274~277, 2009.

2장 윤리문제의 해결방법

2.1 서론

공학윤리를 윤리공학이라고 말하기도 하는데, 이것은 공학윤리문제의 해결절차가 공학문제의 해결절차와 동일하기 때문이다. 즉, 공학현장에서 윤리문제가 발생하면, 문제의 쟁점들을 파악하고, 이 쟁점들을 여러 가지 방법으로 분석하고, 적절한 해결책을 찾는 과정이 동일하기 때문이다. 특히, 해결책을 평가하여 종합하는 과정은 공학문제나 공학윤리문제 모두 한 가지 해결책을 찾는 것이 아니라 여러 가지 적절한 해결책을 제시하고, 이 해결책들의 우선순위를 정하여 최선의 해결책을 선택하는 것이다. 그래서 2장에서는 공학윤리문제를 해결하기 위하여 공학문제에서 윤리적 쟁점들을 분석하는 절차와 공학윤리문제를 해결하는 방법들을 구체적으로 공부하기로 한다.

공학윤리문제의 쟁점분석과 해결방안에 대한 예비적 고찰을 위하여 다음과 같은 벤젠노출량 허용기준치에 관한 사례, 아이디어 활용과 정보유출에 관한 사례를 소개한다.

사례 I 벤젠노출량 허용기준치[1)]

1977년 미국 노동안전위생국은 그 당시 직업안정건강 법령에 의하면 작업장에서 벤젠노출량 허용기준치가 10 ppm(part per million)이었지만 이를 1 ppm으로 긴급히 강화할 것을 발표하였다. 이를 발표한 지 얼마 안 되어 미국 국립건강협회는 벤젠이 노출되는 작업장에서 일했던 근로자가 백혈병으로 사망한 것이 벤젠노출과 상관관계가 있는 것으로 보고하였다. 그래서 노동안전위생국은 이 강화된 벤젠노출량 허용기준치가 지속적으로 적용되기를 원했다. 벤젠이 10 ppm 이상 노출된 작업장에서 일했던 근로자가 사망했다는 보고는 있었지만, 그 이하의 벤젠노출량에서 동물 또는 사람을 상대로 시험하여 얻은 데이터에 의하면 사망한 사실이 보고된 적은 없었다. 그럼에도 불구하고, 벤젠이 발암물질이라는 이유 때문에 노동안전위생국은 비교적 쉽게 측정될 수 있는 최저 수준의 수치인 1 ppm으로 기준을 강화하고자 하였다.

1980년 7월 2일 미국 대법원은 노동안전위생국이 제안한 벤젠노출량 1 ppm 기준은 지나치게 엄격한 것이라고 판결하였다. 대법원은 벤젠노출량 감소를 위한 현실적인 비용은 고려하지 않으며, 인간의 생명에 전혀 위험하지 않은 작업환경을 만들기 위한 노동안전위생국의 벤젠노출량 허용기준치 규제에 대한 무제한적인 재량권을 인정하지 않았다. 대법원의 조사에 의하면 현재의 벤젠노출량의 제한은 10 ppm이지만, 작업장에서의 실제 벤젠노출량은 상당히 낮은 수준이다. 또한, 석유화학산업계의 연구에 의하면 벤젠에 노출된 496명의 근로자 중에서 53%만이 1~5 ppm 사이, 그리고 단지 7명의 근로자만이 5~10 ppm 사이의 벤젠에 노출되었다.

미국 대법원은 "안전한 작업 환경이라는 것은 위험이 전혀 없어야 한다는 것은 아니다."라는 생각을 유지하였다. 노동안전위생국은 벤젠노출량 수준을 1 ppm으로 감소시키는 것이 근로자들의 건강에 실질적인 이득을 가져다준다는 것을 입증해야 하는 부담을 갖게 되었다. 그렇지만 과학적으로 불확실하고, 인

---

1) C. E. Harris et. al., *Engineering Ethics,* 3rd ed., Thomson Wadsworth, p.48, 2005.

간의 생명이 위험한 경우에는 더욱 엄격한 기준이 적용되어야 한다고 노동안전위생국은 믿고 있었다. 노동안전위생국 관리들은 벤젠과 같은 화학물질이 인간 생명에 위험하다는 것을 입증해야 하는 부담을 그들에게 지우는 것에 대해서는 반대하였다. 노동안전위생국 관리들은 근로자들에게 위험할지도 모르는 화학물질을 노출시킨 사람들에게 그 책임이 있다고 생각했다.

사례 II 아이디어 활용과 정보유출[2)]

K는 A회사에서 업무에 관계된 비밀을 누설하지 않겠다는 서약서에 서명을 하였다. 그 후 K는 B회사로 직장을 옮겼고, K는 자기가 A회사에 있을 때 구상했던 몇몇 아이디어들을 B회사에서 활용할 수 있음을 알았다. K는 A회사에서 그 아이디어들을 산업화 과정으로 발전시키지는 않았다. 그리고 B회사는 A회사와 경쟁관계도 아니었다. 그러나 그 아이디어들을 B회사에서 활용하는 것이 K가 A회사에서 서명했던 서약에 위반하는 것인지 아닌지 여전히 궁금하였다. 그리고 합법적인 지식과 불법적인 지식의 사용에 있어서 어디쯤 선을 그어야 할지 고민하게 되었다. K는 이 문제를 어떻게 해결해야 할 것인가? NSPE 윤리헌장은 업무 및 거래 비밀의 누설에 대하여 언급하고 있다. 즉 엔지니어들은 현재나 과거의 의뢰인 또는 고용주의 동의 없이 업무과정에서 얻은 정보를 유출해서는 안 된다.

2.2 윤리문제의 쟁점분석[3)]

윤리적 문제해결의 첫 단계는 문제 자체를 제대로 파악하는 것이다. 어떠한

---

2) C. E. Harris et. al., *Engineering Ethics,* 3rd ed., Thomson Wadsworth, p.67, 2005.
3) C. E. Harris et. al., *Engineering Ethics* 3rd ed., Thomson Wadsworth, pp.57~63, 2005.

행위 또는 사업을 수행하려 할 때, 그것을 수행하는 데 관련된 사람들의 권리나 의무가 무엇인지를 분명히 이해하는 것이 필요하다. 이를 위해서는 그 윤리적 문제에 포함되어 있는 쟁점들(issues)을 가능한 한 빠짐없이 모두 파악하여야 한다. 공학윤리문제의 쟁점들은 사실적 쟁점(factual issue), 개념적 쟁점(conceptual issue) 그리고 도덕적 기준 쟁점(moral-rule issue)으로 구분된다. 이 쟁점들에 관하여 좀 더 살펴보면 다음과 같다.

(1) 사실적 쟁점

사실적 쟁점은 주어진 상황의 도덕적 판단을 위해서 필요한 사실이 무엇인가를 다투는 점이다. 이 사실적 쟁점은 단순한 것처럼 보이지만, 특정 사례에서 사실이 항상 명확하지 않으며 논란이 있을 수도 있다. 어떤 경우에도 도덕적 판단에 고려된 사실들은 누구에게도 분명해야 한다. 그러나 만약 사람들이 알려진 사실들을 논의에 포함할 것인가에 대한 의견이 일치하지 않거나 똑같은 사실들을 모두 알고 있지 못한다면, 그들이 서로 다른 도덕적 판단을 하는 것은 당연하다. 이때 사실적 쟁점들이 생기게 되며, 사실적 쟁점들은 도덕적 판단을 내리는 데 매우 중요하다. 무엇보다도, 공학윤리문제를 해결하기 위해 우선적으로 해야 할 일은 문제와 관련된 사실들에만 초점을 맞추는 것이다. 공학윤리문제에서 관련된 사실들을 분류하는 윤리적 기준은 전문직 윤리헌장, 일반윤리, 개인윤리 등이다.

이제 서론에 제시된 벤젠 사례를 가지고 공학윤리문제의 윤리적 판단을 위해 우선적으로 점검해야 할 사실적 쟁점의 중요성을 알아보기로 한다. 도덕적 쟁점으로 보이는 불일치는 종종 관련된 사실들로부터 발생될 때가 많다. 이 사례에 의하면 1977년 미국 노동안전위생국이 근로자에게 노출되는 벤젠노출량을 10 ppm에서 1 ppm으로 줄여야 한다는 벤젠노출량 허용기준치를 발표했을 때 미국 대법원에서 이에 대하여 제재를 가했다. 그 주된 이유는 벤젠노출량의 정도에 따라 인간 생명에 영향을 미치는가 하는 사실적 쟁점이 문제였다. 노동안전위생국은 기업의 현실과 국가 경제의 현실을 무시한 채 오직 작업장에서 근로자들의 생명의 문제에만 초점을 맞추고, 벤젠노출량과 인체에 미치는 영향에 대한 구체적인 근거가 없이 벤젠노출량을 당시 허용량의 1/10로 줄이고자 하였다. 반면에, 대법원은 최대 다수의 최대 행복에 기초한 공리주의의 입장에서 벤젠노출량 10 ppm은 인간 생명에 별 문제가 없다는 사실을 고려하여 판결한 사례이다.

만일 이 새로운 기준치를 준수하려면, 기업 입장에서는 수백만 달러의 비용이 들지만, 노동안전위생국 관리들은 인간존중이라는 명분 아래서 관리 자신들은 이에 대한 비용을 지불할 필요가 없지만 사회적으로는 엄청난 비용이 드는 일이므로 무책임한 행동을 하고 있다고 볼 수 있다. 하지만, "이 문제는 사람의 생명이 걸려있는 문제야! 1 ppm보다 많은 벤젠노출량에 당신의 자녀들이 노출되는 것을 원하는가?" 하며 황금률을 적용하여 인간 생명의 문제는 절대적으로 중요한 것이라는 시각으로 볼 수도 있다. 그렇지만, 이 모든 견해는 모두 과학적 근거, 사실적 근거에 바탕을 두어야만 한다. 그 당시로서는 10 ppm 이내의 벤젠노출이 치명적으로 해로운 결과를 가져온다는 어떤 과학적 근거도 없었기 때문에 노동안전위생국의 제안은 대법원에서 받아들여지지 않았다. 일반적으로 사실적 쟁점에 관련된 정보들을 얻는 것은 힘들고, 때로는 그 정보들을 어떻게 얻을 수 있는지조차 생각하기 어려울 때도 있다.

사실적 쟁점을 해결하기 위해서는 윤리적 쟁점이 되는 사실을 서로 동의할 수 있는 정도로 표현해야 한다. 예를 들면, 작업장에서 허용할 수 있는 벤젠노출량에 대한 사실적 쟁점을 해결하기 위해서는 10 ppm 이내의 벤젠노출에서도 근로자의 생명에 해롭다는 과학적인 증거가 없으므로 '10 ppm이내의 벤젠이 작업장 근로자의 생명에 위협이 될 수 있다.' 라는 표현보다는 '10 ppm이내의 벤젠이 작업장 근로자의 건강에 위협이 될 수 있다.' 라고 포괄적으로 표현한다면 다음 단계로 논의를 진행할 수 있을 것이다.

도덕적 쟁점과 관련된 사실들 가운데 많은 것은 알려져 있지만, 때로는 어떤 사실들은 알려져 있지 않다. 그러므로 일반적으로 모든 도덕적인 불일치가 확실하게 해결될 수는 없다.

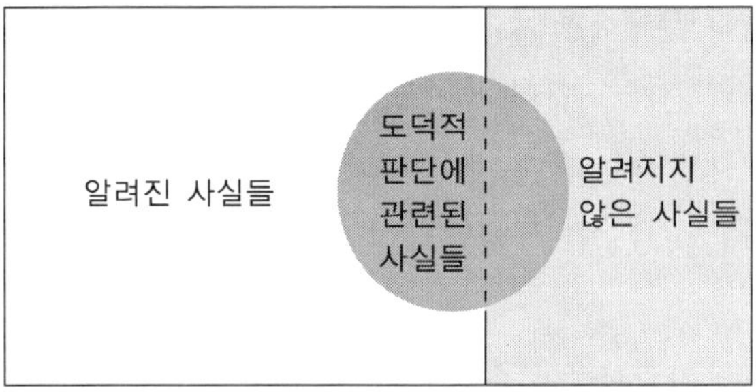

그림 2.1 관련 사실들에 대한 파악

그림 2.1에 표시된 바와 같이, 관련된 사실들과 관련 없는 사실들을 구별하는 것뿐만 아니라 알려져 있는 관련된 사실들과 알려지지 않은 관련된 사실들을 구별하는 것도 중요하다. 그림 2.1에서 보여주듯이 우리는 도덕적 문제의 해결에 관련된 사실들에 관심을 갖는다. 그렇지만 알려져 있는 관련 사실들은 단지 도덕적 판단에 관련된 사실들 가운데 일부일 뿐이다. 그림 2.1에는 알려진 관련 사실들이 알려지지 않은 관련 사실들보다 더 많은 것처럼 표시되어 있지만, 중요한 것은 도덕적 판단에 밀접하게 관련된 사실들을 제대로 파악하는 것이다. 왜냐하면 단 하나의 알려지지 않은 관련 사실이 윤리적 문제의 해결책을 찾아내는 결정적인 근거가 될 수 있기 때문이다. 따라서 윤리적 문제와 관련되어 있지만 알려지지 않은 사실들도 찾아내서 사실적 쟁점에 대한 해결책을 찾아야 한다.

(2) 개념적 쟁점

개념적 쟁점은 주어진 상황의 도덕적 판단을 위해 가장 핵심이 되는 용어, 즉 개념을 어떻게 정의할 것인가에 대해 다투는 점이다. 개념적 쟁점의 점검은 주어진 상황에서 도덕적 판단에 밀접하게 관련된 사실을 완전히 파악하고 서로 합의를 함으로써 사실적 쟁점이 해결된 후에 진행된다.

개념적 쟁점들은 공학윤리문제와 관련된 용어들 중 애매모호한 것들이 포함되어 있을 때 발생한다. 윤리적 문제에서 개념적 쟁점이 발생하면 문제가 해결되지 않는다. 따라서 주어진 상황에서 문제와 관련된 핵심 용어들에 대한 개념이 잘 정의되어야 한다. 예를 들면, 공중, 안전, 복지, 이해충돌, 뇌물, 기업비밀, 충성 등은 공학윤리문제에서 자주 등장하는 핵심 용어들이다. 특히 이러한 공학윤리에서 민감하게 사용되는 용어들에 대해서는 주어진 공학적 상황에 적합한 정의가 이루어져야 한다.

개념적 쟁점을 좀 더 구체적으로 설명하기 위하여 벤젠 사례를 생각해 보기로 한다. 앞서 작업장의 벤젠 노출량에 대한 사실적 쟁점을 해결하기 위한 표현은 '10 ppm이내의 벤젠이 작업장 근로자의 건강에 위협이 될 수 있다.' 이었다. 그러므로 근로자의 건강에 대한 '위협' 혹은 그 반대되는 용어인 근로자의 건강에 대한 '안전'이 핵심용어이다. 여기서 개념적 쟁점은 작업장에서 근로자의 건강에 대한 '위협' 혹은 건강에 대한 '안전'의 개념을 어떻게 정의하느냐 하는 것이다. 이 용어와 밀접하게 관련된 것은 '어느 정도가 근로자의 건강에 위협인가?'에 대한 정의이다.

벤젠노출량의 사례에서는 벤젠노출량에 따른 실질적인 건강의 위협에 관한 개념으로 인해 미국 노동안전위생국과 대법원 사이에 도덕적 불일치가 생겼다. 노동안전위생국은 "근로자는 언제나 건강에 위협을 받지 않는 환경에서 일해야 하는데, 벤젠노출량 10 ppm 이하에서 암이 발생한 사실은 없지만, 근로자의 피부가 거칠어져서 스킨로션으로 이를 해결하고 있습니다. 이것도 실질적인 건강의 위협의 시초라고 생각합니다." 라고 말할 수 있다. 그때 대법원은 "그것은 근로자의 건강에 대해 너무 엄격하게 생각한 것입니다. 만일 30년간 회사에서 벤젠노출에 의해 생긴 암으로 죽을 확률이 같은 기간 동안 회사에 출퇴근하다가 교통사고로 죽을 확률과 같다고 생각해봅시다. 이 경우 벤젠노출에 의해 실질적으로 근로자의 건강이 위협을 받는다고 할 수 있습니까? 이 정도는 안전하다고 생각할 수 있습니다." 라고 말할 수 있다. 즉 노동안전위생국은 작업장에서 근로자의 건강에 대한 위협이 전혀 없는 '절대적인 안전'을 주장하고, 대법원은 근로자가 받아들일 정도의 위협(영향)은 허용하는 '상대적인 안전'을 주장하고 있다.

이 벤젠노출 사례에서 개념적 쟁점을 해결하기 위해서는 어느 정도의 벤젠의 노출이 근로자의 건강에 얼마나 영향을 미치는지에 대한 연구를 통해 실질적인 정보를 파악해야 한다. 그리고 허용할 만한 위협의 정도는 어느 정도인지도 알아야 한다. 벤젠노출의 근로자의 건강에 대한 영향에 관한 사실을 파악하였을지라도 '허용할 만한'이라는 용어가 사용될 수 있기 위해서는 일반 사람들이 사실만으로 결정할 수 없는 서로 다른 가치기준을 가지고 있다는 것을 용납해야 한다. 왜냐하면 쟁점을 바라보는 사람의 경험과 가치기준에 따라 서로 허용하는 위협의 수준이 다를 수 있기 때문이다. 비록 두 사람이 생각의 차이가 있다고 하더라도, 서로 논쟁을 시도하는 것은 바람직하다. 왜냐하면 적어도 서로 의견의 차이가 왜 생기는지를 더 명확하게 알 수 있기 때문이다. 만약 그들이 '안전'이란 것을 '절대적으로 위협이 없는 수준의 안전'이 아니라 '허용할 만한 위협 수준의 안전'으로 이해해야 한다는 것에 서로 동의한다면, 그들은 수용할 수 있는 합리적인 기준치에 대하여 계속 논의할 수 있을 것이다.

보통 개념에 관한 쟁점은 개념이 특정한 상황에서 어떻게 적용되는가를 잘 알지 못하기 때문에 생겨난다. 그러므로 개념 자체를 그 특정한 상황에 관련된 윤리이론, 법률, 정책 등에 근거해서 적절하게 정의함으로써 개념적 쟁점들에 대한 의견 불일치는 대부분의 경우 바람직하게 해결된다.

(3) 도덕적 기준 쟁점

사실적 쟁점들과 개념적 쟁점들을 해결한다고 해도 주어진 상황의 도덕적 판단을 위해 어떤 도덕적 기준을 적용하는 것이 적절한가에 대해 다툼이 생긴다. 이렇게 주어진 상황에 적용할 도덕적 기준(윤리기준, 정책, 법률 등)에 대한 다투는 점을 도덕적 기준 쟁점이라 한다. 이러한 도덕적 불일치 또는 불확실성을 바람직하게 해결하기 위해서는 기본적으로 정당화된 도덕적 판단과 윤리적 문제 상황에 맞는 윤리기준이나 법률을 적용하여야 한다.

정당화된 도덕적 판단은 일반적으로 두 가지의 중요한 도덕적 개념인 보편성(universality)과 가역성(reversibility) 개념을 기반으로 하여 이루어져야 한다.[4)]

4) 이대식, 김영필, 김영진 공저 *공학윤리*, 인터비젼, p.93, 2003.

보편성의 개념에 의하면, 한 상황에서 옳은 것은 그와 유사한 상황에서도 옳은 것이다. 우리 사회에서는 도덕적 판단의 일관성을 요구하므로 동일한 정보를 가지고 입장에 따라 다른 결론을 내려서는 안 된다는 것이다. 가역성 개념은 거의 모든 문화권에서 쉽게 찾을 수 있는 황금률인 "네가 대접받고자 하는 대로 남을 대접하라."는 것과 같은 개념이다. 가역성 개념은 보편성 개념의 적용에 있어서 특별한 경우로 생각해도 좋다. 즉, 보편성 개념은 우리의 판단이 상황에 따라 변해서는 안 된다는 것을 의미한다.

또한, 공학윤리문제의 도덕적 쟁점들을 도덕적 자율성을 가지고 효과적으로 해결하기 위해서는 다음과 같은 다양한 실천적인 소양들을 갖추어야 한다.[5)]

1. 공학문제에서 물리적 시스템의 문제와 도덕적 문제를 구분할 수 있는 능력을 가져야 한다.
2. 도덕적 문제에서 쟁점들을 분명하게 이해하며, 사실에 근거하여 포괄적으로 비판할 수 있는 능력을 가져야 한다.
3. 쟁점들에 대한 해결방안들을 생각하고, 그 실행의 어려움을 창의적으로 해결할 수 있는 능력을 가져야 한다.
4. 자신의 도덕적 견해를 다른 사람의 견해에 비추어 적절하게 표현하는 데 필요한 윤리용어를 정확히 이해해야 한다.
5. 도덕적 쟁점을 합리적인 대화를 통해 해소할 수 있을 인내심을 길러야 한다.
6. 자신의 전문가로서의 삶과 개인적 가치관이 일치하도록 도덕적 성실성을 유지해야 한다.

도덕적 쟁점들을 해결하는 데 있어서 도덕적 자율성은 그 자체로 가치가 있다. 도덕적 자율성을 가지고 행함은 성숙한 도덕적 조망을 소유한 것을 의미한다. 그리고 도덕적 자율성을 가치 있게 여기는 또 다른 이유는 도덕적 자율성

5) M. W. Martin and R. Schinzinger, *Ethics in Engineering,* 3rd ed., MacGraw-Hill, pp.16~23, 1996.

이 도덕적으로 책임 있는 행동을 계속할 수 있게 하며, 또한 책임 있는 사람이 되는 데 필수적이기 때문이다. 도덕적 쟁점들에 대해 심사숙고할 수 있는 사람들은 도덕적으로 자율적인 개인으로서의 능력을 갖추고 있다고 볼 수 있다. 도덕적 자율성은 윤리적 문제에 대한 진지한 대화를 시작하는 데 전제가 되고 있다. 그리고 추상적인 도덕적 관점들의 발전과 그것들의 실행을 위한 개인의 권리를 인정함으로써 사람들이 인도적인 가치들을 가지고 책임 있게 행동할 수 있는 능력을 갖게 한다. 바로 이러한 도덕적 자율의식을 가지고 공학윤리의 도덕적 쟁점들에 대한 해결책을 찾아야 한다.

2.3 공학윤리문제의 해결방법

공학윤리문제를 성공적으로 분석하기 위해서는 우선 그 문제와 관련된 윤리적 문제의 해결에 도움이 되는 사실들에 대한 정보와 개념들에 대한 정보를 충분히 수집해야 한다. 공학윤리문제에 관련된 정보를 수집하기 위해서는 다음 두 질문에 대한 답들을 생각해야 한다. (1) 공학윤리문제와 관련된 사실들은 어떤 것들이 있는가? (2) 공학윤리문제와 관련된 윤리적 고려사항들은 무엇인가? 이 두 질문은 서로 관련이 있어서 이 질문들에 대해서 서로 독립적으로 답할 수 없는 경우가 많다. 따라서 공학윤리문제를 해결하기 위하여 수집한 많은 사실들 중에서 무엇이 윤리적으로 중요한지를 판단할 줄 아는 안목이 필요하다.

사실적 쟁점들과 개념적 쟁점들이 해결되지 않은 상태에서는 도덕적 판단이 올바르게 이루어질 수 없다. 또한 이 두 가지의 쟁점들이 해결되었다고 하더라도 윤리적 문제가 분명하지 않은 경우가 있다. 이 경우는 패러다임(paradigm)이 분명하지 않은 경우이다. 이러한 경우 이를 분명히 하지 않으면 윤리적 문제 자체가 혼미하게 된다. 그리고 분명하지 않은 상태에서 어떤 결정을 내리는 것은 오히려 더 큰 문제를 일으킬 수도 있다. 여기서 패러다임이란 어떤 행위나 사업을 수행함으로써 얻을 수 있는 목표나 이상을 의미한다. 패러다임에는

“도덕적으로 바람직한 것”과 “도덕적으로 바람직하지 않은 것”이 있다. 전자를 긍정적 패러다임(positive paradigm)이라 하고, 후자를 부정적 패러다임(negative paradigm)이라 한다.

패러다임의 예

1. 전자회사의 제품생산과 판매
   - 긍정적 패러다임 : 결함이 없는 제품을 합당한 가격으로 판매
   - 부정적 패러다임 : 일부 결함이 있지만, 약간 낮은 가격으로 다량판매
2. 화학공장의 폐수처리
   - 긍정적 패러다임 : 폐수처리를 하여 식수원을 보호함
   - 부정적 패러다임 : 폐수처리를 하지 않고, 식수원을 오염시킴

이 절에서는 도덕적 불일치 또는 불확실성이 존재하는 공학윤리문제들을 분석하는 방법들을 개략적으로 설명하기로 한다. 대표적인 분석 방법으로는 선긋기 기법(line-drawing technique), 창의적 중도해결책(creative-middle-way solution), 순서도 기법(flow-chart technique), 7단계 문제해결법(seven-step method for problem solving) 등이 있다.

선긋기 기법은 도덕적 문제를 행동이 분명히 옳은 한쪽(긍정적 패러다임) 끝과 행동이 확실히 잘못된 다른 쪽(부정적 패러다임) 끝을 가진 스펙트럼으로 표현된 선 위에 윤리적 가치를 표현하여 윤리적 문제를 분석하고 해결책을 찾는 방법이다. 도덕적 문제에 관한 고려사항들에 대하여 행동이 확실히 옳은 쪽에 가까운지 아니면 분명히 잘못된 쪽에 가까운지를 결정한다. 그리고 창의적 중도해결책은 가능한 한 모든 관계있는 의무를 만족시킬 수 있도록 상반되는 가치들을 절충해서 해결책을 찾는 방법이다. 순서도 기법은 일련의 결정이 연속될 경우에 유용한 것으로 시각적으로 정보를 제공하고 다음 의사결정을 예상할 수 있다. 한편 7단계 문제해결법은 미국 일리노이 공과대학의 마이클 데이비스(Michael. Davis)가 제안한 것으로 공학윤리문제를 7단계를 거쳐서 분석

하고 해결방안을 검토하는 것이다. 7단계 문제해결법의 특징은 고려할 수 있는 문제해결방안을 여러 관점에서 세심하게 검토하는 점이다.

공학윤리문제의 해결 기법들을 잘 활용하려면 무엇보다도 경험을 바탕으로 한 실제적인 문제해결 능력이 있어야 한다. 판단능력과 창의성은 이와 같은 공학윤리문제 분석기법들을 적용할 때 반드시 필요하며, 경험은 어떤 것으로도 대신할 수 없을 정도로 중요하다. 비록 경험이 없다 할지라도, 가상적 또는 실제적 상황에서 선긋기 기법, 창의적 중도해결책, 순서도 기법과 7단계 문제해결법을 적용하는 연습하는 것이 공학윤리문제에 대한 해결책을 찾는 데 도움이 된다.

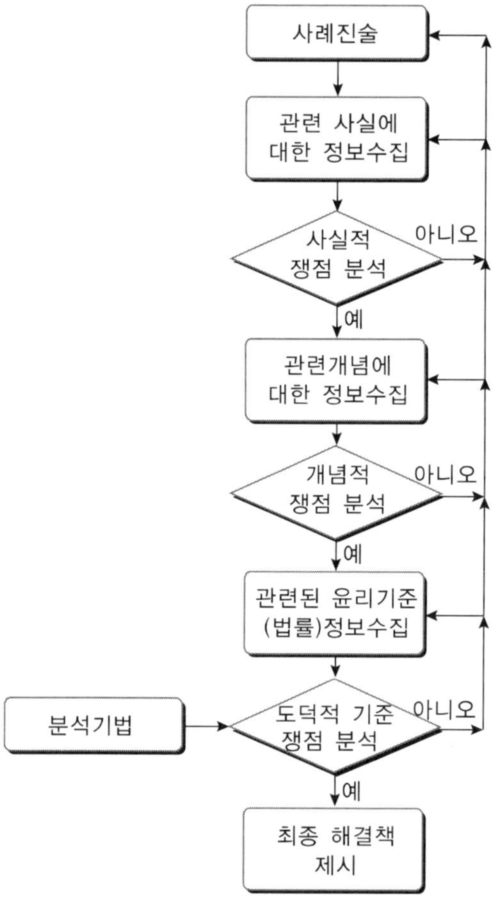

그림 2.2 공학윤리문제의 해결과정

그림 2.2는 공학윤리문제에 대한 해결책을 찾는 과정을 나타낸다. 윤리적 문제를 풀기 위해서는 문제가 주어지면 관련된 사실들에 대한 정보를 찾고 이에 대한 쟁점사항들을 점검하고, 개념적 쟁점들 및 도덕적 기준 쟁점들을 점검한다. 그 후 윤리적 문제에 대한 도덕적 쟁점들에 대하여 분석기법인 선긋기 기법, 창의적 중도해결책, 순서도 기법이나 7단계 문제해결법으로 분석하고, 최종 해결책을 제시한다. 이 모든 과정들이 윤리적 문제와 관련된 새로운 사실들이 발견되거나 개념의 적용에 있어서 문제점이 발견되고 이에 대한 보완이 요구되면 언제라도 피드백 하여 윤리적 문제에 대한 바람직한 해결책을 도출하게 된다.[6)]

2.4 선긋기 기법

선긋기 기법은 적용될 도덕적 원리들, 패러다임 그리고 여러 해결책 중에서 최선의 해결책을 정량적인 분석을 통하여 찾는 기법이다. 많은 도덕적 원리들이 적용될 수 있는데, 이들 중 어느 것을 선택하는 것이 좋은지 결정하기가 어려울 때도 있다. 이와 같은 경우는 대체로 윤리적 판단을 하기 위해 고려된 사항들이 많은 경우이다. 그렇지만 최선책을 찾기 위해서는 고려사항이 충분해야 하며 이에 대한 정확한 분석이 요구된다.

선긋기 기법을 적용하는 데 필요한 도구는 (1) 선(line), (2) 긍정적 패러다임(positive paradigm; PP), (3) 부정적 패러다임(negative paradigm; NP), (4) 고려사항 등이다. PP와 NP는 각각 도덕적으로 허용될 수 있는 것과 허용될 수 없는 것으로 정의된다. 고려사항은 가상적 상황과 실제적 상황을 충분히 고려하여 선정되어야 하며, 선정된 고려사항은 주어진 공학윤리문제를 도덕적으로 판단을 하는 데 중요도에 따라 나열된다. 선긋기 기법의 실행순서를 정리하면 다

6) C. E. Harris et. al., *Engineering Ethics,* 2nd ed., Wadsworth, pp.55~56, 2000.

음과 같다.[7)]

1. 문제를 해결하기 위해 선택하고자 하는 방안을 제시한다.
2. 문제 해결을 위한 고려사항들을 선정하고, 각 고려사항의 가중치를 결정한다.
3. 선택방안에 적합한 긍정적인 패러다임과 부정적인 패러다임을 결정한다.
4. 선을 긋고, 선들의 왼쪽 끝에는 고려사항의 부정적 패러디임들을 오른쪽 끝에는 긍정적 패러다임들을 중요도에 따라 나열한다.
5. 경험과 도덕적 원리를 바탕으로 하여 각 고려사항에 대한 실제 상황을 심도 있게 평가하고, 선 위에 평가점수의 위치를 ×로 표시한다.
6. 평가점수를 합산하여 선택방안이 합당한지를 판단한다.

선긋기 기법은 실제로 정책결정을 위한 회의에서 많이 사용되고 있다. 이를 잘못 사용하게 되면, 당연히 정확하지 않은 결과를 가져온다. 따라서 패러다임의 정의, 적절한 고려사항의 선정, 합리적인 가중치 부여 등을 객관성 있게 실행하여야 한다. 선긋기 기법을 올바르게 사용하기 위해서는 다음과 같은 사항들을 고려해서 선긋기 기법을 실행하는 것이 바람직하다.

1. 선택방안은 내용이 사실적 쟁점과 관련이 있고, 보편적으로 수행하는 방안을 제시한다. 선택방안을 제시할 때, 그 방안의 옳고 그름을 판단하는 단어는 배제한다.
2. 고려사항은 해결하고자 하는 윤리적 문제에 관련된 사람이나 대상의 이해관계에 영향을 미치는 요인들을 말한다. 이 고려사항들은 선택방안을 윤리적으로 판단하는 사람들의 경험과 유사사례를 참고하여 선정해야 한다.
3. 선정된 고려사항들을 서로 비교하여 평가의 내용이 중복되지 않게 하고, 정량적으로 분석하기 위하여 고려사항의 중요도에 따라 가중치를 부여한

---

7) 이대식, 김영필, 김영진 공저 *공학윤리*, 인터비젼, p.101, 2003.

다. 고려사항의 중요도는 경험과 유사사례에 근거하여 결정한다.

4. 패러다임을 정할 때, 긍정적 패러다임은 선택방안이 허용될 수 있는 것이어야 하고, 부정적 패러다임은 선택방안이 허용될 수 없는 것으로 결정해야 한다.

선긋기 기법은 윤리적 문제를 분석하고 종합하는 기법이다. 그렇지만 선긋기 기법은 윤리적 결정을 도출할 뿐만 아니라, 기존 결정이나 실천의 정확성과 윤리성의 검증을 위해서도 사용될 수 있다. 따라서 선긋기 기법은 윤리문제 분석과 해결책에 대한 평가를 위해 사용될 수 있으므로 선긋기 기법이 양심적이고 객관적으로 사용된다면 대단히 강력한 분석 도구임에 틀림없다.

이제 앞에서 나온 아이디어 활용과 정보유출에 관한 K의 사례에 선긋기 기법을 적용해 보기로 한다. K가 A회사에서 근무하는 동안 구상했던 아이디어들을 B회사에서 활용하는 것을 선택방안으로 하여 도덕적으로 허용할 수 있는 일인지 없는 일인지 판단해보고자 한다. 그래서 새로운 직장에서 자기의 아이디어들을 활용하는 것에 관해 긍정적 패러다임과 부정적 패러다임을 자신의 상황을 고려하면서 비교해보기로 하였다. 우선적으로 선택방안을 평가하기 위한 고려사항들의 부정적 패러다임과 긍정적 패러다임을 나열한 표를 만들어야 한다. 예를 들면, A회사에서 구상했던 자신의 아이디어들을 B회사로 가져가는 것에 A회사가 반대하는 것으로 생각된다면, 업무상 취득한 정보의 누설금지에 관한 서약을 위반하는 것이므로 부정적 패러다임이다. 또한, B회사로 자신의 아이디어들을 가져가는 것에 찬성하는 것으로 생각된다면, A회사로부터 허락을 받은 것이므로 긍정적 패러다임이다.

표 2.1에는 K의 사례에 대한 패러다임의 특징들이 나열되어 있다. 부정적 패러다임의 특징들은 선택방안이 도덕적으로 허용될 수 없는 경우이고, 긍정적 패러디임의 특징들은 선택방안이 도덕적으로 허용되는 경우이다. 일단 K가 A회사에서 구상한 아이디어를 B회사에서 활용하는 것에 대한 부정적 그리고 긍정적 패러다임들의 주요 특징들을 선택한 후, 그 패러다임의 특징들을 비교해

표 2.1 K의 사례에 대한 패러다임의 특징들

[선택방안 : A회사에서 구상한 아이디어를 B회사에서 활용한다.]

고려사항	부정적 패러다임 (부당하다)	긍정적 패러다임 (합당하다)
A사 서약서 위반 여부	A사의 서약을 위반	A사의 정보공개 허가 받음
A사와 B사는 경쟁 여부	A사와 B사는 경쟁사	A사와 B사는 경쟁사 아님
아이디어 구상에 A사의 참여자 유무	A사에서 함께 구상한 아이디어	K의 단독 아이디어
아이디어 구상과 A사 업무의 관계 유무	모든 아이디어 근무 중 개발	모든 아이디어 근무 외 개발
A사의 시설/장비 사용 여부	A사의 연구실/장비 많이 사용	A사의 연구실/장비 사용 안함

볼 수 있다. 예를 들면, K의 사례에서 부정적 패러다임의 특징은 K가 A회사에서 자기의 아이디어와 관련된 내용이 포함되어 있는 직무 서약서에 서명하였는데, K가 B회사에 근무하면서 그 아이디어의 활용허가를 A회사로부터 받지 않은 경우이다. 그리고 긍정적 패러디임의 특징은 A회사와 B회사가 생산하는

표 2.2 K의 아이디어 활용에 관한 선긋기 분석

[선택방안 : A회사에서 구상한 아이디어를 B회사에서 활용한다.]

고려사항	부정적 패러다임 (NP)	평 가											긍정적 패러다임 (PP)	가중치	가중 평가점수
		0	1	2	3	4	5	6	7	8	9	10			
A사의 허락	안 받음			X									받음	3	6
A와 B사의 경쟁	경쟁 관계					X							경쟁 관계 아님	3	12
아이디어 구상에 A사의 참여자	있음							X					없음	2	12
A사의 업무와 관계	업무 중 개발									X			업무 외 개발	1	8
A사의 시설/장비 사용	많이 사용						X						사용 안 함	1	5
합 계	–	–											–	10	43/100

제품이 경쟁 관계가 아닌 경우이다.[8)]

K는 이 아이디어의 활용에 관한 윤리적 분석을 하면서 고려사항들에 대해 충분하게 생각하지 않았다는 것을 알게 되었다. 예를 들어, K는 A회사에서 자기의 아이디어들을 구상하는 데 도움을 줄 수 있었을지도 모를 누군가에 대해 충분히 고려하지 않았다. K가 자기 자신만의 시간을 이용하여 자기의 아이디어들을 구상했을지라도 K는 A회사의 연구실과 장비가 아이디어 구상에 중요한 역할을 했음을 깨닫게 되었다. 또한 K가 A회사에서 일할 때는 A회사와 B회사가 경쟁사가 아니었지만, 지금 두 회사는 K가 구상한 아이디어 영역에서는 경쟁사가 될지도 모른다. 그리고 그 아이디어들이 A회사에서 다른 사람들과 함께 구상되었다고 하자. 표 2.2는 이와 같은 상황을 고려하여 선 위에 합리적으로 평가한 점수의 위치들을 ×로 표시한 것이다. 표 2.2에서 긍정적인 패러다임(PP)은 K가 도덕적으로 아무런 꺼림 없이 B회사에서 자신의 아이디어를 활용할 수 있는 경우이고, 부정적인 패러다임(NP)은 A회사의 허락 없이는 K가 자신의 아이디어를 B회사에서 활용할 수 없는 경우이다.

표 2.2에 표시된 대로 K가 공학윤리문제의 상황을 확실하게 이해하고 있다고 생각할 수 있지만, K는 어떻게 결론을 내려야 할지에 대해 여전히 고민할지도 모른다. 왜냐하면 어떤 고려사항들은 부정적 패러다임으로 기우는가 하면, 어떤 고려사항들은 긍정적 패러다임으로 기울어 있기 때문이다. 또한 고려사항들이 윤리적인 면에서 그 중요도가 다를 수 있으므로 각 고려사항의 중요도에 따른 가중치를 부여하여 평가해야 한다. 가중치는 각 고려사항의 중요도에 따라 부여하며 표 2.2에서는 편의상 가중치의 합계가 10이 되도록 하였다. 그러나 실제 선긋기 분석에서는 가중치의 합계를 반드시 10점으로 할 필요는 없다. 각 항목에 대한 평가점수는 완전히 긍정적 패러다임이면 10점, 그리고 완전히 부정적 패러다임이면 0점을 부여한다. 가중된 평가점수는 각 항목에 대한 가중치와 평가점수를 곱한 점수이다. 따라서 모든 항목들이 모두 완전한 긍정적 패러다임이면 100점이 되도록 구성되어 있다. 표 2.2와 같은 선긋기 분석표를 활

---

8) C. E. Harris et. al., *Engineering Ethics,* 3rd ed., Thomson Wadsworth, pp.67~69, 2005.

용하면, 고려사항들의 중요도를 고려하면서 윤리적 문제를 좀 더 정량적으로 분석함으로써 공학윤리문제에 대한 해결책을 도출할 수 있다. 공학윤리문제의 상황에 따라 다르고 주관적이기는 하지만, 여기서는 평가된 합계점수가 100점 만점에 75점 이상이면 긍정적 패러다임으로 선택방안이 합당한 것으로 결론을 내리고, 25점 이하이면 부정적 패러다임으로 선택방안이 합당하지 못한 것으로 결론을 내리는 것을 제안한다. 그러나 평가된 합계 점수가 25점 보다 많고 75점 보다 적으면, 차선책으로 쌍방의 이해관계를 절충하는 창의적 중도해결책으로 여러 방안들을 제안하여 우선순위에 따라 공학윤리 문제를 해결한다.

선긋기 기법을 적용할 때 다음과 같은 점들을 주의해야 한다.

첫째, 모호한 상황일수록 도덕적으로 받아들일 만한지 아닌지를 결정하기 위하여 그 특정한 상황에 대해 좀 더 자세하게 살펴보아야 한다. 예로써, K의 사례에서 A회사에서 구상했던 아이디어들을 전혀 다른 화학공정을 하는 B회사에서 활용할 수 있는가는 아이디어의 본질과 A회사가 B회사의 정책을 알고 있느냐는 것이 중요하다.

둘째, 일련의 모호한 상황들 사이에 경계를 무리하게 설정해서는 안 된다. 왜냐하면 경계설정을 강요하는 것은 독단적인 요소가 포함되고, 잘못된 결론을 내릴 수 있기 때문이다. 그렇지만 주어진 상황과 관련해서 부득이 하게 허용할 수밖에 없는 것을 구분하는 규정들이 있는 것이 바람직하다. 그렇지만 이러한 규정들이 있음에도 불구하고, 행위의 도덕성 여부를 판단하는 과정을 반드시 거쳐야 한다.

셋째, 한 가지 고려사항에만 집중하지 말고, 주어진 상황과 관련된 모든 고려사항을 전반적으로 검토해야 한다. 왜냐하면 한 가지 고려사항에만 집중하면, 주어진 상황을 판단하기 위해 포함해야 할 고려사항들을 놓치거나 고려사항들의 중요도 판단에 오류를 범할 수 있기 때문이다.

넷째, 주어진 상황과 유사한 사례를 찾고, 그것과 비교검토해서 관련된 패러다임을 결정하려고 노력해야 한다. 왜냐하면 선긋기 기법은 유사한 판례들을 선례로 삼아 판결하는 관습법과 닮은 점이 있기 때문이다. 그러므로 유사한 사례들은 유사하게 다루어야 한다는 것에 주의하면서 관련된 도덕 규칙이나 원칙들을 이용하여 윤리적 문제를 해결해야 한다.

2.5 창의적 중도해결책[9)]

공학윤리문제에 대한 윤리적 분석을 수행한 후, 이에 대한 최종 해결책은 크게 다음과 같은 세 가지의 형태로 나올 수 있다.

(1) 최선의 해결책 : 인간존중 원리에 따라 의무윤리를 적용하는 해결책이다. 예를 들면, 공공 시설물을 설치하는 데, 비용을 최소화하려는 고용주의 요구와 공중의 건강과 안전을 도모해야 하는 엔지니어의 의무 사이에서 공중의 건강과 안전을 위한 대책을 우선적으로 선택하는 것이다. 이러한 선택은 의무윤리에 따른 최선책이지만, 경제적 측면에서는 바람직한 선택이 아닐 수도 있다.

(2) 차선의 해결책 : 인간존중 원리에 따르지 않고, 관련된 다수의 사람들의 경제적 이익을 최대화할 수 있는 해결책이다. 이 해결책은 '고육지책'이라고도 하며, 관련된 사람들이 고통과 모험을 감수해야 하는 방안이다. 예를 들면, 우주왕복선 챌린저호에 공학적 설계의 문제점이 있는 것을 알면서도 최고경영자들은 발사를 결정하여 우주선의 탑승자들을 모두 죽게 한 것이다. 이러한 결정을 하게 된 것은 장래 우주왕복선 프로그램의 예산확보, 제작사인 사이오콜사의 해고 방지 등의 경제적인 이유를 더 중요하게 생각했기 때문이다.

(3) 창의적 중도해결책 : 인간존중 원리에 따르는 최선책과 관련 사람들의 경제적 이익을 최대화하는 차선책을 절충하는 해결책이다. 이러한 절충방

---

9) C. E. Harris et al., *Engineering Ethics,* 3rd ed., Thomson Wadsworth, pp.69~73, 2005.

안을 찾아내기 위해서는 새로운 아이디어를 만들어내야 하므로 '창의적'이라 한다. 이 창의적 중도해결책을 찾기 위해서는 최선책의 지지자와 차선책의 지지자 모두가 수용할 수 있는 근거를 확보해야 하고, 서로 양보가 필요하므로 인내하면서 대화해야 한다.

우리는 가끔 실제적이고 중요한 가치를 소홀히 하면서 또 다른 이유 때문에 우리가 바람직하지 않다고 생각하는 어려운 선택을 해야만 할 때도 있다. 그러나 이러한 어려운 선택을 하기 보다는 모든 충돌하는 요구들을 부분적으로 충족시킬 수 있는 해법인 창의적 중도해결책을 찾아보는 것이 좋다고 생각한다. 왜냐하면 대부분의 상황에서 모든 가치들은 우리에게 합당한 것들이므로 가치가 서로 충돌할 경우에는 그 가치들 각각을 존중하는 방법을 찾는 것이 바람직하기 때문이다.

이러한 접근법을 아이디어 활용과 정보유출 사례에 적용하면, 새로운 가능성 있는 해결책이 제시될 수 있을 것이다. 선긋기 기법을 적용한 K는 자신이 A회사에서 근무하고 있을 때 구상했던 아이디어들을 B회사에서도 활용해도 괜찮은지 여전히 불확실해 하고 있었다. 그래서 K는 자기의 이러한 고민을 A회사에 알리고 A회사로부터 이에 대한 답을 기다리는 것이 좋을 것이라고 생각했다. 만약 A회사와 협의 없이 A회사에 있을 때 구상했던 아이디어들을 B회사에서 활용하고 있다는 것을 A회사가 알게 된다면, K와 B회사는 심각한 어려움에 빠질 수도 있을 것이다.

그림 2.3은 충돌하는 윤리적 가치들 사이에서 창의적 중도해결책을 찾는 과정을 나타낸다. 만약 사실적 쟁점들과 개념적 쟁점들을 분석하여 해결한 후, 도덕적 가치들의 충돌로 인해 도덕적 쟁점을 해결하는 데 충분하지 않다면, 충돌하는 가치들을 세세히 열거함으로써 도덕적 충돌을 해결하는 일을 시작할 수 있다. 그 다음 의무윤리를 적용하는 최선의 해결책을 선택할지, 대단히 모험적인 차선책을 선택할지 또는 도덕적 충돌에 대한 쌍방 간의 대화를 통해 창의적 중도해결책을 선택할지를 결정해야 한다. 충돌하는 도덕적 가치들을 더 세밀하

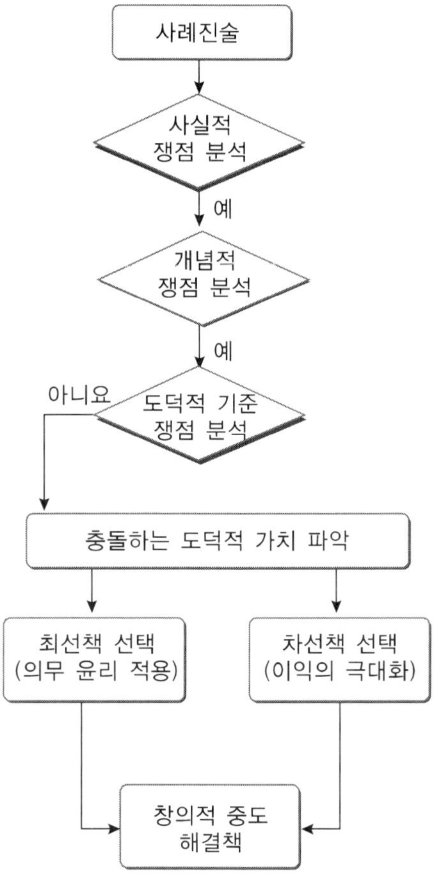

그림 2.3 창의적 중도해결책 찾는 과정

게 분석하고 해결책을 찾기 위해서는 주어진 상황에 관련된 사실들을 더 많이 수집하고, 개념적인 쟁점들을 다시 정리할 필요가 있고, 도덕적 쟁점들을 정당화된 도덕적 판단을 통해 분석할 필요가 있다. 이렇게 세밀하게 분석한 내용들을 종합하면 윤리적 문제에 대한 아주 적절한 해결책을 도출할 수 있다.

다음 사례에서 윤리적인 쟁점들을 분석하고, 선긋기 기법과 창의적 중도해결책으로 윤리문제를 해결하는 과정을 살펴보자.

사례요약

SG석유화학의 구매부에 근무하는 K부장은 새로 건설 중인 화학플랜트에 들어갈 밸브를 구매하기 위하여 공개입찰을 실시하고, 응모한 업체들의 제품을 검토하였다. 그중 타 회사의 제품보다 품질 및 가격조건이 우수한 H사의 제품을 선정하였다. H사의 밸브를 다량으로 주문하고 3개월이 지난 후, K부장의 절친한 고향친구이자 H사의 임원 L이 K부장을 방문하여 일본 큐슈 2박3일 여행을 예약해두었다고 같이 가자고 한다. 가끔 같이 여행을 다녔다. K부장이 이 여행을 같이 가도 되는가?

▶ 사실적 쟁점

고향 친구인 H사의 임원이 K부장에게 예약해준 유럽여행을 가도 되는가?

▶ 개념적 쟁점

뇌물 - 직권을 이용하여 특별한 편의를 보아 달라는 뜻으로 주는 부정한 금품

▶ 도덕적 기준 쟁점

미국 전기전자공학회(IEEE) 윤리헌장 4항 "어떤 형태이든 뇌물을 거절한다."를 위반한 것이 아닌가?

▶ 선긋기 분석

고향친구가 제의한 금품이 도덕적으로 합당한 선물인가 혹은 부당한 뇌물인지를 판단하기 위해서는 금품의 전달시기와 그 금품으로 인하여 업무에 영향을 미쳤는지 여부를 파악해야 한다. 그러므로 선긋기 분석의 고려사항은 금품의 제의나 전달시기, 금품의 가격과 구매하는 제품의 품질이다. 또한 고려사항의 가중치는 금품의 가격과 구매하는 제품의 품질에 비중을 두었다. 고향친구의 일본 큐슈여행 제안을 받아들일 수 있는 경우를 긍정적인 패러다임으로 정한 선긋기 분석 결과는 표 2.3과 같다.

표 2.3 고향친구가 제의한 금품의 선긋기분석

[선택방안 : K부장이 고향친구의 일본여행 제안을 받아들인다.]

고려사항	부정적인 패러다임	평 가 0 1 2 3 4 5 6 7 8 9 10	긍정적인 패러다임	가중치	가중 평가점수
금품 제의시기	주문 전	------------------ X -------	주문 후	1	7
금품의 가격	높다	-------- X ------------------	낮다	2	6
제품의 품질	낮다	------------------------ X --	높다	2	18
합 계	-	-	-	5	31/50

가중평가점수는 50점 만점에 31점이어서 여러 상황을 잘 살펴서 창의적 중도해결책을 모색해야 한다. H사 제품의 주문이 끝난 지 3개월이 지났고 일본 큐슈여행비용이 100만 원 정도이지만, 차후 밸브의 구매업체 선정에 영향을 미칠 수 있고, 오해의 소지가 있으므로 고향친구의 제의를 정중하게 거절해야 한다.

2.6 순서도 기법[10)]

순서도는 공학도들에게 매우 친숙한 도구로 컴퓨터 프로그램의 개발에서 많이 사용된다. 공학윤리에서 순서도 기법은 사례에 여러 사건이 관련되어 있거나 각 결정에 따른 결과가 여러 가지인 경우에 유용하다. 왜냐하면 순서도를 이용하여 윤리적 문제들을 분석하면, 복잡한 상황을 그림으로 표현하므로 각 결정에 따른 결과를 쉽게 파악할 수 있기 때문이다.

앞 절에 기술된 선긋기 기법과 마찬가지로 주어진 상황에 꼭 맞는 순서도가 존재하는 것은 아니다. 실제 동일한 상황일지라도 보는 각도에 따라 각기 다른 순서도를 작성할 수 있다. 그렇지만 앞에서 강조한 바와 같이 분석결과의 도덕

10) 이광수, 이재성 공역(C. B. Fleddermann 원저), *공학윤리*, 3판, 홍릉과학출판사, pp.66~68, 2009.

적 정당성을 확보하기 위해서 최대한 객관적인 자료에 근거해서 정직하게 순서도를 작성해야 한다.

인도의 보팔 가스 누출사고를 순서도 기법으로 분석해보자. 1984년 12월 2일 밤 인도 보팔 시에 있는 미국계 화학회사 유니온 카바이드사의 살충제 제조공장에서 독성 물질인 이소시안메틸(MIC)이 저장탱크에서 2시간 동안 유출되었다. 이 누출사고로 보팔 주변의 주민 2500~3000명이 죽었고 만 명이 영구 불구가 되었으며 10만에서 20만 명이 부상을 입었다.[11] 이 보팔 참사의 주원인은 화학공장의 여러 안전장치들을 제대로 점검하여 보수하지 않은 것이었다. 이와 같은 참사가 발생하지 않도록 하기 위해서 유니온 카바이드사가 인도의 보팔에 살충제공장을 건설하기 전에 어떤 절차를 거쳐야 했는가를 순서도 기법으로 검토해보자.

그림 2.4는 유니온 카바이드사가 인도 보팔에 살충제 제조공장을 지을 것인지의 여부를 결정하는 과정을 나타내고 있다. 당시 인도의 유독성 물질 생산에 관한 안전법규는 미국만큼 엄격하지 않았으므로 공장 인근지역의 안전을 위한 최소한의 기준을 결정하고, 그 안전설비를 위한 비용의 타당성을 검토해야 했다. 그렇지만 비용이 많이 소요될 것으로 생각하여 공장운영에 관한 최소한의 안전기준을 정하지 않고 안전설비가 부족한 살충제 제조공장을 건설함으로써 그 공장의 근로자들과 인근 주민들이 영문도 모르고 엄청난 피해를 입는 결과를 초래했다. 이는 선진국 기업이 자국에서 유통이 금지된 독성물질을 개발도상국에 수출하여 그 나라의 국민이 큰 피해를 본 사례이다. 이후 개발도상국의 입장을 고려하여 유해 화학물질과 살충제의 유통을 규제하는 협약이 체결되었다.[12]

윤리적 문제를 해결하기 위해 순서도 기법을 효과적으로 사용하는 비결은 관련된 상황을 고려하여 가능한 해결책을 창의적으로 결정하는 것이다. 또한 해결방안에 대한 분석 결과가 부정적일 경우에 그 프로젝트를 과감하게 중지하는 것이다.

11) 전영록 외 8인 공역(M.Martin 원저), *공학윤리*, 4판, p.342, 교보문고, 2009.
12) 김정식, 최우승 공저, *공학윤리*, 연학사, pp.214~217, 2009.

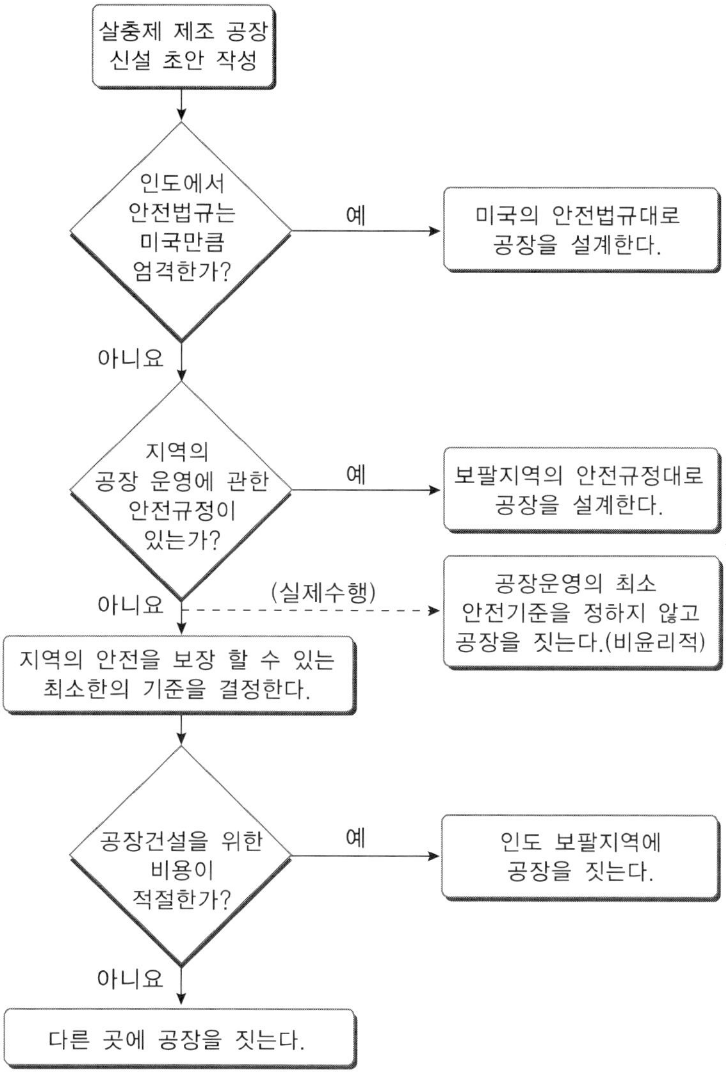

그림 2.4 인도 보팔공장의 건설을 위한 검토과정

2.7 7단계 문제해결법

7단계 문제해결법은 미국 일리노이 공과대학의 마이클 데이비스(Michael. Davis)가 제안한 공학윤리문제 해결방법이다. 이 방법은 우선 공학윤리문제에서 윤리적 쟁점들과 관련된 요인들을 파악하고, 쟁점을 해결하기 위하여 선택할 방안들을 열거한다. 열거된 선택할 방안들이 도덕적으로 정당한지를 판단하기 위해서 보편성 및 가역성 측면에서 검토하여 합당한 것을 선택한다. 마지막으로 선택한 방안에 대한 윤리적 문제점을 점검하고, 그 개선을 위해 전체 과정을 다시 검토한다. 7단계 문제해결법의 특징은 취할 수 있는 방안들을 여러 각도에서 세심하게 검토하는 점이다. 마이클 데이비스가 제시한 7단계 문제해결법을 간략히 정리하면 다음과 같다.[13)]

1. 윤리적 문제를 명확하게 진술한다.
2. 사실 관계를 검토한다.
3. 쟁점과 관련된 요인, 조건 등을 구별한다.
4. 쟁점을 해결하기 위하여 선택할 방안들을 열거한다.
5. 선택할 방안들을 다음과 같은 관점에서 검토한다.
   - 피해 시험(harm test) : 이 방안이 남에게 피해를 주는 것이 아닌가?
   - 공공성 시험(publicity test) : 이 방안이 신문이나 방송에 보도된다면 어떻게 될 것인가?
   - 자기 방위 시험(defensibility test) : 자신의 의사결정을 공청회나 공적인 위원회에서 변명할 수 있을까?
   - 가역성 시험(reversibility test) : 자신이 그 방안을 실행해서 피해를 받더라도 그 결정을 지지할 것인가?
   - 동료 평가시험(colleague test) : 그 방안을 동료에게 설명했을 경우에 동료는 어떻게 생각할 것인가?

---

13) 김정식, 최우승 공저, *공학윤리*, 연학사, pp.274~277, 2009.

- 전문가집단 시험(professional test) : 자신이 소속된 전문가협회에서는 그 방안을 어떻게 생각할 것인가?
- 기업조직체 시험(organization test): 자기 회사의 윤리담당 부서 담당자나 자문 변호사는 그 방안을 알고 있을까?

6. 1단계부터 5단계까지 검토한 결과를 바탕으로 수행할 방안을 선택한다.
7. 최종 선택한 방안에 윤리적 문제가 없는지를 살펴보고, 그 문제를 개선하기 위해 1단계부터 6단계까지 다시 검토한다.

윤리적인 의사결정을 하기 위한 단계를 잘 알고 있다고 하여도 실제 현장에서는 전문가인 기술자가 전혀 그런 판단을 할 수 없는 상황에 놓여있을 수도 있다. 그러므로 전문가로서 도덕적 자율성을 유지하면서 보다 좋은 해결책을 찾아내기 위해서는 사전에 불가피한 결정을 해야 하는 상황을 충분히 알아야만 한다.

7단계 문제해결법을 적용하여 사례에서 윤리적 쟁점들을 분석하고, 관련된 상황을 고려한 해결책을 결정하는 과정을 살펴보자.[14)]

사례요약

한국 S전자회사가 전자파가 발생하는 휴대폰을 생산하여 판매하고자 한다. 이 휴대폰의 생산을 결정하는 과정에서 발생하는 윤리적 쟁점들을 분석하고, 현실적으로 적합한 해결방안을 제시하라.

1. 윤리적 문제를 명확하게 진술한다.

ⓐ 전자파가 발생하는 휴대폰 제작은 소비자의 건강을 해칠 수 있으므로 '남

14) 금교영, "영남대 공학윤리교육", 2010 한국공학교육학회 공학윤리 워크숍 자료집, pp.51~55.

에게 해를 끼쳐서는 안 된다.'는 의무윤리 위반이다.

ⓑ 전자파가 발생하는 휴대폰 제작은 '공중의 안전, 건강, 복지에 부합되는 공학적 결정을 하는 것에 책임지고, 인간이나 환경을 위협할지도 모르는 요인들을 즉시 알린다.' 라는 미국 전기전자공학회(IEEE) 윤리헌장에 위배된다.

ⓒ 건강의 피해를 최소화하면서 값이 비싸지 않은 휴대폰을 제작·판매하여 소비자의 편리를 도모하는 것은 많은 사람에게 유익을 주는 공리주의 원리에 합당하다.

2. 사실 관계를 검토한다.

ⓐ 스웨덴 룬드대학 리프 샐퍼드 교수 연구팀은 쥐의 실험을 통해서 "휴대폰 전자파가 뇌의 학습, 기억과 운동기능을 담당하는 핵심 세포들을 파괴하고, 치매의 조기 발병을 촉발시킬 수 있다"고 한다.

ⓑ 영국 브리스톨대학 앨런 프리스 교수 연구팀은 휴대폰 전자파가 나오는 헤드셋을 쓰고 컴퓨터 모니터에 나타나는 단어들에 대한 반응도를 조사해 본 결과, "휴대폰 전자파에 일시적인 노출은 인체 건강에 해를 끼치지 않는다"고 한다.

ⓒ 미국 연방통신위원회를 비롯한 여러 나라의 통신위원회는 휴대폰의 전자파 허용기준(인체질량 1kg당 전자파흡수율)을 1.6W/kg으로 제한하고 있다.

ⓓ 미국 환경단체는 최근 보고서에서 "10년 이상 휴대폰을 쓰면 뇌종양 걸릴 위험이 급증하며, 어린이의 전자파 흡수율은 성인보다 두 배 이상 높다"고 한다.

3. 쟁점과 관련된 요인, 조건 등을 구별한다.

ⓐ 아직 세계가 통용하고 있는 휴대폰 전자파 허용기준은 미국 연방통신위원회가 제안하고 있는 허용기준인 1.6W/kg이다.

ⓑ 휴대폰의 제작 단가를 낮춰서 전자파는 비록 많이 방출되지만 값싼 휴대폰을 공급하도록 하고 그 대신에 이어폰의 사용을 적극적으로 권장할 수 있다.

ⓒ 최근 기술력의 향상에 따라 요즘 제작하는 휴대폰의 전자파 흡수율이 허용기준에 훨씬 못 미치는 0.53~1.1W/kg이므로 휴대폰을 제작할 때, 휴대폰 전자파의 인체 피해는 고려할 필요가 없다.

4. 선택할 수 있는 제작방안들을 생각한다.

ⓐ 미국 연방통신위원회가 정한 휴대폰의 전자파 허용기준 1.6W/kg을 초과하지 않도록 휴대폰을 제작한다.

ⓑ 전자파 허용기준 1.6W/kg을 초과하지 않도록 휴대폰을 제작하고, 그 대신에 이어폰의 사용을 적극적으로 권장한다.

ⓒ 기술력의 향상에 따라 제작하는 휴대폰의 전자파 흡수율이 허용기준 보다 낮은 0.53~1.1W/kg이므로 휴대폰 제작할 때 전자파의 인체 피해를 의식할 필요가 없다.

ⓓ 건강보다 값싼 휴대폰의 구입을 원하는 소비자도 있고, 건강을 위해서 비싼 휴대폰을 구입하려는 소비자도 있기 때문에 전자파 발생정도에 따라 가격이 다른 휴대폰을 제작한다.

ⓔ 전자파 흡수율을 더 낮추기 위한 기술을 향상시켜서 가격에 상관없이 전자파가 인체에 무해할 정도의 휴대폰을 제작한다.

5. 생각한 제작방안들을 검토한다.

그림 2.5는 전자파가 발생하는 휴대폰을 제작할 수 있는 방안들을 순서도 기법으로 분석하여 검토하는 과정을 나타낸다.

6. 위에서 검토한 결과를 바탕으로 제작방안을 선택한다.

S전자회사가 휴대폰 소비자들을 대상으로 설문조사를 수행하여 감수할 수 있는 전자파 흡수율의 수준, 휴대폰 판매가격과 전자파의 허용정도 등을 파악

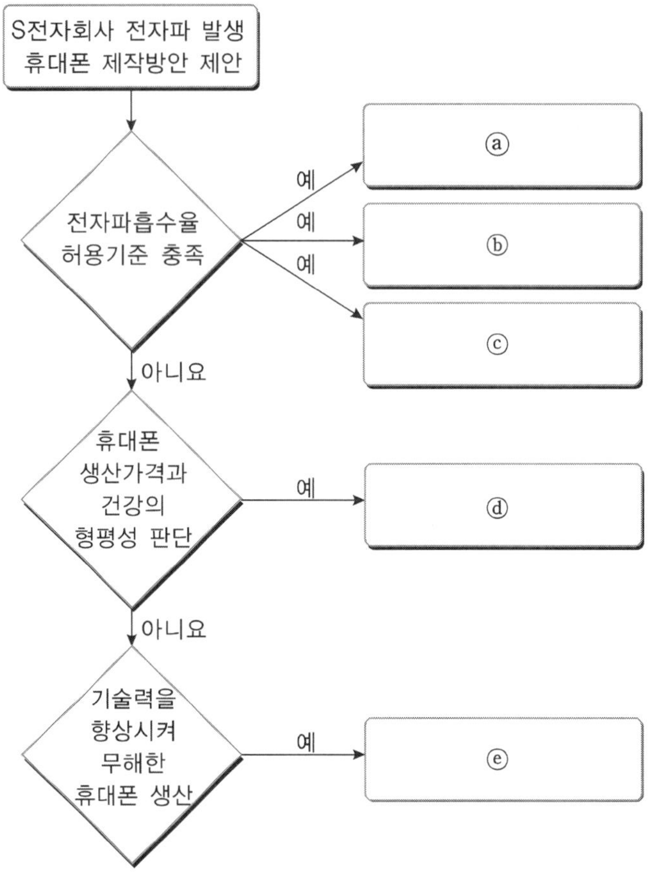

그림 2.5 전자파 발생 휴대폰 제작방안 검토과정

한다. 그 결과를 바탕으로 1~5단계를 다시 수행하고, 회사의 재정상황, 소비자들의 선호경향, 회사의 이미지 제고 등을 고려해서 '전자파 발생정도에 따라 가격이 다른 휴대폰 제작방안'을 선택한다.

7. 최종 선택한 방안이 윤리적으로 적합한지를 판단하기 위해 전체과정을 다시 검토한다.

전자파 발생정도에 따라 가격이 다른 휴대폰 제작방안을 선택했을 때, 그 제작방안의 윤리적 문제점을 살펴보자.

ⓐ 경제논리에 따라 소비자의 건강을 소홀히 함으로써 공중의 안전과 건강

을 책임져야 하는 전문엔지니어의 윤리를 위반하는 것이 아닌가?

ⓑ 값싼 휴대폰을 구입하는 소비자에게 전자파로 인한 뇌종양이 발생할지도 모른다는 것을 알려주지 않으므로 소비자의 알 권리를 침해하는 것이 아닌가?

아래에 나열된 사례들은 2장에서 공부한 공학윤리문제의 분석과 해결책을 찾는 과정을 연습하는 데 적합한 사례들이다.

고려할 사례

사례 4	교통사고와 가로수
사례 7	납품기일의 해결방안
사례 11	단열재의 선정
사례 18	사내 금형부서의 수리비용
사례 35	자동차의 급발진 사고
사례 53	화학폐기물의 처리

3장 윤리이론 및 적용

3.1 서론

2장에서 산업현장에서 발생하는 윤리문제를 분석하고 그에 대한 해결책을 찾기 위하여 최선의 해결책을 찾는 선긋기 기법, 차선책 또는 쌍방의 이해관계를 절충하는 창의적 중도해결책을 적용할 수 있는 것을 알았다. 또한 순서도 기법을 이용하여 윤리쟁점 분석과 해결과정을 눈으로 볼 수 있고, 7단계 문제해결법을 이용하여 체계적으로 쟁점을 분석하고 주어진 상황에 맞는 최적의 해결방안을 찾을 수 있는 것을 알았다. 이러한 윤리문제 해결기법들은 일반 도덕성에 근거를 두고 적용되어야 한다. 예를 들어, 선긋기 기법에 의해 윤리문제를 해결할 때 옳거나 그르다고 생각되는 패러다임들이 많은 경우 아무런 의심도 없이 받아들인다. 그러나 좀 더 복잡한 문제에 직면하면 이에 대한 해결책을 찾기 위해 정말로 옳은 패러다임이 무엇이고 그릇된 패러다임이 무엇인지, 정당한 의무가 무엇인지 혹은 정당한 권리가 무엇인지 혼란에 빠질 수가 있다. 그 이유는 공학윤리문제에 직면한 엔지니어가 보다 근본적인 도덕적 원리나 윤리이론에 대한 지식이 부족하기 때문이다. 그러므로 엔지니어가 실제 공학윤리문제를 바람직하게 해결하기 위해서는 유용한 윤리이론들을 알아야 한다. 이 윤리이론들을 실제상황에서 부딪치는 공학윤리문제에 적용함으로써 위에 열거된 의문들을 해결할 수 있다.

이러한 윤리이론들은 공학윤리문제에서 다음과 같은 좋은 역할을 한다.[1)]

첫째, 윤리이론은 윤리적 문제를 해결하기 위하여 필요한 도덕적 고려사항들을 확인할 수 있다. 예를 들어, 윤리이론은 위험이나 안전에 관하여 일반인의 도덕적 관점과 엔지니어의 도덕적 관점의 차이를 이해하고, 윤리문제를 해결하기 위하여 엔지니어가 무엇을 고려해야 하는지를 알 수 있게 한다.

둘째, 윤리이론은 정책을 수립하거나 행동의 방향을 정하는 논리적인 근거를 제시할 수 있다. 예를 들어 지적재산권을 어느 정도까지 보호해야 하는지를 검토한다고 해 보자. 지적재산권의 보호를 주장하는 사람들은 지적재산권의 강력한 보호가 그 성과를 이룬 사람들에게 경제적 보상을 보장함으로써 새로운 기술 진보에 대해 크게 기여할 수 있으므로 공익에 도움이 된다고 생각한다. 한편 지나친 지적재산권의 보호를 반대하는 사람들은 엄격한 지적재산권의 보호가 정보의 흐름을 제한함으로써 새로운 기술의 확산과 발전을 방해할 수 있으므로 공익을 해친다고 생각한다. 인간존중 윤리의 관점에서는 새로운 기술을 만든 사람들의 개인적인 권리를 존중해야 하므로 그들의 창작물이 반드시 보호 받아야 한다고 생각할 수 있다.

셋째, 윤리이론은 제시된 논증을 통하여 윤리문제를 해결할 수 있는지 없는지를 판단할 수 있다. 예를 들어 어떤 특정 쟁점에서 공익을 중시하는 공리주의 논증과 인간의 권리를 중시하는 인간존중 논증에 의한 결론들이 일치한다면, 윤리이론은 그 결론이 윤리문제의 해결에 합당한 것을 확인시켜 주는 것이 된다. 만약 두 논증에 의한 쟁점의 결론들이 불일치하면, 윤리이론은 어떤 논증이 윤리문제의 해결에 더 설득력이 있는가를 판단하기 위한 뚜렷한 근거를 제공하게 된다.

공학윤리문제에서 윤리이론의 바른 이해와 적용이 왜 필요한지를 포드사 소형차 핀토의 소송사건과 부안 방사성 폐기물 처리장 유치 반대 사례를 통하여 살펴보자.

---

1) C. E. Harris et al., *Engineering Ethics,* 3rd ed., Thomson Wadsworth, p.78, 2005.

사례 I 포드사의 소형차 핀토 소송사건[2)]

1978년 8월 17일 고속도로 상에서 포드(Ford)사의 소형차 핀토(Pinto)의 연료탱크가 폭발하여 인명사고가 발생하였다. 연료탱크의 폭발은 뒤따르는 차의 경미한 충돌에 의한 것이었다. 경미한 충돌에도 불구하고 폭발이 일어난 원인은 차량 뒤쪽에 가벼운 연료탱크를 장착한 데 있었다. 이는 차체의 무게를 최소화하여 가속 능력을 높이고 연료비를 절감하기 위한 조치였다. 또한 당시 다른 회사와 소형차 생산 경쟁에서 우위를 확보할 수 있도록 제작비를 절감하면서 성능이 우수한 소형차를 생산하여 소비자들에게 저렴한 가격으로 제공하는 것이 자동차회사들의 일반적인 목표였다.

이 사건은 미국 제조물책임 소송사상 최대의 평결로서 세간의 이목을 크게 집중시켰다. 오일쇼크를 계기로 연료효율이 우수한 일본 자동차들이 세계 시장에서 폭발적으로 판매되고 있었다. 이에 대응하기 위하여 미국의 자동차회사들은 총력을 기울여 소형차를 개발하였다. 그 가운데 포드사가 개발한 소형 승용차 핀토는 잘 팔려서 이른바 일반시민차로서 지위를 확보하고 포드사의 이미지를 높이고 있었다. 그런데 불행하게도 이 소형차 핀토가 뒤차와 충돌하여 연료탱크가 폭발하고 화재가 발생하여 17세의 소년이 전신에 큰 화상을 입었고, 운전하고 있던 51세의 여성이 불에 타 숨지는 사건이 발생하였다. 이에 대해 피해자 측은 "포드사가 핀토의 안전성을 충분히 고려하지 않은 채 서둘러 생산했다."고 주장하며 손해배상을 요구하는 제조물책임 소송을 제기하였다. 이와 유사한 법적 소송이 1971년부터 1978년까지 8년 동안 50여건이 있었다.

사실 1976년까지는 미국에 연료탱크의 안전에 관한 규정이 없었다. 미국 고속도로안전국은 1977년에야 비로소 이에 대한 규정을 제정하였다. 포드사는 1971년 핀토가 처음 시판되었을 때부터 차의 뒤쪽에 시속 20마일 정도의 충격이 가해지면 화재가 발생할 수 있다는 것을 알았다. 그리고 11달러를 들여서 연료탱크를 고무주머니로 둘러싸면 1977년에 발효되는 규정인 시속 20마일의

---

2) 김정식, *공학기술 윤리학*, 인터비전, pp.76~79, 2004.

후방충격에서도 안전하다는 것도 알고 있었다. 그러나 연료탱크에 관한 규정이 제정되지 않은 1976년까지 한 대당 11달러를 절약함으로써 약 2천만 달러의 소득이 있었으므로 연료탱크의 보완을 뒤로 미루고 있었던 것이었다.

특히 재판과정에서 포드사 회장과 의견의 대립으로 해직된 기술담당 부사장이 원고 측의 증인으로 나와 포드사에게 불리한 사내 비밀메모 내용을 폭로하였다. 그의 폭로내용은 "핀토의 제조원가 700달러에 비하여 탱크안전장치 추가비용 11달러는 상당한 금액이므로, 시장에 출하된 핀토 중에서 결함이 있는 것들을 모두 회수하여 안전장치를 부착해주기보다는 화재사고의 빈도를 감안할 경우, 화상 등으로 인한 피해자들에게 배상금을 지불하는 것이 경제적 측면에서 오히려 이익이다."라는 것이다. 이 폭로로 인하여 배심원들은 크게 분노하여 통상의 손해배상금 350만 달러뿐만 아니라 일종의 제재금인 벌금 1억 2,500만 달러의 지급을 명하는 평결이 나오게 되었다.

그래서 포드사는 소송비용, 손해배상, 광고손실 등 막대한 경제적인 손실을 입었다. 그리고 이 사건의 결과로 관련된 엔지니어들과 경영자들이 사법 처리를 받았으며, 특히 엔지니어의 처벌은 그 당시 상당히 충격적이었다. 포드사 핀토의 연료탱크 설계와 관련된 엔지니어들은 이미 이러한 설계의 위험성을 인식하고 있었으며, 엔지니어들의 상식적인 기준에는 맞지 않았다. 그럼에도 불구하고 엔지니어들은 경영적 측면을 받아들여 충돌에 불안전한 연료탱크설계를 수행하였고, 경영자들은 소형차의 가격 경쟁에서 우위를 확보하고 더 많은 경제적 이익을 얻고자 하였다.

사례 Ⅱ 부안 방사성 폐기물 처리장 유치 반대

2003년 봄 정부가 13년 동안 해결하지 못했던 원자력발전소의 저준위 방사성 폐기물처리장(방폐장)을 공모한 결과 전북 부안군 위도면을 비롯한 몇 곳이 신청하였다. 정부는 그 중에서 부안군 위도면을 가장 적합한 지역으로 정하고 위도 주민들에게 여러 가지 복지시설과 혜택을 주는 조건으로 방폐장의 건설을 추진하려 하였다. 그러자 위도를 제외한 부안군민들과 환경단체들이 환경파괴를 이유로 2003년 7월부터 방폐장 유치반대 시위를 시작하였고 그 해 11월까지 이어졌다. 그 시위과정에서 건물방화, 부안군수에 대한 집단폭행, 초등학교와 중학교 학생들의 등교거부 등이 있었고, 그 결과 주민과 경찰 500여명이 부상을 입었고, 주민 17명이 구속되었다. 이렇게 상황이 악화되자 11월 19일 고건 국무총리가 방폐장 설치에 관한 주민투표를 실시하겠다고 했지만 주민들의 분노는 식지 않았다.[3)] 결국 정부는 부안군의 방폐장 유치신청을 무효화함으로써 상황이 매듭지어졌다. 그림 3.1은 부안 방폐장 설치 반대시위의 광경이다.

그림 3.1 부안 방폐장 설치 반대시위 광경

위의 사례를 공리주의 관점에서 살펴보면, 원자력발전은 우리 생활에 꼭 필요한 전기를 공급하기 위한 시설이고, 이 원자력발전의 부산물인 방호복, 장갑 등의 저준위 방사성 폐기물은 어딘가에 매립하여 처리를 해야만 한다. 이 모든 것은 많은 사람들의 복지를 위한 것이다. 그렇지만 인간존중의 관점에서 방폐장 부근에 사는 사람들은 방사성으로 인한 환경오염과 건강에 대한 피해를 염려하여 개인의 행복권을 지키기 위해서 방폐장의 설치를 반대할 수 있다. 2003년 부안 방폐장 사태는 안전하고 행복하게 살고자 하는 소수자의 행복 추구권과 국민 다수의 이익을 추구하는 정부당국의 공공복리정책의 충돌에서 비

3) 서의동, 박팔령, "정부대책 혼선에 주민 불신 증폭", 연합뉴스, 2003. 11. 21.

롯되었다고 볼 수 있다. 그렇지만 부안 방폐장 사태가 극한적인 행동에까지 이른 것은 관련된 당사자들이 대립적인 윤리적 쟁점을 서로 이해하지 못하고 합리적인 절차로 해결할 수 있는 지식과 경험이 부족하였기 때문이라고 생각한다. 이는 2005년에 정부가 정한 절차에 따라 경주시, 군산시, 포항시와 영덕군이 지방의회의 동의를 거쳐 저준위 방폐장 유치를 신청했고, 2005년 11월 2일 주민투표결과 경주시가 투표율 70.9%에 찬성률 89.5%로 방폐장 부지로 확정된 것에서 확인할 수 있다. 한편 다른 지역들의 찬성률은 군산시 84.4%, 영덕군 79.3%, 포항시 67.5%로 집계되었다.

따라서 3장에서는 이런 상호 충돌하는 윤리적 문제를 해결하기 위한 기초적인 윤리이론인 공리주의와 인간존중 원리에 대하여 살펴보고자 한다.

3.2 공리주의적 사고[4]

공리주의(utilitarianism)는 한 사람의 행동이 옳은가 그른가는 그 행동의 결과가 좋은가 나쁜가에 의해 결정된다는 목적론적 윤리이론이다. 공리주의에서는 어떤 행위도 그 자체로는 도덕적으로 옳고 그름이 없고 그 결과를 보고 판단하는 데 그 기준은 유용성(utility)이다. 공리주의는 주어진 상황에서 어떤 선택을 하는 것이 도덕적으로 더 바람직한지를 알 수 있도록 다음과 같은 의사 결정과정을 거치고 있다. 먼저 선택 가능한 행동방향에 관한 모든 대안을 구체적으로 제시한다. 그리고 각 대안을 선택할 때 얻을 수 있는 결과를 계산한다. 이러한 계산을 할 때 그 행위에 영향을 받는 모든 사람들의 삶에 얼마나 행복 또는 고통을 줄 것인가를 검토해 본다. 이러한 과정을 모든 대안에 대해서 적용한 후, 그 결과를 서로 비교하여 어떤 대안이 행위와 관련된 사람들에게 최대의 행복과 최소의 고통을 가져다 줄 수 있는가를 찾아낸다. 그러므로 공리주의의 목표

---

4) C. E. Harris et al., *Engineering Ethics,* 3rd ed., Thomson Wadsworth, pp.80~81, 2005.

는 최대 다수의 최대 행복(the most good for the most people)을 추구하는 것이다.

이런 공리주의적인 사고는 공학에서도 적용되고 있다. 공학윤리헌장에서는 "엔지니어는 직업적 의무를 수행하는 데 있어서 공중의 안전, 건강과 복지를 가장 우선적으로 고려해야 한다."라고 되어 있다. 결국 '복지'라는 말은 공리주의에서 말하는 '보편적인 선 혹은 유용성'과 대체로 의미가 같다고 할 수 있고 안전과 건강도 유용성의 한 형태로 볼 수 있다.

그러나 유용성을 더 정확하게 정의하는 데는 어려움이 있다. 가장 흔한 정의는 행복 혹은 쾌락이지만 한 사람의 행복이 다른 사람에게는 행복이 아닐 수도 있다. 또한 공리주의는 행동의 결과로 최대 행복을 얻는 것인데, 행복을 정량적으로 평가하는 데도 어려움이 따른다. 그래서 유용성을 평가하는 방법으로 1971년 포드 자동차회사에서 소형차 핀토를 개발할 때 수행된 비용-이익 분석법을 많이 활용한다. 그런데 당시 포드사의 비용-이익 분석은 정밀하게 이뤄졌음에도 불구하고, 공리주의적인 계산은 아니었다. 왜냐하면 위험가능성은 있지만 소비자들이 모르는 부분에 대해서는 고려하지 않았고, 장기적인 관점이 아닌 단기적인 관점에서 회사의 비용지출과 기대되는 수익만을 다루었기 때문이다. 그렇지만 공리주의적 계산은 프로젝트나 제안의 실행으로 인하여 영향을 받는 모든 사람들의 비용과 이익을 포함하여 분석해야 한다. 또한 프로젝트를 수행하는 회사의 직원들에게 치우치지 않고, 영향을 받게 되는 각 사람의 이익을 장기적인 관점에서 동등하게 대우해야 한다.

공리주의적 관점을 실제 적용하는 데 있어 어려움이 있다. 그중에서 중요한 두 가지를 지적하고자 한다.

첫째는 공리주의는 결과적으로 다수의 행복과 이익을 위하여 행위가 이뤄지므로 소수의 고통과 손실이 따르게 된다. 공리주의 원리를 내세우는 경우에, '다수 혹은 집단의 행복은 소속 개인의 행복을 내포한다.'는 전제를 바탕으로 해야 한다. 그러나 이러한 주장은 논리적 오류를 내포하고 있다. 즉 집단을 위해서는 좋은 일이 개인에게는 나쁜 일이 될 수도 있다. 집단 이익의 추구는 소수에 대하여 극심한 손실을 가져올 수 있다. 예를 든다면 방사성 폐기물처리장이나 쓰레기매립장의 설치는 주민 대다수의 건강과 복지를 위하여 꼭 필요하지만, 2003년 부안 방폐장 설치 반대시위처럼 이런 혐오시설을 설치할 장소 근처에 사는 주민들이나, 폐기물이나 쓰레기를 운반하는 차량이 지나는 도로 인근 주민들은 설치를 반대한다. 그 이유는 운반 도중의 사고 잠재성이나 폐기물처리장 설치에 따른 환경오염과 건강에 대한 잠재적 영향 때문이다. 이런 경우에 공리주의는 얻을 수 있는 사회 전체의 이익에 비하여 운반 도로 주변이나 설치장소의 주민에 미치는 정서적 불안정과 손실은 비교적 적다고 여겨지므로 비중을 낮추거나 무시하게 된다. 그 결과 다수의 이익에는 반드시 소수의 불이익 즉 희생이 따른다. 이것이 공리주의의 적용을 배제해야 한다고 주장하는 사람들의 근거가 되기도 한다.

둘째는 행위의 결과를 명확하게 예측할 수 없다. 공리주의는 최대 다수의 최대 행복이 목표이다. 그러나 어떤 행위로 인하여 이익을 얻거나 손해를 입는 대상자의 범위와 그 이익과 손해의 정도를 정확히 안다는 것은 어렵거나 불가능한 경우가 많다. 모든 잠정적인 결과를 결정하기 위한 시험은 불완전하거나 불가능한 경우가 많다. 이는 4대강개발 사업으로 주변 농지나 가옥이 침수되거나 습지로 변할 가능성을 정확히 예측할 수 없는 것과 같다. 그러므로 사회 이익의 극대화를 위한 결정은 추측에 의존할 수밖에 없고, 그 추측이 맞지 않을 위험도 포함하고 있다. 특히 공리주의 분석에서 비용-이익 분석법을 활용하는 경우, 자연환경의 파괴, 문화재의 훼손 등과 같이 금전상으로 계산할 수 없는 무수한 변수들이 존재하므로 예상되는 비용과 이익을 예측하기가 어렵다. 그렇지만 가능한 한 공공복리를 위한 행위에 따라 예상되는 결과를 면밀히 조사, 분석하여 혜택과 부담이 공정하게 분배되도록 노력해야 할 것이다.

이러한 적용상의 문제점들이 있음에도 불구하고 공리주의는 윤리문제의 해결에 대단히 효과적인 방법으로 인정되고 있다. 그러나 공리주의 원리의 적용은 위의 두 가지 문제점이 해결되지 않으면 언제나 불완전하고 오히려 더 위험하고 비윤리적 결정으로 전락할 수 있다. 왜냐하면 예상되는 좋은 결과가 나오지 않은 경우에 공리주의의 정의에 따르면 자동적으로 비윤리적인 결정이 되기 때문이다. 그리고 결정에 참여한 사람은 비윤리적인 행위자로 남게 된다. 그러므로 공공복리를 위한 정책을 수립하거나 실천하려는 사람들은 그 실천방안에 대해서 심사숙고를 하여야 한다.

3.3 비용-이익 분석법[5)]

공리주의의 입장에서 윤리쟁점을 분석하는 데 자주 사용되는 비용-이익 분석법의 절차에 관해서 살펴보고자 한다. 이 방법은 공리주의의 목표인 유용성을 정량화하기 위해 프로젝트를 수행하는 데 드는 비용과 예상되는 이익을 금액으로 환산하는 매우 복잡한 과정을 거치게 된다. 비용-이익 분석법(cost-benefit analysis)은 손해-이익 분석법(risk-benefit analysis)이라고 불리기도 한다. 왜냐하면 이 분석의 대부분은 어떤 위험 부담에 따른 손해와 이익의 확률을 산정해야 하기 때문이다. 예를 들어 2장에서 소개된 작업장에서 벤젠허용치 논란과 같이 미국 노동안전위생국이 제안한 엄격한 기준에 맞춰서 작업자들의 건강을 해치지 않기 위하여 필요한 장비를 설치하는 데 드는 비용을 계산하는 것은 가능하다. 그런데 그 작업자들의 건강문제가 작업장에서 나온 벤젠 때문이 아니거나 기존에 적용되던 벤젠허용치에서도 건강에 지장을 초래하지 않는다는 사실이 밝혀질 경우에는 장비설치 비용은 모두 손실이 된다. 이와 같이 영향을 끼치는 요인들을 확률적으로 분석해야 하므로 비용-이익 분석은 일반적으로 매우 어렵게 이루어진다.

비용-이익 분석은 다음과 같은 세 가지 단계를 거친다.

1) 가능한 해결방안들을 생각한다.

---

5) C. E. Harris et al., *Engineering Ethics,* 3rd ed., Thomson Wadsworth, pp.82~85, 2005.

2) 각 방안을 시행함에 따라 영향 받을 사람들을 위하여 부담해야 할 비용과 이익을 평가한다.
3) 평가한 방안 중에서 이익과 비용의 차이, 즉 실질적인 기대이익이 가장 많은 방안을 선택한다.

이제 시멘트공장에서 나오는 분진문제를 예로 비용-이익 분석법을 설명하기로 한다. 시멘트공장은 석회석광산이 있는 마을 근처에 있다고 가정해 보자. 그 시멘트공장에서 나오는 분진으로 인하여 근처 마을 사람들은 창문을 열 수 없고 빨래도 널 수 없을 정도로 공해가 심각하여 생활이 어렵고 주택이나 토지의 가격도 폭락하였다. 그런데 그 시멘트공장에 근처 마을 사람들 상당수가 고용되어 있다. 이 공해문제를 어떻게 해결해야 하는가?

첫째, 가능한 해결방안으로 두 가지를 생각할 수 있다. 하나는 분진을 최소화하는 공해방지시설을 설치하고 마을주민들의 생활불편과 재산상 손해에 대해 보상을 하는 것이고, 다른 하나는 시멘트공장을 마을에서 멀리 떨어지고 산이 가로 막혀 있는 곳으로 이전하는 것이다.

둘째, 각 해결방안의 실행에 따른 손실비용과 이익을 계산한다. 먼저 회사가 공해방지시설을 설치하고 주민들에게 보상을 할 경우, 공해에 대한 보상비용을 산정하기 위하여 몇 가지 요소를 고려해야한다. 주택이나 토지에 대한 보상비용은 공장 근처의 주택이나 토지의 비용과 같은 비슷한 조건에서 분진과 같은 공해가 없는 다른 마을의 주택과 토지 비용을 비교하여 산정한다. 생활불편에 따른 비용은 에어컨을 설치하고 가동하는 비용과 실내에서 공기청정기를 사용하는 비용을 추정하고, 매년 주민들의 건강진단에 필요한 비용과 건강에 대한 정신적 부담에 대한 비용도 고려되어야 한다. 시멘트공장이 공해방지시설을 하고 이전하지 않는 경우에는 주변 마을에 이익을 주기도 한다. 왜냐하면 시멘트공장이 마을 사람들에게 직장을 제공하고 지방자치단체에게는 실제적인 세금소득원이 되기 때문이다. 또한 시멘트공장에게는 공해방지시설에 따른 세금감면 혜택이 주어진다. 다른 해결 방안인 공장을 오지로 이전할 경우에 드는 비용은 석회석광산에서 먼 거리에 있는 시멘트공장까지 석회석을 운반하는 물류비용이 들고, 새로운 공장부지 구입비용도 든다. 또한 최근 강화된 환경보호법에 따라 공해방지시설 비용이 추가되어야 할 것이다. 그렇지만 공해에 따른 주민보상비용이 없으므로 그 만큼 이익이 된다.

셋째, 평가한 각 해결방안에 대한 기대 이익과 손실비용의 차이를 비교하여 실질 이익이 더 많은 방안을 채택한다.

건강에 위협을 주는 공해로부터 주민들을 보호하기 위한 유일한 해결책으로서 비용-이익 분석법을 사용하는 데에는 심각한 문제들이 발생할 수 있다. 첫 번째 문제는 비용-이익 분석에서 비용과 이익의 계산은 경제적 가치를 최우선적으로 고려한다는 것이다. 그러므로 비용-이익 분석법에서는 경제적인 실질이익이 예상될 경우만을 합리적인 선택방안으로 인정한다. 만일 어떤 화학공장이 공장폐수를 방출하여 공장인근지역을 오염시켰다고 가정해 보자. 이때 비용-이익의 관점에서 오염물질을 제거하는 것이 경제적인 실질이익이 없을 수도 있다. 이런 경우에 폐수방출업체에서는 오염제거에 적극성을 보이지 않고, 오염된 지역에 입힌 피해를 적당히 보상하기 위해 주민들을 설득할 것이다. 그러나 오염물질의 제거가 비용-이익분석에서는 합리적인 것이 아니지만, 윤리적인 면에서는 오염물질을 제거하는 것이 합리적인 것이다. 왜냐하면 오염된 지역의 자연환경을 보호하여 공장인근 주민들이 평안하게 누리며 사는 권리를 지키는 것은 경제적 가치로만 따질 수 없기 때문이다.

두 번째 문제는 비용-이익 분석에 포함시켜야 하는 많은 요소들의 가치를 금액으로 환산하기가 매우 어렵다는 것이다. 가장 큰 논쟁거리는 어떻게 인간 생명이나 신체의 손상을 현재 상태에서 금액으로 분명하게 계산할 수 있는가하는 것이다. 물론 교통사고나 산업재해로 인한 현재의 피해와 예측할 수 있는 미래의 피해를 보상하는 것을 다루는 법률과 판례들이 있다. 그러나 현재로서는 그 영향을 알 수 없지만 장차 나타날 수 있는 부작용이나 피해에 대해 제대로 예측할 수 없으므로 인간 생명이나 신체의 손상에 대해 적절한 비용-이익 분석을 실행하는 것은 불가능하다.

마지막 문제는 비용-이익 분석은 비용과 이익의 분배가 공평하지 않을 수 있다는 것이다. 예를 들어 지방자치단체가 지방재정을 늘리기 위해 농업용수를 확보하는 보의 상류에 대규모 농공단지를 조성한 경우를 살펴보자. 지방자치단체에서 비용과 이익을 계산해본 결과, 농공단지의 공장에서 오염물질을 처리하는 비용보다 주민들의 건강을 위한 보상비용이 더 적게 들기 때문에 공장의 오염물질을 하천 상류에 그대로 방출하는 것을 묵인한다고 하자. 이것은 주민들은 적은 금전적 이익을 얻고 농업용수로 인한 토양과 농작물의 오염으로 미래에 닥칠 자신들의 건강에 대한 위험부담을 지는 반면, 농공단지의 공장 경영자들은 최소한의 비용을 지불하고 건강에 대한 아무런 걱정 없이 큰 이익을 누리게 된다. 그러므로 하천 오염에 관련된 사람들이 실질적으로 지불하는 대가에 비해서 분배되는 이익은 너무나 불공평한 것이다.

이러한 문제점들이 있음에도 불구하고, 비용-이익 분석법은 도덕적 문제를 해결하는 데 있어 크게 기여하고 있다. 이집트의 아스완 댐 건설은 세밀한 비용-이익 분석을 통하여 수행된 대규모 공학 프로젝트의 첫 번째 사례이다. 비용-이익 분석법이 모든 경우에 가치들을 올바르게 정량화할 수 있는 것은 아니지만, 공리주의에 의해 공학윤리문제를 해결하는 데 중요한 역할을 한다. 왜냐하면 비용-이익 분석법은 주어진 상황에서 서로 충돌하는 항목들을 같은 기준인 금액으로 환산하여 분석하고 평가하기 때문이다. 그렇지만 윤리적 쟁점 분석을 위한 다른 모든 도구들과 마찬가지로 분석에 한계가 있는 것을 기억해야 한다.

3.4 공리주의적 접근법

최대 다수의 최대 행복을 추구하는 사고에 근거하여 윤리문제를 분석하는 기법인 공리주의적 접근법은 행위공리주의(act-utilitarianism) 접근법과 규칙공리주의(rule-utilitarianism) 접근법으로 나눌 수 있다.

(1) 행위 공리주의 접근법

제이 에스 밀(J. S. Mill)이 주장한 행위공리주의는 주어진 상황에서 과거의 행동경험에 따라 행하여 그 결과가 최대 다수의 최대 행복에 기여할 때, 그 경험에 따른 행동을 선한 것으로 여기는 윤리이론이다. '거짓말 하지 말라', '남의 것을 훔치지 말라' 등과 같은 일반 도덕적 관습들은 수세기 동안의 인간 경험에 의해 만들어진 것이다. 그러나 개인적 행동은 그 행동이 주어진 상황에서 최대로 좋은 결과를 얻을 수 있는지 없는지에 따라 판단되어야 한다. 행위공리주의는 각 상황과 그 상황에서 가능한 행위에 초점을 맞추고 있다. 행위공리주의자는 주어진 상황에서 취할 수 있는 행위들 가운데 최대 다수의 최대 행복을 만들 수 있는 행위를 바람직한 행위로 생각한다.[6)]

행위공리주의의 관점에서 윤리적 쟁점을 풀기 위하여 다음과 같은 과정을 거쳐야 한다.

1) 주어진 상황을 해결하기 위해 취할 수 있는 행위들을 열거한다.
2) 각 행위에 따라 영향을 받을 수 있는 대상자들을 파악한다.
3) 취할 행위가 유사한 상황에도 적용되는 보편성이 있는지를 검토한다.
4) 어떤 행위가 대상자들에게 최대 이익을 가져다줄 수 있는지를 평가한다.

행위공리주의 접근법은 도덕적 문제를 해결할 때 선택사항의 분석에서 유용하게 쓰인다. 예를 들어, 가격이 거의 비슷하면서 운영비가 가장 적게 드는 자동차를 선정하는 경우에 같은 배기량의 자동차 중에서 리터당 연비가 가장 높고, 부품의 교체 및 수리비용이 최소인 것을 선택한다. 이 방안은 많은 운전자들이 자동차를 사용하여 얻은 경험에 근거하여 결정하는 것이다. 또는 정부가 고속도로를 새로 만드는 경우에도 기존 고속도로의 개통으로 인해 도움을 받은 사람들의 수가 더 많았던 경험들을 바탕으로 고속도로 노선을 결정하는 경우이다. 물론, 새로운 고속도로의 개통으로 혜택을 받지 못하는 사람들의 불만

6) 이대식, 김영필, 김영진 공저, *공학윤리*, 인터비전, p.72, 2003.

과 이의제기를 고려한다면 노선결정은 복잡해질 수 있다. 그럼에도 불구하고 공리주의적 결정들은 주어진 상황에 관련된 사람들 이익을 최대화하는 것을 목표로 하므로 상당한 도덕적 정당성을 가질 수 있다. 그렇지만 이러한 행위공리주의 접근법은 과거의 경험을 바탕으로 대략적인 기준에 따라 결정을 하기 때문에 결정이 모호할 경우도 있다.[7)]

(2) 규칙공리주의 접근법

알 브랜트(R. Brandt)가 제안한 규칙공리주의는 주어진 상황에서 정해진 규칙에 따라 행하여 그 결과가 최대 다수의 최대 행복에 기여할 때, 그 규칙에 따른 행동은 선한 것이라는 윤리이론이다. 이 규칙공리주의는 행위가 도덕적으로 정당성을 가지기 위해서 행위공리주의에서 볼 수 있는 과거의 경험에 근거한 모호한 기준보다는 합의된 도덕 규칙들에 따라 행동하는 것이 더 바람직하다는 데서 출발하였다. 규칙공리주의자는 유사한 상황에서는 같은 도덕 규칙에 따라 행하는 것이 도덕적으로 정당하다고 생각한다.[8)]

실제로 모든 사람들이 자신들 앞에 놓여있는 비슷한 상황을 동일하게 판단하는 것은 아니다. 그러므로 다른 사람들이 하는 행동을 예측할 수 있게 하는 규칙들을 공통적으로 받아들임으로써 최선의 결과를 얻을 수 있는 것들이 많다. 한 예로 교통신호를 들 수 있다. 도로를 운행하는 모든 차량은 교통법규대로 교통신호에 따라 빨간 불에는 정지하고, 파란 불에는 진행함으로써 안전하고 효율적인 운전을 하게 된다.[9)]

이렇게 동일한 상황에서 규칙들을 발전시켜 공리주의적 판단을 할 수 있게 된다. 발전된 규칙들이 합당한 것으로 받아들여지면, 주어진 상황에서 아무런 규칙이 없이 행동하여 더 나은 결과를 얻을 가능성보다 정해진 규칙을 따라서 행동하는 것이 더 나은 결과를 얻을 가능성이 높아진다. 많은 나라에서는 산업

---

7) C. E. Harris et al., *Engineering Ethics,* 3rd ed., Thomson Wadsworth, p.85, 2005.
8) 이대식, 김영필, 김영진 공저, *공학윤리*, 인터비전, p.72, 2003.
9) C. E. Harris et al., *Engineering Ethics,* 3rd ed., Thomson Wadsworth, pp.86~88, 2005.

현장에서 발생하는 유사한 상황에서 보다 나은 결과를 얻을 수 있도록 관련된 전문가들이 합의한 윤리강령인 전문엔지니어 윤리헌장이 제정되어 있다. 이 윤리헌장에는 '개인의 이익을 위하여 뇌물을 받지 말라', '공중의 안전과 복지를 최우선적으로 고려하라' 등의 내용이 담겨 있다.

규칙 공리주의적 분석을 하기 위해서는 다음 절차를 수행해야 한다.

1) 주어진 상황의 해결에 적용할 수 있는 규칙들을 찾는다.
2) 각 규칙의 적용에 따라 영향을 받을 수 있는 대상자들을 파악한다.
3) 어떤 규칙이 대상자들에게 최대 이익을 가져다줄 수 있는지를 평가한다.

규칙 공리주의적 분석절차를 다음 가상사례를 통하여 살펴보자. 산업기계를 제작하여 판매하는 회사에서 구매담당 엔지니어가 제품의 생산단가를 낮추기 위하여 계약서에 명시되어 있는 부품 대신에 최근에 개발된 더 값싼 부품으로 대체해도 되는지를 결정해야 하는 문제에 직면했다고 가정해 보자. 우선 주어진 상황인 계약이행 여부를 판단하기 위해 적절한 규칙들을 찾아야 한다. 사례를 분석하기 위해 적절한 규칙은 반드시 주어진 상황에 직접적으로 관련되어 있고, 그 내용은 추상적이 아닌 문제해결을 위한 세부지침이 포함되어야 한다. 예를 들면 "계약내용을 위반하는 경우에는 위약금을 물어야 한다."와 같은 포괄적인 규칙을 사용해서는 안 되고, 어떻게 하는 것이 계약을 위반하는 것인가를 구체적으로 설명하는 규칙(법규)을 찾아야 한다. 다음에 엔지니어는 자신이 선택한 규칙을 적용할 경우에 영향을 받을 대상자들을 파악해야 한다. 그 대상자들은 부품의 제조업자, 자기회사와 제품구매자이다. 끝으로 엔지니어는 찾아낸 규칙들 중 어느 것이 관련 대상자들의 기대에 가장 가깝고, 그 기대를 충족시키는 것이 공익에 이바지하는지를 조사하여야 한다.

앞에서 살펴본 것과 같이 규칙공리주의자는 합의된 규칙을 따라 행동함으로써 다수의 이익을 위해 소수의 권리가 무시되는 것은 받아들여야 한다고 생각한다. 그러나 권리가 무시된 소수가 자기의 권리를 쉽게 포기하지 않기 때문에 결국 사회가 불안하게 되고 혼란이 일어나게 된다. 전형적인 예가 2005년에 자유무역협정에 따른 쌀 수입 허용계획에 대해서 농민단체의 극렬한 반대시위로 농민이 사망하고, 과잉진압에 대한 정부당국의 사과와 경찰청장이 경질된 사건이다. 그러므로 최대 다수의 최고의 행복을 추구하되 소수자가 인간으로서 존중받을 수 있는 윤리적 접근이 반드시 필요하다.

또한 규칙공리주의에 예외를 허용해야 문제를 해결할 수 있는 경우가 있다. 예를 들어, 정지신호에서는 차를 멈춰야 한다는 교통법규가 있지만, 만약 내리막길에서 뒤쫓아 오는 대형화물차와 충돌할 상황이라면 교차로에 접근하는 차량이 없는 것을 확인하고 교차로를 급히 통과할 수밖에 없다. 결국 이런 경우는 사고를 방지하기 위하여 과거의 경험에 근거한 행동이므로 행위공리주의의 관점이 적용된다고 볼 수 있다. 그러므로 규칙공리주의만으로 모든 사례를 분석할 수 없고, 과거의 경험적인 지식이나 인간존중의 원리로 보완해야 한다.

3.5 인간존중의 사고[10)]

인간존중의 사고는 각 사람을 도덕적 행위자로 여기고, 존중하는 것이 올바른 행동이라는 윤리이론이다. 여기서 말하는 도덕적 행위자는 자신의 목적을 자율적으로 추구할 수 있는 사람이다. 자율(autonomy)은 그리스어로 자기를 의미하는 autos와 규칙이나 법을 의미하는 nomos로 이루어진 합성어이다. 따라서 도덕적 행위자는 자신 스스로를 다스릴 수 있는 자주적인 사람을 의미한다. 즉 타인의 목표나 결과를 이루기 위해 단순한 수단으로 사용되지 않는 사람을 뜻한다. 자주적인 행동은 다음 세 가지의 특성을 가지고 있다.

1) 마음속에 확실한 목적을 가지고 행동한다.

---

10) C. E. Harris et al., *Engineering Ethics,* 3rd ed., Thomson Wadsworth, pp.88~89, 2005.

2) 외부 영향을 받지 않고 행동을 선택한다.

3) 상대방을 이해하면서 행동한다.

그러므로 도덕적 행위자는 사물과는 달리 성숙한 인간으로서 자신의 목표나 목적을 좇아서 수행하는 사람이다. 이러한 도덕적 관점이 다른 사람의 존엄성과 가치를 존중하여 행동하게 되므로 이것을 인간존중 윤리라고 한다.

일반윤리에서 인간존중은 인격의 도덕적 주체행위를 우선적으로 보호한다는 것이므로 다수의 이익을 최대화하는 것은 부차적인 목표가 된다. 그러므로 더 큰 이익을 얻기 위해서 다른 사람을 해치거나 자유를 구속해서는 안 된다. 공리주의에서는 목적을 이루기 위해서 적극적으로 행동을 하는 반면, 인간존중의 윤리는 소수자의 인격이나 가치를 보호하기 위하여 행동을 주저하거나 막는 소극적 윤리이론이라 할 수 있다. 따라서 인간존중 행위자들은 개인의 권리를 보장할 수 있는 한계 내에서 그들의 목적을 달성하고자 한다.

인간존중 윤리를 적용하는 데는 어려움들이 따른다. 첫 번째 어려움은 관련된 사람들의 권리가 서로 충돌하는 경우이다. 예를 든다면 농촌에서 진행되는 경지정리 사업에서 이미 농업용수를 원활하게 공급받고 있는 농지소유자와 경지정리를 해야 안전하게 농업용수를 확보할 수 있는 농지의 소유자 사이에서 발생하는 찬반 대립의 경우이다. 기존 수리안전답을 경작하고 있는 농민은 경지정리를 위해서 지불하는 비용에 비하여 얻을 수 있는 이익이 별로 없기 때문에 반대하는 것이고, 수리불안전답을 경작하는 농민은 경지정리로 인한 비용보다 기대되는 이익이 훨씬 크므로 찬성을 하는 것이다. 경지정리사업을 찬성하는 사람과 반대하는 사람 모두 도덕적으로 아무런 문제가 없다. 왜냐하면 인간으로서 각자 주어진 상황에서 잘 살고자 하는 권리를 보호받고자 하기 때문이다.

인간존중 윤리 적용의 두 번째 어려움은 실용성 측면에서 개인의 권리를 제한하는 것이 더 정당하다고 생각되는 경우이다. 1997년 IMF사태 때 많은 기업체들이 무너지는 상황에서 대우자동차 노동조합은 대우자동차의 조직구조를 조정하여 해외업체에 매각하고자 하는 것을 극렬히 반대하였다. 물론 구조조정으로 해고되는 고용인 각 개인에게는 개인의 잘못이 없음에도 불구하고 회사가 개인의 안녕과 복지를 침해하는 것이 되지만, 당시 회사를 구할 수 있는 방법은 조직구조를 조정하여 해외매각하는 것밖에 없었다. 그래서 대우자동차는 GM에 매각되고, 2001년에 생산성이 가장 떨어지는 부평공장에서 경영합리화를 위하여 1725명을 해고하였다. 그 후 GM대우자동차의 경영이 호전되면서 2002년 말부터 2004년 말까지 1080명을 복직시키고, 2006년 5월 말까지 나머지 600여명을 복직시키기로 노사가 합의하였다. 이런 사실을 살펴볼 때, 그 당시 상황에서는 실용성 측면에서 회사의 구조조정이 개인의 복지권을 존중하는 것보다 더 바람직했다는 것을 알 수 있다.

3.6 인간존중의 접근법[11)12)]

공리주의적 사고는 행위 자체보다 그 결과의 유용성을 가지고 좋고 나쁨을 판단하지만, 인간존중의 접근법은 예상되는 결과보다는 개인의 행위 자체에 따라 좋고 나쁨을 분별한다. 인간존중의 접근법 중에서 윤리적 쟁점 분석에 주로 쓰이는 것은 의무윤리(duty ethics)와 권리윤리(right ethics)라 할 수 있으며, 이에 대한 특징들을 살펴보기로 한다.

(1) 의무윤리

임마누엘 칸트(Immanuel Kant)가 주장한 의무윤리는 '사람이라면 누구나 지켜야 할 도덕적 의무들이 있으며, 행위의 결과에 관계없이 지켜야 할 도덕적 의무에 따르는 것이 옳은 일이다.'라는 윤리이론이다. 예를 들면, '살인하지 말라', '도적질 하지 말라', '거짓말 하지 말라' 등이 이에 해당된다. 이 예들은 인

11) 이대식, 김영필, 김영진 공저 *공학윤리*, 인터비젼, pp.74~77, 2003.
12) M. W. Matin, and R. Schinzinger, *Ethics in Engineering*, 4th ed., pp.60~64, 2005.

간의 존엄성을 존중하는 표현의 형태이며, 언제 어디서나 지켜야 할 보편적 의무인 동시에 거꾸로 다른 사람이 나에게도 그렇게 해주기를 원하는 것이기도 하다. 그러므로 이 의무윤리는 경험에 입각한 양심의 무조건적 명령이라고 할 수 있다.

의무윤리는 공리주의의 적용에서 인체상해, 환경파괴 등이 발생하는 것처럼 행위결과를 금액으로 계산하기 어려운 상황에서 도덕적 해결의 한 방안으로 활용될 수 있다. 그렇지만 의무윤리들이 서로 충돌할 때는 어떤 의무가 더 가치 있는 것인지를 깊이 생각해야 한다. 예를 들어 '속이지 말라'는 실질적 의무이지만 그것이 '죄 없는 생명을 해치지 말라'는 도덕원리와 충돌할 때는 예외로 해야 한다. 즉 유괴범을 속이는 것이 경찰이 올 때까지 인질을 살릴 수 있는 유일한 방법이라면 우리는 유괴범을 속여야만 한다. 이렇게 예외적인 경우에는 경험에 기초한 판단을 하여야 하므로 의무윤리만으로 윤리적 쟁점을 해결하는 데는 한계가 있으므로 이에 대한 보완이 필요하다.

(2) 권리윤리

권리윤리는 '행위의 결과가 최선이 되든지 안 되든지 상관없이 인간에게 주어진 권리에 따라 행하는 것이 옳은 것이다.'라는 윤리이론이다. 대표적인 권리론자는 존 로크(John Locke)이다. 중요한 인간권리는 자유권과 복지권이 있다. 자유권은 타인의 간섭을 받지 않고 행할 수 있는 개인에 초점을 맞춘 권리이다. 이 자유권은 미국의 독립과 프랑스 혁명에 가장 큰 영향을 미쳤고, 1776년 발표된 미국의 독립선언문에 이러한 사상이 담겨져 있다. 복지권은 공동체 내에서 필요한 혜택을 누리면서 최소한의 인간적인 삶을 살아갈 수 있는 권리이다. 이 복지권은 공동체를 구성하는 사람들의 삶의 질을 일정 수준으로 보장하기 위한 사회복지 시스템을 마련하는 토대가 되었다.

권리윤리와 의무윤리는 상호보완적이어야 한다. 왜냐하면 인간으로서 개인의 권리만 주장하다 보면, 공동체를 구성하는 타인을 위하여 배려하는 도덕적인 의무를 소홀히 할 수 있기 때문이다. 또한 의무윤리는 대체로 행위를 금지하는 내용들이 많으므로 의무윤리로 행동규칙을 세우는 데 치중하다 보면, 인간의 기본적인 권리를 제한하는 경우가 발생한다. 따라서 의무윤리적 관점에서 어떤 행동을 제한할 경우, 권리윤리적인 면에서 이를 재검토해야 하며, 권리윤리적 관점에서 어떤 행동을 허가할 경우, 의무윤리적인 면에서 이를 재검토하는 것이 바람직하다. 즉 '인간은 누구나 자유로이 행동할 수 있는 권리가 있다.'라는 자유 행동권 뒤에는 내가 자유롭게 행동할 수 있듯이 다른 사람도 자유롭게 행동할 수 있는 권리를 무시하거나 제한해서는 안 된다는 의무가 따라야 한다.

(3) 권리윤리의 적용[13)]

권리윤리를 적용하는 데 어려운 것 중 하나는 주어진 상황에 관련된 사람들이 어떤 권리들을 가지고 있고, 그 권리들을 보호해주기 위해서 어떻게 해야 하는가이다. 이러한 경우에는 유사한 사례와 관련된 판례나 법률에서 인정하는 권리들과 그 보호방안들을 찾아서 정리한다.

권리윤리 적용에서 다른 어려움은 주어진 상황에 관련된 사람들의 권리들이 서로 충돌할 때 어떻게 해야 하는가이다. 권리가 충돌할 경우에는 알란 지워스(Alan Gewirth)가 제안한 권리의 중요성에 따라 충돌하는 권리에 우선순위를 매겨서 해결한다. 알란 지워스의 제안에 의하면, 권리는 가장 기본적인 권리에서부터 덜 기본적인 권리까지 3단계로 나누어진다. 첫째 단계는 인간으로서 제대로 행동하기 위해서 가져야 할 가장 기본적인 권리인 생명, 육체보전, 정신건강 등이다. 둘째 단계는 개인이 이뤄놓은 수준을 유지할 권리로서 사기 당하지 않을 권리, 의학 실험에서 정보에 입각하여 동의할 권리, 명예훼손 당하지 않을 권리 등이다. 셋째 단계는 목적달성의 수준을 높이는 데 필요한 권리로서 재산을 늘리고자 애쓰는 권리 같은 것이다. 이 3단계에서 생존권은 첫째 단계이고, 재산을 사용하고 획득할 권리는 셋째 단계이다. 앞의 포드 승용차 핀토의 소송 사례에서 충돌하는 권리를 살펴보자. 포드사는 회사의 수익을 높이기 위해 소형차 핀토의 뒤에 설치된 연료탱크가 시속 20마일 정도의 충격이 가해지면 화

13) C. E. Harris et al., *Engineering Ethics,* 3rd ed., Thomson Wadsworth, pp.95~97, 2005.

재가 발생한다는 사실을 알고도 추가비용 11달러 때문에 연료탱크에 안전장치를 부착하지 않았다. 이 사례에서 포드사의 경영진은 자동차의 화재로 인한 피해보상금보다 차량가격을 낮춰서 많이 판매함으로 얻는 이익이 훨씬 크기 때문에 재산을 축적하고자 하는 권리를 행사한 것이다. 그렇지만 자동차를 구입하여 사용하는 사람들은 사고로 인하여 사망하거나 육체의 손상을 입을 수 있으므로 생존권이 침해를 받게 된다. 두 가지 충돌하는 권리 중에서 생존권이 재산획득권보다 우선적으로 고려되어야 하므로 포드사 경영진의 행위는 윤리적으로 정당하지 못하였다. 그래서 미국 법원이 후방충돌로 인한 핀토의 화재사고 소송에 대해 피해보상금과 함께 상당한 금액의 벌금을 부과하였다.

그러나 때로는 권리의 우선순위 3단계를 적용하기 어려운 경우가 있다. 즉 첫째 단계 권리의 사소한 침해와 둘째 단계나 셋째 단계 권리의 훨씬 심각한 침해에 대해 어떻게 균형을 유지할 것인가 하는 것이다. 2005년에 주민투표를 통하여 방사성폐기물 처리장 위치를 선정한 사례를 살펴보자. 이 사례는 저준위 방사성폐기물을 견고한 콘크리트 구조물 안에 밀봉하면, 인체에 별 영향이 없다는 과학적 자료에 근거하여 주민들이 동의한 것이다. 그렇지만 매립장 인근에 사는 주민들은 방폐장에서 혹시 방사성물질이 누출되어 건강을 해치지 않을까 하는 염려는 있을 수 있다. 이는 가장 기본적인 인근 주민들의 생존권에 관한 것이지만, 실제로 인체에 손상을 주거나 하는 것은 아니고, 정신건강에 약간 영향을 미치므로 생존권의 침해 정도는 사소하다고 할 수 있다. 하지만 저준위 방사성폐기물을 제대로 처리하지 않아서 원자력발전소를 원활하게 운영하지 못하면, 전력부족으로 공장들의 가동이 원활하지 못하게 되고, 나라 전체의 이익을 증진시킬 수 없으므로 국민 다수의 재산획득권이 크게 침해된다. 그러므로 저준위 방폐장을 주민들의 동의하에 설치하는 것은 서로 충돌할 수 있는 권리들을 그 우선순위와 침해정도를 파악하여 결정한 좋은 예이다.

윤리적 쟁점을 분석할 때, 근거가 되는 권리들과 의무들은 일반 도덕, 법률, 전문직 윤리헌장 등에서 찾을 수 있다. 이러한 권리들과 의무들이 서로 충돌할 경우에 적용할 수 있는 절차는 다음과 같다.

1) 서로 충돌하는 권리들과 의무들을 파악한다.
2) 쟁점을 해결하기 위한 방안들을 생각한다.
3) 각 해결방안으로 영향을 받게 될 사람들을 파악한다.
4) 각 해결방안에 따른 권리침해나 의무위반의 정도를 평가한다.
5) 권리침해나 의무위반이 가장 적은 해결방안을 선택한다.

위에 제시된 권리 분석절차를 다음 사례에 적용해보자.

K대리는 터널굴착공사를 전문적으로 하는 회사에서 C과장과 함께 5년 동안 일하고 있다. K대리는 C과장이 고등학교 선배인데다 업무처리능력이 뛰어나기 때문에 C과장을 좋아하고 친근하게 지낸다. 그렇지만 C과장이 가끔 현장에서 굴착작업 중에 몰래 술을 마시고 와서 작업 진행에 차질이 생긴 적이 있었다. 어느 날 K대리는 C과장이 자기 회사에서 맡은 고속철도 구간 전체의 터널공사들을 총감독하는 현장소장으로 승진할 예정이라는 것을 알게 되었다. C과장의 승진소식을 듣고 기쁘기는 하지만, 터널굴착공사의 위험성을 잘 알고 있는 K대리는 C과장이 업무시간 중 술을 마시는 습관을 잘 알기 때문에 기뻐할 수만은 없다. 왜냐하면 현재는 맡은 업무 범위가 좁아서 그의 음주습관이 공사에 큰 차질을 주지 않지만, 구간 전체의 터널공사를 책임지는 현장소장으로서는 그 업무를 제대로 수행하지 못하여 큰 불상사가 생길 수도 있기 때문이다. K대리는 C과장에게 그런 걱정을 말하고 그에게 그 직책을 맡지 말 것을 부탁했더니 C과장은 앞으로 승진하면 업무 중에 술은 마시지 않겠다고 약속했다. 대신 아무에게도 평소 음주습관을 얘기하지 말라고 하였다. K대리는 자신의 걱정을 이사나 사장에게 말해야 하는가? 앞에서 제시한 절차에 따라 살펴보자.

1) 서로 충돌하는 권리와 의무는 공사현장 직원들의 생존권, 경영진과 C과장의 재산획득권 등이다.
2) 쟁점을 해결하기 위한 선택방안은 C과장이 현장소장 직책을 사양하거나 업무 중 금주할 수 있을 때까지 새 직책을 보류하도록 설득하지 못한다

면, K대리의 선택은 이사나 사장에게 알리거나 알리지 않는 것이다.

3) 선택에 따라 영향을 받는 사람들은 K대리, C과장, C과장과 같이 일하게 될 현장직원들과 사장이다.

4) 선택한 방안에 따른 손실은 K대리가 C과장의 근무시간 중 음주사실을 이사나 사장에게 알린다면, C과장은 승진을 못하게 되어 명예가 손상되고, 경제적 손실을 입게 된다. 만약 K대리가 C과장의 근무시간 중 음주사실을 경영진에게 알리지 않는다면, C과장이 공사감독을 소홀히 하여 터널에서 안전사고가 생기는 경우에 현장직원들이 생명을 잃거나 몸이 다치게 된다. 또한 사장은 사상자에 대한 보상을 해야 하므로 큰 경제적 손실이 예상된다.

5) 선택한 방안에 따른 권리의 침해의 수준과 정도는 K대리가 C과장의 음주사실을 이사나 사장에게 알리지 않는 것은 C과장과 같이 일하는 현장직원들은 생명과 건강을 보존하기 위한 첫째 단계인 생존권의 심각한 침해를 받고, 사장은 셋째 단계인 재산획득권을 크게 침해받는다. 한편 알린다면, C과장은 둘째 단계인 명예보호권과 셋째 단계인 재산획득권을 침해받는다. 그러므로 K대리가 경영진에게 C과장의 음주사실을 알리는 것이 도덕적으로 정당하다.

3.7 윤리이론의 적용[14)]

경험이 적은 엔지니어들은 공학과 관련해서 일어날 수 있는 윤리적 쟁점에 대해 전반적으로 폭넓게 점검해보지 않고 특정한 분석방법에만 의존해 결론을 이끌어 내려는 경향이 있다. 이것은 젊은 엔지니어들이 중요한 계획을 수립하고 실천하는 데 따른 결과에 대한 책임을 크게 느끼지 않기 때문이다. 그러나

---

14) 이대식, 김영필, 김영진 공저 *공학윤리*, 인터비젼, pp.83~88, 2003.

경험이 적은 젊은 엔지니어일지라도 스스로 중대한 윤리적 결정을 내려기 전에 반드시 적절한 평가의 단계를 통해 윤리이론 적용에 따른 이익과 손실을 면밀히 검토한 후에 실천할 수 있는 결론을 내려야 한다.

산업현장에서 발생한 윤리적인 문제를 합리적으로 평가하기 위해서는 다음과 같은 것들을 염두에 두어야 한다.

1) 평가에 자격을 갖춘 사람들이 충분히 참여해야 한다.
2) 평가할 충분한 자료와 시간을 가져야 한다.
3) 과거에 경험한 유사한 문제일지라도 다시 평가한다.

공학적 문제와 관련된 윤리적 평가는 앞에서 제시한 바와 같이 크게 두 가지의 접근법, 즉 공리주의적 접근법과 인간존중의 접근법이 있다. 주어진 윤리문제를 분석하고 종합하기 위해서 어떤 이론이 적합한지는 단정적으로 말하기 힘들므로 최선의 방법은 두 가지의 접근법을 모두 적용해 보는 것이다. 왜냐하면 각 윤리이론을 적용하여 분석한 결과가 같을 수도 있고 다를 수도 있기 때문이다. 그런데 인간존중의 입장에서는 엔지니어의 행위에 따른 자신의 의무위반이나 관련된 다른 사람들의 권리를 침해하지 않았는지를 따져서 평가를 하고 있다. 분석한 결과가 다른 경우에는 더욱 심도 있게 분석하여 서로 충돌하는 문제의 중요성에 따른 우선순위를 고려하여 적절히 보완하는 해결책을 만들어야 하기 때문이다.

다음 사례에 대하여 앞에서 설명한 두 가지 접근법인 공리주의와 인간존중의 윤리이론들을 적용하여 그 결과를 살펴보자.

사례요약

아파트 난방을 시공하는 회사에 파이프를 납품하는 업체가 자기제품을 구입하는 조건으로 납품가격의 10%에 해당하는 금액을 커미션으로 구매담당 엔지니어에게 제공하고자 하였다. 만일 납품할 파이프의 성능이 다른 납품 예상업체 제품의 성능과 같고 납품가격도 싸다면 그 커미션을 받아도 되는가?

▶ 선택방안

엔지니어가 선택할 수 있는 방안은 10%의 커미션을 받는 것과 받지 않는 두 가지를 생각할 수 있다. 커미션을 받을 경우에 구매담당 엔지니어 혼자 커미션을 가지는 것과 회사의 비용으로 사용하는 것에 대하여 살펴보자.

▶ 공리주의적 분석

구매담당 엔지니어는 안전하면서 난방효율이 높고 수명이 긴 난방시설을 선택할 책임을 회사로부터 위임받았으며, 자신의 의무를 수행하면서 든 노력에 대한 보상으로 생각하여 납품업체에서 커미션을 받았다고 가정하자.

이 경우에 관련된 사람들의 이익과 손실을 살펴보면, 우선 구매담당 엔지니어의 수입이 증가하고, 커미션을 제공한 납품업체는 주문량이 늘어나서 매출액이 증가한다. 시공회사로서는 납품업체를 공개로 모집하여 평가하고 선발하는 과정이 생략되므로 부품 구입업무가 간편해지고, 납기가 단축되면서 비용이 절감된다. 그런데 장기적으로 보면, 납품업체의 커미션 제공이 의무화되고, 납품독점으로 인해서 제품의 품질이 떨어지고 가격이 올라 갈 수 있다. 그렇게 되면 시공회사에서는 납품단가를 낮추거나 납품업체의 교체를 요구할 것이다. 이 과정에서 구매담당 엔지니어가 커미션을 받은 사실이 드러나게 되고, 커미션을 받은 엔지니어는 여건이 좋지 않은 다른 부서로 옮기게 되거나 해직을 당하게 되어 금전적 손실이 커진다. 또한 시공회사에서는 제품의 품질 저하로 아파트 하자 보수비용을 지출해야 할 것이다. 한편 납품업체에서는 납품업체의 교체로 납품물량이 감소하여 상당한 매출 손실이 발생할 것이다. 그러므로 엔지니어가 커미션을 받지 않는 것이 바람직하다.

만약 커미션을 받아서 시공회사의 비용으로 쓰는 경우를 생각할 수 있다. 이 경우에는 구매담당 엔지니어는 아무런 이익이 없지만, 납품업체는 납품물량의 안정적 확보로 수입이 증가하고, 시공회사는 커미션만큼의 이익이 생긴다. 그렇지만 오래지 않아 제품의 품질이 떨어져서 납품업체를 교체할 경우에 납품업체는 매출손실이 상당히 커지고, 시공회사는 하자보수 비용 지출과 커미션을 받은 것이 공론화되어 회사의 신인도가 낮아져서 큰 매출 손실이 우려된다. 그러므로 시공회사 역시 커미션을 받아서는 안 된다.

▶ 인간존중의 분석

공리주의적 분석의 전제와 같이 구매담당 엔지니어는 난방효율이 높고 수명이 긴 난방시설을 선택할 책임을 회사로부터 위임받았고, 자신의 임무수행에 따른 보상으로 생각하여 납품업체에서 커미션을 받았다고 가정하자. 이 경우에 관련된 사람들의 권리가 침해되는 것은 아닌지 검토해보자.

엔지니어가 납품업체에서 커미션을 받은 사실이 드러나면, 엔지니어는 해직될 수 있어서 자신의 명예가 훼손되고 금전적 손실이 크므로 명예유지권과 재산획득권의 침해가 클 것이다. 납품업체는 제공한 커미션만큼의 손실과 납품업체 교체로 인한 매출 손실이 커서 재산획득권이 크게 침해될 것이다. 시공회사는 제품의 품질 저하로 인한 아파트 하자 보수비용 지출과 회사 신인도가 낮아져서 매출 손실이 크므로 재산획득권이 상당히 침해될 것이다. 그러므로 구매담당 엔지니어가 커미션을 받는 것은 바람직하지 않고 시공회사에서 받는 것도 바람직하지 않다.

앞의 사례에서 보듯이 공리주의적 분석과 인간존중의 분석에 대한 주안점이 다르더라도 종종 같은 결론에 도달한다. 그러나 때때로 윤리적 문제의 분석결과가 서로 다른 결론을 내릴 때도 있다. 이렇게 결론이 다른 경우에 문제를 해결하는 데 도움이 될 수 있는 방안은 다음과 같다. 첫째, 사람의 건강에 대한 위협이 작거나 불확실할 때와 같이 개인의 권리에 대한 제한이 최소한으로 여겨질 때는 공리주의적 사고가 효과적이다. 둘째, 개인의 권리에 대한 제한이 심각한 경우에는 인간존중에 대한 고찰에 더 큰 비중을 두어야 한다. 이때는 공리주의적 고찰은 유지하기가 힘들다. 셋째, 두 가지 윤리이론에 의한 분석에 차이가 많이 나는 경우에는 창의적 중도해결책을 적용하는 것이 매우 유용할 수 있다.

그러나 윤리문제가 주어졌을 때 어떤 접근법이 더 효과적인지 결정할 수 있는 알고리즘을 제안할 수는 없다. 윤리적 사고에 대한 재능이 있는 사람은 어떻게 윤리적 분석의 차이를 가장 잘 해결하는지를 알 것이다. 그렇지만 좋든 싫든 간에 모든 엔지니어들은 산업현장에서 윤리적 쟁점에 마주치게 되므로 윤리적 사고에 대한 훈련을 통해서 윤리적 문제를 스스로 해결할 수 있는 능력을 길러야 한다.

다음 사례에 대한 윤리적 쟁점을 앞에서 제시한 사례분석 예와 같이 윤리이론들을 이용하여 분석하고 평가하라. 단, 두 가지 분석결과가 다를 경우에는 창의적 중도해결책을 제시하라.

고려할 사례

사례 13	맨해튼 프로젝트
사례 17	분쇄기의 안전장치
사례 24	소형차 핀토의 연료탱크
사례 30	원자력발전소 부지의 피폭선량 평가
사례 31	원전 포기정책의 찬반 논쟁
사례 50	화재감지기의 생산방향

4장 엔지니어의 책임과 윤리

4.1 서론

사회적인 욕구를 충족시키는 업무를 수행하는 엔지니어는 업무를 수행할 때 극히 예외적인 경우를 제외하고는 대부분 팀을 이루어 활동하게 된다. 특히 대규모의 자본과 인력이 필요한 제품이나 시스템을 개발하여 운용하기 위해서는 영리를 목적으로 하는 기업의 구성원으로 활동하게 되는 경우가 많다. 개인적인 활동이 가능한 변호사나 의사와는 달리 조직의 구성원으로 일하는 엔지니어는 직업인으로서 권리뿐만 아니라 책임도 가지게 된다. 직업적인 권리는 기본적으로 사람으로서 가지는 모든 권리를 포함하지만, 직업과 관련하여 가지게 되는 권리도 있다. 또한 책임에는 전문가로서 사회적인 책임과 고용주와 의뢰인에 대한 책임도 포함된다.

이러한 엔지니어의 권리와 책임은 때로는 충돌하고 갈등을 일으킬 수가 있다. 왜냐하면, 고용주는 주로 이익을 얻는 데 초점을 맞추지만, 엔지니어는 제품의 안전과 품질에 초점을 맞추기 때문이다. 따라서 고용주와 엔지니어가 업무 수행에서 의견 차이가 있는 경우에 고용주와 엔지니어는 수직적인 관계이어서 엔지니어가 취할 수 있는 행동에 제약이 있으므로 어떠한 행동을 할지를 미리 대비할 필요가 있다. 즉 고용인인 엔지니어는 고용주인 경영자와 의견이 다를 경우에 제품의 안전과 품질을 유지하면서 고용주의 이익을 크게 해치지 않는 올바른 처리 방법을 배워야 한다. 대표적인 전문가인 변호사나 의사의 경우에도 사회가 복잡하게 발전함에 따라 발생하는 문제도 복합적인 경우가 많아서 각 분야의 전문가가 서로 협력하여야 하므로 법인을 구성하고 고용인으로 활동하게 되는 형태로 변화하고 있다. 그렇지만, 고용주나 고용인이 같은 분야의 전문가 집단으로 구성되어 있기 때문에 비교적 전문성을 발휘하기가 쉽다. 변호사들의 경우에 법무법인 뿐만 아니라 대기업체의 법률팀으로 활동하며 최근 논란이 되고 있는 준법지원인 제도를 도입하여 활동의 범위를 넓히고 있다. 의사들의 경우에는 종합병원 이외의 건강관리기관이나 의료보험기관과 같은 단체에서의 활동이 늘고 있다. 이런 전문가들의 경우에는 변호사협회, 의사협회 등의 조직을 통하여 자신들의 전문영역에 대한 절대적 보호를 받고 있다. 그러나 엔지니어의 경우에는 전문가 조직의 활동이 미약하여 전문영역에 대한 보호를 받지 못하고 있는 것이 대부분이다. 최근 엔지니어 출신 최고경영자의 비율이 많아지고 있는데, 엔지니어라 할지라도 최고경영자인 경우에는 공학적인 의사결정보다는 경영학적인 의사결정을 하여야 하는 경우가 많다. 조직의 구성원으로 일하는 엔지니어가 당면하고 있는 권리와 책임에 관련된 문제들은 팀으로 활동하게 될 기회가 많아지는 다른 전문직에서도 유사하게 발생하고 있다. 기업체의 비자금에 관한 양심선언과 같은 사건들의 발생은 대부분의 전문가 집단에서 이와 같은 전문가의 윤리가 필요함을 보여주고 있다.

4장에서는 전문가로서 엔지니어의 책임과 권리를 살펴보고, 업무에 대한 엔지니어와 경영자의 시각을 비교하고자 한다. 또한 공학적 결정이 우선이 되는 경우와 경영학적 결정이 우선이 되는 경우를 알아보고, 엔지니어가 경영자의 지시와 다른 결정을 할 수밖에 없는 상황에서 엔지니어가 취할 수 있는 행동인 내부고발에 대한 당위성을 챌린저호 폭발사고의 청문회 자료를 통하여 논의하고자 한다.

먼저 고용주와 고용인의 의견이 서로 달라서 충돌한 전철 BART의 사례를 통하여 공학윤리 헌장에 따라 문제를 내부적으로 해결할 수 있는 방법과 마지막 해결방법인 내부고발의 과정을 살펴보고자 한다.

사례 책임자와의 갈등으로 발생한 BART의 내부고발[1][2]

샌프란시스코만 지역의 여러 도시들을 잇는 전철 BART(Bay Area Rapid Transit system)는 1957년 전담부서를 만들어 1962년 예비설계를 마치고 1966년 공사를 시작하여 1972년부터 그림 4.1과 같은 노선들을 운행하기 시작한 교외선 철도시스템이다.

그림 4.1 BART 운행 노선도

하이테크 열차시스템으로 계획된 BART는 노반, 터널, 교량 등과 관련된 토목기술, 열차의 설계와 제작에 관한 기술과 열차 제어시스템에 관한 기술의 결합으로 되어 있었다. 열차 제어 시스템의 경우에는 승무원이 제어하는 종래의 열차와는 달리 자동열차 제어시스템 ATC(Automatic Train Control)를 처음 도입

---

1) 전영록 외 5인 공역(Gerard Voland 원저), *공학문제해결을 위한 공학설계*, 2판, 교보문고, pp.250~254, 2008.

2) 이광수, 이재성 공역(Charles B. Fleddermann 원저), *공학윤리*, 3판, 홍릉과학출판사, pp.117~119, 2009.

하였다. 대부분의 열차에서는 기관사가 운전관리실로부터 지시를 받아 운행하고 있다. 그러나 전자동 제어 시스템에서는 열차의 탑재 센서를 이용하여 현재 열차와 다른 열차들의 위치를 파악하고 각 선로에서의 허용 속도 정보를 이용하여 열차속도와 정거장 출입을 자동적으로 제어할 수 있게 설계되었다. 특히 이 제어시스템은 고장이 발생하면 안전을 위해 정지시키는 비상안전 장치를 채택하지 않고, 고장 부분을 대체 부품이나 대체 시스템을 이용하여 열차 운행을 계속할 수 있도록 설계하였다. ATC의 설계와 구축은 1967년 계약한 웨스팅하우스가 담당하였으며, BART에서는 홀거 요르팡(Holger Hjortsvang), 로버트 브루더(Robert Bruder)와 막스 블랭켄지(Max Blankenzee)가 참여하였다.

덴마크 출신인 요르팡은 1936년 코펜하겐 공과대학에서 전기공학을 전공하고 1966년부터 BART에 근무하기 시작하였으며, 버클리대학교의 평생교육과정을 통하여 1973년 캘리포니아주 전문엔지니어의 자격을 취득하였다. 1969년부터 1970년의 10개월 동안 피츠버그의 웨스팅하우스에서 현장 근무를 하였던 요르팡은 ATC 일부 부품에 대한 테스트가 미비하고 발주기관의 감독이 제대로 이뤄지지 않아서 제어시스템의 안정성에 대하여 직속상관에게 문제를 제기하였다. 그러나 그 직속상관은 자신이 직접 담당하는 업무가 아니었으므로 별다른 관심을 보이지 않았다. 미국 사우스 다코다 출신인 브루더는 로요라 대학에서 전기공학을 전공하고 1953년부터 엔지니어로 항공분야에서 활동하다가 1969년 11월부터 BART에서 요르팡과는 다른 부서에서 근무하게 되었다. 브루더도 웨스팅하우스의 테스트 절차와 일정에 대하여 동일한 우려를 가지고 있었지만, 많은 경험과 기술을 가진 웨스팅하우스에서 계약된 제품을 제대로 납품할 것으로 믿고 있는 경영진에게 의견을 전달하지는 못하였다. 인도네시아 출신인 블랭켄지는 네델란드 하즈 항공우주대학에서 학위를 받고 1965년부터 몇 차례 취업과 해고를 반복하다가 1971년 웨스팅하우스에서 임시직으로 BART프로젝트를 수행하면서 알게 된 요르팡이 근무하는 BART에 1971년 5월에 입사하게 되었다. 웨스팅하우스에서 근무하였던 블랭켄지의 경험을 바탕으로 세 엔지니어는 다시 ATC에 대한 테스트와 관련된 문서에 대해 우려하게 되고,

이를 해결하기 위하여 요르팡은 인식하고 있는 문제점들을 요약한 메모를 BART 경영진에게 발송하였다. 그러나 그 메모를 익명으로 보냈기 때문에 그 메모에서 제시한 문제는 경영진의 신뢰를 받지 못하게 되었다. 따라서 세 명의 엔지니어들은 외부의 엔지니어링 컨설턴트인 에드워드 버파인(Edward Burfine)과 상담을 하였는데, 버파인도 ATC에 관하여 세 엔지니어들과 비슷한 평가를 하였다.

그래서 세 엔지니어는 1972년 1월 BART의 본부장을 포함한 몇 사람만이 보고할 수 있는 중역회의의 규칙을 어기고 그 중역회의에 참석하여 자신들이 우려하는 사항들이 하위 경영진에서 심각하게 받아들여지지 않음을 진술하는 이른바 '내부형 내부고발'을 하게 되었다. BART 중역회의 위원인 댄 헬릭스(Dan Helix)는 엔지니어들과의 대화를 가진 후 엔지니어들의 메모와 버파인의 보고서를 다른 중역회의에 배포하면서 지방신문에 이 자료를 제공하여 이른바 중역회의 위원에 의한 '외부형 내부고발'이 되었다. BART의 경영진은 이러한 행위에 대한 정보의 출처를 찾기 시작하였고, 세 명의 엔지니어는 처음에는 자신들이 관여된 사실을 부인하였으나 나중에 사실을 인정하게 되었다. 이로 인하여 이들은 상급자에 대한 거짓말을 하고 명령 불복종과 조직의 절차를 무시한 이유로 1972년 3월 사직이나 파면을 선택하도록 요구받았으며 결국 해고되었다. 해고로 인하여 재정적 및 정신적 고통을 받게 된 이들은 85만 달러의 손해배상 소송을 제기하였다. 그러나 신문에 자료를 제공한 헬릭스의 정보원을 찾으려고 하였을 때 자신들이 관여한 사실을 부정한 점이 매우 불리하게 작용할 가능성이 커지면서 2만5천 달러의 합의금으로 사건을 종결하게 되었다. 소송과정에서 IEEE는 세 명의 엔지니어의 법정 조력자로서 변론 취지서를 제출하였다. 엔지니어는 공중의 안전을 최우선으로 하여야 하는 직업적 의무를 가지고 있으므로 이들의 행위가 정당함을 주장하였다. 이 사건은 전국단위 공학전문가 단체가 전문직 윤리 규정에 따라 자신의 의무를 다하였던 엔지니어를 대리하여 법률 소송에 개입한 첫 번째 사례가 되었고, 1978년 IEEE 산하의 사회관련 기술협회(The Society on Social Implications of Technology; SSIT)에서 제정한 제1회 최우수 공중 봉사상을 받았다.

BART의 열차가 운행되면서 안전에 대한 우려가 계속 늘어 갔으며, 실제로 열차의 운행을 시작한 지 한 달 만에 열차가 프리몬트 역을 지나쳐 모래 제방으로 돌진한 사고가 발생하였다. 이 사고는 열차 속도를 제어하는 ATC부품인 수정 발전기의 오작동이 원인이었다. 이후 몇 건의 사고조사 보고서에서 안전에 대한 우려가 현실화되고, 결국 ATC에 대한 개선 작업으로 오류를 수정하게 되었다. 그 후 오랜 기간 동안 우수한 안전 운행기록을 수립하여 하이테크 대중교통 시스템의 모범으로 사랑을 받고 있다.

4.2 엔지니어의 책임

일반적으로 대기업에서 생산 판매하는 과학기술 제품의 기술적 실패를 제품 개발에 직접 참여한 엔지니어가 아니라 경영자의 탓으로 돌리는 경우가 많다. 그러므로 엔지니어들은 공중에 대한 책임감이 약하고, 일반인들은 엔지니어의 역할을 고용주의 지시에 따라 기술적인 문제만을 해결하는 것으로만 생각하는 경향이 있다. 그 결과 공학과 관련된 중요한 문제들이 관련 전문가의 관여 없이 공학적 전문지식이 전혀 없는 정치인이나 행정관료의 정치논리에 좌우되어 그릇된 결과를 낳기도 한다. 그 좋은 예가 2011년 3월에 동남권 신공항 건설 후보지 선정문제로 신공항건설의 타당성 검토결과가 나오기 전까지 경상남북도와 부산광역시가 심하게 갈등을 겪은 경우이다. 이처럼 실제로 사회에서 전문지식을 가진 엔지니어의 역할이 큼에도 불구하고, 엔지니어가 중요한 의사결정에서 소외되어 책임을 다하지 못하는 경우가 자주 발생하고 있다.

따라서 엔지니어는 주어진 공학적 문제를 과학적 지식과 기술을 이용하여 잘 해결하는 데만 몰두할 것이 아니라, 자기가 해결해야 할 문제가 만들어진 배경이나 역사를 정확히 파악하고 필요한 역할을 하여야 한다. 특히 해야 할 일이 공중의 안전과 직접 관련된 일이면 더욱 그러하다. 엔지니어는 자기가 수행하고 있는 일이 사회에 어떤 영향을 미치고, 궁극적으로 사회에 유익한 것인가를 항상 질문해 보아야 한다. 엔지니어는 필요하면 자기가 속한 조직이나 회사의 잘못된 관행에 맞서 이를 개선해 나가야 한다. 이것이 적어도 엔지니어가 가져야 할 사회에 대한 도덕적 책임의 시작이다. 더 나아가 엔지니어는 사회의 전문가로서 과학 지식과 기술을 적용하여 자기가 속한 사회의 이상을 실현하기 위해 능동적으로 책임을 다 해야 한다. 더욱 중요한 것은 엔지니어가 판단하고 실천하는 모든 일이 공학적 전문지식에 근거해야 하므로 꾸준히 자기 전공을 통하여 새로운 전문 지식과 기술을 확보해야 한다.[3)]

우주왕복선 챌린저호 폭발사고에 대하여 엔지니어를 비롯한 관련된 사람들이 책임을 다 했는지를 살펴보자. 우선 다음과 같은 질문들을 던져보자. 왜 위험을 무릅쓰고 발사하려 했는가? 엄청난 인원과 재원을 동원하고 인명 손실까지 감당하면서 우주왕복선 개발은 계속되어야 하는가? 민주사회의 이상인 복지, 평화와 평등에 얼마나 기여하는가? 이러한 궁극적인 질문은 쉽게 답을 낼 수 있는 것은 아니다. 왜냐하면 과학과 기술 외에도 정치, 경제, 사회, 문화 등 삶의 모든 문제를 총체적으로 검토한 후 결정해야 하는 문제이기 때문이다. 그러나 이 질문에 답변하는 데 중요한 요소인 기술에 대한 것은 엔지니어들의 몫이다. 자칫 엔지니어는 과학 지식과 기술 그 자체를 개발하고 적용하는 데만 몰두한 나머지 자신의 업무가 이 사회의 이상을 실현시키는 데 공헌하는지 생각할 틈도 없이 그 업무에 무조건 참여하는 우를 범할 때도 있다. 그런데 엔지니어는 전문 지식을 활용하여 좀 더 살기 좋은 사회를 만들어야 하는 사회적 책임을 갖고 있으므로 챌린저호의 폭발사고와 같은 불행한 결과를 낳을 수 있는 활동에 참여하는 것은 피해야 한다.

엔지니어 자신들이 사회적 책임이 무엇인지 알고 있다 하여도 그것을 실천에 옮기는 것은 또 다른 문제이다. 어떤 기관이나 조직이 반사회적이고 반윤리적인 사업 또는 과제를 진행한다면 개인이 이에 맞서 대항하기란 참 어렵기 때문에 일반적으로 업무와 관련된 단체의 힘을 빌려야 한다. 우리나라에도 과학

3) 이장규, *과학기술자의 인권과 사회적 책임*, 서울대 전기컴퓨터공학부.

기술한림원 및 공학한림원과 같이 과학기술계를 대표하는 원로단체가 있고, 토목공학회, 기계공학회, 전기공학회 등과 같은 전문분야별 학회가 존재한다. 그렇지만 아직까지 이들 단체가 엔지니어의 사회적 책임 완수와 권리 신장에 기여한 흔적은 미미하다. 이제 공학 관련 전문단체들은 조직의 성장뿐만 아니라 구성원들의 인권 보호와 사회적 책임을 증진시킬 수 있도록 활동 방향을 확대해야 할 것이다.

공학 관련 전문단체들이 엔지니어의 인권 보호에 앞장서고 사회적 책임을 증진시키는 데 선도적 역할을 한다 해도 그들의 수는 제한적이므로 그들의 활동범위에는 한계가 있기 마련이다. 그래서 공학이 사회의 안전을 해치지는 않는지, 사회적 이상을 실현시키는 데 과연 공헌하고 있는지를 책임의 대상인 공중의 입장에서 감시하는 것은 시민단체의 몫으로 남는다. 특히 자연의 질서를 깨뜨리고 환경을 파괴시키는 공학의 역기능을 막기 위한 시민단체의 활동은 반드시 필요하다. 엔지니어들도 시민이므로 전문성을 가진 엔지니어들이 시민단체 활동에 관심을 갖고 적극 가담함으로써 그들에게 주어진 사회적 책임을 능동적으로 완수해야 할 것이다.

엔지니어가 책임을 수행하기 위한 구체적인 지침을 미국 전문엔지니어협회(NSPE) 윤리헌장에서 살펴보면 다음과 같다.[4)]

제1조, 업무 수행에서 공중의 안전, 건강과 복지를 가장 우선으로 한다. 이는 조직의 일원인 엔지니어가 고용주의 지시를 우선으로 여겨서 공중에게 해가 되는 업무를 수행하는 것을 막기 위한 규칙이다. 그렇지만 고용주에게 충실해야 하는 윤리헌장 제 4조와 충돌할 수 있다. 그러므로 주어진 업무의 수행이 공중의 생명이나 재산권을 위태롭게 하는 경우에는 자신의 고용주나 의뢰인에게 알린다.

제2조, 오직 자신의 자격 범위에서 업무를 수행한다. 전문영역이 아닌 업무를 수행하도록 강요받을 경우가 있기 때문에 전문영역이 아닌 업무의 수행으로 나타날 수 있는 부작용을 막기 위한 규칙이다. 그러므로 자신이 자격을 갖

---

4) 김진 외 9인 공저, *공학윤리*, 철학과 현실사, pp.229~232, 2004.

춘 주제에 대한 계획에 대해서 자신의 감독 아래 준비된 서류에만 서명한다.

제3조, 업무와 관련된 내용을 객관적이고 진실한 방식으로 공식적으로 진술한다. 이해 충돌이 발생할 경우에 사실이 왜곡될 수 있는 감정적인 표현을 삼가고, 사건의 실체를 정확히 밝히기 위한 규칙이다. 그러므로 적절한 관련 정보를 모두 보고·진술·증언에 포함시키며, 그 정보가 통용된 날짜를 함께 포함시켜야 한다.

제4조, 고용주나 의뢰인에게 성실한 대리인이나 수탁자로 행동한다. 업무 수행에 영향을 미칠 수 있는 이해충돌을 고용주나 의뢰인에게 공개하고, 동일한 업무에 대해 다른 사람으로부터 경제적 대가를 받지 않기 위한 규칙이다. 그러나 이 규칙은 공중의 안전에 대한 책임을 요구하는 윤리헌장 제1조와 충돌할 가능성이 많다.

제5조, 기만적인 행동을 하지 않는다. 일감을 얻기 위해 자신이 맡았던 업무의 성과에 대하여 과장하지 않고, 계약이나 심사에 영향을 미칠 수 있는 기부를 제안·제공·요구·수수하지 않기 위한 규칙이다.

4.3 엔지니어의 권리

전문직으로서 여러 가지 책임을 가지고 있는 엔지니어는 몇 가지 형태의 도덕적 권리를 가지게 된다. 우선 엔지니어도 사람으로서 합법화된 이해관계에서 자유롭게 생활할 수 있는 기본권을 가지고 있다. 프라이버시에 대한 권리와 성별, 나이에 기초하여 고용에서 차별 없이 공정한 대우를 받을 권리를 가지고 있다. 고용인으로서 엔지니어는 자신의 의무를 수행한 대가를 받을 권리를 가지고 있으며, 고용주의 위협이나 간섭 없이 개인적으로 참여하는 비업무적 정치활동에 참여할 수 있는 권리를 가지고 있다. 한편 전문가로서 엔지니어는 전문가 역할에 따르는 의무와 함께 다음과 같은 특별한 권리를 가지고 있다.

첫째, 엔지니어의 가장 기본적인 권리는 직업적인 양심에 대한 권리이다. 이 권리는 자신의 임무를 수행할 때 전문가적인 판단을 할 수 있는 권리와 이 판단을 다른 사람의 정당한 권리를 침해하지 않는 윤리적인 방식으로 발휘할 수 있는 권리를 포함하고 있다. 이 권리는 엔지니어의 직무 수행에 있어서 가장 기본적인 것이지만 고용주의 입장에서는 이 권리를 쉽게 이해하지 못할 수도 있다. 이 권리가 무한한 것은 아니며 고용인으로서의 책임과 균형을 맞추어야 한다. 또한 엔지니어가 양심의 권리를 행사하기 위해서는 전문적인 의무에 맞는 특별한 지원이 필요하다. 예를 들어 적절한 안전검사를 수행하기 위해서 고용주가 제공하여야 하는 특별한 장비가 있어야 한다.

둘째, 자신의 관점에서 비윤리적인 것을 수행하는 것을 거부하는 권리이다. 이것은 어떤 고용주도 고용인에게 비윤리적인 일을 강요하여서는 안 된다는 것이다. 따라서 전문가는 그 행동이 비교적 많은 공감을 가지는 경우나 비윤리적인 것에 대한 이견이 적을 경우에만 참여할 수 있는 도덕적 권리를 사용할 수 있다. 예를 들면 검사 결과에 대하여 거짓 증언을 강요하거나 제품의 안전성을 과장하도록 요구하는 것과 같이 쟁점이 분명한 경우에 고용인을 위협적인 수단으로 강요하여 행동하게 하는 것은 분명히 엔지니어의 권리를 침해하는 것이 된다. 그렇지만 사람마다 윤리적인 평가에 차이가 있을 수 있는 국방이나 환경 관련 프로젝트의 거부 등은 다소 논란의 여지가 있다. 이런 경우에는 제한된 권리를 가지게 된다. 여기서는 주어진 상황에 대하여 상당한 사람들 사이에 도덕적 불일치가 존재할 수 있기 때문이다. 그렇지만 전문가의 권리를 제한하면, 큰 경제적인 손실이 없이 과제의 대안을 다시 추가하는 데 어려움이 따르게 된다.

셋째, 엔지니어는 업무와 성취에 대한 전문가적인 보상을 받는 권리를 가진다. 금전적 보상을 받는 것은 모든 직업인들이 가지는 당연한 권리이며 전문가로서의 보상을 받을 권리가 있다. 보상은 공정한 금전적 보상과 비금전적 보상의 형태로 이루어진다. 공정한 보상은 도덕적인 문제보다는 자기 이해의 문제이거나 두 가지의 복합적인 문제이다. 공정한 보상을 받지 못하면 집중적으로 일하지 못할 뿐 아니라 전문가로서 정기 또는 비정기적인 최신 기술에 대한 교육을 통한 자기계발을 하지 못하여 지속적인 전문가의 역할을 하지 못할 수도 있다. 그러므로 합당한 보수를 받을 권리는 회사가 과도한 이익을 내었지만 엔지니어의 보수가 관리직의 보수보다 낮을 경우에 보수 협상에서 도덕적인 기준으로 활용할 수 있다. 또한 엔지니어가 발명한 특허가 회사에 막대한 이익을 주었을 경우 발명자에게 일반적인 보너스와 감사편지 이상의 보상이 이루어지지 않으면 불공정한 것이다. 그렇지만 전문가적 보상에 대한 권리에서 발명자에 대한 공정한 보상의 수준이 어느 정도인지에 대해 명확하게 규정된 것은 없다. 구체적인 상황은 고용주와 고용인이 협력적인 관계를 유지하면서 회사의 재정적인 능력과 엔지니어의 계약된 위치에 따라 정해진다. 이러한 사항에 대하여 전문학회가 일반적인 지침을 마련하는 것이 도움을 줄 수 있으며 최근에는 정부가 발명진흥법이나 공무원직무 발명의 처분 관리 및 보상에 관한 규정 등의 법률적인 철차를 통하여 가이드라인을 제시하고 있다.

4.4 엔지니어와 경영자

대부분의 엔지니어는 고용인으로서 경영자의 의사 결정에 지배를 받게 된다. 그러나 기술사회로 변화함에 따라 엔지니어가 기업체에서도 공학적 전문성을 가진 경영자로 활동하는 경우가 증가하고 있다. 특히 하이테크 기업의 경우에는 엔지니어가 경영자가 되는 것이 기업에 이익이 되는 경우가 많다. 때로는 경영에 관심을 가진 엔지니어의 경우에는 경영자가 되기를 희망하여 경영자의 입장에서 판단하는 경우도 있을 수 있다. 따라서 경영자와 엔지니어를 구분하기 어려운 경우도 있다.

그러나 보편적인 기업에서는 많은 경영자들이 엔지니어가 아니므로 공학적인 경험을 가지지 못하여 엔지니어의 윤리적인 문제를 구체적으로 알지 못한다. 경영자의 입장에서는 도덕적 원리보다는 편의성을 고려하게 되므로 엔지니어가 직면하는 윤리적인 쟁점들이 경영자와 충돌되기 쉽고 그중 가장 많은 부분이 결정 권한에 관한 것이다. 업무의 최종 결정권은 경영자가 가지는 경우가 많으므로 엔지니어의 윤리에 관한 문제에 대해서 엔지니어가 가지는 결정권의 범위가 문제이다. 일반적인 조직 구조에서는 경영자들이 항상 엔지니어의 결정을 번복할 수 있는 권위를 가지고 있다. 문제는 어떤 결정이 엔지니어에 의해서 이뤄져야 하며, 어떤 결정이 경영자에 의해서 적절하게 이뤄져야 하는가 하는 것이다. 즉, 결정과정에서 언제 경영자들이 우선시되어야 하며, 언제 엔지니어들이 우선시되어야 하는가이다.

일반적으로 중소기업에서는 엔지니어와 경영자 사이를 쉽게 구별할 수 있지만, 대기업에서는 부분별 책임엔지니어들이 제품개발전략을 세우기 위해 회사의 경영에 관련된 회의에도 많이 참석하게 되므로 엔지니어와 경영자 사이를 명확히 구분하기가 쉽지 않다. 이렇게 직장에서 엔지니어와 경영자 사이의 경계가 분명하지 않지만, 엔지니어에 대한 일반적인 시각은 다음과 같이 분명하다.[5)]

첫째, 엔지니어들은 다른 전문가들과 마찬가지로 자신들의 업무와 경영자에게 성실해야 할 의무를 가지고 있으며, 자신의 기업체가 흑자를 낼 수 있도록 성실하게 일해야 한다. 또한 엔지니어들은 공중의 건강, 안전과 복지를 최우선으로 지킬 의무가 있다. 이 의무는 엔지니어들에게 제품에 대해 높은 수준의 품질과 안전을 유지하도록 요구한다. 이 의무는 고용인으로서 회사 이익의 극대화를 요구하는 경영자에 대한 충성의 의무와 가끔 충돌이 일어나게 된다.

둘째, 엔지니어들은 경영자에게 기술적인 문제를 전문용어를 사용하여 간단하게 설명하려 한다. 그래서 대부분 공학적 경험을 가지고 있지 않은 경영자들과 의사소통이 종종 어려울 때가 있다. 그런데 엔지니어들은 공학적인 문제를 잘 설명했는데 경영자가 잘 이해하지 못한다고 불평한다.

셋째, 엔지니어는 장차 보수와 명성이 더 높은 경영자가 되기를 희망한다. 그런데 엔지니어와 경영자의 두 역할을 해야 할 경우에 동일한 사람의 내부에서 이중적인 이해충돌이 나타날 수도 있다. 예를 들면 챌린저호 참사 때 사이

---

5) C. E. Harris et. al., *Engineering Ethics,* 3rd ed., Thomson Wadsworth, pp.186~189, 2005.

오콜사의 기술 부사장이었던 룬드는 엔지니어이면서 동시에 경영자였다. 챌린저호 참사의 조사보고서와 청문회의 기록에 의하면, 그 참사 이전에 그의 상관으로부터 룬드도 엔지니어의 시각보다 경영자의 시각을 가지도록 요청받았다. 이러한 경우에 공학적 고려사항이 우선인가 경영적 고려사항이 우선인가를 잘 판단할 수 있는 방법이 있다면 좋은 도움이 될 것이다.

공학적 문제해결에 대한 경영자의 일반적인 윤리적 시각을 살펴보자. 로버트 재칼(Robert Jackall)의 연구결과에 따르면, 실용성을 중요시하는 경영자들은 전문가인 엔지니어의 도덕적 실천을 존중하지 않는 몇 가지 특징을 보인다.

첫째, 회사 경영자들 특히 고위 경영자들은 제품의 개발이나 생산방안을 결정할 때, 회사의 이윤을 추구하는 것만큼 사회에 대한 도덕적 책임을 충분하게 고려하지는 않는다. 그러므로 회사의 직원이 개인적인 도덕적 신념이 있을지라도 그 신념과 직장의 일을 분리해서 생각하기를 요청한다. 특히 경영자는 개인의 도덕적 원칙과 회사의 이익 사이에서 타협하기를 원한다. 따라서 도덕적으로 주요한 고려사항이라도 회사의 이익에 도움이 되지 않는다면 경영자의 결정에서는 도덕적인 면을 고려하지 않을 수도 있다.

둘째, 경영자는 동료와 상사에 대한 충성을 중요한 덕목으로 생각하고 있다. 그렇지만 성공한 경영자는 무조건 충성만 요구하는 것이 아니라 다른 사람의 반대의견도 검토하여 효과적으로 반영하는 포용력을 가지고 있다.

셋째, 경영자는 조직을 보호하기 위해서 책임한계를 고의적으로 모호하게 한다. 예를 들면, 어렵고 논란의 여지가 있는 결정에서는 잘못되었을 경우를 대비하여 가능한 한 많은 사람들을 참여시켜 책임을 적게 한다. 또한 책임지는 것을 피하기 위해서 서류작업을 최소화한다.

이러한 기업의 도덕적 책임에 대한 경영자의 시각 때문에 전문가인 엔지니어의 윤리관이 회사에서 업무에 적용되기가 지극히 어렵다. 따라서 공중의 안전에 크게 영향을 미치는 일에서 공학적 결정이 우선시되지 않는 경우에 엔지니어들은 회사에 조직적으로 불복종을 할 수밖에 없다. 합리적인 불복종의 절차는 4.6절에서 논의한다.

4.5 공학적 결정과 경영학적 결정[6)]

엔지니어와 경영자의 관계에서 이들의 역할이 다르므로 이해의 충돌이 있다는 것을 알 수 있었다. 경영자의 역할과 엔지니어의 역할을 비교하면 이들이 취급할 수 있는 문제의 영역을 이해하기 쉽게 된다. 전문가인 엔지니어는 기술적 지식을 사용하여 소비자의 안전과 제품의 품질이 보장되는 좋은 상품을 만들어 낼 수 있는 능력을 가지고 있다. 엔지니어는 이런 전문적인 기술 지식을 사용할 때 전문적인 기준을 만족하면서 생산한 제품이 경제성을 가지며, 제작 및 작동의 오차범위를 만족하도록 첨단 기술을 사용하고자 한다. 또한 엔지니어들은 안전을 중요하게 생각하여 너무 보수적인 안전을 요구하기도 한다. 챌린저호 폭발 참사의 경우에 엔지니어들은 낮은 온도에서 오링의 작동자료를 충분히 가지지 못하여 외삽법으로 설계영역을 확대함으로 발사 시 오링으로 인해 챌린저호에 심각한 문제가 발생할 것으로 추측하였다. 그래서 챌린저호의 발사 중지를 권고하였다.

경영자의 역할과 기대는 엔지니어와 차이가 있다. 경영자는 엔지니어의 활동을 포함한 모든 조직의 역할을 결정하고 지시한다. 그러나 경영자는 기술적 전문가가 아니므로 조직의 보호를 우선으로 하여 현재와 미래의 경제적인 이익을 가장 우선적인 판단 기준으로 삼는다. 물론 사회적 이미지나 고용인의 의욕 같은 부분도 고려하지만, 대부분 경제적인 측면에서 예측하므로 엔지니어와 다른 전망을 한다. 경영자는 엔지니어가 가지고 있는 전문적인 관습과 기준보다 전반적인 고려사항을 포함하여 결정하므로 기술적인 부분에서 문제를 일으킬 수 있다. 경영자는 낮은 가격을 유지하기 위하여 큰 압박을 받고 있어서 엔지니어가 안전을 위해 비용이나 상품성에 많은 손해를 끼친다고 생각한다. 그러므로 엔지니어는 경영자가 다양한 사항을 고려하여 결정한 사항이 제품의 안전과 품질에 문제를 일으킬 수 있으므로 경영자와의 회의에서 안전과 품질 유지를 강조하여야 한다.

6) C. E. Harris et. al., *Engineering Ethics,* 3rd ed., Thomson Wadsworth, pp.190~194, 2005.

이러한 차이를 이해하고 공학적으로 결정하여야 하는 문제와 경영학적으로 결정하여야 하는 문제를 분류하여 그에 합당한 의사결정방식을 따를 필요가 있다. 즉, 엔지니어의 입장에서 제품을 만들 때 허용하는 공학적 기준을 우선시하여야 하는 적절한 공학적 결정(Proper Engineering Decision; PED)과 경영자의 입장에서 경제성을 우선으로 하는 적절한 경영학적 결정(Proper Management Decision; PMD)으로 구별하여 합리적인 결정이 이루어지도록 하여야 한다.

1) 적절한 공학적 결정(PED) : 제품의 안전이나 품질과 같이 공학적 전문지식이 요구되거나 공중의 건강과 안전을 위해서 전문엔지니어 윤리헌장에서 제시하는 윤리기준에 따라서 엔지니어가 결정하여야 하는 경우이다.
2) 적절한 경영학적 결정(PMD) : 경영적 고려사항인 비용, 일정, 판매 등이 우선하거나 고용인의 복리 후생과 같이 조직의 부와 관계가 깊은 경우와 엔지니어의 전문직 윤리헌장이나 윤리적인 기준을 고려하지 않아도 되는 경우에는 경영자가 결정하여야 한다.

공학적 결정과 경영학적 결정의 특징은 다음과 같다.

1) 공학적 또는 경영학적 결정과정 시 우선적으로 고려해야 하는 기준과 규칙이 있다. 안전과 품질이 중요할 경우에는 경영학적 결정으로 이루어져서는 안 된다. 그러나 안전과 품질이 중요하다는 엔지니어의 판단에도 논란의 여지가 있어서 엔지니어가 주장하는 결정권이 받아들여지지 않을 수도 있다.
2) 경영학적 결정이 엔지니어에게 그들의 전문적 규칙과 기준을 어기라고 강요해서는 안 된다. 또한 경영학적 결정 사항이 다른 전문직 기준도 위반하지 않아야 한다. 물론 비전문적인 고용인의 권리 침해도 허용되지는 않는다. 그러나 이런 점들이 경영학적 결정을 복잡하고 어렵게 한다.
3) 경영자들은 경영학적 결정이 우선시 되는 사안에 대해서도 엔지니어들의

제안을 받아들이고자 한다. 즉, 기존설계의 개선, 새로운 대체설계, 생산 방법의 개선 등으로 경영학적 결정을 보다 낫게 하기를 원한다.

공학적 결정과 경영학적 결정에 필요한 용어들이 아직 완전히 정의되지 않았다. 공학적 결정에서 필요한 기술적인 일이 정해지지 않았으며, 건강과 안전이라는 개념도 확실히 정의되지도 않았다. 마찬가지로 경영학적 결정에 있어서도 비용, 일정, 판매, 고용인의 복지 등과 같은 전형적인 고려 사항들에 대해서도 확실하게 정의되지 않았다. 또한 경영학적 결정이 엔지니어의 전문적인 기준을 위배하도록 요구하지 못한다고 하지만, 위배한다는 구체적인 사항도 정의되지 않았다. 그래서 다음과 같은 대표적인 사례들을 통하여 공학적 결정과 경영학적 결정의 판단기준을 살펴보기로 한다.

사례 I 석유화학공장의 플랜트 설계에서 밸브 선정

석유화학공장의 플랜트를 설계하는 엔지니어가 플랜트에 사용될 밸브를 A와 B회사의 제품 중에서 선정하고자 한다. 세 가지 경우에 대하여 공학적 결정과 경영학적 결정 중 어느 것이 우선인가를 생각해보기로 한다.

첫 번째는 공학적 결정이 우선시 되는 경우이다. 즉, A회사의 밸브는 품질이 우수할 뿐만 아니라 위급상황에 대비한 차단장치도 설치되어 있지만, 밸브 가격이 B회사 제품에 비하여 5%정도 비싸다. B회사의 밸브는 엔지니어가 근무하는 회사의 고위임원의 친구가 생산하여 판매하고 있는 것으로 기본 설계요구조건은 만족하지만, 위급상황에 대한 차단장치가 불확실하다. 위 사례를 전문기술, 안전, 가격, 납품일정, 판매 등을 고려사항으로 하고, 납품일정을 포함한 다른 고려사항들에 가중치를 부여하여 선긋기 기법으로 분석한 결과는 표 4.1과 같다.

표 4.1 적절한 공학적 결정(PED)의 사례

고려사항	PMD	평 가 (0 1 2 3 4 5 6 7 8 9 10)	PED	가중치	가중 평가점수
전문기술	필요 없음	---------------------X------	필요함	2	16
안전	중요치 않음	------------------------X---	중요함	2	18
가격	중요함	--------------X-------------	중요치 않음	2	10
납품일정	중요함	---------------------X------	중요치 않음	1	8
판매	중요함	------------------------X---	중요치 않음	2	18
합 계	-	-	-	9	70/90

위 사례에서는 두 제품 사이에 품질과 안전이 대비되므로 밸브의 선택은 전문기술과 안전을 위주로 한 공학적 결정이 적절하다. 왜냐하면 밸브는 공중의 안전과 관련된 기술자의 윤리와 관계가 깊어 공학적인 기술기준을 반드시 만족하여야 되기 때문이다.

두 번째는 경영학적 결정이 우선시 되는 경우이다. 즉, A회사의 밸브와 B회사의 밸브의 품질과 안전은 보장되지만, B회사의 밸브 가격이 5%저렴하면서 납품일정을 앞당길 수 있다. 특히 B회사는 장차 화학플랜트의 고객이 될 가능성이 큰 대기업의 계열기업이다. 그렇지만 A회사를 화학플랜트의 새로운 고객으로 만들기 위해서는 많은 경비와 시간이 소요될 것으로 판단된다. 밸브의 품질과 안전은 만족되므로 가격, 납품일정과 플랜트의 판로 확대를 고려하여 선긋기 분석을 한 결과는 표 4.2와 같다. 이 경우에는 제품의 품질과 안전에는 문제가 없으므로 관리상의 비용과 생산제품의 판매를 고려한 경영학적 결정이 적절하다.

세 번째는 실제로 당면하는 대부분의 문제와 같은 공학적 결정사례와 경영학적 결정사례의 중간에 있는 경우이다. 즉, A회사의 밸브는 품질과 안전성면

표 4.2 적절한 경영학적 결정(PMD)의 사례

고려사항	PMD	평 가 0 1 2 3 4 5 6 7 8 9 10	PED	가중치	가중 평가점수
전문기술	필요 없음	------X---------------------	필요함	2	4
안전	중요치 않음	------------ X-------------	중요함	2	10
가격	중요함	------X---------------------	중요치 않음	2	4
납품일정	중요함	--- X-----------------------	중요치 않음	1	1
판매	중요함	--- X-----------------------	중요치 않음	2	2
합 계	-	-	-	9	21/90

에서 약간 앞서고, B회사의 밸브는 품질은 보통이고 안전성은 불명확하나 가격은 A회사의 것보다 15% 정도 싸고 배달도 가능하다. 이 경우에 선긋기 기법을 적용한 결과는 표 4.3과 같다. A회사에 밸브를 주문하면, 안전과 품질의 공학적 기준을 만족하지만, 가격, 납품일정과 판매에서 이익을 늘리지 못하게 되어 기업의 경영에 부정적인 영향을 줄 수 있다. 한편 B회사에 밸브를 주문하면, 기업의 이익을 늘리는 면에서는 바람직하지만 그 이익이 그 제품을 사용하는 사람들의 안전을 희생할 만큼 가치가 있는 것인가 하는 것을 생각해보아야 한다. 이런 경우에는 특징의 도덕적 가치가 고려되어야 한다. 공학적 결정이든 경영학적인 결정이든 선긋기의 각 항목에서 "X"표시하는 위치를 쉽게 결정하지는 못한다.

이러한 선긋기 분석결과는 안전성을 고려하는 공학적 결정이 이루어져야 하는지 경영상의 이익을 우선으로 경영학적 결정이 이루어져야 하는지 결정하기가 어렵다. 이 경우 합리적이고 책임 있는 결정을 엔지니어와 경영자 중 누가 우선권을 가지고 결정해야 하는지 상황에 따라 달라질 수 있다. 제품의 신뢰도와 안전성이 더 중요하다고 생각되면 엔지니어의 판단이 우선시 되어야 하고, 가격, 납품일정, 판매 등이 더 중요하게 여겨지면 경영자의 결정이 우선시 되

표 4.3 적절하지 않은 공학적 결정 및 경영학적 결정의 사례

고려사항	PMD	평 가 0 1 2 3 4 5 6 7 8 9 10	PED	가중치	가중 평가점수
전문기술	필요 없음	-------------------X---------	필요함	2	14
안전	중요치 않음	-----------------------X----	중요함	2	18
가격	중요함	---X------------------------	중요치 않음	2	2
납품일정	중요함	--------------X-------------	중요치 않음	1	5
판매	중요함	--------------X-------------	중요치 않음	2	10
합 계	-	-	-	9	49/90

어야 한다. 실제적인 결정은 그 회사의 상황에 따라 달라질 수 있다.

사례 II 우주왕복선 챌린저호 참사[7)]

미국 동부 표준시각으로 1986년 1월 28일 오전 11시 38분 발사 후 약 73초 만에 챌린저호가 공중 폭발한 사건은 우주왕복선의 발사결정과정에서 공학적 결정과 경영학적 결정의 차이를 볼 수 있는 사례이다. 사고 직후 로저스(Rogers)를 단장으로 하는 대통령 직속 조사단을 구성하여 사고의 원인을 조사하였다. 사고의 원인은 고무로 만들어진 오링이라는 고리형 밀폐부품으로 밝혀졌다. 우주왕복선을 발사한 케이프 캐너베랄(Cape Canaveral) 기지의 당시 기온이 너무 낮아서 오링의 고무 탄성이 줄어 틈새로 가스가 유출되어 폭발하게 되었다고 결론을 내리고 발사를 결정하게 된 과정을 조사하였다.

고체로켓 부스터를 만드는 회사인 사이오콜사의 엔지니어들은 오링의 작동

7) 김정식, *공학기술 윤리학*, 인터비젼, pp.62-66, 2004.

실패를 염려하여 발사 전날의 심야 원격회의에서 NASA에 우주선 발사의 연기를 제안하였다. 그러나 발사 일정을 지킬 것을 기대하는 NASA 경영자의 압박을 받은 사이오콜사의 경영자는 플로리다의 추운 아침 기온에서 오링이 제대로 동작하지 못할 것이라고 주장하는 엔지니어들을 설득하여 예정대로 발사하게 되었다고 밝히고 있다. 발사를 결정하게 된 결정적인 이유는 재사용이 가능하다고 자랑하는 우주왕복선의 비행계획이 1986년에만 15차례 잡혀 있었는데 이미 네 차례 발사를 연기하였으므로 NASA가 다시 발사를 연기하는 것은 상당한 부담이 되었다. 또한 NASA는 우주 프로그램 운영에 어려움도 받고 있었기 때문에 획기적 재정지원을 받기 위하여 챌린저호를 예정된 시간에 발사하고, 우주왕복선의 탑승객인 교사 매컬리프가 연두교서를 발표하는 레이건 대통령과 통화하는 장면을 생방송으로 내보내려 하였다. 그러나 발사책임자들은 이런 경영학적 논리만으로 위험한 발사를 강행한 것은 아니라고 밝히고 있다. 챌린저호 발사 결정이 단순히 오링의 위험을 경제적 내지 정치적 압박 때문에 무시된 것이 아님을 보여주고 있다.

예정대로 챌린저호를 발사하기로 결정한 것은 전날 밤의 원격회의에 참석했던 엔지니어와 경영자들이 오링 작동에 관한 기술적 자료와 예전의 안전 관행에 근거해 발사를 연기할 충분하고 분명한 이유를 찾지 못하였기 때문이었다. 발사여부를 결정하는 회의에서 결론은 당시까지의 기술적 전문성에 비추어 볼 때 합당한 것이었다. 우선 고체로켓 부스터의 연결부 설계를 살펴보면, 부스터 연결부의 설계는 신뢰성이 높았던 타이탄 로켓의 설계를 기초로 하였으므로 신뢰성이 매우 높다고 믿었다. 부스터 연결부는 보기보다는 복잡하여 설계 초기부터 많은 검토와 시험을 통하여 보완해온 부품이었다. 특히 타이탄 로켓에는 밀폐용 오링이 하나뿐이었으나 챌린저호에는 그 안전성을 향상시키기 위해 두 번째 오링이 첫 번째 오링의 작동 실패를 보완하는 용도로 추가되어 충분히 안전하다고 생각하였다. 또한 처음에는 낮은 기온에서 오링 기능 저하를 우려하여 발사 경험을 근거로 오링 예상온도가 11.7℃이상이 되지 않으면 '발사중지'를 건의하기로 결정하였다. 그러나 사이오콜사의 엔지니어들은 기술적 발표

자료에 결함이 있다는 것을 발견하였다. 챌린저호의 두 차례 가스 누출 사례 중 하나는 추운 날에 발사한 자료인데 날씨에 관한 기록이 없었고, 다른 자료는 손상이 큰 두 번째 비행 때의 것으로 기온이 23.9℃로 상당히 높은 온도여서 온도에 관한 객관적인 근거로 사용할 수 없었다. 다만 보이스졸리가 직접 관찰한 결과, 낮은 기온에서 발사할 때 가스누출이 실제로 훨씬 더 심했다고 발표하였으나 정량적인 자료를 제시하지는 못하였다. 회의 중 사이오콜사의 실험자료를 이용하여 기온과 오링의 탄성계수(가스누출)의 상관관계를 분석하려 했지만 실패하였다. 기온이 낮아지면 오링의 탄성이 줄어들지만, 영하 6.7℃에서도 탄성을 유지하고 제조업체의 최저 요구조건을 만족하고 있는 것을 확인할 수 있었다. 또한 첫 번째 오링이 손상된다 하더라도 두 번째 오링이 밀폐를 유지할 수 있다고 생각하였다. 원격회의의 참석자들은 낮은 기온에 따른 발사 중지 요청에 대한 사이오콜사의 주장에 공학적 논증이 부족하다는 데에 모두 동의하였다.

발사중지 권고에 대한 NASA의 부정적인 의견에 따라 원격회의를 잠시 중단하고 오프라인에서 간부회의를 가질 수 있도록 해달라고 요청했다. 유타 주의 사이오콜 본사 간부회의는 수석 부사장인 메이슨(Mason)이 회의를 주관하고 보이스졸리가 동일한 자료를 근거로 발사 연기를 주장하였으나 다른 엔지니어들은 의견을 제시하지 않았다. 예정대로 발사를 주장하는 메이슨은 엔지니어링 부서에서 새로운 정보를 제시하지 못하면 경영학적 결정을 내릴 것을 주장하였다. 결국 엔지니어들 중 누군가 새로운 정보를 내놓으라는 메이슨의 요청에 아무도 응답하지 못하고 보이스졸리는 두 장의 가스누출 사진으로 두 번의 발사에서 그을음양이 어떻게 다른지를 보여 주었다. 메이슨이 의견을 물었는데, 세 명이 발사에 찬성했고 기술담당 부사장인 룬드(Lund) 한 사람만 발사에 주저하였다. 이에 메이슨이 룬드에게 "이제 엔지니어의 모자를 벗고 경영자의 모자를 쓸 때요."라고 말했다. 이어 룬드도 발사에 찬성했다. 룬드의 행동은 공학적인 우려를 경영상의 원칙으로 대체해 버린 것으로 해석되었다. 즉 일정 준수나 거래처와 고객 사이의 관계에 우선순위를 두었다는 것이다. 엔지니어들 사이에는 분명한 견해 차이가 있었고 그런 견해차이가 있는 상황에서 단일한 공학적 견해를 요구받는 경우에는 누군가가 양측 모두로부터 정보를 모아서 판단을 내려야만 한다. 사이오콜사의 네 명의 최고경영자들은 모두 자신들이 마음을 바꾼 이유가 그들이 애초의 기술적 권고에서 미처 고려하지 못했던 사실들 때문이었다고 했다. 기온과 가스누출 사이에 분명한 상관관계가 없고, 오링의 부식에 대해 상당한 안전상의 여유가 있는 것을 보여주는 데이터가 있으며, 두 번째 오링이 대비되어 있었다. 원격회의가 재개되고 변경된 사이오콜사의 결정에 대해 모든 참석자들이 이의를 제기하지 않았다.

내부고발자로 알려진 엔지니어 보이스졸리는 1987년 MIT에 제출한 보고서에서 메이슨은 반드시 발사하기를 원하고 있었다고 판단하였다. 이는 경영학적 결정이 공학윤리에 어긋나므로 공학윤리헌장을 위반한 것을 시사하고 있다. 그러나 메이슨은 엔지니어들이 그 기술적 쟁점에 만장일치로 동의하지 않았으므로 공학적 결정의 특징인 공중의 안전을 우선시하여야 하는 엔지니어의 규범을 위반하지 않았다고 판단하였다. 또한 기술적인 문제를 발견하지 못하였으므로 당연히 윤리적인 문제가 발생하지 않은 것으로 생각하였다. 이렇게 메이슨은 경영학적 결정의 논리를 정당화하고자 하였다. 이런 논쟁에도 불구하고 당시의 발사여부의 결정은 다음과 같은 두 가지 이유에서 공학적 결정이 우선시되어야 했다고 생각한다. 첫째, 메이슨이 추측했던 것처럼 경영적인 요소가 강제적인 고려사항이 아니었다. 발사금지 결정이 사이오콜사의 존립을 위협하거나 재정적으로 큰 손해를 볼 것이라는 어떤 증거도 없다. 그러므로 공학적 고려사항이 당연히 우선권을 가지게 된다. 둘째, 발사결정은 작은 변화나 수정만을 허용하는 엔지니어의 습관을 벗어났기 때문이다. 발사 당시의 기온은 이전 발사 때보다 20도 이상 낮았다. 이런 큰 차이는 엔지니어가 발사를 반대하기에 충분한 이유가 된다. 그러나 당시에 발사중지를 건의했던 엔지니어에게 위험가능성을 증명해야 하는 상황에서 생명을 보호하기 위한 엔지니어의 순수성은 인정받을 수 없었다. 그러나 발사를 건의할지 말지를 결정하는 것은 챌린저호에 탑승한 사람들의 생명에 관련된 일이므로 경영학적 결정보다 공학적 결정을 하는 것이 바람직한 것으로 보인다.

4.6 의견충돌과 내부고발

NSPE 윤리헌장 제1조에서 “공중의 안전, 건강과 복지를 우선으로 한다.”는 내용과 제4조 “고용주의 성실한 대리인으로 행동한다.”는 내용이 서로 충돌할 수 있으므로 엔지니어가 조직 내에서 고유한 역할을 하기가 어렵다. 그렇지만 엔지니어가 경영자와 의견충돌이 있는 경우에 파국에 이르는 내부고발을 하기 전에 그 의견충돌을 해결하기 위한 충분한 노력이 필요하다. 그러기 위해 고용주에 대한 충성이 엔지니어가 지켜야 할 윤리적인 지침이지만, 책임 있는 엔지니어는 경영자의 지시에 무조건 충성해야 하는지 또는 비판적으로 충성해야 하는지를 명확히 구분하여야 한다.

경영자들은 대부분 고용인들의 무조건 충성을 요구하고 있다. 왜냐하면 고용인들의 무조건적인 충성이 없으면 조직의 혼란으로 팀워크가 이뤄지지 않고, 제품의 품질과 생산성을 떨어뜨려서 공중의 이익까지도 해치기 때문이라고 한다. 그러나 기업의 이익을 위해 경영자의 지시를 무조건 따랐을 경우에 개인이 법적인 책임을 져야한다는 새로운 판례가 생겼다. 그 전형적인 예로 삼성전자가 미국에서 1999년 4월부터 2002년 6월까지 반도체 D램 가격을 담합하여 판매함으로써 미국 내 시장을 어지럽게 한 혐의로 샌프란시스코 지방법원은 삼성전자 회사와는 별도로 삼성전자의 판매담당 임원 2명에게 7개월의 징역형을, 다른 1명에게 8개월의 징역형을 선고했으며, 동시에 3명 모두 벌금 25만 달러씩을 부과 받았다.[8)] 그러므로 기업의 지시에 충실하기 위하여 공중의 이익에 관련된 법률을 위반하는 것은 기업에도 불이익이 되고, 고용인에게도 큰 손해가 되므로 무조건 충성해서는 안 된다는 것을 알 수 있다.

그러므로 고용인은 자신의 개인윤리나 직업적인 전문윤리의 범위에서 경영자가 결정한 일을 공정하게 처리하기 위해서 비판적 충성을 하여야 한다. 이것은 고용인이 전문가 윤리의 바탕 위에서 업무를 수행함으로써 결국은 경영자와 기업에 이익이 될 것이기 때문이다. 비판적 충성은 기본적인 인권이나 전문

8) 김기홍, “미 PC업체에 1400억원 지급키로”, 조선일보, 2006. 5. 11.

직의 의무를 다하면서 경영자에게 충성하여야 하는 요구사항을 존중하기 위한 창의적 중도해결책이다. 엔지니어들은 그들의 조직에 대하여 충성할 의무가 있지만, 이것이 공중의 안전과 건강을 도모해야 하는 전문가의 윤리를 위반하는 것을 의미하지는 않는다. 엔지니어의 비판적 충성은 경영자가 합당한 공학적 결정을 하는 것을 허락하지 않거나 양심에 어긋나는 행위를 하도록 지시하는 경우에 이를 거부할 수 있는 것을 의미한다. 그럼에도 불구하고 경영자의 지시에 대한 불복종은 항상 직장 내에서 할 수 있는 최종 수단이 되어야 하고, 고용주와 고용인 사이의 부정적인 결과를 최소화하는 방법으로 이루어져야 한다.

경영자와 고용인 사이의 의견이 일치하지 않을 때의 마지막 방안은 내부고발이다. 내부고발은 회사가 매우 부당한 행위를 하여 공중에게 피해를 줄 수 있다고 확신할 경우 사회적인 공적 기구를 이용하여 사회 문제화하여 해결하는 방법이다. 이러한 내부 고발은 조직과 고발 당사자에게 큰 피해를 줄 수 있으므로 이런 상황에 이르기 전에 엔지니어는 회사의 정책이나 행동에 이의를 제기하여야 한다. 이의 제기는 회사 내부에서나 밖에서도 이루어질 수 있다. 그러한 경우는 엔지니어들이 경영자와 공중에 대한 의무 사이에서 균형을 맞추어야 하는 대립적인 상황에서 발생한다. 윤리헌장에 따르면 공중의 건강, 안전과 복지에 대한 의무는 다른 의무들보다 우선권을 가져야 한다. 그러나 실제로 엔지니어가 지켜야 할 많은 의무들 가운데서 공중에 대한 의무를 우선적으로 고려해야 할 상황인지 아닌지는 쉽게 판단할 수 없다. 왜냐하면 이런 대립적인 상황을 해결하는 데에 몇 가지 어려움이 있기 때문이다. 첫째는 특정한 상황에서 공중의 안전에 미치는 영향이 어느 정도인지 추측하기가 어렵다. 둘째는 공중의 안전이나 복지를 위하여 행한 이의제기가 성공할 수 있을지가 명확하지 않다. 그러므로 엔지니어가 경영자의 행동에 이의제기를 하기 전에 다른 모든 수단을 단계적으로 사용한 후에 최후의 수단으로 이의제기를 고려하고 있는가를 깊이 생각해야 한다.

이의제기의 최후 수단인 내부고발이 성공하기 위해서는 다음과 같은 절차를 거치는 것이 바람직하다. 우선 엔지니어는 자신의 주장이 합당한 것을 보장하기 위하여 모든 노력을 기울여야 한다. 만약 필요하다면 이의제기에 관련된 객관적인 자료를 충분히 확보하고, 그 자료가 엔지니어 자신이 보기에 이의제기에 합당한 것으로 믿어지는 것이어야 한다. 또한 이의제기가 다른 사람이 보아도 정당한지를 판단하기 위하여 반드시 다른 사람의 의견을 들어야 한다. 이 과정에서 필요하다면, 관련 전문직 단체의 윤리위원회나 외부의 기업윤리 상담 전문가의 조언, 전문적인 기술평가 등을 요청할 수도 있을 것이다. 이런 지원을 받은 엔지니어는 자신의 이의제기에 찬성하면서 믿을 수 있는 회사의 동료들을 비공개적으로 모은다. 이어서 직속상관에게 정중하게 예의를 갖추면서 이의를 제기한다. 동시에 비윤리적인 문제를 해결하기 위한 긍정적이고 구체적인 제안을 한다. 직속상관이 자신의 제안을 수용하지 않는다면, 그 제안을 수용할 만한 더 높은 상관들을 찾아가서 자신이 수집한 자료를 보여주고 그들의 지원을 요청해야 한다. 이런 만남은 지극히 개인적이어야 하고 비밀로 붙여져야 한다. 이런 과정이 쉽지 않지만, 전문직으로서 책임감을 나타내고 자신의 제안이 비윤리적인 문제를 해결할 뿐만 아니라 장기적으로 회사의 이익을 더 증대시키는 방안이라는 것을 진지하게 설득해야 한다. 이 모든 노력들이 실패하면, 최후의 수단으로 공중의 이익을 위하는 동시에 궁극적인 회사의 이익을 위하여 언론이나 정부기관의 담당기관에 내용을 알려야 한다. 이것이 일반적으로 말하는 내부고발인 셈인데, 내부 고발을 하려는 사람은 이를 행하기 전에 회사의 해고로 인하여 자신에게나 가족에게 닥칠 여러 가지 피해를 생각해보고, 이 피해를 자신과 자신의 가족들이 감당할 만큼 가치가 있는 것인가와 감당할 수 있는 능력이 있는가를 충분히 생각한 후에 행동에 옮겨야 한다. 특히 공중의 안전이나 복지에 지대한 영향을 끼치는 문제라면, 이런 사회문제를 해결하고자 노력하는 사회시민단체의 전문가들과 사전에 협의함으로써 큰 도움을 받을 수 있을 것이다.[9)]

내부고발자는 조직내부에서 행해지는 불법행위를 시정하기 위해서 상급자나 외부기관에 신고함으로써 그와 같은 불법행위를 시정하려는 사람이다. 그러나 앞에서 언급한 것과 같이 내부고발자는 소속된 조직의 명예훼손이나 업무상

---

9) C. E. Harris et. al., *Engineering Ethics,* 3rd ed., Thomson Wadsworth, pp.204~206, 2005.

취득한 비밀을 누설한 행위에 대해서 형사책임을 질 수 있다. 이에 따라 각 국에서는 공익을 위해 내부고발을 하는 사람들을 보호하기 위한 법률을 마련하고 있다. 미국의 여러 주에서는 민간부문의 내부고발도 보호되도록 하고 있다. 미국 미시간 주는 1981년 4월부터 효력이 발생한 내부고발자 보호법을 처음으로 시행하였다. 이 법은 연방이나 주의 법률 위반 또는 위반의 혐의에 대하여 의회 청문회나 법원에서 의견을 진술하는 고용인들에 대한 보호, 구제 및 처벌을 규정하고 있다.[10] 또한 미국 연방정부는 1989년 워터게이트 사건 후에 내부고발자 보호법을 제정하여 연방정부 직원의 부정행위에 대한 내부고발을 장려하면서 고발자를 보호하고 있다. 일본에서는 2006년부터 공익통고자 보호법을 제정하여 시행하고 있는데, 국민의 생명, 신체, 재산과 기타 이익의 보호에 관한 법률을 위반하는 행위에 대한 공익통보자에게 경영자나 행정기관이 해고나 기타 불이익을 주지 못하도록 하고 있다. 우리나라에서는 2001년 공직자 및 공공기관의 부패행위를 신고를 장려하고, 공익신고자를 보호할 목적으로 부패방지법을 제정하여 시행하면서 필요에 따라 개정하고 있다. 그렇지만 민간부문에서 일어나는 공중의 건강과 안전을 해치는 행위에 대한 내부고발자를 보호하는 법률도 제정해야 할 것으로 생각된다.[11][12]

고려할 사례

사례 1	개발 중인 촉매의 선정
사례 6	납품계약의 위반
사례 14	반품된 장비의 대책
사례 16	보류된 프로젝트의 수행
사례 32	유기발광 다이오드 기술의 유출
사례 54	회사 내부비리의 고발

10) C. E. Harris et. al., *Engineering Ethics,* 3rd ed., Thomson Wadsworth, p.185, 2005.
11) 김정식, 최우승 공저, *공학윤리*, 연학사, p.299, 2009.
12) 堀田源治 著, *工學倫理*, 工學圖書株式會社, p.114,115, 2006.

5장 정직과 성실

5.1 서론

현대에 와서 과학기술은 사람들의 일상생활뿐만 아니라 사고방식까지도 바꾸어 놓을 정도로 인간사회에 지대한 영향을 주고 있다. 그런데 과학기술을 실제에 적용하는 데 큰 기여를 하는 엔지니어들을 크게 신뢰하지 않는 경우도 많다. 그래서 뉴스위크, 뉴욕타임즈 등에 과학과 기업분야 칼럼을 쓰는 데이비드 프리드먼(David Freedman)은 자신이 쓴 '거짓말을 파는 전문가들'이라는 책에서 "전문가를 무조건 믿지 말라."고 하였다. 왜냐하면 전문가들이 내놓은 연구 결과, 조언, 제안 등이 사실은 오류이거나 위험한 것일 확률이 일반의 예상보다 훨씬 높기 때문이라고 한다. 특히 과학기술 분야에서는 직업상의 압력과 나태함으로 연구 과정이나 결과가 왜곡되어 전달될 가능성이 지뢰밭 수준이라고 말하고 있다.[1] 이는 최근 대두되고 있는 실적 지상주의에 매몰되어 자신의 업무 수행에서 정직과 성실에 대한 깊은 성찰이 매우 부족한 데 그 원인이 있다고 볼 수 있다.

그러므로 5장에서는 엔지니어들에게 정직이 중요한 이유와 엔지니어들이 대학에서 학문 연구, 회사나 공공기관의 자문, 법정에서 증언과 공중에 대한 정

---

1) 조봉권, "전문가 의견이라고 다 믿을 수 있을까?" , 국제신문, 20011. 4. 9.

보 공개를 통하여 정직과 성실을 어떻게 실천할 수 있는지를 살펴보고자 한다. 우선 W교수의 논문 조작사건의 사례를 통하여 과학기술자의 정직과 성실이 얼마나 중요한지를 살펴보자.

사례 W교수의 논문 조작사건

2004년 2월 사이언스지에 세계최초로 발표된 인간 체세포를 복제해서 줄기세포까지 키웠다는 논문은 너무나 감동적이었다. 줄기세포는 신경, 근육, 췌장 등 인체 모든 세포를 생산해 내는 세포 공장으로 줄기세포 이식 치료는 미래 의학의 꽃이다. 이 논문이 발표되기 이전에는 불임치료 후 남은 수정란을 이용하여 줄기세포를 개발하였다. 수정란 줄기세포는 불임부부의 유전정보를 갖는 것이기 때문에 환자에게 이식할 경우 면역 거부라는 치명적인 결함이 있다. 따라서 인간 체세포를 복제해서 만든 배아로 줄기세포를 개발하는 것은 전 세계 모든 생명공학자들의 꿈이었다.

2003년 3월 당시 S대학 W교수는 인간 체세포를 복제해서 키운 배반포를 갖고 있으며 더 나아가 줄기세포까지 만들었다고 주장했다. 지금까지는 영장류를 복제하는 것은 현재기술로 불가능하다는 것이 학자들의 일반적인 생각이었다. 그렇지만 이 분야의 세계적인 권위자인 미국 피츠버그대학의 S교수가 이를 인정하였다. 그래서 W교수는 인간 체세포 복제사실을 S교수에게 알려서 두 사람 사이의 밀월 관계가 형성되었다. 결국 S교수팀은 2004년 2월 인류 최초로 여성의 난자에서 핵을 제거한 후 동일 여성의 체세포 핵을 대신 넣어 복제한 뒤 이를 줄기세포로 키웠다는 내용의 논문을 사이언스지에 발표하여 세계를 놀라게 하였다. 이것은 줄기세포를 암, 당뇨, 치매 등과 같은 난치병 환자에게 이식하면 거부반응 없이 치료가 가능하다는 계기를 제공하였다.

W교수는 2005년에 환자의 특성에 맞춘 맞춤형 줄기세포를 만들었다는 내용의 또 다른 논문을 사이언스지에 발표하였으며, 이는 환자의 난치병과 불치병 치료에 획기적인 가능성을 열어줬다는 점에서 노벨 의학상의 수상도 기대할

수 있을 정도의 획기적인 일이었다. 사고로 전신마비나 하반신마비가 된 척수 장애인들이 다시 걸을 수 있게 된다는 것은 생각만 해도 가슴이 벅찬 일이었으며 불치병과 난치병을 앓고 있는 환자들의 가족들이 가지는 기대감은 말로 표현할 수 없을 정도이었다.

W교수팀의 연구 성과는 세계 최고의 권위를 자랑하는 사이언스지로부터 인정받았으며, 영국의 산업혁명에 비유되었고 21세기 초에 대한민국에 의해 바이오혁명의 새로운 물꼬를 튼 근대과학 혁명으로 해석되었다. 이로 인해 국내 과학자에 의한 연구결과가 전 세계 과학계의 주목을 받게 되었고, 상용화에 성공할 경우 예상되는 막대한 부가가치 창출에 대해서도 온 국민이 기뻐할 수밖에 없었으며 민족적 자긍심도 높아지지 않을 수 없었다.

그러나 사이언스지에 실린 논문의 진실성에 대한 의심이 국내의 한 방송사로부터 제기되면서 W교수가 제시한 논문의 검증작업이 시작되었고 사회적인 논란이 일어났다. S대학교의 조사결과에 의하면 W교수가 알고 있었던 줄기세포는 전기 충격에 의한 처녀생식 세포였고, 이는 배아복제 줄기세포와는 다른 것이었다. 그러나 W교수는 이것을 체세포 복제 줄기세포로 알고 연구결과를 예상하여 미리 논문을 작성하여 제출하였던 것이다. 그러나 나중에 연구를 수행하여 그 결과로 제출한 논문의 내용을 보완하려 했지만 W교수가 생각했던 체세포복제 줄기세포를 얻을 수 없었으므로 더 이상의 연구가 불가능하게 되었다.

결국 사이언스지에 게재하였던 두 논문을 모두 취소하기에 이르렀으며, 실험자료를 조작하여 논문을 게재함으로써 대학의 명예를 실추시킨 책임을 물어서 소속대학으로부터 파면되었다. 또한 2004년과 2005년 사이언스지에 조작된 줄기세포 논문을 발표한 뒤에 '환자 맞춤형 줄기세포'의 상용화 가능성을 과장해서 농협과 SK로부터 20억 원의 연구비를 타내고 정부지원 연구비를 빼돌린 혐의 등으로 불구속 기소되어 2010년 12월 항소심에서 징역 1년 6개월에 집행유예 2년을 선고받았다. 2014년 2월 27일 대법원은 업무상 횡령 및 생명윤리 안전에 관한 법률 위반 혐의로 W박사의 유죄를 인정하여 원심을 확정하였다.

5.2 정직의 중요성

사회 속에서 살아가는 인간의 삶은 신뢰를 바탕으로 여러 사람과 상호관계를 맺고 있으며, 사회와 국가의 번영을 보장하고 인류가 함께 더불어 살며 발전하기 위해서는 이와 같은 서로 간의 신뢰가 매우 중요하다. 부분적으로는 대립과 갈등이 있기도 하지만 사회를 구성하고 있는 개인, 집단 및 조직이 사회의 문화나 규범이 기대하는 역할을 적절히 수행하면서 신뢰를 바탕으로 균형과 질서를 유지하고 있다. 이와 같은 신뢰는 정직을 바탕으로 이루어진다. 그러나 사람들이 서로 간에 완전히 정직한 사회는 서로에 대해 철저히 솔직해야 되고 재치가 허용될 수 없기 때문에 관용이 어렵게 되고 너무 경직된 사회가 될 수 있다. 그러므로 때로는 진실을 모두 말하는 것 보다는 진실을 숨기는 것이 때로는 더 나은 경우도 있을 수는 있다. 예를 들면, 의사가 암환자의 상태를 환자에게 말하지 않고 그 보호자에게 얘기하는 경우이다. 그러나 환자에게 충격적인 내용일지라도 환자에게 알려주는 것이 서로 간에 진정한 신뢰를 증진시킨다고 한다. 마찬가지로 의사뿐만 아니라 전문직 종사자들 모두에게 요구되는 것이 정직이다.[2)]

전문직인 엔지니어의 활동은 사회 전반에 걸쳐 막대한 영향을 미치고 있기 때문에 엔지니어에 대한 정직의 요구는 대단히 중요하다. 왜냐하면 최근 들어 증가되는 사건들 중에 가공식품에 의한 피해, 각종 안전사고 등은 공학기술과 관련된 것들이 많기 때문이다. 이러한 점을 고려하여 정직의 중요성을 인간존중의 관점과 공리주의적인 관점에서 살펴보면 도덕적 문제를 생각하기 위한 좋은 지침을 제공해 줄 수 있다.

인간존중의 관점이란 상대방을 자신의 목표와 목적을 추구할 능력이 있고 자율적으로 행동할 수 있는 도덕적 행위자로 인정하는 것이다. 다시 말하면 도덕적 행위자는 마음속에 확실한 목적과 결과를 생각하면서 주변의 여건과 주어진 정보를 충분히 이해하여 행위를 주도적으로 선택하는 사람을 말한다. 의

---

2) C. E. Harris et. al., *Engineering Ethics,* 3rd ed., Thomson Wadsworth, pp.129, 130, 2005.

사들의 경우는 전문적인 의사결정의 대상이 환자 개인이므로 환자 한 사람 한 사람을 도덕적 행위자로 존중함에 따라 의사가 결정해야 할 치료의 내용과 범위가 달라질 수 있다. 그러나 엔지니어가 기술적인 결정을 할 때에 대상이 되는 사람들이 너무 많아서 그 의사결정에 대상자 모두가 참여하기가 어려운 경우가 많다. 따라서 미국의 토목학회나 전기전자공학회의 윤리헌장에서는 인간존중의 차원에서 공중의 안전, 건강 및 복지가 위협을 받거나 환경을 해칠 요소가 있는 경우는 그 위험요소를 고객 또는 고용주에게 알려 주도록 되어 있다. 예를 들어 엔지니어들에 의해 생산된 제품에 대해 전문직의 관점에서 제품의 안전성과 사용상의 주의사항에 대한 정보가 공개 대상이 될 수 있다. 만약 엔지니어가 제품에 관련된 정보를 정직하게 공개하지 않아서 소비자가 사용 중에 피해를 입었다면, 엔지니어는 정확한 정보에 의하여 제품을 선택할 수 있는 소비자의 권리를 침해한 것이 된다. 또한 챌린저호에 탑승한 우주비행사들의 경우도 같은 경우이다. 우주비행사들은 발사 당일 아침에 발사대에 얼음이 얼었다는 정보를 얻었다. 그러나 우주비행사들은 발사대의 얼음이 무엇을 뜻하는지를 알지 못하였다. 잘못은 발사의 결정권을 가진 경영자들이 우주비행사들의 의사를 물어보지도 않았다는 데 있었다. 그러나 이 사고는 차가운 기온이 오링의 작동에 큰 영향을 미칠 수 있는 것을 잘 알고 있는 엔지니어가 자신들의 생사가 걸린 우주비행사들에게 충분한 정보를 제공한 후에 동의를 얻어야 한다는 인간존중의 의무를 위반한 것이었다. 엔지니어가 알려야할 정보를 의도적이건 아니건 정직하게 알리지 않은 경우는 전문가로서 책임을 심각히 위반한 것이 된다.

공리주의적 관점에 의하면, 엔지니어의 행위는 최대 다수의 행복과 복지를 증진시키도록 이루어져야 한다. 엔지니어는 건물, 교량, 가전제품, 자동차, 그리고 인간들이 필요로 하는 많은 것들을 고안하여 설계하고 제작하여 제공함으로써 공리주의적 목적에 부응한다. 이 모든 과정에 참여하는 엔지니어들은 각자가 얻은 공학적인 데이터들을 주고받으면서 하나의 종합적인 산물을 완성하게 된다. 그런데 만약 엔지니어가 재료의 강도가 제대로 검증되지 않은 자동차 부품을 납기를 맞추기 위해 그냥 사용하였다면, 그 자동차를 사용하게 되는 많은 사람들은 매우 위험할 수도 있다. 또한 삼풍백화점 붕괴와 성수대교의 붕괴 사고에서 보면, 건물이나 교량을 원래의 설계대로 시공하지 않고 회사의 이익을 많이 내기 위해 적당히 시공함으로써 많은 생명과 재산을 잃은 불행한 결과가 되었다. 이로써 공리주의적 관점에서도 최대 다수의 복지를 위해 엔지니어의 정직한 행동이 얼마나 중요한지를 알 수 있다.

그러므로 인간존중과 공리주의적 관점에서 볼 때, 기술 적용에 관련된 정보를 조작하거나 충분하게 제공하지 않는 것은 잘못된 것이다. 왜냐하면 이러한 행동들은 정확한 정보를 바탕으로 한 관련 당사자들의 자유로운 동의가 이루어지지 못하게 하여 개인의 도덕적 행위를 해치며, 엔지니어로서 공중의 복지를 증진시키는 일에 방해가 되기 때문이다.

5.3 연구에서 정직

연구의 수행은 연구자들이 실험실에서 실험데이터를 수집하고, 그 결과를 분석하여 논문으로 작성하고 발표하는 일련의 작업이다. 연구한 결과를 논문으로 발표할 때는 기본적으로 얻은 실험결과의 재현성을 생각해야한다. 재현성이라는 것은 연구논문의 저자가 제시한 것과 동일한 방법대로 다른 연구자들이 실험하였을 때에 같은 결과를 얻을 수 있는 것을 의미한다. 연구결과의 재현성이 입증될 때에 연구자가 제출한 연구논문이 인정받을 수 있다. 이것은 연구가 충실하고 정직하게 이루어져야 한다는 것을 의미한다. 이렇게 되기 위해서는 환경적인 뒷받침이 있어야 한다.

최근 과학기술분야의 연구 환경을 살펴보면, 소속된 회사, 연구소와 학교에서는 연구자들에게 질적으로나 양적으로 우수한 연구업적을 요구하고 있다. 우수한 연구를 위해서 충분한 연구비를 확보하고, 타인에 비해 좋은 논문을 발표해서 탁월성을 인정받아야 하므로 연구자들의 중압감이 매우 크다. 그래서 때로는 기대하는 연구결과를 너무나 갈망한 나머지 우연히 나온 실험결과를 다시 검토해 볼 여유도 없이 그대로 믿고 논문으로 작성하여 발표하는 경우도 종종 있다. 이와 같은 경우에 나중에 실험결과의 오류를 발견하게 되는 윤리적인 문제가 발생하기 쉽다. 이것은 연구업적에 대한 중압감으로 연구내용에 대한 진실여부를 성실하게 검토하지 않은 데서 비롯된 문제이다. 결국 제대로 검증되지 않은 연구결과를 진실인 것처럼 발표하는 연구의 부정행위를 한 것이다.

1990년대 이후 미국에서는 과학적 부정행위에 대한 개념의 규정에 대한 논쟁이 지속됐다. 논의가 활발하게 진행된 지 10년 만인 2000년 12월 미국 과학기술정책국(Office of Science and Technology Policy)은 연구부정행위에 대한 정책을 채택했다. 연방정부에서 연구비를 지원받는 모든 연구자는 연구의 부정행위에 대한 동일한 정의에 따른 구속을 받게 되었다. 미국 과학기술정책국은 '연구 부정행위'를 '연구의 계획, 수행 혹은 심사 또는 연구 결과 보고에서 위조(fabrication), 변조(falsification)와 표절(plagiarism) 행위'로 정의하고 있다. 세 가지 연구 부정행위의 내용을 살펴보면 다음과 같다.[3)]

'위조'는 있지 않는 데이터, 결과 기록, 보고를 제출하는 것이다. 2004년과 2005년 전 S대학교 W교수가 국제적으로 유명한 학술지인 사이언스지에 체세포로 복제한 배아줄기세포를 만들었다는 논문을 게재하여 생명과학계에서 큰 성과로 인정받았다. 그러나 얼마 후에 젊은 생명과학자들에 의해 W교수가 발표한 논문의 줄기세포 사진이 조작되었다는 논란이 일어나서 실제 배양했다는 배아 줄기세포를 확인하였다. 그 결과 체세포를 복제한 배아 줄기세포는 없는 것으로 밝혀졌고, W교수가 사이언스에 발표한 논문의 데이터는 위조한 것으로 결론이 내려졌다. 이에 따라 W교수가 사이언스지에 발표한 두 편의 논문은 취소되기에 이르렀다. 또한 엔지니어에 의해 이루어진 일 중에도 교량이나 건물 또는 버스, 기차 등의 운송수단과 같이 사람의 생명에 직접적으로 영향을 미치는 일이 많다. 이러한 구조물이나 차량을 만드는 회사에서 회사의 수익을 높이기 위해 새로운 설계기법을 적용하고자 할 때 사용하는 사람들의 안전을 위해 충분한 연구와 시험을 통하

3) 교육인적자원부, *연구 윤리 소개*, pp.26, 27, 2006.

여 설계데이터를 확보해야한다. 검증된 설계데이터 없이 설계하여 시공하거나 제작한다면 이것은 데이터의 위조에 해당하는 것이다.

'변조'는 연구 자료나 장비 혹은 과정을 조작하거나 데이터 또는 결과를 바꾸거나 생략하여 연구 내용을 정확하게 표현하지 않는 것이다. 변조의 가장 흔한 예는 연구에서 얻은 데이터 중에서 이론에 맞는 것들만을 취하고 다른 것들은 버리는 것이다. 변조는 연구자 누구나 유혹받기 쉬운 행위이다. 물리학자 로버트 에이 밀리칸(Robert A. Millikan)은 전자 충전에 관한 그의 논문에서 연구에서 얻어진 데이터 중에서 일부만을 선별하여 발표한 것으로 인해 고소를 당했다. 그는 발표한 논문에서 액체 방울에 대한 실험 결과를 정리하면서 실험에서 얻은 결과를 모두 취합하여 이를 근거로 하여 논문을 작성하지 않고 그 중의 일부만을 논문에 나타내었기 때문이다. 그는 데이터를 선별을 하지 않고도 좋은 결과를 보여줄 수가 있었음에도 데이터를 제대로 제시하지 않았기 때문에 고소를 당한 것이다.[4)]

'표절'은 다른 사람의 아이디어, 연구 과정, 결과 혹은 표현을 적절한 출처를 명시하지 않고 유용하는 것이다. 즉, 표절은 출처를 표시하지 않아서 타인의 연구로 얻은 성과를 자신이 얻은 성과로 위장한 것이다. 표절은 부정행위 중 비교적 증명하기 쉽다. 그 이유는 남아 있는 문서가 증거의 역할을 하기 때문이다. 그러나 어떤 경우에는 표절 여부를 판정하기가 어려울 때도 있다. 자신이 수행한 선행연구를 관련된 논문에서 인용표시 없이 그대로 사용하는 경우에 그 논문의 독자는 현재 논문에서 얻은 새로운 아이디어인지 아니면 심사를 거친 저자의 다른 논문에서 인용한 것인지를 알 수 없기 때문이다. 이렇게 부실한 인용과 표절 사이의 구분은 모호하지만, 미국 예일대학은 표절에 대해서 매우 엄격하게 다루고 있다. 즉, "이미 제출했던 자신의 리포트를 다른 수업시간에 다시 사용해서는 안 된다. 다만, 서로 관련이 있는 수업이라면 각 담당교수의 확인서를 받아야 기존 리포트를 수정하여 재활용할 수 있다."라고 되어있다. 특히 미국 학계는 인용 없이 한두 문장만 비슷하게 기술되어도 표절로 본다.[5)]

---

4) C. E. Harris et. al., *Engineering Ethics,* 3rd ed., Thomson Wadsworth, pp.132~134, 2005.

그밖에 연구에서 정직하지 않은 행위로 여겨지는 것은 '공동저자 끼워 넣기'이다. 미국 화학학회는 공동저자를 다음과 같이 정의하고 있다. 즉, "공동저자는 의미 있는 과학적 기여를 한 사람이어야 한다. 다른 기여자들은 각주나 '감사의 말'에 밝혀줘야 하며 연구팀 관리자 역할을 했다고 해서 공동저자 자격이 주어지는 것이 아니다." 그렇지만 실제 연구수행에 기여한 정도를 구분할 수 있는 기준이 분명하지 않으므로 공동저자로 포함시킬 것인지 아닌지를 결정하는 것은 쉽지 않다. 다수의 연구자가 과학기술 논문의 저자로 명단에 오르는 경우가 정당하다고 인정되는 두 가지 경우가 있다. 첫째는 많은 과학기술자가 여러 가지 형태로 연구에 참여하여 모두 성실히 연구에 이바지한 경우이다. 예를 들어, 국산인공위성 나로호의 발사체 개발과 같이 많은 사람이 연구에 참여한 경우이다. 둘째는 연구결과를 얻기 위해 참여한 여러 연구자 중에서 누구를 논문의 저자로 인정하고 누구를 감사의 글에 언급해야 되는지를 구분하기가 어려울 경우이다. 그러한 상황에서 취해야 할 가장 공평한 방법은 참여한 연구자 모두를 저자에 포함시키는 것이다. 대부분의 연구자는 가능한 한 많은 업적을 남기고자 하기 때문에 공동 저자를 구분하는 데 정직하지 못한 편이다. 이것은 연구자가 대학, 연구소 등 어느 곳에서 일하거나 관계없이 모두 다 가질 수 있는 유혹이다. 특히, 대학원생들과 박사후연구원들은 좀 더 좋은 직장을 얻기 위해 많은 논문을 발표해야 하므로 공동저자가 되려는 유혹을 받기가 쉽다. 그러나 도덕적 측면에서 보면 과학자나 엔지니어를 평가하는 과정에서 올바른 평가가 어려워지므로 입증되지 않은 공동저자 참여의 주장은 피해야 한다.

과학기술 연구결과가 제대로 인정받고 잘 활용되기 위해서 가장 기본이 되는 것은 연구자의 정직성이므로 연구자들이 앞에서 언급된 연구 부정행위들을 하지 않도록 대학시절부터 연구 부정행위의 예방에 대한 교육을 실시해야 한다. 미국 대학에서는 연구 부정행위에 대한 예방 교육부터 이뤄지며, 미국 컬럼비아대학은 입학할 때부터 '학문의 정직성을 지키겠다.'는 서약을 하도록 하고 있다. 한편 우리나라에서는 W교수의 논문 조작사건을 계기로 2006년부터

5) 중앙일보 탐사기획팀, "논문, 고도 성장의 그늘〈상〉", 중앙일보, 2006. 3. 13.

공동저자 끼워 넣기, 표절, 대필 등과 같은 연구 부정행위를 뿌리 뽑자는 움직임이 학계를 중심으로 확산되고 있다. 서울대에서는 '연구윤리' 강의를 대학원 필수과목으로 개설하고, 연구 부정행위에 대한 내부고발자를 보호하는 제도를 마련하고 있다. 고려대에서는 2006년 1학기부터 '리포트 표절 검사 프로그램'을 사용하여 표절을 방지하고, 연구 부정행위에 대한 예방 교육을 실시하고 있다.[6] 그밖에 많은 대학들이 표절검색시스템을 도입하여 리포트나 자기소개서의 표절여부를 가려내고 있다.

5.4 정직한 자문과 증언

엔지니어들은 건물이나 교량, 철도차량, 원자력 발전소 등의 안전에 관한 자문이나 법원의 소송과 관련된 기술적인 내용의 증언을 요청받는 경우가 종종 있다. 그런데 서로 다투고 있는 이해 당사자들에게 자문이나 증언을 요청받은 경우에 전문가의 윤리적인 의무를 지키면서 도움을 요청한 고객의 입장을 어떻게 반영할 것인가 하는 것이 어려운 점이다. 법원의 재판 사례 중에서 20~30%가 중대한 과학적 또는 공학적 문제가 포함되어 있다고 한다.[7]

엔지니어는 이러한 기술적인 문제가 포함된 사건에서 오동작이나 다른 사고들의 원인을 설명함으로써 전문가의 역할을 할 수 있다. 또한 전문기술이 포함된 공적인 계획이나 정책 수립에 자문을 할 수도 있다. 그런데 보통 엔지니어들은 다투고 있는 반대 측에 고용되고, 맡겨진 임무를 수행하는 과정에서 엔지니어들의 역할에 윤리적인 문제가 발생할 수 있다. 이러한 경우에 엔지니어들은 진실을 제대로 찾아서 맡은 업무를 수행할 것인지 아니면 기본적으로 '고용된 사람'으로서 고용한 사람에게 유리한 자문이나 증언을 하고 보수를 받을 것

6) 중앙일보 탐사기획팀, "논문, 고도 성장의 그늘〈하〉", 중앙일보, 2006. 3. 16.
7) 전영록 외 8인 공역(M. W. Martin 원저), *공학윤리*, 4판, 교보문고, pp.289, 290, 2009.

인가 하는 갈등에 빠지게 된다. 이것은 사실을 객관적으로 평가하고 서술하는 공평한 분석자의 역할과 고용인으로서 고용한 사람을 옹호하는 자의 경계선이 명확하지 않기 때문이다.

많은 경우에 엔지니어들은 자신을 고용한 회사나 고객을 옹호하는 역할을 함으로써 나중에 큰 책임을 지는 경우도 있다. 예를 들면, 삼풍백화점과 성수대교의 붕괴사고에서 부당한 상사의 지시를 그대로 수행하여 사고가 나게 방치한 엔지니어들이 법적인 처벌을 받은 경우이다. 또한 지방자치단체에서 시행하려는 사업의 기술심의위원을 맡은 엔지니어가 심의안건과 관련된 회사의 청탁을 받고 부적합한 기술적 결정을 인정하도록 한 경우에 추후 문제가 되어 형사처분을 받은 일도 있다.

그렇다면 다투고 있는 이해 당사자의 자문이나 증언을 요청받을 경우에 어떻게 해야 할 것인지 살펴보자. 실제로 사실과 그것을 평가하는 가치의 경계선은 매우 명확하므로 먼저 자기가 맡을 일에 관련된 객관적인 자료를 확보하여 살펴보고 다룰 내용이 자신의 전문영역인지를 파악한다. 만약 엔지니어 자신의 전문영역이 아닌 업무는 NSPE 윤리헌장 제2조에서 언급한 것과 같이 그 일을 맡아서는 안 된다. 왜냐하면 맡은 업무에 대하여 제시한 엔지니어의 의견이 신뢰를 받지 못하기 때문이다. 그런데 업무가 자신의 전문영역에 속한 것은 맡을 수 있지만, 업무와 관련된 내용을 객관적으로 진실하게 진술할 수 있는 여건이 되는지를 검토해야 한다. 특히 고객의 요구와 공중에 대한 엔지니어의 윤리적 의무가 서로 충돌하는 경우에 합리적으로 해결할 수 있도록 고객의 사고가 열려 있는지를 점검해보아야 한다. 이러한 전제조건들이 만족되는 경우에는 자문이나 증언 요청에 전문가로서 참여할 수 있다.

실제 회사의 제품설계에 대한 기술자문이나 정부기관의 정책 수립에 대한 자문과 법정에서 증언의 바람직한 자세에 대하여 설명하고자 한다.

먼저 엔지니어가 회사의 기술자문에 응한 사례를 통하여 엔지니어의 윤리적 자세의 중요성에 대하여 살펴보자. 1990년대 중반 자원재생공사가 부산의 중소기업체에 발주하여 부산시 외곽에 설치한 쓰레기 재활용처리장치가 제대로 가동되지 않아서 자원재생공사는 그 장치를 설계 시공한 중소기업체에게 필요한 성능을 낼 수 있게 개선을 요청하였다. 그러나 그 시공업체는 자원재생공사에서 쓰레기를 요구조건에 맞게 수거하지 않았으므로 자신들의 책임이 아니라 하여 다투고 있었다. 이에 따라 재활용장치를 시공한 중소기업체에서 한 엔지니어링회사에 그 장치의 목표성능 달성여부와 그 대책을 검토하여 기술검토보고서를 작성해달라고 요청하였다. 그래서 요청을 받은 엔지니어링 회사는 재활용장치의 검토에 적합한 엔지니어를 지정하여 그 중소기업체의 책임자와 재활용장치의 검토에 대해 협의하게 하였다. 협의과정에서 중소기업체가 요구한 내용은 재활용장치의 설계가 목표성능을 달성하기에 충분하다는 것을 제시해주고, 기술검토보고서를 창원의 연구소에서는 6개월이 걸린다는데 검토기간을 한 달로 하고 보고서의 작성날짜를 두 달 전으로 소급해달라는 것이었다. 또한 "만약 모든 조건을 다 들어준다면, 연구용역비를 요구하는 것보다 훨씬 더 지불하겠다."는 말을 덧붙였다. 그래서 담당 엔지니어는 검토기간은 최대한 한 달로 맞추도록 노력할 수 있지만, 당초 설계가 목표성능을 만족한다는 것과 작성날짜를 2개월 소급하여 기록하는 것은 윤리적인 문제가 발생할 수 있으므로 해줄 수 없다고 하였다. 이에 담당 엔지니어와 시공업체 책임자는 목표성능을 달성하기 위해 현재 설치된 장치에서 개선해야 할 부분을 한 달 동안에 제시해주는 것에 합의하여 용역계약을 체결하였고, 담당 엔지니어는 한 달 만에 재활용장치의 개선책을 포함한 기술검토보고서를 제출하였다. 기술검토보고서를 시공업체에 넘긴 1년 후, 감사원에서 감사관이 기술 검토를 한 엔지니어를 찾아와서 기술검토보고서를 작성하게 된 경위를 묻고 혹시 금품을 제공받지 않았는지를 확인하였다. 감사관은 "사실은 부산 인근에 설치된 쓰레기 재활용처리장치가 성능불량으로 폐기처분되었고, 자원재생공사 담당자는 국가 예산을 낭비한 책임을 물으려고 하는 중이다." 라고 하였다. 그래서 담당 엔지니어는 자신은 창원의 연구소에서 제시한 연구비의 1/5수준의 용역비 외에 아무런 금전적인 대가를 받은 사실이 없었으므로 있었던 사실과 기술검토보고서의 내용을 상세히 설명하여 아무 문제없이 지나가게 되었다. 이 사례를 통하여 엔지니어는 부당한 고객의 요구나 금품에 좌우되지 않고 자신의 전문영역에 해당하는 내용을 객관적이고 진실한 방식으로 진술해야 한다는 것을 알 수 있다.

엔지니어가 정부의 공공정책이나 대규모 사업계획의 수립에 자문하는 경우를 살펴보자. 사회 전반적으로 영향을 미치는 공공정책이나 지역 공동체에게 영향을 미치는 대규모 사업의 계획을 수립하는 데에 과학기술이 항상 포함된다. 그러므로 4대강 사업, 원자력발전소 건설 등과 같은 대규모 사업 계획을 수립할 경우에 사업이 시행되는 지역사회에 미치는 피해와 대책, 투자비용, 기대효과 등에 관한 전문적 조언을 필요로 한다. 그래서 정부에서 공적자금을 투자하여 대규모 사업을 시작하기 전에 전문가인 엔지니어에게 객관적 검토를 하도록 하고 있다. 예를 들어 앞으로 원자력 에너지 이용을 확대할 것인지 아니면 풍력이나 태양 에너지와 같은 대체 에너지를 확대할 것인지에 관한 논쟁을 살펴보자. 원자력을 추진하는 회사나 원자력을 반대하는 단체에 관련된 엔지니어는 자신이 관련되는 쪽에 유리하게 검토보고서를 작성하도록 압력을 받는 경우가 가끔 있다. 또한 엔지니어들이 앞으로 관련된 회사나 단체와 일할 가능성이 있는 경우에는 자신의 이익을 위해 미래의 고객을 만족시키려는 경우는 더 빈번하다. 그런데 엔지니어의 이익에 관계없이 전문적인 검토결과가 한쪽으로 치우치게 하는 추가적 요인들이 있다. 첫째 요인은 기술적인 복합성과 미래에 일어날 결과에 대한 불확실성이다. 최근 민간자본을 유치하여 만든 고속도로, 교량과 터널의 교통량 예측이 좋은 예이다. 사업계획 시에는 비용대비 이익이 클 것으로 예측하여 건설했으나 통행량이 예상에 미치지 못하여 민간투자회사에 국고에서 부족분을 지원하고 있는 실정이다. 둘째 요인은 사업에 관련된 사람들의 책임의식이 부족한 것이다. 대규모 사업의 타당성을 검토할 때에 지역 정치인들은 유권자들의 표를 얻기 위해 가능한 사업을 시행하는 방향으로 검토결과가 나오도록 전문가에게 요청하고 사업에 참여할 회사는 자기 회사에 유리한 방향으로 계획을 수립하도록 전문가인 엔지니어에게 압력을 행사한다. 그 결과로 나온 사업 시행계획서에 따라 사업을 집행한 결과 불합리한 면이나 문제점이 발생하면, 그 책임을 검토한 전문가의 잘못으로 돌리는 경우가 많다. 최근 동남권 신공항 건설에 관한 타당성 평가단에 대한 지역 정치인들의 언행이 그 좋은 예이다. 그러므로 엔지니어는 공공정책이나 사업계획을 수립할 때에 가능한 한 정치적인 요청이나 자신의 이익을 배제하고, 사업 시행 후에 발생할 수 있는 돌발 사건들에 대한 현실적 대안들을 나열하여 각각 조심스럽게 평가하고, 공중의 안전과 복지를 먼저 고려하면서 고객의 요구를 만족시킬 수 있는 방안을 찾도록 노력해야 한다.[8)]

법정에서 엔지니어가 기술적인 내용에 대해 증언하는 경우를 살펴보자. 법정에서 엔지니어가 전문가로서 기술적 문제의 증언을 하는 것은 보통 민사소송이지만 형사소송에서도 원고 측이나 피고 측의 요청에 따라 증언을 할 수 있다. 법정에서 엔지니어가 참여할 수 있는 기술에 관한 증언 사례는 다양하다. 예를 들면, 제품결함, 교통사고, 비행기 충돌 등으로 법적 책임이 상반되고 이해관계가 걸려 있는 문제들이다. 엔지니어들은 이러한 복잡한 과학기술과 관련된 문제의 자료를 충분히 살펴보고 객관적인 의견을 제시함으로써 공정한 재판이 이뤄지도록 법정에서 증언을 하게 된다. 엔지니어가 법정에서 증언하는 경우에 능동적으로 자신의 의견을 진술하지 못하고 변호인이나 재판장의 질문에 따라 수동적으로 진술하게 된다. 그렇다면 엔지니어가 소송 당사자인 원고나 피고의 증언 요청을 받은 경우에는 요청한 측에 유리한 증언만을 해야 하는가 하는 것이다. 물론 엔지니어가 일반 고객에 대하여 기술적인 자문을 할 때와 같이 증언을 요청한 사람에 대한 신의를 지키기 위해 엔지니어가 조사한 내용에 관해서 재판부나 상대방 변호사의 질문이 있기 전에는 다투고 있는 반대 측에게 알려 주어서는 안 된다. 그러므로 엔지니어는 법정에서 이뤄지는 질문에 정직하게 답변해야 하지만, 반대 측에 유리한 답을 엔지니어에게서 이끌어내는 것은 상대방 변호사의 책임인 것이다. 이런 관점에서 보면, 엔지니어들은 법정에서 완전히 공평무사한 참석자는 아니다. 그렇다고 하여 객관적인 사실을 숨기고 무조건 자신을 고용한 측에 유리한 증언만을 한다면, 전문가로서의 증인은 위증죄로 고소될 수도 있다. 그러므로 의뢰인에게 불리하게 생각되는 증

---

8) 전영록 외 8인 공역(M. W. Martin 원저), *공학윤리*, 4판, 교보문고, pp.295, 296, 2009.

언은 하지 않으려고 노력하면서 반대심문에 대해서 정직하게 답변해야 한다. 그렇기 때문에 법정에서는 단순한 목격자와 전문가 증인의 증언의 범위가 다르다. 목격자는 인지한 사실만을 증언하지만, 전문가 증인은 더 넓은 범위에서 사건에 관한 전문가의 객관적인 견해를 증언하도록 허용한다.[9]

5.5 공중에 대한 정보공개

엔지니어의 활동과 공중의 생활이 밀접하게 관련되어 있는 것을 생각해보면, 사람들이 기술적인 정보를 알지 못해서 피해를 입는 것은 전문직의 무책임이라 할 수 있다. 이와 같이 엔지니어가 가진 기술적인 정보를 공중에게 정직하고 자세하게 알리지 않는 것은 인간존중의 윤리적 관점에서 볼 때 도덕적 행위에 심각한 결함이 있다고 할 수 있다. 엔지니어가 공중에게 기술적인 정보를 알리기만 하여도 많은 경우 큰 재난을 간단히 막을 수 있다는 점을 생각해 보면 엔지니어가 이를 알리지 않은 것은 명백히 잘못이다.

공중의 안전이나 건강과 관련된 일에 대해서는 관련된 정보를 적절한 때에 제대로 공개하는 것이 얼마나 중요한지를 다음 사례들을 통하여 살펴보자.

먼저 1970년대 초에 미국에서 잘 팔렸던 포드사의 소형 승용차 핀토의 연료탱크 폭발사례를 살펴보자. 핀토가 소개될 당시, 오일 쇼크를 계기로 가볍고 연료효율이 우수한 일본 자동차들이 세계시장에서 폭발적으로 판매되고 있었다. 이에 포드사는 일본 수입차와 경쟁하기 위하여 무게가 2천 파운드 이하이고 판매가격이 2천 달러 이하인 소형 승용차를 2년 안에 만들기 위해 온갖 노력을 기울이고 있었다. 그 결과 새로운 소형 승용차 핀토를 개발하여 시제품을 테스트하게 되었다. 그런데 시험차량의 충돌시험을 맡았던 엔지니어들은 후방충돌의 경우에 당시에는 안전규정이 없었지만, 2년 후에 시행될 새로운 안전기

9) 전영록 외 8인 공역(M. W. Martin 원저), *공학윤리*, 4판, 교보문고, pp.290~292, 2009.

준을 만족시키지 못한다는 사실을 알았다. 실제로 새로운 안전기준인 시속 20마일의 충돌시험에서 12번의 후방충돌 중 11번이나 연료탱크가 파열되고 자동차에 불이 났다. 연료탱크의 파열원인은 후방충돌 시에 연료탱크가 앞으로 기울어져서 차동장치를 체결하는 볼트머리에 부딪치기 때문이다. 연료탱크의 파열을 방지하기 위한 방안은 연료탱크를 뒤차축보다 약간 높게 설치하거나 연료탱크의 표면을 고무주머니로 싸는 것이었다. 첫 번째 방안은 차체의 구조상 실현이 어려웠고, 두 번째 방안은 11달러의 추가비용이 요구되었다. 그래서 엔지니어들은 소비자들의 안전을 보장하기 위해 추가비용을 들여서 차량을 개선하자고 주장하였다. 그러나 경영진은 차량의 설계개선 예상비용이 1억3천7백만 달러이고, 차량의 화재사고에 대한 예상보상비용 5천만 달러이므로 경영적인 측면에서 설계개선을 하지 않고 보상하는 방안을 선택하였다. 따라서 포드사에 근무하는 많은 엔지니어는 앞으로 핀토차를 운전하는 소비자들이 위험에 노출될 것을 염려하였다. 핀토차 시험부서에서 일하는 엔지니어들 중 한 명은 핀토차를 운전하게 될 소비자들이 자신의 자동차가 위험하다는 사실을 모른다는 것은 용납할 수 없다고 생각하여 그 내용을 공중에게 공개하기로 결심하고 회사에 사표를 냈다. 그 엔지니어는 핀토차의 구매자가 위험성을 알고 구매할 수 있도록 그 사실을 자동차 판매업자들에게 알려 주었다. 그 결과로 포드사는 엄청난 벌금을 물어야 했고 엄청난 비용을 들여 새 차의 엔진을 구형 모델의 엔진으로 대체해야만 했다. 또한 핀토차의 개발에 관련된 엔지니어와 경영진이 모두 사법처리를 받았다.[10)]

또한 2009년 11월 미국 한 방송사의 특종 보도로 확대된 도요타 자동차의 리콜 사태를 살펴보자. 도요타는 2009년 8월 가속페달 문제를 시작으로 결함부위와 대상 차종이 확대됨에 따라 2010년 2월 16일 현재 전 세계의 리콜 대상이 도요타의 2009년 일본판매대수인 1000만대를 넘었다. 이렇게 된 요인은 도요타가 글로벌 경쟁에서 살아남고자 원가절감에 지나치게 집착하여 품질관리를 소홀히 한 데 있다고 할 수 있다. 도요타 자동차의 위기에 대한 징후는 이

---

10) C. E. Harris et. al., *Engineering Ethics,* 3rd ed., Thomson Wadsworth, p.143, 2005.

미 몇 해 전부터 나타나기 시작하였다. 2004년 미국에서 '렉서스'와 '캠리'에 대한 불만이 접수되고, 2007년부터 해외에서 10여 회 리콜을 실시하여 품질관리의 허점을 발견했으나 소극적으로 대응하였다. 리콜된 차량에 결함이 있을 수 있음에도 불구하고 유사한 문제가 발생한 이유를 차량의 결함보다는 소비자 탓으로 돌렸다. 그러면서 도요타의 임원은 "가속페달문제는 운전자의 느낌일 뿐이고, 순간적으로 브레이크가 듣지 않을 때는 더 밟으면 분명히 차가 멈춘다."라고 말하였다. 그러나 2009년 8월 미국에서 '렉서스' 운전 중 가속페달이 매트에 걸려 급가속으로 4명이 사망한 사고를 계기로 2009년 11월 25일 8개 차종 약 426만대의 수리를 발표하였다. 2010년 1월에는 렉서스, 카롤라, 캠리 등 810만대가 가속페달 결함으로 리콜되었다. 리콜 발생 후 열흘 뒤에 사장이 사과를 하였지만, '프리우스'의 경우에는 문제가 확산되기 이전부터 결함을 발견하고 설계를 변경하면서도 기존 제품을 사용하는 소비자에게 그 위험성을 알리지 않았다. 2010년 2월에 미국과 캐나다의 도요타 자동차 차주들이 손해배상 청구의사를 밝혔고, 일본 하토야마 수상이 도요타의 신속 대응을 요청하였다. 그 결과, 2010년 2월에는 하이브리드카 프리우스 43만대와 소형트럭 타코마 8000대가 같은 이유로 리콜되었다. 최근 발생한 도요타 자동차의 대량 리콜사태로 미국 내의 품질인지도가 2009년 가을 1위에서 2010년 3월 기준 6위로 급락하였다. 특히 도요타의 고급 차종인 '렉서스'는 2009년 1위에서 경쟁 차종인 '벤츠'와 'BMW'의 뒤인 3위로 떨어졌다. 한편 도요타에 고용되어 차량 관련 소송을 맡았던 드미트리어스 빌러 변호사가 LA타임즈 기자에게 밝힌 바에 의하면, 도요타가 차량의 결함에 관한 정보를 고의로 감추려했고, 도요타에 고용된 전직 미국 고속도로교통안전국의 직원들이 미국 고속도로안전국에서 차량사고조사를 최소화 하도록 로비를 하였다고 한다. 이로써 '고객이 안심하고 선택할 수 있는 제품을 만든다.'는 도요타의 모토는 신뢰성이 떨어지게 되었다. 도요타가 이처럼 재정적인 면과 신용도면에서 큰 타격을 입은 것은 차량의 구조적 결함을 알고 있는 엔지니어와 경영진이 자신들의 이익을 위해 공중의 안전에 대한 의무를 소홀히 했기 때문이다.[11)]

앞의 사례들을 통하여 절대 다수인 공중의 안전에 관한 일에서 관련된 정보를 공중에게 정직하게 공개하지 않고 자신들의 이익만을 추구하는 것은 결국 큰 손해를 보게 된다는 교훈을 얻을 수 있다. 엔지니어가 공중의 건강과 안전을 보장하기 위해서 지켜야 하는 의무는 공중에게 필요한 정보를 공개하는 것만이 아니다. 경우에 따라서는 새로운 기술을 적용한 제품을 사용하는 소비자들이 피해를 입지 않도록 적극적인 조치를 취해야 한다. 특히 새로운 기술을 사용하는 데 위험이 있을 때는 그 위험을 미리 제거하거나 사용할 때의 위험성을 관련된 사람들에게 알려야 하는 의무가 있다. 그렇게 하지 않으면 엔지니어의 도덕성은 심각하게 타격을 받는다. 만약 우리가 공중에서 폭발한 챌린저호의 승무원 7명 중 한 명이라면, 발사를 허가하기 전에 기온이 낮은 경우에 로켓 부스터의 오링밀봉이 제대로 작동하지 않을 수 있고, 그 결과 예상되는 위험에 관해서 엔지니어로부터 설명을 듣고자 했을 것이다. 그런데 엔지니어들과 경영진은 자신들이 수행할 업무에 직접 관련이 있는 공중에게 합당한 정보를 공개해야 하는 도덕적 의무를 소홀히 하여 참으로 불행한 결과를 가져왔다.

5.6 이해충돌과 엔지니어의 자세

엔지니어들이 겪는 일 중에 공적인 이익과 사적인 이익 간의 갈등을 겪는 일이 발생하는 경우가 흔히 있다. 왜냐하면 공적인 일을 수행하는 과정에서 개인적인 이득이 생길 가능성이 있고, 개인적인 이득을 얻음으로써 공적인 이익에 영향을 미칠 수 있기 때문이다. 이와 같이 엔지니어가 맡겨진 일을 하는 동안 개인적인 이익을 취함으로써 고객이나 고용주에게 손해를 끼칠 수도 있는 경우에는 이해충돌이 생긴다. 예를 들면, 엔지니어가 설계하는 기계에 들어갈 밸브를 선정할 경우에 자신의 가족이 운영하는 회사에서 그 밸브를 제조하여

11) 김양희, "도요타 리콜사태의 발생원인과 교훈," KIEP 오늘의 세계경제, 대외경제정책연구원, 10권, 1호, 2010. 2. 25.

판매한다면 구입업체 선정에 상당한 갈등을 겪을 수 있다. 이는 엔지니어가 자신과 관련이 있는 판매처에서 부품을 구입해서 사용한다면, 그 부품의 성능과 관계없이 공정하지 못한 것으로 인식될 수가 있기 때문이다. 비록 이해관계가 있더라도 전문가의 판단으로 볼 때에 성능이 우수하다면 정직한 결정으로 인정될 수 있다. 그러나 더 우수한 제품이 따로 있을 경우에는 자신의 개인 이익을 위해 고객의 이익을 소홀히 했으므로 고객의 신뢰를 저버린 결과가 된다. 고객이 엔지니어에게 수고의 대가를 지불하는 것은 자신들이 가진 전문적 지식을 바탕으로 편견 없이 전문적 판단을 하여 의뢰받은 일을 수행하리라는 기대가 있기 때문이다. 그러나 엔지니어가 이해충돌의 상황에 놓이게 되면 이러한 신뢰할 수 있는 근거를 잃어버릴 우려가 있다.

엔지니어링 평가자 협의회의 전문직 행위에 대한 표준 규칙에는 고객들에게 전문평가자인 엔지니어가 선호하는 쪽이 어느 쪽인지 언급하거나 이해관계가 어떻게 관련되어 있는지를 확실히 밝히지 않도록 되어있다. 그렇지 않으면 고객이 엔지니어에게 보수를 지급하지 못하게 하거나 엔지니어가 기술적인 문제에 대해 평가결과를 발표하지 못하도록 하고 있다. 또한 NSPE의 기본 강령에는 엔지니어들이 전문적 업무를 수행할 때 반드시 고객이나 고용주의 충실한 대행자로서 행동해야 한다고 되어 있다. 그러므로 엔지니어들은 관련된 업무에 알려져 있는 이해충돌이나 잠재되어 있는 이해충돌에 관해 고객이나 고용주에게 밝혀야 한다. 또한 엔지니어가 업무 수행 중에 이해충돌을 피하기 위해서 금지하고 있는 사항들은 다음과 같다.[12)]

1. 엔지니어는 자재나 장비 공급업자로부터 자기들의 제품을 써달라고 주는 금전적이거나 다른 대가를 받아서는 안 된다.
2. 엔지니어가 맡은 일과 관련해서 고객이나 고용주와 관계가 있는 계약자나 다른 단체로부터 직접이든 간접이든 커미션이나 수당을 받아서는 안 된다.

12) C. E. Harris et. al., *Engineering Ethics,* 3rd ed., Thomson Wadsworth, pp.144~146, 2005.

이와 같은 금지조항에도 불구하고 전문적인 판단에서 갈등을 일으킬 수 있으므로 이해충돌에 관한 일반적인 고찰이 더 필요하다. 엔지니어가 반드시 보호해야 할 고객이나 고용주 또는 공중의 이익은 도덕적으로 정당한 것에 국한되어야 한다.

이해충돌은 세 가지 유형 즉, 실제적, 잠재적 및 표면적 이해충돌로 구별된다. 실제적 이해충돌은 엔지니어의 전문적 판단의 결과가 자신의 실질적인 이익에 직접적으로 연결되는 경우이다. 예를 들면, 대기업의 설계팀장으로 있는 K가 새로운 제품을 설계하면서 그 제품에 사용될 부품을 자신의 부인이 운영하는 회사의 제품을 사용하도록 설계한 경우이다. 그 제품의 품질은 원하는 설계기준을 만족하지만, 시중에서 판매되는 제품 중에서 가장 좋은 것은 아니다. 그렇지만 자신의 가계에 직접적으로 이득이 되기 때문에 선택하였다. 이러한 실제적 이해충돌은 전문적 판단을 훼손시킬 가능성이 높다. 잠재적 이해충돌은 전문적 판단의 결과로 인해 현재로는 이해충돌 소지가 없지만, 나중에 엔지니어의 실질적인 이익과 연결되는 경우이다. 앞의 예에서 K가 새로운 제품에 사용될 부품을 자신의 약혼자가 대주주인 회사의 제품을 사용하도록 설계한 경우이다. 현재는 그 회사와 이해관계가 전혀 없지만, 결혼한 후에는 배우자의 소득이 K의 가계에 이득이 될 수 있으므로 이해충돌이 생길 수 있다. 이러한 잠재적 이해충돌은 장차 이해충돌이 발생했을 때에 앞서 행한 전문적 판단에 대해 의심을 받을 수 있다. 표면적 이해충돌은 전문적 판단의 결과로 표면적으로는 이익을 볼 것으로 생각되지만, 실질적으로는 아무 이득을 보지 못하는 경우이다. 앞의 예에서 K가 새로운 제품에 사용될 부품을 자신의 부인이 운영하는 회사의 제품을 사용하도록 설계하였는데, 최근 그 부인은 회사를 가족이 아닌 다른 사람에게 넘긴 경우이다. 엔지니어는 부품을 구입하는 회사와 아무 관련이 없는 상태이므로 이득을 볼 수 없는 상황이다. 표면적 이해충돌은 비록 전문적 판단이 잘못된 것이 아니라 하더라도 전문직 서비스의 객관성과 신뢰성을 해칠 수 있다. 그러므로 실제적이건, 잠재적이건, 표면적이건 간에 할 수만 있다면 모든 이해충돌을 피하는 것이 가장 좋다.

비록 이해충돌을 피하는 것이 상책이지만 이해충돌이 있는 경우는 어떠한 것이라도 관련 당사자들에게 미리 밝히는 것이 좋다. 이해충돌이 전문직의 의무 이행을 위협하기 때문에 대부분의 윤리헌장들은 전문직업인들에게 이해충돌이 일어나는 상황에 빠져들지 않도록 요구하고 있다. 그러나 때로는 전문직업인에게 잘못이 없음에도 불구하고 이해충돌이 일어날 수 있기 때문에 그러한 경우에는 관련된 사람들에게 미리 알리는 것이 중요하다. 이와 관련된 IEEE 윤리헌장 2조를 보면, "엔지니어는 실제적이거나 예상되는 이해충돌은 가능한 한 언제든지 피하고, 그러한 충돌이 있을 때에는 당사자들(고객이나 고용주)에게 이를 알린다."라고 언급되어 있다. 이와 같이 가능한 모든 이해충돌이 드러난다면, 고객과 고용주는 그러한 이해충돌로 인해 영향을 받을 수 있는 엔지니어의 전문적인 판단을 기꺼이 수용할 수 있게 된다. 따라서 고객이나 고용주와 충분한 정보를 공유하면서 자유로운 분위기에서 협력이 가능해진다. 이해충돌이 있는 경우에 어떻게 판단을 해야 하는지를 다음 사례의 선긋기 분석들을 통하여 살펴보자.

사례 선물과 뇌물[13)]

K는 신설되는 큰 화학공장의 책임자로 임명되어 공장을 건설하고 있다. K는 설계진을 구성하고 감독하여 공장을 안전하게 사용하고 유지할 수 있도록 건설하는 것이 임무다. K는 설계진에게 종래의 게이트밸브를 A사의 밸브로 대체하도록 권하고 있다.

(1) A사의 밸브는 종래의 게이트 밸브보다 더 단단하고 더 빨리 닫히는 장점이 있다. A사에 밸브를 다량으로 주문한 후, K의 고등학교 동창인 A사의 판매담당 L이 그를 방문하여 자기회사의 로고가 금으로 찍힌 값이 2만

13) C. E. Harris et. al., *Engineering Ethics,* 2nd ed., Wadsworth, pp.140~142, 2000.

원 정도인 고급볼펜을 하나 주었다. K는 이 볼펜을 받아야 하는가?

고려사항	NP (뇌물)	평 가 0 1 2 3 4 5 6 7 8 9 10	PP (선물)	가중치	가중 평가점수
전달/제의시기	주문 전	-----------------------X---	주문 후	1	9
제품의 품질	낮다	-----------------------X---	높다	2	18
선물 가격	높다	-----------------------X---	낮다	2	18
합 계	–	–	–	5	45/50

(2) A사의 밸브는 종래의 게이트 밸브보다 더 단단하고 더 빨리 닫히는 장점이 있다. A사의 밸브를 다량으로 주문한 후, K의 고등학교 동창인 A사의 판매담당인 L이 그를 방문하여 주말골프모임에 초대를 하였다. K는 이 골프 초대에 응해야 하는가?

고려사항	NP (뇌물)	평 가 0 1 2 3 4 5 6 7 8 9 10	PP (선물)	가중치	가중 평가점수
전달/제의시기	주문 전	-----------------------X---	주문 후	1	9
제품의 품질	낮다	-----------------------X---	높다	2	18
선물 가격	높다	------------------ X--------	낮다	2	14
합 계	–	–	–	5	41/50

(3) A사의 밸브는 종래의 게이트 밸브보다 더 단단하고 더 빨리 닫히는 장점이 있다. A사의 밸브를 다량으로 주문한 후, K가 전혀 모르는 A사의 판매담당인 L이 그를 방문하여 L이 K에게 골프클럽의 회원권을 구입하여 주겠다고 제의한다. K는 이 제의를 받아들여야 하는가?

고려사항	NP (뇌물)	평 가 0 1 2 3 4 5 6 7 8 9 10	PP (선물)	가중치	가중 평가점수
전달/ 제의시기	주문 전	------------------------X ---	주문 후	1	9
제품의 품질	낮다	------------------------X ---	높다	2	18
선물 가격	높다	----- X ---------------------	낮다	2	4
합 계	–	–	–	5	31/50

(4) A사의 밸브는 종래의 게이트 밸브보다 더 단단하고 더 빨리 닫히는 장점이 있다. A사의 밸브를 주문하기 전에 K가 전혀 모르는 A사의 판매담당인 L이 그를 방문하여 L이 K에게 골프클럽의 회원권을 구입하여 주겠다고 제의한다. K는 이 제의를 받아들여야 하는가?

고려사항	NP (뇌물)	평 가 0 1 2 3 4 5 6 7 8 9 10	PP (선물)	가중치	가중 평가점수
전달/ 제의시기	주문 전	--- X------------------------	주문 후	1	1
제품의 품질	낮다	------------------------- X --	높다	2	18
선물 가격	높다	----- X ---------------------	낮다	2	4
합 계	–	–	–	5	23/50

(5) A사의 밸브는 종래의 게이트 밸브보다 약간 질이 떨어진다. A사에 밸브를 주문하기 전, K의 고등학교 동창인 A사의 판매담당인 L이 그를 방문하여 유럽 여행권을 주겠다고 제의한다. K는 이 제의를 받아들여야 하는가?

고려사항	NP (뇌물)	평 가 0 1 2 3 4 5 6 7 8 9 10	PP (선물)	가중치	가중 평가점수
전달/제의시기	주문 전	---X------------------------	주문 후	1	1
제품의 품질	낮다	-----------X----------------	높다	2	8
선물 가격	높다	--------X ------------------	낮다	2	6
합 계	–	–	–	5	15/50

엔지니어들이 전문적인 일을 수행하면서 접하기 쉬운 유형 중의 하나가 업무와 직간접으로 관련된 사람들로부터 선물을 받는 경우이다. 위의 사례로부터 엔지니어들이 실제적, 잠재적, 표면적 이해충돌 속에 자신이 처해 있다는 것을 알 수 있다. 위의 사례들을 보면, 사례 (1), (2)는 품질이 비교적 우수한 제품을 주문한 후에 소액의 금품을 전달한 것이므로 좋은 뜻의 선물로 받아도 괜찮다. 그러나 사례 (5)는 주문 전에 품질이 떨어지는 제품을 생산하는 업체의 관계자가 상당히 큰 금액에 해당하는 금품제공을 통하여 엔지니어의 납품업체 결정에 영향을 줄 수 있으므로 뇌물이라고 볼 수 있다. 그 사이에 있는 나머지 사례들은 선물로 생각하여야 할지 뇌물로 생각해야 할지는 제의를 받은 사람의 가치기준에 따라 다를 수 있다.

고려할 사례

사례 9 농약제조회사에 취업
사례 26 수질을 조작하여 하수 방류
사례 37 전자레인지의 전자파
사례 38 정당한 납품가격
사례 39 주문제품의 설계변경
사례 46 현장실습 학생의 시제품 테스트
사례 47 협조에 대한 대가

6장 위험과 안전

6.1 서론

공학의 역할은 사회적인 필요에 따라 새로운 제품이나 구조물을 만들어 편리하게 사용하게 하는 것이다. 따라서 엔지니어는 그 제품이나 구조물을 사용함으로써 발생할 수 있는 위험요소를 미리 알아내서 대비함으로써 사용자들이 위험에 빠지지 않게 해야 한다. 왜냐하면 사람들은 자신들이 늘 사용하는 가전제품, 자동차, 건물, 교량 등이 안전하다고 믿고 있기 때문이다. 그러나 1994년 서울에 있는 성수대교는 아무런 예고도 없이 붕괴되어 50여 명의 사상자가 발생하였다. 이 성수대교의 붕괴는 엔지니어들에 의해 만들어진 제품이나 구조물에는 위험 요소가 포함되어 있다는 것을 말해주는 좋은 예이다. 이와 같은 위험은 엔지니어들에 의해 만들어진 제품이나 구조물에만 국한되는 것은 아니다. 공장에서 제품을 만들기 위한 설비와 제조공정에서도 위험요소가 존재하고, 건물, 도로, 교량 등의 건설현장에서도 위험 요소는 언제나 있게 마련이다. 엔지니어들은 이와 같은 위험 요소의 피해자일 수도 있지만 위험의 원인 제공자가 될 수도 있다.

엔지니어는 공중의 안전에 대해 책임을 져야 하는 전문가이므로 기술적인 것을 잘 알지 못하는 공중이 위험에 노출되지 않고 안전한 생활을 할 수 있도록 도와줄 책임이 있다. 안전에 관한 책임은 단순한 윤리적인 문제뿐 아니라 법적인 문제가 될 수도 있기 때문이다. 6장에서는 위험의 발생원인, 그 판단기준, 그리고 위험에 대한 일반인과 엔지니어의 입장을 살펴보려 한다. 또한 전문가로서의 엔지니어가 위험을 최소화할 수 있는 방안을 알아보고, 엔지니어가 지켜야 할 최소한의 수준인 제조물 책임법의 내용을 설명한다.

안전하게 보이지만 위험요소로 인하여 사고로 이어졌던 삼풍백화점 붕괴사고의 사례를 통하여 위험이 어떻게 일어나게 되는지를 살펴보고, 겉으로 아무 손상이 없는 건물에 숨어있는 위험 요소를 엔지니어가 현명하게 처리함으로써 안전한 건물로 개조한 시티코프 센터의 사례를 살펴보고자 한다.

사례 I 삼풍백화점 붕괴사고

1995년 6월 29일 오후 서울 서초구에 있었던 삼풍백화점이 붕괴되어 500여 명이 사망한 최악의 참사가 발생하였다. 사고는 삼풍백화점 A동 5층 식당 바닥이 가라앉으면서 바닥판 전체의 하중이 인접기둥으로 추가로 전달되었고, 이로 인해 연쇄적인 전단파괴가 발생하여 붕괴되었다.

그림 6.1 붕괴된 삼풍백화점 모습

사고원인을 조사한 결과에 의하면, 이 참사는 건물의 설계, 시공, 사용자 잘못 등이 복합적으로 작용하여 일어난 것이었다. 그림 6.1은 붕괴된 삼풍백화점 모습이다.

설계의 결함을 살펴보면, 백화점은 평판슬래브(flat slab) 구조를 사용하였다. 이 평판슬래브 구조물에서는 바닥과 기둥의 연결부위를 두껍고 강하게 설계해야 하는데, 건물에 작용하는 하중을 견디기 어려울 만큼 취약하게 설계하였다. 평판슬래브 구조는 바닥보가 전혀 없어서 구조가 간단하여 공사비를 절감할 수 있다. 그러나 평판슬래브 구조는 철골 구조물이 아닌 콘크리트 구조물일 경우에는 무너지기가 쉽다. 그러므로 콘크리트 구조물에 대한 정밀계산을 해야 하는데 경험적인 간이 설계만 하였다.

시공의 결함을 살펴보면, 설계기간 중에 설계변경이 잦아 설계도면이 완성되기 전에 공사가 착공되었다. 무리한 설계변경과 증개축으로 기초와 구조물이 취약하게 시공되었다. 설계도면에는 가장 취약한 지붕 중앙부의 두께가 일반 콘크리트로 280 mm이었지만, 붕괴현장에서 수거한 콘크리트의 두께는 150 mm로 하중이 구조계산서 값보다 제곱미터 당 255 kg 정도를 초과하였다. 또한 구조계산서에 지름 80 cm로 계산되어 있는 4층 에스컬레이터 모서리 기둥이 지름이 60 cm로 축소되어 있었다. 지상 5층에 있는 보의 중앙부 하단과 지상 2층에서 5층까지의 화장실 슬래브에 사용한 철근은 설계보다 지름이 작고 숫자도 적게 배열되어 있었다.

사용자의 잘못을 살펴보면, 백화점 영업장 사정을 감안하여 경영주는 최초에 신청 허가된 5층의 롤러 스케이트장을 식당가로 용도를 변경하도록 지시하였다. 식당가의 내부를 개조하기 위해 붙인 대리석 마감재의 무게, 15 cm 두께의 콘크리트로 된 주방바닥과 대형냉장고와 같은 시설물의 무게로 초기 설계보다 제곱미터 당 360 kg이상의 큰 하중이 더 작용하게 되었다. 북측 엘리베이터 근처 바닥에 쓰레기 투입구와 화장실 오수배관을 위해 2.3 m의 구멍을 만들기 위하여 2층부터 5층까지 바닥의 철근을 절단하였다. 건물 옥상에는 구조계산서에 반영되지 않은 87톤의 에어컨 냉각탑을 설치하였고, 그 대형냉각탑의 소음에 대한 민원이 제기되면서 크레인을 사용하지 않고 통째로 바닥으로 이동하여 반대방향에 설치하였다.

그 후 5년 동안 아무 일 없이 사용되었던 건물의 여러 곳에서 조금씩 금이 가기 시작했고, 이어서 5층 식당바닥이 솟아오르고, 식당의 천정에 금이 갔다. 이에 경영주가 건물안전 진단을 의뢰한 결과, 건물안전검사관은 즉시 고객과 직원에게 위험을 알리고 대피를 권고했다. 그러나 경영주는 안전을 무시하고, 귀중품을 지하실로 옮긴 후 영업을 계속하도록 한 채 건물을 빠져 나갔다. 그 후 얼마 지나지 않아서 건물은 마치 폭탄을 맞은 것처럼 처참하게 무너져 내렸고, 이 붕괴사고로 사망 501명, 실종 6명, 부상 937명의 큰 피해를 입었다.

붕괴 후, 1996년 8월 끝난 형사소송에서 설계, 시공, 감리, 안전관리 등 총체적 부실이 사고의 원인이었다는 사실이 드러났다. 그 결과로 경영주와 관련 공무원을 비롯한 25명이 실형을 선고받았다. 한편으로는 한국 사회의 안전 불감증에 큰 경종을 울린 사고였다.

사례 II 시티코프 센터의 보강공사[1)2)]

시티코프(Citicorp)는 뉴욕 맨하탄 중심가에 새로운 본부 건물을 59층으로 짓기로 하였다. 그런데 선정된 부지의 북서쪽 모서리에 1905년에 지은 성 베드로 루터 교회가 그 부지 안에 그대로 있기를 원했기 때문에 건축사인 휴 스터빈스(Hugh Stubbins)와 구조 엔지니어인 윌리엄 레미슈리어(William LeMessurier)는 9층 높이의 4개 기둥 위에 59층 타워를 짓도록 설계하였다. 그리고 교회를 시티코프타워 아래의 왼쪽 모서리에 새로 짓기 위해서 그림 6.2(a)와 같이 빌딩의 기둥을 59층 타워의 4개 벽면의 중앙을 지지하도록 설계하였다. 또한 레미슈리

1) 이광수, 이재성 공역(Charles B. Fleddermann 원저), *공학윤리*, 홍릉과학출판사, pp.152~153, 2009.

2) 전영록 외 5인 공역(Gerard Voland 원저), *공학문제해결을 위한 공학설계*, 2판, 교보문고, p.283, 2008.

어는 건물이 강한 바람에 견딜 수 있도록 타워 48층까지 8개 층씩 묶어서 각 면에 2개씩 8개의 대각선 보강재를 설치하고 용접하여 빌딩의 하중을 4개 기둥으로 전달하도록 설계하였다. 이렇게 설계된 시티코프센터는 1977년에 준공되었다. 그림 6.2(b)는 시티코프센터의 벽면 보강재 설계도이다.

1978년 6월 시티코프 센터의 설계에 관한 과제물을 준비하던 프린스턴 대학교 공과대학생으로부터 "시티코프센터 빌딩의 모서리로 강한 바람이 불면, 벽면 대각선 보강재에 걸리는 하중이 설계값보다 훨씬 커서 위험할 것 같다."는 전화를 받은 레미슈리어는 설계의 세부사항에 대하여 다시 계산하였다. 빌딩의 벽면에 수직으로 부딪히는 바람에 대해서는 보강재와 기둥이 충분히 지지할 수 있었다. 그러나 빌딩의 모서리 방향으로 부딪히는 바람은 보강재에 발생하는 응력을 40% 증가시킨다는 것을 알게 되었다.

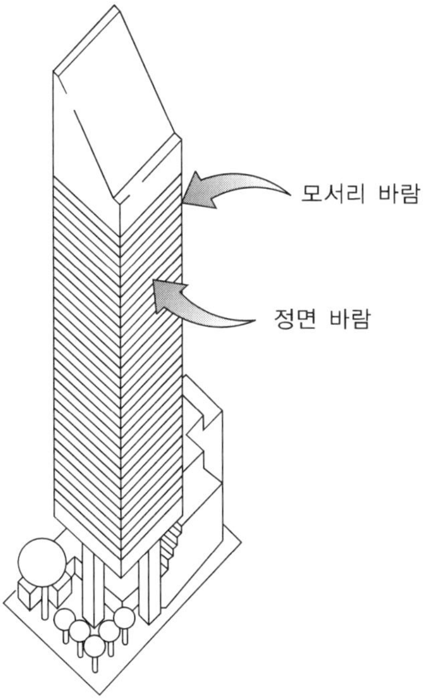

(a) 건물모형 투시도

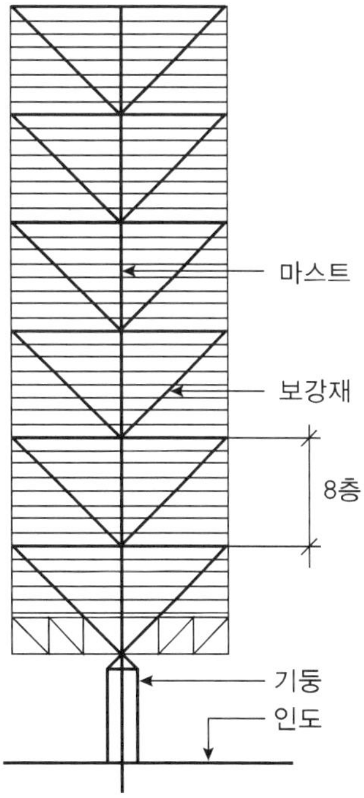

(b) 벽면 보강재 설계도

그림 6.2 시티코프센터의 투시도와 벽면 보강재 설계도
(Anspach Grossman Portugal사, 빌딩종류 연구, 1976년 8월)

만약 용접이 기대한 만큼 잘 되었다면 그 정도 응력의 증가는 보강재가 충분히 감당할 수 있다고 생각했다. 그런데 얼마 전 레미슈리어는 자기회사의 다른 엔지니어들이 상부구조 보강재의 연결을 용접 대신에 볼트체결로 변경하도록 승인한 것을 알게 되었다. 용접한 보강재에 40% 응력이 증가하면 볼트로 체결한 보강재에는 160%의 응력이 증가하게 되었다. 레미슈리어는 16년에 한 번 올 수 있는 폭풍우로 빌딩이 파괴되고, 이로 인하여 주변의 빌딩과 건축물을 넘어뜨리게 될 것으로 판단하였다.

레미슈리어는 이 문제를 해결하기 위하여 신속하게 계획을 작성하였다. 200개의 접합부 위에 2인치 두께의 강철판을 용접하면 보강재를 안전하게 고정시킬 수 있을 것으로 판단하였다. 이러한 해결책에 드는 비용이 상당했지만 건물을 보존하기 위해서는 꼭 필요한 일이라고 간주하여 보험회사의 변호사와 프로젝트 건축사의 변호사와도 상담하였다. 그 상담에서 결정된 대로 레미슈리어와 스터빈스가 시티코프 임원들을 만나 사실을 알렸다. 다행히 시티코프에서는 레미슈리어를 신뢰하고 적극적으로 협력하기로 하였다. 보강재 접합부의 보강작업을 위한 계획이 바로 작성되어 약 2개월간 작업으로 700년에 한 번 오는 폭풍우에도 견딜 수 있는 건물로 보수하게 되었다. 전체 보수비용은 8백만 달러를 초과하였지만, 시티코프는 레미슈리어의 업무과실책임에 대한 보험한도액 2백만 달러만 받고 레미슈리어나 스터빈스를 고소하지 않았다.

레미슈리어는 시티코프 센터 빌딩에 잠재하여 있는 위험요소를 발견하고 공중의 안전을 보장하기 위하여 솔직하고 용기 있는 행동을 함으로써 존경을 받고 있다. 왜냐하면 그는 전문가로서 명예손상과 금전적 손실이라는 두 가지 위험을 다 수용하였기 때문이다. 레미슈리어는 이 사건과 엔지니어의 임무를 다음과 같이 설명하였다. "엔지니어는 사회적 책임을 갖는다. 면허를 획득하고 존경을 받는 대가로 자신을 희생할 수 있어야 하며, 자신이나 고객의 이익을 넘어 사회 전체의 이익이 무엇인지를 볼 수 있어야 한다. 나의 이야기에서 가장 멋진 부분은, 내가 그렇게 했을 때 어떤 나쁜 일도 일어나지 않았다는 점이다."

6.2 위험의 발생원인

엔지니어의 전문적인 공학 지식은 현대인의 생활 가운데서 없어서는 안 되는 필수적인 것이 되었다. '공학윤리'를 저술한 엠 마틴(M. Martin)과 알 신징거(R. Schinsinger)는 "공학은 사회적 실험이고, 엔지니어는 공학적 설계의 산물을 연구실에서 설계한 후 연구실에 그냥 방치해서는 안 된다. 그것은 인류 공동의 재산이므로 사장시켜서는 안 된다."라고 하였다.[3] 즉, 엔지니어가 아이디어를 내어 설계한 제품이나 구조물은 인류의 삶을 윤택하게 하기 위해 실생활에 사용되어야 한다는 것이다. 엔지니어에 의한 기술개발을 통하여 작게는 소속회사, 크게는 해당국가의 경제적 소득이 증대하게 되고 현대를 살아가는 사람들의 생활이 더욱 편리하고 윤택하게 하기 때문이다.

그렇지만 엔지니어가 수행하는 일 중에 위험이 필연적으로 발생할 수밖에 없다. 왜냐하면 엔지니어가 공학적인 활동으로 발생하는 위험을 정확하게 예측하기란 불가능하므로 단지 공학지식을 적용하는 현장에서 예상되는 위험의 종류, 확률과 크기를 추정하기 때문이다. 실제로 위험이 발생하는 공학현장을 살펴보자.

먼저 고층건물, 도로, 교량 등의 건설현장에는 위험 요소가 곳곳에 내재해 있다. 즉 건물이 완성되지 않은 상태에서 골조만 있는 건물의 고층에서 작업하던 공사인부가 사고를 당하는 수도 있고, 건물의 설계나 시공 잘못으로 인해 건축 중인 건물이 무너지는 경우도 있을 수 있다. 또한 제대로 시공된 건물을 전문지식이 없는 사용자가 임의로 구조를 변경하여 건물이 약해져서 무너지는 경우도 있을 수 있다. 그 전형적인 예가 1995년 6월 29일 오후에 발생한 삼풍백화점 붕괴사고인데, 이 붕괴사고는 건물의 설계, 시공과 사용의 잘못이 복합적으로 작용하여 발생하였고, 이 붕괴사고로 500여명이 희생되었다.

또한 우리 일상생활에 필요한 공산품들이 여러 형태의 공장들에서 만들어지고 있다. 이러한 공장에는 제조공정에 많은 위험요소들이 포함되어 있지만, 그

---

3) 김정식, *공학기술윤리학*, 인터비전, p.130, 2004.

위험요소를 인지하지 못하거나 무시함으로써 작업자의 건강을 해치거나 생명을 잃게 하는 일이 발생한다. 그 전형적인 예가 반도체 공장의 클린룸에서 일한 작업자들이나 관리자들이 반도체 제조공정에서 나오는 벤젠, 포름알데히드 등의 유해물질에 오래 노출되어서 백혈병, 유방암, 뇌종양, 폐암 등 각종 질병으로 사망한 경우이다. 2017년 기준으로 10년 동안 국내 반도체 관련 업계에선 393명의 노동자가 직업병 발병을 호소해왔고, 그 중 144명은 이미 세상을 떠났다. 그러나 이들에 대한 산재 인정률은 매우 낮아서 2017년 까지 94명이 근로복지공단에 산재를 신청하여 겨우 12명만이 산업재해를 인정받았다. 불인정 대상자 35명 중 25명은 행정소송을 제기해 10명이 산재 확정 판결을 받았다.[4)]

특히 화학공장과 같이 공장 시스템의 구성부분들이 가깝게 연결되어서 복잡한 상호작용을 하는 경우에 사고에 대한 위험을 예측하고 예방하기가 매우 어렵다. 이러한 공장의 경우에 한 공정에서 사고가 발생하면 짧은 시간 내에 다른 공정에 영향을 미쳐서 주위에 큰 피해를 입히게 된다. 그 예로 1984년 12월 2일 밤에 일어난 인도 보팔에 있던 유니온 카바이드 화학공장의 저장탱크에서 살충제 원료의 누출사고이다. 이 누출 사고로 보팔 주변의 주민 2500~3000명이 죽었고 만 명이 영구 불구가 되었으며 10만에서 20만 명이 부상을 입었다.[5)] 이 누출 사고의 원인은 액체 살충제 원료를 빼낼 때 탱크압력을 높이기 위해 사용하는 질소 호스 대신에 누군가 실수로 바로 옆에 있는 물 호스를 살충제 원료 탱크에 연결하였기 때문이다. 이에 물에 섞인 살충제 원료의 온도가 급상승하여 기화되고 탱크 내부의 압력이 아주 높아져 감압밸브가 열리면서 가스 상태의 살충제가 누출되었다. 이 화학공장은 잠재적인 사고를 방지하기 위한 저장탱크의 냉각장치, 위험온도의 경보장치, 유출증기의 소각장치 등의 안전시스템은 충분히 설치하였다. 그러나 이 회사는 비용 지출과 인력의 부족함을 이유로 고장 난 안전장치들을 정비하지 않음으로써 안전 시스템 전체를 작동불능상태로 방치하였기 때문에 이 사고가 발생하였다.[6)]

---

4) 조일준, "반도체 산재 인정하라" 반올림 10년째 '거리의 외침', 한겨레신문, 2017.11.20.
5) 전영록 외 8인 공역(M.Martin 원저), *공학윤리*, 4판, p.342, 교보문고, 2009.
6) 이재성 외 4인 공역(C.B.Fleddermann 원저), *공학윤리*, 4판, 북스힐, pp.64~65, 2015.

이와 같은 경우 사고를 줄이기 위해서는 무엇보다도 시스템의 복잡성을 최대한 제거해야 한다. 시스템의 복잡성을 줄이기 위해서는 시스템을 집중시키는 것보다는 분산하는 것이 필요하다. 분산된 시스템은 시스템 운영자가 예상치 못한 사고를 효과적으로 대처할 수 있다. 그렇지만 시스템 구성부분들을 집중시키는 것이 꼭 필요한 경우도 있다. 왜냐하면 시스템의 구성부분들을 집중시키면, 시스템 운영자는 전체 시스템의 상태를 쉽게 파악하고 시스템의 손상을 줄이기 위해 재빨리 조치를 취할 수 있기 때문이다. 이렇게 집중화된 시스템에서 사고란 불가피한 것이므로 시스템 구성부분들의 복잡한 상호작용에 의한 시스템의 손상을 막기 위해서는 부분적인 자율자동제어를 하고, 시스템 구성부분들 사이의 가까운 연결에 의한 시스템의 손상을 막기 위해서는 수동제어를 해야 한다.[7)]

공학은 인류의 생활에 편리성을 제공함과 동시에 앞에서 설명한 것과 같이 위험을 필연적으로 내포하고 있다. 이전에 안전했던 구조물을 해마다 같은 방식으로 다시 설계를 하더라도 사고의 가능성은 존재한다. 한때 안전하다고 생각했던 화학물질이나 제품의 제조공정에서 새로운 위험이 발견될 수도 있다. 더구나 엔지니어들은 항상 모험적인 일에 새롭게 도전하고자 하므로 위험 요소는 더욱 증가할 수밖에 없다. 왜냐하면 엔지니어는 안전을 완전히 확보하지 못한 상태에서 새로운 재료나 설계방법을 적용하여 교량이나 건물을 만들고, 환경이나 인류에 장기적으로 어떤 영향을 주는지 충분히 고려하지 못한 가운데 새로운 기계를 만들고 새로운 재료를 개발하려 하기 때문이다.

7) C. E. Harris et. al., *Engineering Ethics,* 3rd ed., Thomson Wadsworth, pp.159~160, 2005.

6.3 위험과 안전의 판단

위험은 어떻게 정의되는가? 대부분의 사람들은 위험을 해로운 결과 또는 피해를 줄 우려가 있는 것, 다시 말하면 어떤 행위의 결과로 사람의 자유나 복지가 침해되는 것으로 생각한다. 그런데 위험전문가 더블유 로우랜스(W. Lowrance)는 "위험은 해로운 결과를 가져올 확률과 크기의 복합적인 양이다."라고 정의하고 있다. 따라서 위험이란 해로운 결과가 발생할 가능성과 그 크기를 동시에 고려해야 하는 것이다. 그러므로 피해가 작을지라도 피해의 발생가능성이 많은 경우가 피해가 크지만 그 발생가능성이 훨씬 적은 경우보다 더 위험할 수도 있다.[8)]

안전은 위험과 대비되는 개념이고, 일반적으로 위험 요소가 전혀 없는 경우를 안전하다고 생각한다. 그러나 실제로 반드시 그런 것은 아니다. 예를 들면, 일상생활에서 흔히 사용되는 칼을 가지고 있다는 것 자체가 위험한 것인가? 안전한 것인가? 이 칼을 어린아이가 가지고 있다면 위험하고 안전하지 못할 것이다. 그러나 어른이 가지고 있다면 경우에 따라 차이는 있겠지만 대체로 안전하다고 생각한다. 즉, 안전은 위험 요소가 전혀 없는 경우에만 적용되는 개념이 아니고 개인에 따라 그 판단이 달라지는 주관적인 개념으로 보아야 한다. 그렇다면 개인의 입장에서 볼 때 어느 정도의 위험을 안전하다고 판단해야 하는가? 로우랜스에 의하면 "그 위험이 감당할만하다고 판단되는 경우에는 안전하다."라고 말하고 있다. 감당할만한 위험의 수준이 개인이나 조직에 따라 다르기 때문에 안전에 대한 개념은 개인이나 조직의 가치에 따라 다를 수밖에 없다. 그러나 위험의 수준이 낮은 경우에는 안전하다고 생각할 수 있지만, 그 위험의 수준이 점점 증가하여 감당하기 어려운 상황이 되어도 여전히 안전하다고 간주하여 심각한 위험을 초래할 때도 있다. 이러한 예는 우리 생활 주변에서 많이 볼 수 있다. 가정에는 전기제품을 사용하기 위한 플러그가 설치되어 있고 사용할 수 있는 전기용량이 정해져 있다. 그러나 실제 사용하는 사람들은

8) C. E. Harris et. al., *Engineering Ethics,* 3rd ed., Thomson Wadsworth, p.163, 2005.

전기용량을 생각하지 않고 사용하는 경우가 매우 흔하다. 더구나 한 개의 플러그에 여러 개의 전기제품을 사용하더라도 사고가 생기지 않기 때문에 안전하다고 생각하며 여러 개의 전기제품을 함께 사용하는 것이 정상적인 것처럼 생각한다. 그러나 사실상 이것은 매우 위험한 행위이다.

엔지니어들은 어떤 장치를 설계할 때, 실제 그 장치를 사용할 때의 작동상태를 예상하여 설계를 한다. 그러나 때로는 설계된 장치를 변칙적으로 운용하여 원래 의도된 대로 작동하지 않을 때도 있다. 이것은 엔지니어나 경영자가 비정상적인 상황을 정상적인 상황으로 바꾸거나 실제 상황에 맞게 장치의 설계를 변경시키지 않고 단순히 거기에 적응하여 비정상을 정상적인 것처럼 생각하기 때문이다. 이로 인해서 심각한 위험이 초래될 수도 있다. 기술집약적인 시스템에서 비정상을 정상화한 예로는 발사도중 폭발한 우주왕복선 챌린저호의 경우를 들 수 있다. 미국 항공우주국과 부스터 로켓 제작사인 사이오콜사 모두 부스터 로켓의 조인트를 밀봉하는 오링에 문제가 있는 것을 수차례의 비행시험을 통하여 발견하였다. 그렇지만 이 문제를 잠재적인 큰 위험으로 간주하여 근본적으로 해결하지 않고, 감당할만한 위험으로 간주하여 임시방편으로 처리하였다. 챌린저호 참사에서 오링의 비정상을 정상화한 예들을 정리하면 다음과 같다.[9)]

① 1977년 시험결과, 점화 시에 고체연료 부스터의 조인트가 벌어져서 큰 틈이 생긴 것을 발견하였다. 그 틈은 1차 오링이 기능을 발휘하지 못할 때를 대비하여 설치한 2차 오링도 제 역할을 하지 못할 정도였다. 그러나 조인트에 생긴 틈을 비행하기에 감당할만한 위험으로 생각하고, 그 틈을 메우기 위해 오링 뒤에 접합제를 바르는 것으로 그쳤다.

② 1981년 STS-2 비행시험에서는 오른쪽 고체연료 부스터의 뒤쪽 조인트에서 1차 오링의 충돌에 의한 부식이 생겼다. 그래서 뜨거운 추진 가스가 조인트의 아연 크롬 접합제의 바람구멍을 통해 새어 나왔다. 그 바람구멍은

---

9) C. E. Harris et. al., *Engineering Ethics,* 3rd ed., Thomson Wadsworth, p.162, 2005.

접합제를 붙일 때, 접합제에 갇힌 공기에 의해 생성된 것이다. 이 현상은 예상치 못한 것이었음에도 감당할만한 위험으로 간주하여 안전한 것으로 생각하였다.

③ 1984년 STS41-B 비행시험에서는 처음으로 각각 다른 두 개의 조인트에서 1차 오링이 부식되었다. 그런데 두 조인트의 부식을 감당할만한 위험으로 간주하여 안전한 것으로 생각하였다.

허술한 오링 설계와 같은 기본적인 문제점을 근본적으로 고치려는 노력은 하지 않고, 발사 허용온도 기준을 더 낮춘다든지 하는 방식으로 비정상을 정상화하는 방식으로 대처함으로써 우주왕복선 챌린저호와 탑승한 승무원 모두를 잃게 되는 엄청난 비극을 낳게 되었다.

6.4 일반인 입장에서의 위험

일반인은 공학에 관한 전문지식이 부족하기 때문에 엔지니어의 다양한 공학적인 활동으로 인한 사망이나 상해의 가능성을 예측하기가 쉽지 않다. 위험전문가 씨 스타(C. Starr)는 일반인은 사망의 원인과 같이 확률이 낮은 위험을 과대평가하기도 하고 때로는 확률이 높은 위험을 과소평가하기도 한다고 말하였다. 슬로빅(Slovic) 등의 연구에 의하면 흡연, 자동차 운전, 오토바이 운전, 기차 여행, 스키 등의 활동에 의한 예상 사망자수를 조사한 결과, 전문가는 실제 사망자수의 10배로 예측한 반면, 일반인은 실제 사망자수의 100배로 예측하였다. 이와 같이 일반인은 전문가에 비해 엄청난 오차를 보이고 있다.[10)]

일반인의 위험에 대한 판단이 불확실하다는 것을 저준위 방사성폐기물처리장(방폐장) 사례에서 살펴보기로 한다. 2003년 전북 부안군에서 방폐장 유치신

10) C. E. Harris et. al., *Engineering Ethics,* 3rd ed., Thomson Wadsworth, p.166, 2005.

청을 했을 때 환경단체들이 방폐장의 위해성을 과장해서 부안군 주민들이 2003년 7월부터 4개월 동안 위도에 방폐장을 설치하는 것을 격렬히 반대하는 시위를 벌여서 결국 그해 11월에 방폐장 유치신청이 철회되었다. 그런데 2005년 11월, 방폐장 유치를 신청한 지방자치단체 4곳 중 주민투표결과 찬성률(89.5%)이 가장 높은 경북 경주시가 방폐장을 유치하게 되었다. 이 사례에서 공학적인 지식이 부족한 일반인(부안군민)이 방사능이 위험하다는 편견에서 방폐장 유치를 반대했지만, 방사성폐기물이 저준위이므로 적절한 조치만 취한다면 위험하지 않다는 사실을 인식한 일반인(경주시민)은 유치 신청을 찬성한 것이다. 즉, 일반인은 접하는 정보의 내용에 따라서 위험을 과대평가하거나 과소평가할 수 있어서 그 예측이 틀린 경우가 많다. 일반인의 특성은 그 예측을 바꾼다고 하여도 처음에 이루어진 예측에서 완전히 달라지지는 않는다. 그 최초의 예측은 장차 모든 예측을 고정시키고 새로운 증거에도 아랑곳없이 조정가능성을 방해하게 된다.

일반인은 전문가들과는 다르게 절대적인 위험과 감당할만한 위험의 개념을 구분하지 못하고 이것들을 같은 것으로 보는 경향이 많다. 전문가들은 위험을 피해의 가능성과 크기를 가지고 정의하고, 감당할만한 위험은 공리주의적 입장에서 바라본다. 일반인은 위험을 평가하는 데 있어서 엄격한 통계적 방식이 아닌 다른 요소들을 고려한다. 씨 스타에 의하면, 공중은 대체로 자발적인 위험이 자발적이지 않은 위험보다 불확실성이 훨씬 높더라도 기꺼이 받아들인다고 한다.[11] 그렇기 때문에 일반인은 자발적인 위험을 충분히 감당할 수 있다고 생각한다. 예를 들면 밤중에 노면 도색작업을 하는 근로자들은 충분한 시야를 확보하지 않은 상태에서 운전하는 자동차에 의해 다칠 위험이 매우 높다. 그럼에도 불구하고 그에 상응하는 보수만 받는다면 그 위험을 기꺼이 받아들일만하다고 생각한다. 그러나 어떤 회사나 타인이 자신의 집 옆에 유해물질을 버리는 경우와 같이 자기 의사와 무관하게 노출될 것으로 예상되는 위험은 받아들이지 않으려고 한다. 그렇지만 흡연과 같이 자발적 활동에 의한 위험이나 앞에서

11) 이대식, 김영필, 김영진 공저 *공학윤리*, 인터비전, p.127, 2003.

설명된 야간 노면 도색작업의 경우에는 위험하지 않다고 생각한다.

이러한 경향은 카네기멜론 대학교 모간(G. Morgan)의 연구결과에서도 확인할 수 있다. 모간은 일반인에게 위험목록을 제시해주고 이로 인해 예상되는 사망자의 수와 위험도의 순서를 결정하라고 했을 때, 두 가지의 결과가 다르게 나왔다. 이 심리 실험을 통해 대부분의 사람들은 위험을 예상할 때 사망자의 수 이외에도 다른 조건들을 고려한다는 것을 알았다. 예를 들면, 위험정보에 대해 자유롭게 동의하는지 여부, 위험요소에 의한 영향이 일부에 편중되지는 않는지 여부 등이다. 이러한 고려사항들은 일반인이 감당할만한 위험을 평가할 때 공리주의적 접근보다는 인간존중의 윤리를 적용하는 것을 알 수 있다.

일반인이 공학과 관련된 위험을 자발적인 의사에 의해 감당할만한 위험으로 동의하기 위해서는 일반인이 전문적인 공학지식에 대해서 잘 알지 못하므로 강압적으로 이루어져서는 안 된다. 일반인에게 위험에 대한 내용을 충분히 알려주어야 하며 그 알려진 위험 요소가 감당할만한 것인지 안전한 것인지를 판단할 수 있는 능력이 있어야 한다. 그렇지만 일반적으로 다음과 같은 이유로 인하여 위험을 자발적인 의사에 의해 감당할만한 위험으로 동의하기는 어렵다.[12)]

첫째 공장의 근로자들은 단순 노동을 하는 경우가 일반적이므로 현장에서 상존하는 위험 요소가 있는 것을 안다 하더라도 생계를 위해 감당할 수밖에 없으므로 자발적인 의사로 동의하기는 어렵다.

둘째, 일반인은 위험에 대한 적절한 내용을 전달받지 못하는 경우가 많다. 따라서 그 위험을 제대로 평가하지 못하는 경우가 많다. 처음 발생하거나 주의를 끌지 않는 사고의 가능성은 과소평가하고 비참한 사고의 가능성은 과대평가한다.

셋째, 공학적인 문제로 인해 위험에 처하게 된 사람들에게 충분한 정보제공에 의한 사전 동의를 얻는다는 것은 보통 불가능하다. 어떤 회사의 공장 굴뚝에서 대기로 방출하는 공해물질로 인해 주변에 사는 사람들 중의 일부만이 가벼운 질환을 일으키므로 그 회사는 주변 사람들에게 사전 동의를 구하지 않는다. 그러나 주변 사람들이 공장에서 배출하는 공해물질에 대해 항의하지 않는다고

---

12) C. E. Harris et. al., *Engineering Ethics,* 3rd ed., Thomson Wadsworth, p.168, 2005.

해서 배출에 동의한 것은 아니다. 다만 주민들이 항의하지 않는 이유는 그 공해물질에 대해서 잘 모르거나 그 공해물질의 영향을 정확히 모르기 때문이다.

주어진 정보를 바탕으로 자유 의지에 의한 동의라는 관점에서 공학적인 원인에 의해 가해진 실제적인 피해가 밝혀지면 개개인에게 보상을 할 수도 있다. 한 예로, 화학공장으로부터 발생하는 유독가스의 누출이나 공장의 폐수로 인한 수질오염으로 인한 피해에 대해서는 보상을 받을 수 있다. 이러한 경우에는 위험에 대한 동의를 얻을 필요가 없다는 장점이 있지만 적절한 보상수준을 결정하는 방법이 없다. 그런데 피해 당사자들이 동의하지 않는 경우에는 개인의 자유를 침해하는 것이 되며 상해 정도가 심하거나 사망의 경우는 합당한 보상방법이 없다는 문제점이 있다.

일반인이 위험도를 평가할 때 인간존중의 윤리적 입장뿐만 아니라 위험성의 편중 문제도 고려해야 한다. 인간존중의 윤리는 사회에 대한 비용과는 관계없이 개개인의 도덕적 주체행위를 존중할 것을 엄격히 강조한다. 다음 사례를 통하여 이에 대하여 자세히 살펴보기로 하자.

1993년까지 20여 년간을 탄광의 광부로 일해 온 L씨는 1998년에 진폐증이라는 진단을 받고 2002년 폐렴증상으로 입원했으나 발열과 호흡곤란이 악화되면서 뇌출혈로 사망하였다. L씨가 사망한 직접적인 원인은 뇌출혈이지만 진폐증에 의한 합병증의 일종이었다. 진폐증은 먼지를 장기간에 걸쳐 들이마심으로써 발생한다. 우리나라에서 문제가 되었던 탄광부 진폐증은 전체 탄광노동자의 10% 정도가 걸려 있는 것으로 추산된다. 10~15년간 근무한 사람의 35%, 16~20년간 근무한 사람의 50% 이상이 이 병에 걸린 것으로 집계되었다. 진폐증의 초기에는 증상이 없이 5년, 10년 근무하는 사이에 서서히 발병하며 주기적인 근로자 건강검진에서 진단되는 것이 보통이다. 폐기능 검사에서 이상소견이 보이기 시작했을 때는 이미 병이 상당기간 진행되어 치료를 시작해도 늦은 경우가 많다. 왜냐하면 진폐증에 대해서는 특효약이 아직 없기 때문이다. 예방이 최선의 치료이므로 작업장의 환경개선, 보호마스크착용 등이 필요하다. L씨가 진폐증에 걸리면서 채광해온 석탄은 1980년대까지 우리나라 모든 국민들의 난방용 연료에서 없어서는 안 되는 것이었다. 석탄은 연탄으로 만들어져 일반 국민에게 공급되었다. 특히 겨울철에는 연탄의 공급이 수요를 따라잡지 못해 사회적으로 큰 문제가 되기도 하였으며, 특히 서민들에게는 없어서는 안 되는 중요한 난방용 연료였다. 이 사례에서 인간존중의 개념에서 보면 광부에게는 석탄을 캔다는 것이 어떤 보수로도 보상할 수 없는 위험이다. 그러나 서민을 포함한 대다수가 추운 겨울을 따뜻하고 안락한 생활을 하기 위해서 광부들은 위험한 상황에 노출되어 있다.

위의 예에서 항상 진폐증에 걸릴 위험 가운데서 일하고 있는 탄광부의 입장에서 그 위험이 감당할만한 위험이라기보다는 다른 일자리를 찾기 어렵기 때문에 그 위험을 감당하고 있는 것이다. 그러나 탄광의 경영주는 근로자들이 일하는 대가로 비교적 쉽게 이익을 얻고 있다. 이 경우에 이익과 피해가 불공평하게 분배되고 있는 것이다. 물론 모든 위험과 이익을 똑같이 분배한다는 것은 불가능하다. 그러므로 위험 요소에 대해 알릴 수 있는 것을 알려서 이를 바탕으로 한 동의와 적절한 보상은 매우 중요하다. 따라서 정보에 입각한 동의, 적절한 보상과 공평한 분배는 서로 밀접히 연관되어 있으므로 도덕적 평가에서 함께 고려해야 한다.

일반인의 입장에서 감당할만한 위험을 정리한다면 "감당할만한 위험이란 잘 알려진 정보를 토대로 하여 자유롭게 동의하고 적절하게 보상되며 공평하게 분배되는 위험"이다. 일반적으로 정보를 바탕으로 한 자유로운 동의, 적절한 보상과 공평한 분배라는 요구조건들을 이행하는 것은 어려움이 많다. 그렇지만, 세 가지 요구조건들은 일반인들의 도덕적 관점에서 나온 매우 중요한 고려사항이다.[13)]

---

13) C. E. Harris et. al., *Engineering Ethics,* 3rd ed., Thomson Wadsworth, p.170, 2005.

6.5 엔지니어 입장에서의 위험

전문가로서 엔지니어는 관련된 공학적인 일의 결과로 인해 공중에게 안락한 생활을 위한 도구를 제공하기도 하지만 동시에 위험 요소를 제공하기도 한다. 그리고 엔지니어들은 공중의 안전과 복지를 증진시켜야 한다는 점에서 그들이 가진 전문적인 기술을 안전하게 제공하여야 한다. 그래서 전문가들은 일반적으로 위험을 공리주의적 관점에서 고려하고자 한다. 공리주의는 어떠한 도덕적 문제에서 복지를 최대화할 수 있는 방향으로 생각하고 행동한다. 공리주의에 의하면 위험을 평가하기 위해서 유용한 도구인 비용-이익 분석법을 이용한다. 비용-이익 분석법은 어떤 프로젝트를 수행함으로 발생할 수 있는 사망, 상해, 기타의 다른 재해 등의 위험에 따르는 비용과 얻을 수 있는 이익을 금액으로 환산하여 비교한다.[14)]

비용-이익 분석법의 이해를 돕기 위해 다음 사례를 생각해보기로 한다. D사는 인조견사 방사설비를 이용하여 섬유를 만드는 과정에서 인체에 유익하지 않을 것으로 생각되는 가스가 배출되고 있음을 알았다. 이 가스배출에 의한 위험이 근로자가 감당할만한 정도인가를 조사할 필요가 있었다. D사는 근로자의 건강에 해로운 가스의 배출량을 줄이거나 제거하기 위한 시설개선 등의 비용과 시설개선 없이 현재 상태에서 근로자의 사망 및 상해의 보상비용을 비교하기 위하여 비용-이익 분석을 시도하였다. 새로 시설개선을 위한 비용에는 제조설비를 개선하는 비용, 보호마스크를 제공하는 비용, 개선된 환기장치를 설치하는 비용 그리고 기타 여러 조치에 대한 비용도 포함시켜야 한다. 시설개선 없이 현재 상태에서 근로자에게 보상을 고려할 경우에는 근로자의 건강진단비용, 사망으로 인한 법적소송 비용, 회사의 명예 실추에 따른 비용과 근로자 가족의 수입이나 손실과 같은 부가적인 요소도 고려해야 한다. 만약 시설개선 없이 보상하는 비용이 시설개선에 관련된 비용보다 훨씬 적다면, D사의 경영자나 엔지니어의 입장에서는 현재수준의 위험은 감당할 수 있다고 판단할 수 있

14) 이대식, 김영필, 김영진 공저 *공학윤리*, 인터비젼, p.123, 2003.

다. 그러나 비용을 산정할 때 지금은 확실치 않지만 장차 근로자의 건강에 크게 영향을 미칠 수 있는 요인을 가볍게 여기는 일이 없도록 세심한 주의가 필요하다. 비용-이익 분석에서 이러한 불명확한 부분까지 모두 비용으로 환산하기는 어려우므로 엔지니어들은 직접 눈으로 확인할 수 없는 것까지도 예상할 수 있는 감각을 가지도록 노력해야 한다.

엔지니어가 일반인이 감당할만한 위험인가를 알기 위해 비용-이익 분석을 하는 데는 다음과 같은 문제점들이 있다.

첫째, 위험 요소와 관련된 비용이나 이익에 관한 사항 모두를 예상하기는 불가능하다. 따라서 장차 공중의 건강이나 안전에 중요한 사항이 발견될지라도 그에 대해 전혀 예상지 못하는 상황에서 비용-이익 분석을 하게 되면 불완전한 결과를 얻게 된다.

둘째, 위험으로 인한 비용과 이익을 모두 다 금전적으로 환산하는 것이 항상 가능한 것은 아니다. 예를 들면 습지대의 제거에 의한 환경파괴, 광부의 질병과 사망에 대해서 비용과 이익을 적합하게 금액으로 환산하는 것은 불가능하다. 물론 산업재해에 대한 보상은 법원의 판례가 있다고 하지만, 인간의 존엄성과 그 가치를 제대로 반영한다고 볼 수 없다.

셋째, 비용-이익 분석은 다수의 이익을 우선시하므로 공학기술의 적용으로 인해 발생하는 위험을 알려서 공중의 동의를 얻기 위한 노력을 하지 않을 수 있다. 그러나 일반적으로 공중은 위험 요소에 대해 충분히 알고 동의하는 것이 가장 중요하다고 생각한다.

이와 같은 공리주의적 분석의 한계에도 불구하고, 전문가로서 엔지니어의 입장에서 감당할만한 위험을 정리하면 "감당할만한 위험이란 피해의 위험이 주어진 선택의 범위 내에서 비용보다 이익이 많아서 순수이익을 기대할 수 있는 정도의 위험"이다. 그러므로 비용-이익 분석법은 전문가에 의한 위험평가에 정당성을 가지고 있다. 개인의 권리가 심각하게 위협받지 않는다면, 비용-이익 분석법은 금액이라는 공통된 척도를 사용하여 비용과 이익을 비교하는 방법이므로 위험에 대한 평가에 매우 유용하다.

6.6 위험에 대한 엔지니어의 책임

엔지니어가 공중의 안전과 복지를 증진시키기 위해서는 위험에 대해서 책임감을 가져야 하는 것이 모든 엔지니어들의 공통적인 목표이다. 이와 같은 공통적인 목표를 달성하기 위해 엔지니어가 가져야 할 책임을 공학윤리헌장에서 살펴보기로 한다.

NSPE 윤리헌장에서는 "엔지니어는 인정된 공학적 규범에 부합하지 않거나 공중의 건강이나 복지에 해가 될 수 있는 계획이나 명세서를 작성하거나 서명해서는 안 된다"라고 명시되어 있다. 또한 "만약 공중의 안전, 건강, 복지 등이 위험에 처하는 상황에서 엔지니어의 전문적인 판단이 어떤 권위에 눌리게 되면, 엔지니어는 고용주나 의뢰인 또는 권위를 가진 적절한 다른 사람들에게 알려야 한다."라고 명시되어 있다. 한편 IEEE 윤리헌장의 경우는 세 가지 면에서 공중의 안전과 건강에 대한 엔지니어들의 책임을 강조하고 있다. 첫째, 공중의 안전, 건강, 복지 등에 부합되는 공학적 결정을 하고, 인간이나 환경을 위협할지도 모르는 요인들을 공중에게 즉시 알린다. 둘째, 기술 적용에 따른 잠정적 결과에 대해 공중을 충분히 이해시킨다. 셋째, 오직 훈련이나 경험에 의해 자격이 부여되거나 관련된 기술의 한계가 완전히 밝혀진 후에 기술적 과제를 맡는다.

공학기술의 실제 적용에서 공중의 안전을 위해 엔지니어의 취할 방안은 위험을 최소화하고 안전을 최대화하는 것이다. 그렇지만 그 과정은 그리 쉬운 과정이 아니다. 왜냐하면 위험은 항상 불명확하여 경험에 의존할 수 없으므로 반드시 확률적으로 표현되어야 하기 때문이다. 위험성은 현재 상황에서의 위험성, 급격하게 변화하는 과정상의 위험성 그리고 변화가 일어난 후의 위험성으로 세분화될 수 있다. 이러한 위험성들은 서로 간에 상승작용을 하기가 쉽다. 따라서 이러한 위험성을 줄이는 방법으로 생각할 수 있는 것으로는 속도 조절법(go-slow approach)을 들 수 있다. 급격하게 발전하는 문명시대에서 국제적인 기술 경쟁을 하는 가운데 새로운 기술의 개발 속도가 빠르게 이루어지고 있으며 동시에 위험도 함께 상승하고 있다. 여기서 위험을 대비하기 위하여 속도

조절을 반드시 고려하여야 한다.[15)]

엔지니어가 위험을 최소화하는 데는 많은 비용이 든다. 위험의 최소화, 즉 안전을 위한 설계와 이를 고려하지 않는 설계의 실제적 비용의 차이는 비용-이익 분석을 통하여 비교해 보아야 한다. 왜냐하면 고용주는 최소한의 비용으로 최대 이익을 얻을 수 있는 제품을 만들고자 하기 때문이다. 이때 단기적인 관점에서 안전을 제대로 보장하지 않으면서 저비용의 방안을 선택하기 보다는 장기적인 관점에서 제품의 안전을 보장하면서 수익을 얻을 수 있는 방안을 찾아야 한다. 그런데 많은 경우에 단기적인 이익을 얻기 위하여 소비자들의 안전을 염두에 두지 않는다. 그 좋은 예가 포드사의 소형차 핀토 개발이다. 포드사는 소형차 핀토를 제작할 때 가벼운 후방충돌로 연료탱크가 폭발되는 위험을 알고 있었지만 차량 판매가격을 낮추기 위해 보호 하우징을 씌우지 않은 연료탱크를 장착하였다. 판매가격이 낮은 핀토는 자동차 시장에서 잘 팔렸다. 그러나 연이은 연료탱크 폭발 사고로 소송을 당하고, 그 결과 패소하여 소송 및 위자료 비용, 벌금, 설계 개선비용 등을 지불하는 엄청난 손실을 가져 왔다. 그러므로 단기적인 이익보다는 제품 소비자의 안전을 고려하면서 장기적인 면에서 이익을 고려해야 한다. 또한 제품이나 사업의 위험에 대한 비용-이익 분석에서 그 위험에 관련된 사람들, 즉, 직접적 또는 간접적 위험의 부담자와 이익의 수혜자를 잘 파악하여 위험부담자와 이익수혜자가 동일하도록 해야 한다.

6.7 제조물 책임법

제조물 책임법(product liability law)은 제품의 결함이나 안전성의 부족함으로 인해 사용자가 피해를 입었을 경우에 그 제품의 제조업자가 피해자에게 배상해야 하는 제도를 말한다. 피해를 보상하는 1차적인 책임은 법률상 제품의 제

15) 이대식, 김영필, 김영진 공저 *공학윤리*, 인터비젼, pp.129~131, 2003.

조업자인 경영주이지만, 제품의 결함이나 안전성 부족에 대한 책임은 그 제품을 설계 및 제작한 엔지니어가 져야 한다.

엔지니어가 설계하여 만든 제품에 대한 책임을 최초로 규정한 법률은 인류 역사상 두 번째로 오래된 성문법인 고대 바빌로니아의 함무라비왕(BC 1792~1750)의 법전에서 찾을 수 있다. 282조로 구성된 함무라비 형법의 228조부터 235조까지에 제품을 만드는 건축업자와 선박건조업자에 대한 보수와 불량 제조품에 대한 책임 내용이 들어 있다. 예를 들면, 232조에 "건축한 집이 적절하게 지어지지 않아서 무너지게 되면, 건축업자는 그 무너진 집을 자비로 새로 지어 주어야 한다." 235조에 "만약 선박건조업자가 배를 견고하게 만들지 않아서 같은 해에 배가 멀리 항해하는 중 상해를 입으면, 선박건조업자는 자비로 배를 해체하고 다시 견고하게 조립하여 주인에게 주어야 한다." 이러한 법 조항들은 전문가의 정의가 확립되기 오래 전부터 이러한 전문적인 활동에 대한 사회 파장을 고려하여 엔지니어의 잘못된 작업에 대한 책임을 규정한 것이다.

한편 18세기 후반에 들어서는 기계의 발명과 기술의 혁신으로 엔지니어가 사회에 큰 영향을 미치고 있었으므로 안전에 대한 엔지니어의 책임이 더 커지게 되었다. 특히 제임스 와트는 1765년 적은 연료를 가지고 강한 힘을 내는 증기기관을 발명하여 증기기관차와 증기선을 발명하게 하는 계기를 만들었다. 1807년 미국의 풀턴이 증기선으로 허드슨 강을 항해하는 데 성공하였다. 그러나 증기엔진의 출력을 높이기 위하여 증기압력을 높이는 과정에서 안전밸브를 조작함으로써 폭발사고가 많이 발생하였다. 1816년부터 1848년 사이에 233건의 보일러 폭발사고로 2,653명이 사망하고 2,097명이 부상하였다. 1838년 151명이 사망한 증기선 모슬레의 폭발사고가 발생하자 미국 의회에서는 선박, 보일러, 엔진 등의 안전검사를 실시하는 검사법을 시행하였다. 그러나 검사과정의 부정과 안전 검사방법에 대한 훈련 부족으로 증기엔진의 폭발사고는 계속되었다. 알프레드 구드리(Alfred Guthrie)는 자비로 약 200여 척의 증기선에 대한 검사를 실시하여 폭발 원인을 규명하여 검사 결과를 보고서로 발표하였다. 이 보고서를 바탕으로 1852년 미국 상원은 효과적인 규제국(effective regulatory agency)의 설립에 대한 법률을 제정하고 구드리는 규제국의 초대국장이 되었고 그 후부터는 보일러 폭발사고가 거의 일어나지 않게 되었다. 이것은 엔지니어들이 만든 제조물의 안전에 대한 책임을 다하기 위한 노력의 결과로 얻은 설계 및 제조 표준의 한 예이다.

현재와 같이 제조물에 대해 책임지는 제도는 1960년대부터 미국에서 가장 먼저 시작되었다. 생활수준의 향상에 따라 자동차와 가전제품의 보급이 확산됨에 따라 각종 안전사고가 빈발하게 되자 제품의 안전에 대한 책임을 물어야 한다는 여론이 커졌다. 이에 단순한 제품의 교환만이 아니라 제품의 결함으로 인한 사용자의 피해를 보상하도록 하는 제도로 확대되었다. 최근에는 제품의 결함 유무에 관계없이 제품사용으로 인해 피해를 입었다면 그 피해를 보상하게 하는 데까지 이르렀다.[16)]

그러므로 엔지니어는 제품의 제조, 사용, 폐기의 모든 과정에서 안전문제가 발생하지 않도록 법적, 윤리적, 도덕적인 고려사항을 반영하여 설계하여야 한다. 개발된 제품의 종류가 다양하므로 소비자의 안전을 보장하기 위해 제품의 설계와 제조, 식품의 준비와 저장, 폐기물의 처리, 음용수, 작업장 환경, 오염관리, 고속도로안전, 독성물질의 관리와 사용, 각종 상품과 서비스에 관한 표준을 제정하여 규정하고 있다. 특히 1990년대 이후부터 만들어진 제조물 책임법에서는 제품의 설계, 제조, 판매 등과 관련하여 엔지니어와 제조업자가 지켜야할 법적한계를 규정하고 있다.

우리나라도 제조물책임법을 2000년 1월에 공포하여 2002년 7월부터 시행하고 있다. 우리나라의 제조물책임법은 제조물의 결함으로 인한 생명, 신체 또는 재산상의 손해에 대하여 제조업자 등이 무과실책임의 원칙에 따라 손해배상책임을 지도록 함으로써 피해자의 권리를 구제하고자 한 것이다. 그리하여 국민생활과 제품의 안전에 대한 의식을 높이고, 우리 기업들의 경쟁력을 향상시키려는 것이다. 제조물의 결함에 의해 손해를 입은 주체는 소비자에 한정되지 않고, 소비자 외에 결함 있는 차의 사고에 관련된 승객이나 보행자와 같이 제조

---

16) 김정식, 최우승 공저, *공학윤리*, 연학사, p.73, 2009.

물을 직접 사용하지 않은 제3자에게도 제조물의 결함에 의해 손해를 입은 경우에 적용하도록 하였다. 또한 피해자를 자연인뿐만 아니라 법인까지도 포함하여 넓게 피해자의 보호를 도모하도록 규정하고 있다.

이 제조물 책임법에서 사용되는 용어의 정의는 다음과 같다.

1. "제조물"이라 함은 다른 동산이나 부동산의 일부를 구성하는 경우를 포함한 제조 또는 가공된 동산이다.
2. "결함"이라 함은 제조업자의 제조물에 대한 제조 가공상의 의무를 다하여도 제조물이 원래 의도한 설계와 다르게 제조 가공됨으로써 안전하게 되지 못하거나, 제조업자가 합리적인 대체설계를 채용하였더라면 피해나 위험을 줄일 수 있었음에도 대체설계를 채용하지 않아서 제조물이 안전하지 못하게 되거나, 제조업자가 합리적인 설명 지시 경고 기타의 표시를 하지 아니하여 당해 제조물에 의하여 피해가 발생하거나 위험이 있는 경우를 말한다.
3. "제조업자"는 제조물의 제조·가공 또는 수입한 자와 자신을 제조업자로 표시하거나 제작업자로 오인시킬 수 있는 표시를 한 자를 말하며 손해배상의 책임주체가 된다. 제조업자를 알 수 없는 경우에는 공급업자도 손해배상의 책임주체가 된다.

제조물에 대한 책임원칙으로는 제조물의 결함으로 인해 소비자 또는 제3자의 생명·신체·재산상에 손해가 발생한 경우, 그 제조물의 제조업자가 손해배상책임을 지도록 하는 결함책임원칙과 제조업자의 과실여부를 묻지 않는 무과실책임 원칙을 도입하고 있으나 제조업자가 다음의 네 가지 경우에는 배상하지 않아도 된다.

① 제조업자가 당해 제조물을 공급하지 아니하였을 때
② 제조업자가 당해 제조물을 공급한 때의 과학·기술수준으로는 결함의 존

재를 발견할 수 없었을 때

③ 제조물의 결함이 제조업자가 당해 제조물을 공급할 당시의 법령이 정하는 기준을 준수하였을 때

④ 원재료 또는 부품의 경우에는 당해 원재료 또는 부품을 사용한 제조물 제조업자의 설계 또는 제작에 관한 지시로 인하여 결함이 발생하였다는 사실 등을 입증한 때

동일한 손해에 대하여 배상할 책임이 있는 자가 2인 이상인 경우에는 민법상 공동불법행위책임에서와 같은 연대책임을 져야 하며, 이 법에 의한 제조업자의 배상책임을 배제하거나 제한하는 특약은 무효가 된다.

손해배상 청구권의 소멸시효는 손해 및 제조업자를 안 때로부터 3년으로 하고, 제조업자에게 손해배상을 청구할 수 있는 기간은 제조물을 유통시킨 때로부터 10년간으로 책임기간을 정하고 있다.

이러한 제조물 책임에 대한 법률은 사용자와 공중의 안전을 위하여 지켜야 할 가장 낮은 수준이며, 법률은 일반적인 사회적 인식이 확립된 경우에 제정된다. 그러므로 엔지니어가 새로운 제품을 개발할 경우에 이 법률을 직접 적용할 수 없으므로 공학윤리의 일반적 규정과 도덕성에 입각하여 제품을 설계하고 제조하여야 한다.

고려할 사례

사례 3	고압호스의 파손
사례 10	다렌 항의 송유관 폭발사고
사례 15	방송국의 송신 안테나
사례 19	삼풍백화점의 붕괴
사례 41	체르노빌의 원전 폭발사고
사례 49	호텔 연결통로의 붕괴
사례 52	화학약품의 저장 컨테이너

7장 생명과 환경

7.1 서론

증기기관의 발명으로 대표되는 1차 산업혁명 이후 제품의 생산성을 향상시켜서 물질이 풍부해지고 생활이 편리해졌지만, 지구의 환경의 오염으로 사람들의 건강과 생명이 위협받게 되었다. 이는 산업시설이 배출하는 오염 물질뿐 아니라 사람들이 만들어내는 쓰레기가 자연이 자정할 수 있는 한계를 벗어나므로 물, 토양, 공기 등의 환경을 오염시켰기 때문이다. 인구가 적고 물자의 생산과 소비가 적은 시절에는 인간의 활동이 자연에 미치는 영향이 국부적이었고 발생량이 적으므로 자연의 자정작용에 의하여서 환경이 회복되기도 하였다. 그러나 오늘날에는 환경문제가 한 지역을 벗어나 국가전체 나아가서는 지구전체에 영향을 미치는 경우가 많다. 최근 환경문제가 더욱 주목을 받게 된 것은 환경에 가한 변화가 자연의 자정능력을 넘어서서 자연을 파괴하고 있기 때문이다.

환경에 대한 엔지니어의 책임은 환경보존형 설계나 녹색 공학과 같은 표현으로 공학이 환경을 해치지 말아야 한다는 뜻을 나타내고 있다. 공학은 자연상태에서 변화를 추구하여 새로운 제품이나 시스템을 만들게 되므로 환경과 밀접한 관계를 갖는다. 그래서 엔지니어는 환경과 밀접한 관계를 유지할 수밖에 없다. 엔지니어들에 의해 수행되는 프로젝트들은 많은 경우에 대기, 강물, 토양 등을 오염시키는 유독한 화학물질을 발생시킨다. 또한 자연환경을 변화시켜 농토를 만들기도 하지만 때로는 습지를 마르게 하고, 숲을 파괴하는 프로젝트들을 계획하기도 한다. 그러나 엔지니어는 살기 좋은 환경을 만들기 위하여 환경상태를 위협하는 요인들을 감소시키거나 제거하는 프로젝트들을 수행하기도 한다. 엔지니어들은 환경문제를 일으키는 동시에 환경문제를 해결하기도 한다. 환경에 관한 엔지니어의 책임과 의무를 공학윤리헌장에 정의된 내용을 검토하고 명시적으로 나타낼 수 없는 상황에 대처하는 방법을 생각하기로 한다. 또한 각종 환경에 관한 법규를 통하여 엔지니어가 하여야 할 일과 할 수 없는 일의 범위도 생각할 필요가 있다.

우선 생산시설의 고장과 오작동으로 자연환경을 훼손시킬 수도 있다는 것을 다음 사례를 통하여 살펴보자.

사례 I 낙동강 페놀유출 사건[1)]

1991년 3월 14일 구미공업단지에 있는 두산전자에서 전자회로기판의 재료공정에 필요한 페놀 원액 30톤이 원액탱크 파이프 파열로 옥계천으로 유출되어 낙동강 하류지역에 일시적으로 페놀의 농도가 증가된 사건이다. 누출사실에 대한 두산측의 보고가 늦어지고 페놀이 원수(原水) 검사항목에 들어 있지 않았기 때문에 대구의 다사 수원지 정수장에서는 원수에 페놀이 함유된 사실을 발견하지 못한 채 관례대로 살균제인 염소를 투입했다. 투입된 염소는 페놀과 화학반응을 일으켜 송수관 속에서 악취가 심한 클로로페놀로 변하여 각 가정에서 많은 피해가 발생했다. 페놀이 염소와 반응하면 염화페놀이 생성되면서 악취가 100배 이상 증가하게 된다. 3월 16일 수돗물의 악취를 신고 받았을 때는 이미 대구시민 70%의 식수를 공급하는 다사수원지에 페놀원액은 클로로페놀을 형성, 페놀허용기준의 300~500배에 이르는 오염을 일으키게 되었다. 정수장에서는 소독제를 염소에서 이산화염소로 대체하고 3월 17일부터 페놀을 희석시키

1) 이지형, "[아듀 20세기] 낙동강 페놀 오염", 조선일보, 1999. 10. 10.

기 위해 안동댐 방류량을 초당 30톤에서 50톤으로 높였으나 다음날인 18일 경남 함안 칠서 정수장에서 페놀이 검출되고 부산, 마산, 창원지역 수돗물에도 악취가 나기 시작하였다.

이 사건으로 인해 상수도 수원지의 오염을 알지 못하여 적절한 대체를 하지 못한 다사 수원지 사무소장이 직위해제 되었다. 두산전자에서는 공장장을 포함한 6명이 구속되고 상수도 본부직원 9명이 징계를 받게 되었다. 두산전자 구미공장은 10일간 조업정지 처분을 받았으며 검찰의 조사결과 이미 1990년 10월 21일 두산전자 구미공장 페놀폐수소각로 1기가 고장 나 전자회로기판의 재료공정에서 사용한 페놀폐수를 처리 못하자 11월 1일부터 1991년 2월 28일까지 325톤의 페놀을 공장인근에 있는 낙동강 상류로 불법 방류한 것도 알게 되었다. 사고 수습이 끝나기도 전인 4월 23일에는 페놀폐수가 또다시 방류되는 사건이 발생하여 두산그룹 회장이 사임하고 환경처 장관과 차관이 경질되었다.

사건발생 후, 대구시는 두 차례에 걸친 페놀폐수로 인한 피해신고를 받았는데, 물질적 피해는 11,197건으로 11억 6천2백만 원이 배상되었다. 그러나 1,377건의 임산부의 피해에 대한 보상은 그 책임한계가 불명확하여 제대로 해결되지 않았다. 페놀오염사건 이후 책임자처벌, 철저한 배상과 근본적 수질대책 수립을 요구하였으며, OB맥주을 비롯한 두산그룹제품 불매운동을 전개하는 등 강력한 규탄 활동을 벌였다.

두산전자의 소각로 가동중지로 인한 페놀의 무단방류는 두산그룹의 경영자와 고용인이 기본적인 환경윤리를 위반한 사건이다. 이 사건에서 회사의 경영진만이 아니라 고용주의 지시에 복종하여 업무를 수행한 엔지니어도 그 행위의 결과가 공중의 안전을 해치는 경우에는 그 책임을 면할 수 없다는 교훈을 남겼다. 그러므로 엔지니어가 업무를 수행하는 데 있어서 환경보호에 적극적인 관심을 기울여야 한다.

사례 II 멕시코만 기름유출사건

2010년 4월 20일 미국 남부 루이지애나 주 베니스 시 남동쪽에서 약 80 km 떨어진 멕시코만 해상에서 영국의 석유회사 BP가 시추작업 중이던 석유시추선 딥워터 호라이즌(Deepwater horizon)호에서 폭발과 함께 화재가 발생하였다. 딥워터 호라이즌호는 스위스 회사인 트랜스 오션(Transocean)의 소유로 9년 전 현대중공업에 의해 제작된 후, 2008년부터 BP사에서 임대하여 해저 석유를 탐사하는 반잠수형 이동 굴착장비이다. 당시 1500 m의 해저에서 5300 m를 시추하던 중 마찰을 줄이기 위해 공급하는 물을 회수하는 마린 라이저(marine riser)를 통하여 메탄가스가 유입되면서 폭발하게 되었다.

기름 유출사고의 근본적인 원인은 시추공에 사고가 발생할 때 기름의 유출을 방지하는 방폭장치의 이상에서 시작된 것으로 알려져 있다. 사고가 나기 전부터 방폭장치가 깨졌다는 신호가 있었지만 이를 무시하고 작업을 계속하다가 기름이 솟아오르면서 발생하였다. 해저 1500 m에 방폭장치를 설치하기 위해서는 압력실험으로 충분히 점검하고, 심해에서는 어떤 일이 발생할지 모르기 때문에 수시로 이상 유무를 확인하고 바로 조치를 취하여야 했다. 그러나 하루 최소 50만에서 100만 달러가 소요되는 시추비용을 절감하기 위하여 사고 징조를 중요하게 여기지 않고 작업을 계속하여 폭발사고가 발생하였다.

이 폭발사고로 근로자 11명이 실종되고 3명이 중상을 입었고, 시추선에 화재가 계속되어 폭발 사고가 발생한 지 36시간 후 시추시설이 해저로 침몰하였다. 이로 인하여 시추시설과 유정을 연결하는 해저의 대형 철제 파이프에 3개의 구멍이 생기면서 원유가 유출되기 시작하였다. 초기에는 하루에 1천 배럴이 유출된다고 추정하였다. 그러나 9월 19일 공식적으로 기름 유출을 방지하였다고 발표할 때까지 490만 배럴이 유출되었으므로 하루에 5만 3천 배럴이 유출되었다. 이것은 미국 역사상 최대 규모의 기름유출 사고였던 1989년 알래스카 해역의 엑손 발데즈호의 유출량 25만 7천 배럴을 훨씬 능가하는 양이어서 미국 대통령은 대국민연설에서 '최악의 환경오염 사고'라고 발표하였다. 유출된 기름은 해안습지로 유명한 루이지애나 해변과 미시시피와 앨라배마 해안을 거쳐 플로리다 서부해안까지 도달하였다. 플로리다 해협을 거쳐 멕시코 만류를 타고 대서양 쪽으로 이동하여 미국의 동부해안으로까지 해안과 해저를 오염시키고 많은 조류와 바다 생물의 생태계를 변화시켰다. 또한 원유를 불로 태워서 제거함으로 공기가 오염되어 주민의 건강에도 위협이 되었으며, 어업, 관광 등 경제적인 부분에 직간접으로 막대한 피해를 입혔다. 그림 7.1은 2010년 6월 15일 현재 석유시추선 폭발로 인한 멕시코만 지역의 오염상황을 나타낸다.

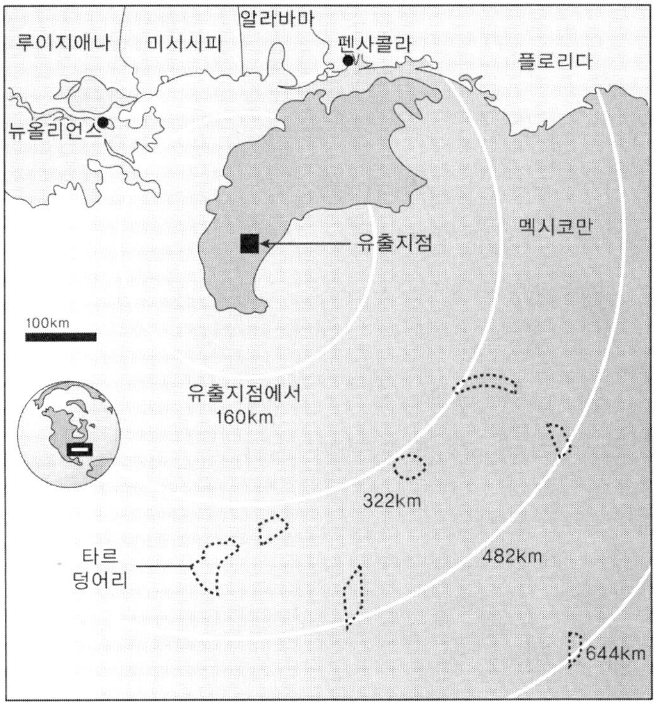

그림 7.1 멕시코만 기름 유출에 의한 오염상황(2010년 6월 15일 현재)

유출된 기름의 방제작업을 위하여 미국은 해안경비대 헬리콥터를 포함한 300여대의 항공기와 해안경비선을 비롯한 6,450척의 선박을 동원하고, 루이지애나, 플로리다, 앨라배마와 미시시피 4개 주의 1만 7천명의 방위군을 투입하였다. 또한 석유 시추회사인 BP도 15억 달러의 방제비용을 투입하고 기름 유출원의 차단을 위하여 각종 첨단기법을 시도하였다. 예를 들면, 유출이 발생하는 파이프라인 위에 거대한 뚜껑을 덮은 다음 모이는 기름을 해상의 선박을 통해 뽑아 올리는 방안, 해당 유정 옆에 다른 구멍을 뚫어 원유를 뽑아 올려서 원래 유정의 분출압력을 낮추어 유출량을 최소화하는 방법 등을 포함한 실현 가능한 방법들을 시도하였지만 실패하였다. 결국 사고발생 85일 만에 진흙과 시멘트를 유정 내에 주입하는 소위 보텀 킬(bottom kill)작업으로 원유유출을 차단하였다. 또한 고장 난 폭발방지기를 교체하고, 감압유정을 굴착하여 감압 유정관을 통하여 시멘트로 밀봉한 후 압력을 측정하여 완전 밀봉을 확인함으로써 사고 5개월 만에 원유 유출을 막게 되었다.

사고를 수습한 후에 영국의 석유회사인 BP가 발표한 사고 원인에 관한 내부 보고서에 의하면, 그 당시 딥워터 호라이즌호에 있었던 팀은 시추작업을 해왔던 유정을 일시 폐쇄하고 떠나기 위하여 사고 전날 선로공들이 시추공 아래로 시멘트를 주입하고, 사고 당일 시추공이 적절하게 폐쇄되었는지를 확인하고 있었다고 한다. 사고 발생의 원인으로 지적되는 안전체계의 과실은 시멘트 성분 결함, 밸브 결함, 압력 실험결과의 오인, 신속한 누출 인식의 실패, 분리기 작동불능, 가스 경보 결함, 대체할 분출 방지기 부족 등 여러 가지의 복합적인 문제들이 큰 환경적인 재앙을 일으켰다고 한다.

7.2 환경에 대한 관심

엔지니어가 환경에 대하여 적극적인 관심을 기울여야 하는 보다 근본적인 이유는 무엇인가? 이 질문에 답을 하기 위해서 환경오염이 발생하는 원인과 영향을 대기오염, 수질오염 및 토양오염 순서로 살펴보자.

(1) 대기오염

대기오염이란 공기 중에 하나 이상의 오염물질이 고농도로 긴 시간 존재함으로써 사람이나 동식물에 피해를 주는 대기의 상태를 의미한다.[2)] 대기오염 물질은 기체상 물질과 입자상 물질로 구분된다. 주요 대기오염물질은 기체 상태인 아황산가스(SO_2), 이산화질소(NO_2), 일산화탄소(CO), 오존(O_3)과 입자 상태인 미세먼지(Particulate Matter; PM)가 있다. 주요 오염물질의 발생원과 그 영향을 살펴보자.[3)4)]

먼저 주요 오염물질의 발생원을 살펴보면, 아황산가스는 무색무취의 기체로 주로 석탄이나 석유의 연소과정(자동차, 화력발전소와 난방시설), 정유공장, 용광로 등에서 발생한다. 이산화질소는 적갈색 기체로 주로 자동차나 화력발전소와 같은 고온 연소공정과 화학물질 제조공정에서 배출된 일산화질소(NO)가 대기 중에서 산화되어 생성된다. 일산화탄소는 무색무취의 유독성 가스로 자동차, 화력발전소, 난방시설, 폐기물 소각장 등에서 연료속의 탄소가 불완전 연소되어서 발생한다. 오존은 대기 중의 질소산화물, 휘발성유기화합물(volatile organic compound; VOC) 등이 태양의 자외선에 의한 광화학반응으로 생성된 가스로 특유한 냄새가 나며 상온에서 약간 푸른색을 띠는 스모그(smog)의 구성 물질이다. VOC는 연소공정, 산업제조공정, 용매의 증발과정 등에서 배출된다. 미세먼지는 대기 중에 떠다니거나 날아오는 입자상태의 물질로 주로 자동차, 화력발전소, 난방시설, 건설공사장 등에서 발생한다. 미세먼지는 지름이 10 ㎛보다 작은 미세먼지(PM10)와 지름이 2.5 ㎛보다 작은 초미세먼지(PM2.5)로 나누어진다. 초미세먼지는 황산염, 질산염, 검댕(매연), 지표면 흙먼지에서 생기는 광물 등으로 구성되어 있다. 특히 우리나라는 봄에 편서풍의 영향으로 중국에서 배출된 황사가 날아와서 미세먼지의 농도를 높이고 있다.

주요 대기오염물질의 영향을 살펴보면, 고농도의 대기오염물질이 호흡기계통을 통하여 인체에 침입하면 눈이나 목이 따갑거나 가렵고, 두통, 기침 등이 나고, 대기오염물질에 반복적으로 노출되면 노약자들에게 호흡기와 순환기계통의 질병(기관지염, 폐기종, 폐암, 심장병 등)이 발생하기 쉽다. 또한 고농도의 대기

---

2) 김동욱 외 2인, 최신 환경과학, 교문사, p.176, 2020.
3) 김유근 외 1인, 대기오염이론, 시스마프레스, pp.33~43, 169~178. 2015.
4) 정문석 외 9인, 대기오염개론, 신광문화사, pp.152~167, 2015.

오염물질에 동물이 많이 노출되면 기관지나 폐에 질병이 생기고, 식물은 엽록소가 파괴되어 잎이 황갈색이나 회백색으로 변하며 성장이 감소되어 농작물생산량의 감소를 초래한다. 또한 황산화물, 질소산화물 등은 조각상이나 건물의 표면을 부식시켜서 재산상의 피해를 입히고, 대기 중의 수증기와 결합하여 산성비를 만든다. 산성비는 바다, 강 등에 유입되어 플랑크톤(조류)과 물고기의 먹이가 되는 수생생물에 영향을 주며, 식물에 해를 끼치고 건물의 부식을 촉진시킨다. 오존은 지상에서 25~30 km에 오존층을 형성하고 태양의 자외선을 흡수하여 지구에 사는 생물의 피해를 막기 때문에 생명체에 필수 불가결하다. 그러나 냉장고와 에어컨의 냉매인 프레온가스, 드라이클리닝 용제, 반도체나 정밀부품 세척제, 스프레이와 같은 분사제 등의 염소화합물이 지구 상부의 오존분자와 결합함으로써 오존층이 서서히 파괴되고 있다. 일산화탄소는 공기 중에서 산화되어 이산화탄소(CO_2)를 생성하는데 이산화탄소는 지구온난화를 일으키는 주범이다. 지구온난화로 지구의 평균기온이 상승하면서 건조기후 지역이 늘어나고 온대기후 지역이 점차 아열대 지역으로 변해가고 있다. 게다가 가뭄, 홍수, 태풍 등의 자연재해의 발생률이 점차 높아지고 있다.

대기오염을 줄이기 위하여 우리나라에서는 1990년부터 대기환경보존법을 제정하여 시행하였고, 저황유의 공급, 청정연료 사용의 의무화, 저공해자동차 보급 등 각종 대기오염 저감정책을 추진하여 대기 중의 아황산가스와 일산화탄소의 오염도는 줄어들고 있다. 그러나 자동차의 급속한 증가와 산업 활동의 증가에 따라 이산화질소, 오존과 미세먼지의 오염도는 매년 증가하는 추세이다. 그러므로 전기자동차와 같은 저공해 자동차의 보급을 확대하고, 산업현장에서도 대기오염을 최소화할 수 있는 기술개발이 더욱 요청된다.

(2) 수질오염[5)]

수질오염이란 지표수, 지하수 및 해수로 오염물질이 유입되어서 물을 그 목

---

5) 김동욱 외 2인, 최신 환경과학, 교문사, pp.227~238, 2020.

적에 맞게 사용할 수 없거나 물에 사는 생물에 악영향을 초래한 상태를 의미한다. 수질오염원은 가정에서 쓰고 버리는 생활하수, 제품의 제조과정에서 배출되는 공장폐수, 비가 내릴 때 하천이나 강으로 유입되는 농경지에 살포된 농약과 화학비료 성분, 축산 농가에 쌓인 가축 배설물, 폐기물 매립지의 침출수 등이다. 또한 산성비에 포함된 대기오염물질도 수질오염원이 된다. 수질오염원에 의해 발생하는 주요 수질오염의 종류를 살펴보면 다음과 같다.

- **유기물질오염** : 가정의 음식찌꺼기와 분뇨, 축산폐수와 같이 물에 들어온 유기물질이 미생물(박테리아)에 의해 분해될 때 유독가스를 배출하면서 물속의 산소를 소모하게 된다. 그런데 유입된 유기물질이 과다할 경우에는 물속에 녹아있는 산소량이 부족하여 물을 썩게 하고 수중생태계를 파괴하고 용수를 방해한다.
- **영양염류오염** : 생활하수, 축산폐수와 비료 성분이 포함된 농업용수가 많이 유입된 경우에 식물의 생장에 필요한 영양소를 제공하는 염류인 질산염, 인산염, 암모니아 등이 과다해져서 호수나 강에는 녹색 조류(藻類; 플랑크톤)가, 바다에는 적색 조류가 대량으로 발생한다. 이를 부영양화라고 하는데, 물에 부영양화가 일어나면 플랑크톤의 독성으로 어패류가 죽거나 수질이 악화된다.
- **합성세제오염과 유류오염** : 가정에서 배출되는 합성세제에 함유된 인산에 의한 부영양화와 수면에 생기는 거품이 햇빛을 차단하고 공기 중의 산소 유입을 방해하여 수중생물의 생존을 어렵게 한다. 또한 석유 같은 유류는 비중이 물보다 작아 수면에 유막을 형성하므로 햇빛을 차단하고 산소의 유입을 방해하여 수중생물에 나쁜 영향을 준다.
- **중금속오염** : 중금속은 금속 중에서 비중이 5.0이상인 것을 말한다. 우리나라에서 오염물질로 설정한 중금속은 비소, 크롬, 구리, 수은, 납 등이다. 이러한 중금속은 광산, 공장폐수(도금, 전자, 정유, 제철 등), 산업폐기물 매립장, 농사에 쓰인 농약과 화학비료 등에서 하천으로 흘러 들어온다.

중금속은 동식물의 체내에 농축되어 있기 때문에 이 동식물을 섭취하는 인간의 건강에도 크게 영향을 미치게 된다. 일본에서 발생했던 그 유명한 '이타이이타이병'은 카드뮴에 오염된 어패류를 먹은 사람들에게서 발생되었고, 미나마타병은 수은에 오염된 어패류를 먹은 어민들에게서 발생했다.

수질오염은 오염물질이 배출된 뒤에 제거하는 비용보다 오염원의 배출 자체를 감소시키는 것이 더 비용이 적게 들고 근본적으로 오염문제를 해결하는 방법이다. 따라서 생활하수, 공장 폐수, 축산폐수 등이 하천으로 유입되기 전에 오염물질을 제거하는 오폐수처리가 필요하다. 그래서 정부 차원에서 생활하수, 공장폐수, 축산폐수 등을 정화할 수 있는 종합오폐수처리장을 확충해야한다. 그리고 기업체에서는 생산설비의 예기치 않은 사고에 대처하기 위한 노력을 끊임없이 기울이는 동시에 제품의 생산과정에서 수질오염을 더 줄일 수 있는 청정생산기술(clean technology)의 개발이 절실히 요청된다.

(3) 토양오염[6)]

토양오염이란 대기와 물의 오염물질이 토양에 유입되어 식물의 성장을 방해하거나 그 토양에서 자란 식물을 섭취하는 사람과 동물에게 피해를 입히는 상태를 의미한다. 토양오염원은 매연, 분진, 생활하수, 공장폐수, 각종 폐기물, 농약과 화학 비료 등이다. 토양오염 물질은 농작물에 흡수되고 이 농작물을 사람이 섭취하게 되므로 토양오염물질은 사람의 건강에 관한 환경기준에 따라 유기물, 무기염류, 중금속류 등으로 나눈다. 이 중에서 유기물은 토양의 미생물에 의해 분해되고, 무기염류도 물에 용해되므로 문제가 되지 않는다. 그러나 중금속류와 물에 녹지 않는 농약의 일부 성분은 토양에 그대로 축적되어 인체에 흡수될 수 있으므로 가장 문제가 된다. 토양에 오염물질로 축적되는 중금속 중 대표적인 것들의 배출원과 그 영향을 살펴보면 다음과 같다.

비소(As)는 살균제, 살충제, 제초제 등의 농약에서 배출되고, 수중에서 황, 구

6) 최병순 외 4인, 토양오염개론, pp.123~144, 1999.

리, 납, 아연 등과 함께 화합물 형태로 존재한다. 비소는 독성이 높아서 한 번에 몸무게 1 kg당 10 mg 정도를 섭취하면 극심한 복통과 설사 현상이 나타나고, 25~50 mg을 섭취하면 근육의 경련과 마비가 오고, 70 mg 이상을 섭취하면 사망하게 된다.

카드뮴(Cd)은 플라스틱공장, 자동차의 윤활유나 타이어, 충전식 전지, 인산염 비료, 살균제 등에서 배출되며 식물에 잘 흡수되어 축척된다. 카드뮴에 중독이 되면 호흡곤란, 두통, 어지러움 등의 증상이 나타나며, 만성중독이 되면 폐기종, 간장과 신장의 장애, 칼슘 대사장애(代謝障碍)에 의한 골연화(骨軟化) 등이 생긴다.

크롬(Cr)은 도금공장, 피혁공장, 화학약품공장 등에서 배출된다. 크롬은 농작물을 통해 인체로 흡수되어 간장, 신장, 골수에 축적되고, 신장을 통해 배출된다. 크롬에 중독이 되면 구토, 혈변 등이 나오고, 만성중독이 되면 비중격(鼻中隔)의 천공(穿孔)과 폐렴을 일으킨다.

수은(Hg)은 석탄과 석유의 연소, 공장폐수(플라스틱 생산의 촉매), 농약(살충제, 살균제)살포, 수은 온도계, 전구 제조 등에서 배출된다. 수은에 중독이 되면 구내염이나 다발성신경염이 발생하고, 두통, 어지러움 등의 증상이 나타난다. 만성중독이 되면 운동과 언어의 장애를 유발하는 미나마타병에 걸린다.

납(Pb)은 유연 가솔린의 연소, 고체 폐기물의 소각, 폐유, 기타 제조공정 등에서 배출되며, 물이 연수이거나 이산화탄소가 많고 pH가 낮으면 용출이 쉽다. 납에 중독되면 구토, 혈변 등이 나오고, 만성중독이 되면 위장염, 근육마비, 환각, 두통 등을 일으킨다.

또 다른 토양오염의 원인은 대기의 오염물질인 황산염과 질산염이 수증기와 반응하여 내리는 산성비에 의한 토양의 산성화다. 산성비가 지면에 떨어지면 토양 속의 식물의 영양소가 되는 질소, 인, 칼슘, 마그네슘 등의 용해도가 증가하여 빠져나가므로 식물의 성장에 필요한 양분이 부족해진다. 또한 산성비에 의하여 토양 속에 축적된 산은 토양 속의 다른 금속과 반응하면서 독성이 있는 알루미늄 이온을 배출한다. 이 알루미늄 이온은 식물뿌리를 상하게 하고, 식물 성장을 돕는 미생물까지 죽이기 때문에 식물의 성장을 저해한다.

앞에서 살펴본 바와 같이 토양오염의 주요 원인인 중금속과 산성비는 대기오염과 수질오염에서 비롯된 것이므로 토양오염을 예방하려면 대기오염과 수질오염을 함께 예방해야 한다. 즉 토양오염의 방지대책은 대기오염원인 화석연료의 사용 억제, 수질오염원인 오폐수처리시설 확충, 산성화된 토양 중화(퇴비나 석회 비료 시비) 등이다.

앞에서 살펴본 바와 같이 환경오염이 매우 심각한 상황에서 엔지니어들은 환경에 대해서 보다 더 적극적으로 관심을 가져야 한다. 먼저 환경문제 중 인간의 건강에 직접 영향을 미치는 것과 건강과는 직접 관련이 없는 것을 구분하고 이해하는 것이 필요하다. 환경오염이 인간의 건강에 직접적으로 위협을 가할 때 엔지니어들은 환경에 대해 관심을 갖는다. 이것을 건강과 관련된 관심이라 부른다. 예를 든다면, 대기오염이나 수질오염으로 발암물질을 만들어 내는 프로젝트나 업무를 거절하는 것은 건강과 관련된 관심이다. 또한 엔지니어들은 인간의 건강이 직접적으로 영향을 받지 않을 때에도 환경에 대해 관심을 가질 수 있다. 이것을 건강과 관련이 없는 관심이라 부른다. 예를 든다면, 엔지니어가 수십만 평의 농토를 물에 잠기게 하고 자연생태계를 파괴하는 대규모 댐의 설계를 요청 받았을 경우이다. 이 경우에 인간의 건강과는 관련이 없지만 댐의 설치로 인해서 농토를 잃게 되는 주민들의 물질적, 정서적인 손실과 희귀 동식물의 서식지가 사라지는 것 때문에 댐 설계를 거절하거나 댐건설 반대운동을 펼친다면 건강과 관련이 없는 환경보호에 대한 관심이다.

더 나아가 공학윤리헌장에서는 전문직인 엔지니어가 환경에 어느 정도까지 관심과 노력을 기울이도록 요구하는지를 살펴보기로 한다.

7.3 환경에 관한 공학윤리헌장

환경오염 문제를 어떻게 다루는 것이 좋은가에 대한 통일된 견해는 없다. 그래서 여기서는 미국을 중심으로 활동하고 있는 토목공학회(ASCE), 기계공학회(ASME), 전기전자공학회(IEEE), 그리고 화학공학회(AIChE) 등 공학관련 학회의 공학윤리헌장들을 살펴보기로 한다.

ASCE 공학윤리헌장 제1조는 "엔지니어들은 공중의 안전, 건강과 복지를 최우선으로 고려해야 하며 전문적인 의무들의 이행에 있어 환경보전개발의 원칙을 따르도록 노력해야 한다."이다. 제1조에는 6개 항의 실행규칙이 있는데, 그 중 환경과 관련된 항이 다음과 같이 4개(c~f항) 있다.

c항 : 공중의 안전, 건강과 복지가 위험한 상황에서 전문적인 판단이 번복되거나 유지할만한 개발의 원칙이 무시되면, 엔지니어들은 고객이나 고용주들에게 발생할 수 있는 연쇄적인 피해에 대해 알려 주어야 한다.

d항 : 다른 사람이나 회사가 윤리헌장 제1조의 어느 항이라도 위반할지도 모르는 믿을만한 근거를 가지고 있는 엔지니어는 적절한 기관에 서면으로 정보를 제출하여야 하며 그 기관에서 요구하는 더 많은 정보나 도움을 제공하여야 한다.

e항 : 엔지니어들은 시민 업무에 있어서 구조적인 서비스와 안전의 증진을 위한 업무, 그들 단체의 건강과 복지, 환경보전개발의 실천을 통하여 환경을 보호할 기회들을 찾아야 한다.

f항 : 엔지니어들은 일반적인 공중의 삶의 질을 강화하기 위한 환경보전개발의 원칙을 고수하여 환경을 개선하는 데 전념해야 한다.

일반적으로 윤리헌장은 구성원들로 하여금 그들 자신의 업무를 수행할 때 환경보전개발의 원칙들을 준수하도록 하며, 원칙위반의 연쇄반응에 대한 정보를 제공하며 누가 그런 일을 했는지를 제공하도록 한다. 윤리헌장은 엔지니어들이 환경을 보호하고 개선시킬 수 있는 기회를 찾도록 권장한다.

IEEE의 윤리헌장 제1조는 "공중의 안전, 건강과 복지에 부합되는 공학적 결정을 하는 것에 책임을 가지고 인간이나 환경을 위협할지도 모르는 요인들을 즉시 알린다."이다. IEEE 회원들은 인간이나 환경에 관한 위험들을 알리도록 요구 받는다. 그러한 위험들은 단지 직속상관에게만 알려야 하는가? 만약 자신의 상관이 그 문제에 관련되어 있고, 내부적으로 해결이 안 된다면, 자신의 조직 밖에서 환경에 대한 위협을 알려야 하는가? 엔지니어가 전문가로서 프로젝트에 참여를 거부하거나 환경보호 입장에서 강력한 이의제기를 할 수 있는 권리를 가지고 있는가? 이러한 질문들에 대해서는 진술되어 있지 않다.

ASME 윤리헌장 제8조에 의하면 "엔지니어들은 전문적인 의무의 수행에 있어 환경에 미치는 충격을 고려해야 한다." 이 윤리헌장은 엔지니어로 하여금 환경 요소들로 인해 그들의 설계나 전문적인 업무를 수정하는 것을 요구하지 않는다. 단지 "환경에 미치는 충격을 고려하라."는 것이다. 환경에 대한 고려가 다른 모든 것을 무시하라는 말은 아니다. 그럼에도 불구하고, 엔지니어들은 환경적인 충격을 그들의 전문적인 업무에 고려하여야 한다는 것이다.

그리고 AIChE의 윤리헌장 제1조에는 "회원들이 공중의 안전, 건강과 복지를 최우선으로 하여 그들의 전문직의 책임 수행에서 환경을 보호해야 한다."고 언급되어 있다.

앞에서 살펴본 공학윤리헌장에 의하면, 환경보전개발은 현재의 요구를 맞추기 위한 시설이나 개발이 인간 행동의 영향을 흡수하는 자연시스템의 능력을 손상시키지 않고 미래 세대에 필요한 자연환경을 보전하는 것을 말한다. 반면에 일반적인 개발은 현재의 요구와 열망을 맞추기 위한 경제적이고 기술적인 행위를 말한다. 그러므로 엔지니어들의 책임은 자연자원을 보존하고 자연을 보호하는 기술을 개발하는 것이다. 나아가 엔지니어들은 환경보전개발을 위해 친환경적인 기술을 개발하는 단계를 뛰어넘어서 정치적이고, 사회적이며 도덕적 차원으로 승화시켜야 한다.

7.4 환경에 관한 법

미국에서도 환경에 관한 법이 제정되기 전에는 일반적인 관습법에 따랐다. 오염에 의해 심각하게 피해를 입는다고 해도 어떠한 제재도 가해지지 않았으므로 오염을 통제하는 데 비능률적이었다. 1969년 미국의회는 사람과 환경 사이에 생산적이며 즐거운 조화를 고무시킬 국가정책을 선언한 국가환경정책법을 통과시켰다. 이 법은 모든 국민에게 안전하고, 건강하며, 생산적이고, 문화적으로 만족스러운 주위환경을 보장하는 것을 목적으로 하였다. 환경보호에 관한 가장 잘 알려진 지침 중의 하나는 공공기관의 결정이 환경에 영향을 미칠 때 연방정부기관들에게 요구되는 환경충격에 대한 것이다. 의회는 곧 지침을 강화하기 위해 환경보호국(Environmental Protection Agency; EPA)을 신설했다.[7)]

1970년에 제정된 노동안전위생법령(Occupational Safety and Health Act)에는 일반적인 유독물질들의 제어에 관한 중요한 내용들이 더 많이 포함되어 있다. 이 법령은 노동부장관에게 유독물질이나 위험한 물질을 다루는 요원들에 대한 기준을 세우는 권한을 위임하였다. 주어진 각 물질에 대한 기준은 하나로 일치되어야 한다. 가장 적합한 기준은 고용인들이 작업시간 동안 위험물질에 정기적으로 노출된다고 할지라도 건강이나 기능적인 능력의 실질적인 손상을 입지 않는 것이다.

또한 미국의회는 공기청정법령을 1970년에 통과시켰고, 1977년과 1990년에 이를 개정하였다. 이 법령은 위험한 오염물질을 다룰 때 건강문제를 비용이나 이익보다 우선 고려하도록 하고 있다. 그래서 자동차 배기가스의 양을 90% 감소시키는 것을 목표로 하고 있다.

1948년에는 미국연방수질오염 통제법이 처음으로 제정되었고, 1972년에는 상수원 보호에 관한 내용을 포함한 종합적인 개정안을 통과시켰고, 1977년에 다시 수정하기도 하였다. 1972년 개정안에 의하면, 이 법령은 화학적, 물질적, 생물학적으로 결함이 없는 국가의 상수원량을 유지하기 위해 계획되었으며, 이로

---

7) C. E. Harris et. al., *Engineering Ethics*, 3rd ed., Thomson Wadsworth, pp.223~226, 2005.

인해 정부기관과 사업자들을 포함한 어떠한 사람도 하천과 바다와 같은 항해지역에서 오염물질을 방출하는 것을 불법으로 지정하였다. 이 법령은 오염측정방법을 2단계에 걸쳐 강화하도록 개정되었다. (1) 1977년까지 모든 공장은 최신의 오염제어기술이 적용된 수질오염제어장비를 가동해야 한다. (2) 1989년까지 모든 공장은 더 엄격한 기준에 따른 장비를 가동해야 한다. 오염원을 발생하는 재래식 공장들은 최고의 환경 제어기술을 적용해야 한다. 공장들은 경제적으로 성취 가능한 최고의 기술을 적용해야 한다. 이 법령은 비용에도 불구하고 오염을 일으키는 사람들이 최선을 다해 오염을 발생하지 않도록 하고 있다.

1976년 미국 의회는 위험한 폐기물의 수송, 보관 및 처리를 통제할 목적으로 자원보전복구법령을 제정하였다. 이 법령은 위험한 폐기물의 생산자가 폐기물의 성질과 처리방법을 기록한 목록을 작성하도록 하였다. 처리지역의 운반자는 관리자 목록에 서명을 해야 하며, 그것을 폐기물의 생산자에게 돌려보내야 한다. 이 과정은 폐기물 처리의 완벽한 기록을 제공하기 위해 제안되었다. 또한 EPA는 처리지역을 규제할 것을 요구받았다. 이 법령은 위험한 폐기물의 처리에 대한 기준이 공중의 건강과 환경에 근거할 것을 요구한다.

1990년의 오염방지법령은 오염물질의 금지를 국가적인 목표로 삼았다. 이 법령은 EPA가 오염원을 감소시킬 전략을 개발하고 이행하도록 요구한다. 이 정책은 간단히 오염물질을 관리하려고 시도하는 대부분의 환경보호정책과는 크게 대비된다. 우선권의 위임명령에서 재활용 및 처리에 따른 가장 이상적인 실천으로 오염방지를 법제화하였다.

한편 우리나라에서도 1990년대부터 환경에 관련된 법령을 제정하고 시행하고 있다. 경제성장에 부정적인 영향을 끼친다는 논리에도 불구하고 세계적인 환경보존의 인식에 따라 우리나라에서 제정한 법들은 다음과 같다.

(1) 자연환경보전법

자연환경보전법은 1991년 12월 31일 제정하여 1992년 9월 1일부터 시행하고 있으며, 환경정책기본법, 야생동식물보호법, 환경영향평가법 등의 관련 법규의 제정과 개정에 따라 보완 개정되고 있다. 이 법은 자연환경을 인위적 훼손으로부터 보호하고, 생태계와 자연경관을 보전하는 등 자연환경을 체계적으로 보전·관리함으로써 자연환경의 지속가능한 이용을 도모하고, 국민이 쾌적한 자연환경에서 여유 있고 건강한 생활을 할 수 있도록 함을 목적으로 한다. 이 법에서 사용하는 용어의 정의는 다음과 같다.

1. "자연환경"이라 함은 지하·지표(해양을 포함한다) 및 지상의 모든 생물과 이들을 둘러싸고 있는 생물이 아닌 것을 포함한 자연의 상태(생태계 및 자연경관을 포함한다)를 말한다.
2. "자연환경보전"이라 함은 자연환경을 체계적으로 보존·보호 또는 복원하고 생물다양성을 높이기 위하여 자연을 조성하고 관리하는 것을 말한다.
3. "자연환경의 지속가능한 이용"이라 함은 현재와 장래의 세대가 동등한 기회를 가지고 자연환경을 이용하거나 혜택을 누릴 수 있도록 하는 것을 말한다.
4. "자연생태"라 함은 자연의 상태에서 이루어진 지리적 또는 지질적 환경과 그 조건 아래에서 생물이 생활하고 있는 일체의 현상을 말한다.
5. "생태계"라 함은 일정한 지역의 생물공동체와 이를 유지하고 있는 무기적 환경이 결합된 물질계 또는 기능계를 말한다.
6. "소생태계"라 함은 생물다양성을 높이고 야생 동·식물의 서식지간의 이동가능성 등 생태계의 연속성을 높이거나 특정한 생물종의 서식조건을 개선하기 위하여 조성하는 생물서식공간을 말한다.
7. "생물다양성"이라 함은 육상생태계, 해양 그 밖의 수생생태계와 이들의 복합생태계를 포함하는 모든 원천에서 발생한 생물체의 다양성을 말하며, 종내·종간 및 생태계의 다양성을 포함한다.
8. "생태축"이라 함은 생물다양성을 증진시키고 생태계 기능의 연속성을 위하여 생태적으로 중요한 지역 또는 생태적 기능의 유지가 필요한 지역을 연결하는 생태적 서식공간을 말한다.

9. “생태통로”라 함은 도로·댐·수중보·하구언 등으로 인하여 야생 동·식물의 서식지가 단절되거나 훼손 또는 파괴되는 것을 방지하고 야생 동·식물의 이동 등 생태계의 연속성 유지를 위하여 설치하는 인공 구조물·식생 등의 생태적 공간을 말한다.
10. “자연경관”이라 함은 자연환경 측면에서 시각적·심미적인 가치를 가지는 지역·지형 및 이에 부속된 자연요소 또는 사물이 복합적으로 어우러진 자연의 경치를 말한다.
11. “대체자연”이라 함은 기존의 자연환경과 유사한 기능을 수행하거나 보완적 기능을 수행하도록 하기 위하여 조성하는 것을 말한다.
12. “생태·경관보전지역”이라 함은 생물다양성이 풍부하여 생태적으로 중요하거나 자연경관이 수려하여 특별히 보전할 가치가 큰 지역으로서 환경부장관이 지정·고시하는 지역을 말한다.
13. “자연유보지역”이라 함은 사람의 접근이 사실상 불가능하여 생태계의 훼손이 방지되고 있는 지역 중 군사상의 목적으로 이용되는 외에는 특별한 용도로 사용되지 아니하는 무인도로서 대통령령이 정하는 지역과 관할권이 대한민국에 속하는 날부터 2년간의 비무장지대를 말한다.
14. “생태·자연도”라 함은 산·하천·습지·호소·농지·도시·해양 등에 대하여 자연환경을 생태적 가치, 자연성, 경관가치 등에 따라 등급화하여 작성된 지도를 말한다.
15. “자연자산”이라 함은 인간의 생활이나 경제활동에 이용될 수 있는 유형·무형의 가치를 가진 자연 상태의 생물과 생물이 아닌 것의 총체를 말한다.
16. “생물자원”이라 함은 사람을 위하여 가치가 있거나 실제적 또는2 잠재적 용도가 있는 유전자원, 생물체, 생물체의 부분, 개체군 또는 생물의 구성요소를 말한다.
17. “생태마을”이라 함은 생태적 기능과 수려한 자연경관을 보유하고, 이를 지속가능하게 보전·이용할 수 있는 역량을 가진 마을로서 환경부장관

또는 지방자치단체의 장이 지정한 마을을 말한다.

18. "생태관광" 이란 생태계가 특히 우수하거나 자연경관이 수려한 지역에서 자연자산의 보전 및 현명한 이용을 통하여 환경의 중요성을 체험할 수 있는 자연친화적인 관광을 말한다.

(2) 대기환경보전법

대기환경보전법은 1990년 8월 1일에 제정하여 1991년 2월 2일부터 시행하고 있으며, 악취방지법, 수질환경보존법, 해양환경관리법, 저탄소녹색성장기본법 등의 관련 법규의 제정과 개정에 따라 보완 개정되고 있다 이 법은 대기오염으로 인한 국민건강 및 환경상의 위해를 예방하고 대기환경을 적정하고 지속가능하게 관리·보전함으로써 모든 국민이 건강하고 쾌적한 환경에서 생활할 수 있게 함을 목적으로 하고 있다. 이 법에서 사용하는 용어의 정의는 다음과 같다.

1. "대기오염물질"이라 함은 대기오염의 원인이 되는 가스·입자상물질로서 환경부령으로 정하는 것을 말한다.
2. "기후·생태계변화 유발물질"이라 함은 지구온난화 등으로 생태계의 변화를 가져올 수 있는 기체상물질로서 온실가스 및 환경부령이 정하는 것을 말한다.
3. "온실가스"라 함은 적외선복사열을 흡수하거나 재방출하여 온실효과를 유발하는 대기 중의 가스 상태의 물질로서 이산화탄소·메탄·아산화질소·수소불화탄소·과불화탄소·육불화황을 말한다.
4. "가스"라 함은 물질의 연소·합성·분해 시에 발생하거나 물리적 성질에 의하여 발생하는 기체상물질을 말한다.
5. "입자상물질"이라 함은 물질의 파쇄·선별·퇴적·이적 기타 기계적 처리 또는 연소·합성·분해 시에 발생하는 고체상 또는 액체상의 미세한 물질을 말한다.

6. “먼지”라 함은 대기 중에 떠다니거나 흩날려 내려오는 입자상물질을 말한다.
7. “매연”이라 함은 연소 시에 발생하는 유리탄소를 주로 하는 미세한 입자상물질을 말한다.
8. “검댕”이라 함은 연소 시에 발생하는 유리탄소가 응결하여 입자의 지름이 1미크론 이상이 되는 입자상물질을 말한다.
9. “특정대기유해물질”이라 함은 사람의 건강·재산이나 동·식물의 생육에 직접 또는 간접으로 위해를 줄 우려가 있는 대기오염물질로서 환경부령으로 정하는 것을 말한다.
10. “휘발성유기화합물”이라 함은 탄화수소류 중 석유화학제품·유기용제 그 밖의 물질로서 환경부장관이 관계 중앙행정기관의 장과 협의하여 고시하는 것을 말한다.
11. “대기오염물질배출시설”이라 함은 대기오염물질을 대기에 배출하는 시설물·기계·기구 기타 물체로서 환경부령으로 정하는 것을 말한다.
12. “대기오염방지시설”이라 함은 대기오염물질배출시설로부터 배출되는 대기오염물질을 제거하거나 감소시키는 시설로서 환경부령으로 정하는 것을 말한다.
13. “자동차”란 다음 각 목의 어느 하나에 해당하는 것을 말한다.
    가. 「자동차관리법」 제2조제1호에 규정된 자동차 중 환경부령으로 정하는 것
    나. 「건설기계관리법」 제2조제1항제1호에 따른 건설기계 중 주행특성이 가목에 따른 것과 유사한 것으로서 환경부령으로 정하는 것
13의2. “원동기”란 다음 각 목의 어느 하나에 해당하는 것을 말한다.
    가. 「건설기계관리법」 제2조제1항제1호에 따른 건설기계 중 제13호나목 외의 건설기계로서 환경부령으로 정하는 건설기계에 사용되는 동력을 발생시키는 장치
    나. 농림용 또는 해상용으로 사용되는 기계로서 환경부령으로 정하는 기계에 사용되는 동력을 발생시키는 장치

다. 「철도산업발전기본법」 제3조제4호에 따른 철도차량 중 동력차에 사용되는 동력을 발생시키는 장치

14. “선박”이란 「해양환경관리법」 제2조제16호에 따른 선박을 말한다.

15. “첨가제” 란 자동차의 성능을 향상시키거나 배출가스를 줄이기 위하여 자동차의 연료에 첨가하는 탄소와 수소만으로 구성된 물질을 제외한 화학물질로서 다음 각 목의 요건을 모두 충족하는 것을 말한다.

가. 자동차의 연료에 부피 기준(액체첨가제의 경우만 해당한다) 또는 무게 기준(고체첨가제의 경우만 해당한다)으로 1퍼센트 미만의 비율로 첨가하는 물질. 다만, 「석유 및 석유대체연료 사업법」 제2조제7호 및 제8호에 따른 석유정제업자 및 석유수출입업자가 자동차 연료인 석유제품을 제조하거나 품질을 보정(補正)하는 과정에 첨가하는 물질의 경우에는 그 첨가비율의 제한을 받지 아니한다.

나. 「석유 및 석유대체연료 사업법」 제2조제10호에 따른 가짜석유제품 또는 같은 조 제11호에 따른 석유대체연료에 해당하지 아니하는 물질

15의2. “촉매제”란 배출가스를 줄이는 효과를 높이기 위하여 배출가스저감장치에 사용되는 화학물질로서 환경부령으로 정하는 것을 말한다.

16. “저공해자동차” 란 다음 각 목의 자동차로서 대통령령으로 정하는 것을 말한다.

가. 대기오염물질의 배출이 없는 자동차

나. 제46조제1항에 따른 제작차의 배출허용기준보다 오염물질을 적게 배출하는 자동차

17. “배출가스저감장치”라 함은 자동차에서 배출되는 대기오염물질을 줄이기 위하여 자동차에 부착하는 장치로서 환경부령이 정하는 저감효율에 적합한 장치를 말한다.

18. “저공해엔진”이라 함은 자동차에서 배출되는 대기오염물질을 줄이기 위한 엔진(엔진개조에 사용하는 부품을 포함한다)으로서 환경부령이 정하

는 배출허용기준에 적합한 엔진을 말한다.

19. “공회전제한장치”란 자동차에서 배출되는 대기오염물질을 줄이고 연료를 절약하기 위하여 자동차에 부착하는 장치로서 환경부령으로 정하는 기준에 적합한 장치를 말한다.

20. “온실가스 배출량”이란 자동차에서 단위 주행거리 당 배출되는 이산화탄소(CO_2) 배출량(g/㎞)을 말한다.

21. “온실가스 평균배출량”이란 자동차제작자가 판매한 자동차 중 환경부령으로 정하는 자동차의 온실가스 배출량의 합계를 해당 자동차 총 대수로 나누어 산출한 평균값(g/㎞)을 말한다.

22. “장거리이동대기오염물질”이란 황사, 먼지 등 발생 후 장거리 이동을 통하여 국가 간에 영향을 미치는 대기오염물질로서 환경부령으로 정하는 것을 말한다.

23. “냉매(冷媒)”란 기후·생태계 변화유발물질 중 열전달을 통한 냉난방, 냉동·냉장 등의 효과를 목적으로 사용되는 물질로서 환경부령으로 정하는 것을 말한다.

(3) 물환경보존법

물환경보존법은 1990년 8월 1일 제정되어 1991년 2월 2일부터 시행된 수질환경보전법이 2007년 5년 17일 수질 및 수생태계 보전에 관한 법률로 개정되었다. 그 후 2017년 1월 17일 물환경보전법으로 개정되고, 관련 환경의 변화에 따라 보완 개정되고 있다. 이 법은 수질오염으로 인한 국민건강 및 환경상의 위해를 예방하고 하천·호소 등 공공수역의 수질 및 수생태계를 적정하게 관리·보전함으로써 국민으로 하여금 그 혜택을 널리 향유할 수 있도록 함과 동시에 미래의 세대에게 승계될 수 있도록 함을 목적으로 한다. 이 법에서 사용하는 용어의 정의는 다음과 같다.

1. “물환경”이란 사람의 생활과 생물의 생육에 관계되는 물의 질(이하 “수질”

이라 한다) 및 공공수역의 모든 생물과 이들을 둘러싸고 있는 비생물적 인 것을 포함한 수생태계(水生態系, 이하 "수생태계"라 한다)를 총칭하여 말한다.

1의2. "점오염원"(點汚染源)이란 폐수배출시설, 하수발생시설, 축사 등으로서 관거(管渠)·수로 등을 통하여 일정한 지점으로 수질오염물질을 배출하는 배출원을 말한다.

2. "비점오염원"이라 함은 도시, 도로, 농지, 산지, 공사장 등으로서 불특정 장소에서 불특정하게 수질오염물질을 배출하는 배출원을 말한다.
3. "기타 수질오염원"이라 함은 점오염원 및 비점오염원으로 관리되지 아니하는 수질오염물질을 배출하는 시설 또는 장소로서 환경부령이 정하는 것을 말한다.
4. "폐수"라 함은 물에 액체성 또는 고체성의 수질오염물질이 혼입되어 그대로 사용할 수 없는 물을 말한다.

4의2. "폐수관로"란 폐수를 사업장에서 제17호의 공공폐수처리시설로 유입시키기 위하여 제48조제1항에 따라 공공폐수처리시설을 설치·운영하는 자가 설치·관리하는 관로와 그 부속시설을 말한다.

5. "강우유출수"라 함은 비점오염원의 수질오염물질이 섞여 유출되는 빗물 또는 눈 녹은 물 등을 말한다.
6. "불투수층"이라 함은 빗물 또는 눈 녹은 물 등이 지하로 스며들 수 없게 하는 아스팔트, 콘크리트 등으로 포장된 도로, 주차장, 보도 등을 말한다.
7. "수질오염물질"이라 함은 수질오염의 요인이 되는 물질로서 환경부령으로 정하는 것을 말한다.
8. "특정수질유해물질"이라 함은 사람의 건강, 재산이나 동·식물의 생육에 직접 또는 간접으로 위해를 줄 우려가 있는 수질오염물질로서 환경부령으로 정하는 것을 말한다.
8. "공공수역"이라 함은 하천·호소·항만·연안 해역 그밖에 공공용에 사용되는 수역과 이에 접속하여 공공용에 사용되는 환경부령이 정하는 수로를

말한다.

10. “폐수배출시설”이라 함은 수질오염물질을 배출하는 시설물·기계·기구 그 밖의 물체로서 환경부령이 정하는 것을 말한다. 다만, 「해양환경관리법」 제2조제16호 및 제17호에 따른 선박 및 해양시설은 제외한다.

11. “폐수 무방류 배출시설”이라 함은 폐수배출시설에서 발생하는 폐수를 당해 사업장 안에서 수질오염방지시설을 이용하여 처리하거나 동일 배출시설에 재이용하는 등 공공수역으로 배출하지 아니하는 폐수배출시설을 말한다.

12. “수질오염방지시설”이라 함은 점오염원, 비점오염원 및 기타 수질오염원으로부터 배출되는 수질오염물질을 제거하거나 감소하게 하는 시설로서 환경부령이 정하는 것을 말한다.

13. “비점오염저감시설” 이란 수질오염방지시설 중 비점오염원으로부터 배달되는 수질오염물질을 제거하거나 감소하게 하는 시설로서 환경부령으로 정하는 것을 말한다.

14. “호소”란 다음 각 목의 어느 하나에 해당하는 지역으로서 만수위(滿水位)[댐의 경우에는 계획홍수위(計劃洪水位)를 말한다] 구역 안의 물과 토지를 말한다.

   가. 댐 · 보(洑) 또는 둑(「사방사업법」에 따른 사방시설은 제외한다) 등을 쌓아 하천 또는 계곡에 흐르는 물을 가두어 놓은 곳

   나. 하천에 흐르는 물이 자연적으로 가두어진 곳

   다. 화산활동 등으로 인하여 함몰된 지역에 물이 가두어진 곳

15. “수면관리자”란 다른 법령에 따라 호소를 관리하는 자를 말한다. 이 경우 동일한 호소를 관리하는 자가 둘 이상인 경우에는 「하천법」에 따른 하천관리청 외의 자가 수면관리자가 된다.

15의2. “수생태계 건강성”이란 수생태계를 구성하고 있는 요소 중 환경부령으로 정하는 물리적 · 화학적 · 생물적 요소들이 훼손되지 아니하고 각각 온전한 기능을 발휘할 수 있는 상태를 말한다.

16. “상수원호소”란 「수도법」 제7조에 따라 지정된 상수원보호구역(이하 “상

수원보호구역"이라 한다) 및 「환경정책기본법」 제38조에 따라 지정된 수질보전을 위한 특별대책지역(이하 "특별대책지역"이라 한다) 밖에 있는 호소 중 호소의 내부 또는 외부에 「수도법」 제3조제17호에 따른 취수시설(이하 "취수시설"이라 한다)을 설치하여 그 호소의 물을 먹는 물로 사용하는 호소로서 환경부장관이 정하여 고시한 것을 말한다.

17. "공공폐수처리시설"이란 공공폐수처리구역의 폐수를 처리하여 공공수역에 배출하기 위한 처리시설과 이를 보완하는 시설을 말한다.

18. "공공폐수처리구역"이란 폐수를 공공폐수처리시설에 유입하여 처리할 수 있는 지역으로서 제49조제3항에 따라 환경부장관이 지정한 구역을 말한다.

19. "물놀이형 수경(水景)시설"이란 수돗물, 지하수 등을 인위적으로 저장 및 순환하여 이용하는 분수, 연못, 폭포, 실개천 등의 인공시설물 중 일반인에게 개방되어 이용자의 신체와 직접 접촉하여 물놀이를 하도록 설치하는 시설을 말한다. 다만, 다음 각 목의 시설은 제외한다.

가. 「관광진흥법」 제5조제2항 또는 제4항에 따라 유원시설업의 허가를 받거나 신고를 한 자가 설치한 물놀이형 유기시설(遊技施設) 또는 유기기구(遊技機具)

나. 「체육시설의 설치·이용에 관한 법률」 제3조에 따른 체육시설 중 수영장

다. 환경부령으로 정하는 바에 따라 물놀이 시설이 아니라는 것을 알리는 표지판과 울타리를 설치하거나 물놀이를 할 수 없도록 관리인을 두는 경우

(4) 토양환경보전법

토양환경보전법은 1995년 1월 5일 제정하여 1996년 1월 6일부터 한 법으로 2010년 3월 31일 개정되어 시행되고 있다. 이 법은 관련 환경의 변화에 따라 보완 개정되고 있다. 현재 이법은 토양오염으로 인한 국민건강 및 환경상의

위해를 예방하고, 토양생태계의 보전을 위하여 오염된 토양을 정화하는 등 토양을 적정하게 관리·보전함으로써 모든 국민이 건강하고 쾌적한 삶을 누릴 수 있게 함을 목적으로 하고 있다. 그러나 시행 예정인 법에서는 "토양오염으로 인한 국민건강 및 환경상의 위해(危害)를 예방하고, 오염된 토양을 정화하는 등 토양을 적정하게 관리·보전함으로써 토양생태계를 보전하고, 자원으로서의 토양가치를 높이며, 모든 국민이 건강하고 쾌적한 삶을 누릴 수 있게 함을 목적으로 한다."로 전문이 개정되어 있다. 이 법에서 사용하는 용어의 정의는 다음 각 호와 같다.

1. "토양오염"이라 함은 사업활동 기타 사람의 활동에 따라 토양이 오염되는 것으로서 사람의 건강·재산이나 환경에 피해를 주는 상태를 말한다.
2. "토양오염물질"이라 함은 토양오염의 원인이 되는 물질로서 환경부령이 정하는 것을 말한다.
3. "토양오염관리대상시설"이라 함은 토양오염물질을 생산·운반·저장·취급·가공 또는 처리함으로써 토양을 오염시킬 우려가 있는 시설·장치·건물·구축물 및 장소 등을 말한다.
4. "특정토양오염관리대상시설"이라 함은 토양을 현저히 오염시킬 우려가 있는 토양오염 관리대상 시설로서 환경부령이 정하는 것을 말한다.
5. "토양정화"라 함은 생물학적 또는 물리·화학적 처리 등의 방법으로 토양 중의 오염물질을 감소·제거하거나 토양 중의 오염물질에 의한 위해를 완화하는 것을 말한다.
6. "토양정밀조사"라 함은 제4조의2의 규정에 의한 토양오염우려기준을 넘거나 넘을 가능성이 크다고 판단되는 지역에 대하여 오염물질의 종류, 오염의 정도 및 범위 등을 환경부령이 정하는 바에 따라 조사하는 것을 말한다.
7. "토양정화업"이라 함은 토양정화를 수행하는 업을 말한다.

(5) 환경정책기본법

1990년 8월 1일 제정하여 1991년 2월 2일부터 시행하였으며 2011년 4월 5일 개정한 법률이 시행되고 있다. 이 법은 환경보전에 관한 국민의 권리·의무와 국가의 책무를 명확히 하고 환경정책의 기본이 되는 사항을 정하여 환경오염과 환경훼손을 예방하고 환경을 적정하고 지속가능하게 관리·보전함으로써 모든 국민이 건강하고 쾌적한 삶을 누릴 수 있도록 함을 목적으로 한다. 환경의 질적인 향상과 그 보전을 통한 쾌적한 환경의 조성 및 이를 통한 인간과 환경 간의 조화와 균형의 유지는 국민의 건강과 문화적인 생활의 향유 및 국토의 보전과 항구적인 국가발전에 필수불가결한 요소임에 비추어 국가·지방자치단체·사업자 및 국민은 환경을 보다 양호한 상태로 유지·조성하도록 노력하고, 환경을 이용하는 모든 행위를 할 때에는 환경보전을 우선적으로 고려하며, 지구환경의 위해를 예방하기 위한 공동의 노력을 강구함으로써 현재의 국민으로 하여금 그 혜택을 널리 향유할 수 있게 함과 동시에 미래의 세대에게 계승될 수 있도록 함을 이 법의 기본이념으로 한다. 이 법에서 사용하는 용어의 정의는 다음과 같다.

1. “환경”이라 함은 자연환경과 생활환경을 말한다.
2. “자연환경”이라 함은 지하·지표(해양을 포함한다) 및 지상의 모든 생물과 이들을 둘러싸고 있는 생물이 아닌 것을 포함한 자연의 상태(생태계 및 자연경관을 포함한다)를 말한다.
3. “생활환경”이라 함은 대기, 물, 폐기물, 소음·진동, 악취, 일조 등 사람의 일상생활과 관계되는 환경을 말한다.
4. “환경오염”이라 함은 사업활동 기타 사람의 활동에 따라 발생되는 대기오염, 수질오염, 토양오염, 해양오염, 방사능오염, 소음·진동, 악취, 일조방해 등으로서 사람의 건강이나 환경에 피해를 주는 상태를 말한다.
5. “환경훼손”이라 함은 야생 동·식물의 남획 및 그 서식지의 파괴, 생태계 질서의 교란, 자연경관의 훼손, 표토의 유실 등으로 인하여 자연환경의 본래적 기능에 중대한 손상을 주는 상태를 말한다.

6. “환경보전”이라 함은 환경오염 및 환경훼손으로부터 환경을 보호하고 오염되거나 훼손된 환경을 개선함과 동시에 쾌적한 환경의 상태를 유지·조성하기 위한 행위를 말한다.
7. “환경용량”이라 함은 일정한 지역 안에서 환경의 질을 유지하고 환경오염 또는 환경훼손에 대하여 환경이 스스로 수용·정화 및 복원할 수 있는 한계를 말한다.
8. “환경기준”이란 국민의 건강을 보호하고 쾌적한 환경을 조성하기 위하여 국가가 달성하고 유지하는 것이 바람직한 환경상의 조건 또는 질적인 수준을 말한다.

(6) 환경친화적 산업구조로의 전환촉진에 관한 법

이 법은 1995년 2월 29일 공포하여 1996년 7월 1일부터 시행하여 관련 산업과 환경의 변화에 따라 보완 개정되고 있다. 이 법은 환경친화적인 산업구조의 구축을 촉진하여 에너지와 자원을 절약하고 환경오염을 줄이는 산업활동을 적극 추진함으로써 환경보전과 국가경제의 지속가능한 발전에 이바지함을 목적으로 한다. 이 법에서 사용하는 용어의 정의는 다음과 같다.

1. “청정생산기술”이라 함은 제품의 설계·생산공정 등 생산과정에서 환경오염을 제거하거나 감축하기 위한 기술 및 환경친화적인 제품을 생산하기 위한 기술을 말한다.

   1의2. “재생자원”이란 「폐기물관리법」 제2조제7호에 따라 재활용 과정의 일부 또는 전부를 거쳐 원재료 및 부품 등으로 이용할 수 있는 유용한 물질을 말한다.
2. “환경설비”라 함은 환경오염을 제거·감축하기 위한 기기 및 장치를 말한다.
3. “재제조”라 함은「자원의 절약과 재활용촉진에 관한 법률」 제2조제1호의 규정에 의한 재활용가능자원을「폐기물관리법」 제2조제7호의 규정에 의한 재사용·재생 이용할 수 있는 상태로 만드는 활동 중에서 분해·세척·

검사·보수·조정·재조립 등 일련의 과정을 거쳐 원래의 성능을 유지할 수 있는 상태로 만드는 것을 말한다.

4. "제품서비스화"란 제품의 사용으로 발생하는 환경오염을 줄이고, 제품의 이용 효율성을 높이기 위하여 제품의 품질·기능 등을 서비스 형태로 제공하는 것을 말한다.

5. "녹색경영"이란 「저탄소 녹색성장 기본법」 제2조제7호에 따른 녹색경영을 말한다.

5의2. "환경경영"이라 함은 기업·공공기관·단체 등(이하 "기업 등"이라 한다)이 환경친화적인 경영목표를 설정하고 이를 달성하기 위하여 인적·물적 자원 및 관리체제를 일정한 절차 및 기법에 따라 체계적이고 지속적으로 관리하는 경영활동을 말한다.

6. "생태산업단지"란 「산업입지 및 개발에 관한 법률」 제2조제8호에 따른 산업단지 중 제품의 생산과정에서 발생되는 부산물 등의 잔재물과 폐기물을 원료 또는 에너지로 재자원화함으로써 환경에 대한 부담을 최소화하고 자원 효율성을 극대화하기 위하여 제4조의2에 따라 지정된 산업단지를 말한다.

7. "녹색경영체제"란 기업 등이 녹색경영을 도입하여 실행함으로써 환경요인을 효율적으로 관리하기 적합하도록 구축한 체제를 말한다.

7의2. "환경경영체제"란 기업 등이 환경경영을 도입하여 실행함으로써 환경요인을 효율적으로 관리하기 적합하도록 구축한 체제를 말한다.

8. (조문 삭제)

9. "국제기준"이라 함은 국제표준화기구가 환경경영체제에 관하여 정한 국제규격을 말한다.

10. "녹색제품"이란 「저탄소 녹색성장 기본법」 제2조제5호에 따른 녹색제품을 말한다.

환경을 보호하기 위해서는 모든 동식물의 생태계를 그대로 유지해야 한다는 환경운동가들의 주장과 공익을 위해서는 관련 주민들의 건강과 재산상의 이익을 해치지 않는 범위에서 자연환경의 부분적인 변화를 허용해야 한다는 정부 당국자의 주장이 충돌하는 경우가 있다. 이런 경우에 앞에 제시된 환경관련법들이 어떻게 적용되는지 '천성산 도롱뇽 사건'에 대한 대법원의 판결 사례를 통하여 살펴보자.

사례 천성산 도롱뇽 사건[8)]

대법원은 2006년 6월 2일 천성산에 있는 사찰인 경남 양산의 내원사와 미타암, 천성산 일대에 서식하고 있는 양서류 동물인 도롱뇽, 지율 스님이 대표로 있는 '도롱뇽의 친구들'이 한국철도시설공단을 상대로 낸 경부고속전철 천성산 구간에 건설될 예정인 원효터널 13.5 km 구간의 공사를 금지해 달라는 공사착공금지가처분 재항고사건에서 신청인들의 재항고를 기각했다.

8) 최경운, "2조 날린 도롱뇽 소송 3년 만에 마침표", 조선일보, 2006. 6. 2.

이 사건은 특히 지율스님의 단식과 함께 도롱뇽이 소송의 주체가 될 수 있는지 여부, 개인의 환경이익과 공사중지청구권 등 여러 법률적 쟁점에 대해 치열한 법정 공방이 전개되며 더욱 관심을 끌었다. 그림 7.2는 천성산 터널공사 구간을 나타낸다.

대법원은 "모든 국민은 건강하고 쾌적한 환경에서 생활할 권리를 가지며, 국가와 국민은 환경보전을 위하여 노력하여야 한다."고 규정하고 있는 헌법 제35조 제1항을 근거로 직접 공사 중지를 청구한다는 신청인들의 주장을 받아들이지 않았다.

재판부는 먼저 "신청인들이 문제로 제기하고 있는 단층, 지하수 등으로 인한 안전성의 위협 염려 및 천성산 일원의 습지들과 자연환경 보호 등에 관해 최초의 환경영향평가서에 반영되지 않았던 새로운 사정들이 발견된 것은 사실"이라고 신청인들의 주장을 인정했다. 재판부는 그러나 "대한지질공학회 등의 정밀조사와 한국환경정책평가연구원 등의 검토의견에 의하면 터널공사가 천성산의 환경에 별다른 영향을 미치지 않는 것으로 조사됐고, 또 피신청인이 대안설계 단계에 이르러 단층대 등의 지질적 특성을 파악해 이를 설계와 공법에 반영한 사실을 인정할 수 있다."며, "현재로서는 신청인들의 환경이익이 침해될 개연성이 있다고 보기 어렵다."고 판단했다.

이어 재판부는 "신청인들은 헌법상 기본권인 환경권을 근거로 직접 공사의 중지를 청구할 수 있다고 주장하고 있지만 현재의 통설과 기존 판례에 따라 직접 피신청인(한국철도시설공단)에 대해 고속철도 중 일부 구간의 공사금지를 청구할 수 없다"고 밝혔다.

위와 같은 대법원의 판결이 나기 전까지 이 사건은 우여곡절이 많은 사건이었다. 특히, 지율 스님이 경부고속철도 천성산 터널공사를 막기 위해 목숨을 걸고 벌이던 단식투쟁이 100일 동안 이루어졌다. 정부가 지율 스님 측과 3개월간 환경영향 공동조사를 실시하는 데 합의함으로써 꺼져 가던 이 스님의 목숨은 구했다. 하지만 대화와 타협이 아닌 한 종교인의 극한투쟁 끝에 공사가 잠정 중단된 것은 근본적인 해결책과 거리가 멀 뿐 아니라 부정적인 선례가 될 수밖에 없다. 사실 정부가 "사람부터 살려야 한다."는 여론을 의식해 '공사 중단'을 수용한 것은 다른 국책사업에도 적지 않은 영향을 미칠 것이다. 앞으로 각종 시민단체나 개인이 이번처럼 사생결단식으로 주요 국가정책을 반대하거나 막지 않는다고 누가 보장하겠는가? 그럴 경우 정부가 무슨 명분과 논리로 사회갈등과 세금낭비 사태를 해결할지 궁금하다.

천성산 터널공사는 환경단체의 소송 등으로 9개월간이나 공사가 중단됐고, 그 손실은 자그마치 1조 9천억 원대에 이른다. 또 공사가 중단되면 하루 70억 원씩 추가 손실이 발생한다. 천성산 터널공사를 해도 꼬리치레도롱뇽의 서식지가 파괴되거나 멸종위기를 맞지 않는다는 게 법원과 환경부의 판단이다. 자연보호도 좋고 환경보전도 중요하지만 시작한 지 10년이 넘고 이미 천문학적인 액수가 들어간 경부고속철도 공사가 이렇게 휘둘려서야 어떻게 국책사업을 제대로 추진할 수 있을지 의심스럽다. 그렇지만 환경 개발 및 보존문제는 언제나 철저하게 세밀하게 조사하고 검토하여 이루어져야만 한다.

이제 지율 스님 등 신청인들의 주장 가운데 자연환경과 관련된 천성산 도롱뇽사건 판결문의 주요 내용을 살펴보기로 한다.

(1) 자연방위권 주장에 관한 판단

먼저, 신청인들의 헌법상 환경권 규정을 근거로 한 주장을 관하여 본다. 헌법 제35조 제1항은 환경권을 기본권의 하나로 규정하고 있으며, 사법의 해석 및 적용에 있어서도 이러한 기본권이 충분히 보장되도록 배려하여야 한다. 그러나 헌법상의 기본권으로서의 환경권에 관한 위 규정만으로는 그 보호대상인 환경의 내용 및 범위, 권리의 주체 등이 명확하지 못하여 이 규정이 개개의 국민에게 직접 구체적인 사법상의 권리를 부여한 것이라고 보기는 어렵고, 환경의 보전이라는 이념과 국토와 산업의 개발에 대한 공익상의 요청 및 경제 활동의 자유, 환경의 보전을 통한 국민의 복리 증진과 개발을 통한 인근 지역 주민들의 이익이나 국가적 편익의 증대 사이에는 그 서 있는 위치와 보는 관점에 따라 다양한 시각들이 존재할 수 있는 탓에 상호 대립하는 법익들 중 어느 것을 우선시킬 것이며, 이를 어떻게 조정하고 조화시켜 사적 권리주체에게는 어떤 권리를 부여할 것인가 하는 문제는 기본적으로는 국민을 대표하는 국회에서 법률에 의해 결정하여 할 성질의 것이므로, 헌법 제35조 제2항을 "환경권의 내용과 행사에 관하여는 법률로 정한다."고 규정하고 있는 것이고, 따라서 사법상의 권리로서의 환경권이 인정되려면 그에 관한 명문을 법률 규정이 있거나 관계 법령의 규정취지나 조리에 비추어 권리의 주체, 대상, 내용, 행사방법 등이 구체적으로 정립될 수 있어야 하는 것인바(대법원 1995. 5. 23. 자 94마2218 결정 등 참조) 신청인들이 주장하는 환경이익이라는 것이 현행의 사법체계 아래서 인정되는 생활이익 내지 상린 관계에 터 잡은 사법적 구체를 초과하는 의미에서 권리의 주장이라면, 그러한 권리의 주장으로서는 직접 국가가 아닌 피신청인에 대하여 사법적 구제수단인 이 사건 가처분을 구할 수 없는 것이어서 이를 기초로 한 신청인들의 주장은 이유 없다.

다음, 신청인 단계가 피보전권리로 내세운 '자연방위권'에 관하여 살펴본다. 자연은 인간의 영원한 생존과 존재의 기반이고, 인간의 일시적 편익에 봉사하거나 인간에 의하여 함부로 개척되고 극복되어야 하는 존재가 아니다. 인간도 자연의 일부인 만큼 자연은 그 자체로서 고유의 가치를 가지며, 또 자연의 파괴라는 것이 회복 불가능한 면이 있는 까닭에 인간은 그 영원한 삶의 유지를 위해서도 자연을 보호하고, 그 무분별한 훼손을 삼가해야 한다. 그러나 이러한 당위성이 있다고 해서 자연을 보호하고 그 권리, 의무로까지 관념되어야 한다고 단정 지을 수 없다. 권리·의무라는 것은 국가가 그 시대적 요청과 필요에 의해 법률이 제정될 때 비로소 그 실정 법률에 의해 구체화되고 발생되는 것이기 때문이다. 따라서 신청인 단체가 주장하는 '자연방위권'은 우리나라 법률상 그 주체, 내용, 행사방법이 구체적으로 정립된 바 없어 아직 실정법상 구체적 권리로 인정되기는 어렵다. 따라서 직접 신청인 단체가 피신청인에 대하여 위 자연방위권을 피보전권리로 하여 민사상의 가처분으로 이 사건 터널 공사의 착공금지를 구할 수는 없다.

(2) 수인한도를 넘는 환경이익의 침해가 있는지 여부에 관한 판단

기록 및 심문 전체의 취지에 의하면, 이 사건 터널은 천성산 지하를 관통하는 부분으로 이 사건 터널은 동래단층과 양산단층과 평행한 방향으로 진행하면서, 법기단층과는 수직으로 교차하게 되어 있다. 위 단층대가 활성단층인지 여부에 관하여 학계의 견해가 일치되어 있는 것은 아니나, 상당수의 학자들은 활성단층으로 주장하고 있다. 활성단층대는 그 지질이 다른 곳에 비하여 불안정하고, 안전성에 우려가 있을 뿐 아니라, 지하수 유출의 통로가 될 가능성이 있으므로 일반적으로 안정성이 우려되는 단층 및 파쇄대지역에는 터널을 시공하지 않는 것이 바람직하다.

신청인들은 이 사건 터널의 공사는 단층대를 통과하게 되므로 지질이 불안정하여 터널이 붕괴되거나, 터널을 통하여 대규모로 지하수가 유출될 염려가 있고, 그 결과 지상의 무제치늪이나 화엄늪의 물 역시 유출될 우려가 있으며, 그로 인하여 천성산의 생태계나 자연환경이 파괴될 우려가 높다고 주장하며, 피신청인은 이 사건 터널이 단층대를 통과하는 것은 사실이나 설계과정에서 충분히 반영하였고, 시공하는 과정에서 단층대의 존재를 미리 예측하면서 첨단공법으로 시공하므로 신청인들의 주장과 같은 위험성은 없다고 주장한다.

살피건대, 이 사건 기록 및 심문의 전 취지에 의하면, 이 사건 터널 부근의 지하수맥과 무제치늪이나 화엄늪의 직접 수원이 되는 지하수 내지 지표수는 신청인들의 주장과는 달리 상호 연결이 되어 있지 않을 개연성이 훨씬 높아 보여 (그러나, 기록에 의하면 전문가들은 비록 상호 연결이 되어 있지 않을 개연성이 높다고 하더라도 정밀한 시추조사를 해 보지 않고는 확실하게 단정할 수는 없다고 하고 있다) 이 사건 터널의 공사로 바로 무제치늪이나 화엄늪 등의 고산늪지에 영향을 줄 것으로 보기는 어렵다. 또, 이 사건 터널이 13 km가 넘는 장대터널로서 단층대를 통과하게 되며, 실제 시공하는 과정에서 전혀 예측하지 못한 지질상태를 만날 개연성도 있고, 첨단공법을 쓰더라도 예상치 못한 기술 자체의 한계 및 시공상의 실수의 발생 가능성 등을 염두에 둔다면 신청인들이 주장하는 바와 같이 터널 자체의 붕괴 가능성, 지하수 유출가능성이 피신청인의 주장과 같이 전혀 없을 것이라고 단정할 수는 없겠지만, 그 발생개연성에 대한 소명은 현저히 부족하다. 더구나, 피신청인이 계획한 환경피해 저감대책이 제대로 이행될 경우 그 개연성은 거의 없다 해도 무방할 것으로 보인다.

한편, 이 사건 터널 공사가 중단되면 경부고속철도 완전개통이 미루어지고 그리되면 서울-부산 간 2시간 내 여행의 현실화, 경주지역의 관광산업활성화, 포항, 울산 등 공업지역의 산업경쟁력강화, 부산지역의 경제활성화 및 부산의 동북아 허브항 내지 국제물류중심도시로의 도약 등에 심각한 장애가 생기고 연간 약 2조 원에 가까운 사회경제적 이익이 감소되는 등 막대한 공중의 이익이 침해된다.

그렇다면, 이 사건 터널 굴착 공사는 경부고속철도를 완성시키는 중요한 건설행위로서 그로 인해 얻을 공중의 이익은 실로 막대해 보이고, 그 굴착 공사로 초래될 환경침해의 개연성은 현저히 낮아 보이니, 현저히 낮은 개연성을 가진 환경침해 불이익을 내세워 막대한 공중의 이익을 외면할 수가 없다. 따라서 위 공사가 수인한도를 넘는 위법한 환경이익의 침해행위라고 단정키는 어렵다 할 것이다.

따라서 이러한 약한 개연성만으로는 앞서 본 일부 절차상의 미비된 점을 감안하더라도 신청인들의 주장과 같이 이 사건 터널 공사가 신청인들에게 수인한도를 초과하는 토지소유권 내지는 종교상의 환경이익을 침해한다는 소명이 될 수 없어 결국 신청인들의 주장은 이유 없다.(신청인들은 공사로 소음 진동 등도 주장하고 있으나, 기준치를 초과하는 소음이나 진동이 발생한다는 소명이 전혀 없으므로 신청인들의 이 주장은 이유 없다.)

이 대법원판결의 정신은 자연생태계를 구성하는 동식물들을 존중하는 것은 좋지만, 공중의 이익을 크게 희생하면서까지 지나치게 자연보호를 요청하는 것은 바람직하지 않다는 것이다.

그 후 천성산 구간 터널공사는 속개되어 원효터널의 굴착공사는 2007년 11월에 완료하였다. 2010년 11월 KTX 2단계 구간이 모두 개통되어 정상운행 중인 원효터널 위 750 m에 위치한 밀밭늪에는 새봄을 맞이하여 봄의 전령인 도롱뇽이 산란한 모습을 관찰할 수 있었다.

7.5 환경에 관한 국제적 활동

환경에 관한 국제적 활동의 필요성을 논하기 위해서는 우리의 삶의 목표에 대하여 먼저 간략히 생각해볼 필요가 있다. 우리의 삶의 목표는 직장을 얻어 수입이 보다 증가되기를 원하고, 또한 우리의 건강이 유지되어 우리의 수입과 건강이 조화를 이루는 것이다. 공리주의적인 관점에서 우리는 수입과 구직기회가 증가하고, 건강도 좋아지기를 원한다. 고용인이나 고용주의 수입의 증가는 삶의 풍요를 누리게 하고, 좋은 건강은 다른 것들을 이루게 하는 전제조건이 된다. 그러나 공리주의자는 만약 전체 유용성면에서 교환이 순이익이 되면 수입과 건강 사이에의 교환이 허용된다. 왜냐하면 공리주의자들은 단지 전체 유용성에 좋은 영향을 미치는 범위에서 개인의 행복을 고려하고, 다수의 적은 이익이 소수의 심각한 손해보다 가치가 있다고 생각하기 때문이다. 그러므로 전체 유용성면에서 이익이 된다면, 개인의 건강보호를 소홀히 하는 것이 정당화될 수도 있다.

환경보호의 관점에서 살펴보면 경제 성장으로 자원이 낭비되고 오염이 유발되고 폐기물이 발생함으로 인간 소외현상과 함께 도시화에 따른 사회 문제가 발생함으로 오히려 경제성장이 삶의 질을 저하시킨다고 생각한다. 특히 공해에 의한 환경오염은 그 피해가 한 국가에 국한된 것이 아니고 오존층 파괴와 같이 지구 전체의 생태계에 큰 영향을 미치고 있다. 그래서 지구촌 전체에 영향을 미치는 환경문제들에 대한 인식을 같이하고 해결방안을 논의하기 위한 국제적 활동이 이뤄지고 있다.

환경문제를 논의하기 위한 국제적 활동의 대표적인 예들을 아래에서 살펴보자.

(1) 로마 클럽(Club of Rome)

1968년 이탈리아의 실업가 아우렐리오 피체의 제창으로 서유럽의 재계, 학계 지도급 인사들이 로마에 모여서 천연자원의 고갈, 공해에 의한 환경오염, 개발도상국의 인구 증가 등 인류의 위기와 그 타개책을 모색하고, 널리 홍보하는 게 주된 활동으로 '성장의 관계'라는 연구보고서를 발표하였다. 이는 자원의 낭비와 지구의 생태계 파괴를 경고하는 예언적인 보고서를 발표했던 로마 클럽이 21세기에 인류가 직면할 위기를 전망하면서 그에 대한 대책 마련을 촉구하는 미래 예측 보고서를 발표했다. '21세기 불균형의 위기가 온다.'는 제2의 로마 클럽 보고서를 통하여 남북격차 생태계 파괴가 인류 위협을 예고하였다. '함께 지구의 미래를 건설하자'라는 제목의 보고서에서 "현재와 같은 방식으로 살아간다면 인류는 머지않아 자멸하고 만다."면서 "멸망을 피하려면 생각하고 살아가는 방식을 근본적으로 고쳐야 한다."고 진단했다.

앞으로 인류는 세 가지 중요한 불균형에 직면하게 된다. 첫째는 지구상의 남과 북의 불균형이며, 둘째는 같은 사회내의 부자와 빈자의 불균형, 그리고 셋째는 인간과 자연간의 불균형이다. 이에 따라 불균형이 발생한 사회, 인간 그리고 인간과 자연 사이에 심각한 위기상황이 빚어진다. 인류가 겪게 될 위기는 지난 2세기 동안 현대화라는 이름으로 지나치게 빠른 성장을 이룩한 결과로 초래되었다. 인류의 자멸을 막기 위해서는 다음과 같은 새로운 사고방식이 필요하다.

선조로부터 물려받은 지구를 온전히 후손에게 물려주어야 하며, 모든 인간들이 인간다운 존엄한 삶을 살도록 해야 한다. 개인, 기업, 국가, 국제기구 등 모든 삶의 주체들은 사회와 인간 그리고 자연이 조화를 이루도록 노력할 의무가 있다. 각자가 탐욕과 낭비에 제동을 걸어야 하며 새로운 상품이나 기술은 그에 수반하는 위험을 완전히 배제한 뒤에만 사용해야 한다. 다양한 문화를 그대로 보존해야 하며 각 사람 모두 전체 인류사회의 일원이라는 인식을 가져야 한다.

(2) 국제연합 환경개발회의

1992년 UN이 인간환경선언을 선포하고 6월 브라질 리우데자네이루에서 178

개국이 참가한 유엔환경개발회의가 개최되었다. 회의의 표어는 '우리의 환경, 우리의 손으로'이었다. '리우지구 환경선언'을 통하여 환경적으로 건전하고 지속 가능한 개발이 가능하도록 자연 자원과 환경을 이용하되, 미래 세대가 그들의 필요를 충족시킬 능력을 저해하지 않으면서 현세대의 필요를 충족시키도록 하는 환경 파괴적 발전 모델을 대신한 미래 세대를 위한 삶의 조건까지 고려한 모델을 제안하였다. 의제 21(Agenda 21)을 행동강령으로 채택하였으며 선언의 내용은 다음과 같다.

1. 인간은 자연과 조화를 이루어 건강하고 생산적인 삶을 향유할 수 있어야 한다.
2. 각 나라는 자기 나라에서의 활동이 다른 나라나 외부 지역 환경에 피해를 주지 않도록 할 책임이 있다.
3. 발전은 지금의 세대와 다음 세대의 요구를 공평하게 충족시킬 수 있도록 이루어져야 한다.
4. 지속 가능한 발전을 이루려면 환경 보호와 발전 과정을 분리시켜 생각해서는 안 된다.
5. 모든 나라는 지구 생태계의 건강과 완전성을 보호하고 회복시키기 위하여 범세계적인 동반자의 정신으로 서로 협력해야 한다.
6. 모든 나라는 지속 불가능한 소비를 줄이도록 노력해야 한다.
7. 모든 나라는 시민들에게 환경문제에 관한 정보를 널리 제공함으로써 환경에 대한 공중의 인식을 높이고 환경 보호 활동에의 참여를 촉진시켜야 한다.
8. 모든 나라는 환경 법규를 제정해야 한다.
8. 모든 나라는 환경 보호를 위한 예방 조치를 널리 실시해야 한다.
10. 여성은 환경 관리 및 발전에 있어 중대한 역할을 수행한다. 따라서 지속적인 발전을 위해서는 여성의 적극적인 참여가 필요하다.
11. 지속 가능한 발전을 성취하고, 모두 이 밝은 미래를 보장하기 위해서는 전 세계 청소년들의 독창성, 이상, 그리고 용기를 결집시켜 그들이 범세

계적 동반자의 관계를 이룩하도록 도와야 한다.

(3) 기후변화협약

기후변화협약은 1992년 6월 리우에서 개최된 유엔환경개발회의에서 150여 개국의 서명으로 채택되었으며, 50개국 이상이 가입하여 발효조건이 충족됨에 따라 1994년 3월 21일 공식 발효되었고 우리나라는 1993년 12월 기후변화협약의 중요성을 감안하여 47번째로 가입하였다.

1995년 3월 독일 베를린에서 제1차 당사국 총회가 개최됨으로써 부속의정서 협상이 시작되었고, 1997년 12월의 제3차 당사국총회(일본 교토)에서는 온실가스 배출 감축 목표율을 1990년을 기준, 선진국 평균 5.2%로 하는 것을 골자로 하는 교토의정서를 채택하였다. 교토의정서에는 지구온난화를 일으키는 온실가스인 이산화탄소, 메탄, 이산화질소, 염화불화탄소 중에서 인위적인 요인에 의하여 배출량이 가장 많은 탄산가스의 배출량에 규제의 초점을 두고 있다. 국가별 목표 수치를 제시하고 있으며 감축의무 이행에 신축성을 확보하기 위하여 배출권거래제도, 공동이행제도 및 청정개발체제 등의 신축성 체제도 도입하였다. 온실가스 배출량의 55%를 차지하는 선진 38개국들은 2012년까지 감축하도록 하였으나 우리나라와 멕시코의 경우에는 개발도상국가로 분류되어 감축의무가 면제되었다. 그러나 2007년 인도네시아 발리에서 개최된 제13차 당사국총회에서는 유럽연합이 1990년을 기준으로 하여 2020년까지 온실가스 배출량을 25~40% 줄이자고 제안하였고, 개발도상국가도 2013년부터 온실가스 감축에 참여하기로 합의하였다. 그대로 추진된다고 가정하면 우리나라는 이미 1990년에 비해 이산화탄소 배출량이 2배에 이르렀으므로 제안된 최소감축목표 25%를 적용하여도 2005년도 배출량 기준으로 60% 이상의 이산화탄소를 감축시켜야 한다. 탄소배출량 세계 10위국인 우리나라는 교토의정서 의무 감축기간이 끝나고 새로운 협약이 시작되는 2013년부터 온실가스 의무감축국에 포함되는 것이 거의 확실하였다. 그런데 온실가스 배출량 1, 2위 국가인 중국과 미국이 의무 감축 대상에 참여하지 않아서 사실상 유명무실하여졌다. 2015년 제21차 UN기후변화협약 당사국 총회에서 교토의정서를 대신해 파리협정에 따른 신기후체제가 출범하면서 우리나라도 온실가스 감축의무국에 포함되었다.

이는 20세기후반 들어 지구전체의 기온이 점차 올라가 수면상승과 엘니뇨 등 이상기온 현상이 빈발하게 나타나고 있는 것을 고려한 것이다. 에너지정책 수립과정에 있어서도 환경과 조화되는 에너지정책의 수립이 중요해지고 있으며, 이중 기후변화협약은 지구온난화를 유발하는 온실가스의 배출을 억제하여 기후의 안정성을 확보하는 것을 목표로 하고 있다. 이 협약은 단순한 환경문제에 그치는 것이 아니라 온실가스가 주로 에너지 사용에서 발생되기 때문에 각국의 경제 산업구조에 대한 수정을 요구하는 심각한 문제를 다루었다.

이러한 환경문제에 대한 국제적인 활동에 따른 결실 중 하나로 남극 오존층의 구멍이 줄어든 것을 들 수 있다. 2006년 5월 20일 일본의 마이니치신문 보도에 따르면, 일본 국립환경연구소가 "오존층 파괴 물질인 프레온을 비롯한 온실가스에 대한 규제로 2050년이면 남극 상공의 오존층 구멍이 사라질 것"이라는 예측을 내놓았다고 한다. 남극 오존층 구멍의 축소는 몬트리올의정서 채택에 따른 오존층 파괴 물질의 규제가 효과적으로 작동하고 있기 때문이라고 한다.

7.6 환경에 대한 엔지니어의 의무

미국의 공학 관련 학회에서는 윤리헌장을 통하여 엔지니어들이 환경에 대하여 관심을 갖도록 요구하고 있다. 엔지니어들은 인간의 건강을 위협하는 환경의 요소들에 대한 관심을 확장시켜야 한다. 엔지니어들은 환경을 개선할 뿐만 아니라 오염을 제거시키는 기술을 개발하는 전문가이기 때문에 그들은 먼저 환경을 보호하기 위한 전문직업인의 의무를 가져야 한다. 왜냐하면 실제로 엔지니어들은 농토와 자연 상태의 강을 범람케 하는 댐을 설계하거나 공기와 물을 오염시키는 화학공장을 설계하기도 한다. 또한 댐건설이 필요한 수력발전

프로젝트를 태양열에너지 시스템으로 바꾸거나 화학공장에서 배출되는 오염물질을 최소화할 수 있는 오염제어시스템을 설계하기도 한다. 이와 같이 엔지니어들은 그들의 업무가 환경에 영향을 미치고 있다는 것을 잘 알고 있다.[9)]

만약 엔지니어들이 환경에 영향을 미치는 문제들에 양심적인 책임을 져야한다면, 그들은 역시 환경을 훼손하지 않고 지킬 전문가로서 의무가 요구된다. 또한, 공학전문성은 환경에 대한 존엄성을 가진 우리의 태도나 행동에 유익한 충격을 줄지도 모른다. 무엇보다도 엔지니어들은 사실상 환경에 영향을 미치는 모든 프로젝트들에 주요한 참여자들이다.

그러므로 엔지니어들이 환경을 지키기 위해서 전문 공학기술의 적용에 앞서 인간의 건강에 직접적으로 관련된 환경문제는 물론이고, 인간의 건강에 직접적으로 관련되지 않는 환경문제에도 적극적인 관심을 기울여야 한다. 엔지니어가 환경문제에 적극적으로 대처하기 위한 두 가지 방안에 대하여 생각해보기로 한다.

1. 공학기술의 적용이 환경에 어떤 영향을 미치는가에 대한 판단은 공학지식의 한계를 벗어나므로 환경과 관련된 전문가들의 도움을 받도록 해야 한다. 그런데 엔지니어들이 공학영역을 벗어난 범위에서 판단을 한다면, 비평가들은 "자신의 전문영역을 벗어남으로써 전문엔지니어의 책임을 위반했다"고 엔지니어들을 비난할 수도 있다. 왜냐하면 NSPE 윤리헌장에는 "엔지니어들은 자신의 능력 범위에서만 일을 해야 한다." 라는 조문이 있기 때문이다.

   최근 정부나 기업체들이 계획하거나 수행하고 있는 대규모 프로젝트들이 환경에 피해를 입힐 수 있으므로 그 프로젝트들의 수행에 많은 이의를 제기하고 있다. 이러한 이의제기는 환경단체만이 아니라 엔지니어들에게서도 나오고 있다. 이 경우에 대부분의 엔지니어들은 생명과학에 대한 지식이 부족하기 때문에 전문적인 윤리의 기준 위에서가 아니라 개인의 양심

---

9) C. E. Harris et. al., *Engineering Ethics,* 3rd ed., Thomson Wadsworth, p.235, 2005.

적 신념 위에서 이의를 제기한다. 예를 들어, 엔지니어가 상류지역에 있는 수십만 평의 농토와 동식물의 서식지가 물에 잠겨서 생태계가 파괴되는 대규모 댐건설을 반대할 수도 있다. 그러나 이 판단은 전문적인 공학적 판단이 아니고, 전문적인 지식 이외의 자신이 가진 가치관과 환경관련 전문가의 지식이 포함된다. 비평가들은 이것 역시 "전문엔지어의 책임을 위반한 것이다."라고 논쟁을 할지도 모른다. 그러나 이러한 논쟁은 공학 전문성의 영향범위를 너무 좁게 해석한 데서 비롯되었다는 것을 NSPE 윤리헌장에서 확인할 수 있다. 즉 "엔지니어들은 기술적용이 인간의 생활이나 환경에 큰 위험을 주지 않더라도 불필요하게 환경을 파괴하는 프로젝트에는 참여하지 않아야 한다."라고 되어 있다. 그러나 이러한 엔지니어 개인의 가치관이나 신념에 근거한 판단을 모든 엔지니어에게 일반화하여 적용할 수는 없다. 특히 인간의 건강과 직접 관련이 없는 환경문제의 경우에는 더욱 그러하다. 왜냐하면 환경보호에 적극적인 관심을 보이는 것은 좋지만, 개인의 가치관에 따라 환경을 대하는 자세가 서로 다르므로 '불필요한 환경파괴'에 대한 합의된 정의를 마련할 수 없기 때문이다.

2. 공학기술 실행에서 환경보호를 위한 보다 책임 있는 엔지니어의 자세는 환경기술(environmental technology) 혹은 청정생산기술(clean technology)을 새로운 프로젝트의 내용에 반드시 포함해야 한다. 대체로 모든 나라들이 경제발전을 이룩하는 단계에서는 환경보호나 천연자원의 보존에는 별 관심을 기울이지 않고, 보다 신속한 제품의 개발과 생산을 통하여 물질적인 부를 축적함으로써 생활의 풍요와 편리만을 우선적으로 추구하여 왔다. 그 결과 산업화 과정에서 생긴 오염물질로 인해서 자연생태계의 파괴는 물론이고, 인간의 건강을 위협하기에 이르렀다. 만약 이 상태가 지속된다면, 우리 다음 세대가 사용할 천연자원이 없어지고, 그들이 건강을 유지하면서 살 수 있는 터전이 사라질 수 있으므로 환경기술의 도입이 절실히 요청되고 있다. 이에 1977년에 개정된 ASCE의 윤리 규정에도 "엔지

니어는 공중의 삶의 질을 높이기 위해서 지속 가능한 개발의 모든 원리를 고수해서 환경을 개선하도록 전심을 다 하여야 한다."라고 되어 있다. 우리나라에서도 2000년 2월에 "환경기술 개발 및 지원에 관한 법"을 제정하여 시행하고 있다. 환경기술은 환경의 자정능력을 향상시키고, 사람과 자연에 대한 환경피해유발요인을 억제 및 제거하는 기술을 말한다. 환경기술의 실제적인 적용은 두 가지로 나눌 수 있는데, 하나는 오염을 사전에 예방하는 것이고 다른 하나는 오염되어 훼손된 환경을 복원하는 것이다. 그런데 오염의 예방보다도 오염된 환경의 복원은 대상이 다양하고 범위가 넓어서 시간과 비용 측면에서 어려움이 많으므로 오염의 예방에 중점을 두어야 한다. 오염을 예방하기 위해서 제품의 생산과정에서는 물론이고 제품의 사용과정에서 발생하는 오염물질을 최소화할 수 있는 방안을 찾도록 노력하여야 한다. 필요하다면 제품의 생산단가가 약간 높아질지라도 보다 나은 환경에서 살 수 있도록 새로운 기술의 개발을 시도해야 한다. 예를 든다면, 반도체 제조회사나 도금공장에서 세척과정에 사용되는 맹독성물질의 대체물질의 개발, 자동차의 배기가스에서 유독성물질을 제거하기 위한 백금촉매 개발 등이다. 또한 생산과정에서 나오는 폐기물을 재활용하거나 회수하는 기술의 개발도 오염물질을 줄이는 좋은 방안이라 생각한다.

그렇다면 어느 정도까지 환경보호 및 개선을 위해서 노력을 해야 하는가이다. 이에 대한 답은 ASCE의 윤리규정에서 제시하는 '지속 가능한 개발'이다. 또한 1987년에 환경과 개발에 관한 세계위원회도 '세계적 규모로의 지속 가능한 개발'의 필요성에 대해서 제시하였다. '지속 가능한 개발'이라고 하는 것은 미래 세대가 자신들의 수요를 만족시킬 수 있는 천연자원과 자연환경을 보존시키면서 현재 세대의 수요를 충족할 수 있는 개발을 의미한다. '세계적인 지속 가능한 개발'을 제시한 이후, 모든 산업에 대해서 자원낭비를 최소한으로 줄여 원재료나 에너지의 소비 효율을 높이고, 생산과정에서 발생하는 오염을 정화하도록 압력을 가하고 있다. 특히, 대기업은 그러한 압력을 받으면서 지속 가능한 개발의 패러다임으로 기업 경영의 방향을 전환하여 각 기업마다 독자적인 환경기술의 개발을 추진해 왔다. 지속 가능한 개발이 의미하고 있는 것은 어떤 종류의 변화의 과정이다. 그 변화의 과정 중에서 천연자원의 개발이나 투자의 방향, 과학기술의 발전 방향이나 제도적 변화가 서로 조화를 이루어 현재 및 장래에 있어서 인간의 요구나 욕망을 만족시키는 가능성을 높이고자 하는 것이다. 지속 가능한 개발이 목적하는 것은 복리와 생활의 질이다. 즉, 현재 세대와 미래 세대의 복리와 생활의 질이 개발을 통해서 끊임없이 향상되어야 한다. 지속 가능한 개발이라는 것이 공학에 적용되면 환경 및 사회에 대한 엔지니어의 윤리적 책임이 강화되어서 프로젝트 계획에 경제발전과 환경, 현재 세대와 미래 세대, 부자와 가난한 자, 물질적 성장과 사회적 공정성 등을 균형 있게 반영하여야 한다.[10)]

진정한 엔지니어의 목표는 자연 파괴자가 아니라 자연 환경의 수호자이어야 한다. 엔지니어는 인간의 건강과 안녕을 도모해야 하는 의무를 가지는 것만이 아니고, 자연 생태계를 보호해야 하는 의무를 동시에 가지고 있다. 순수한 전문직업인으로서의 입장과 윤리적인 입장의 양쪽 모두에 대해 그러한 의무를 가지는 사람이어야 한다. 엔지니어의 활동이 환경에 중대한 영향을 줄 가능성을 가지고 있는 반면, 환경이 장차 시행하려는 여러 프로젝트들에 중대한 영향을 준다는 것을 분명히 이해하게 되었다. 그러므로 환경문제와 같이 기술적이 아닌 문제도 기술적인 문제처럼 진지하고 올바르게 평가해야 한다. 또한 자연 생태계를 그대로 보호하고 유지하는 것이 현재와 미래의 세대에게 유익한 것이라는 인식을 확고히 해야 한다.

---

10) 김정식, *공학기술 윤리학*, 인터비젼, p.165, 2004.

고려할 사례

사례 5	국립공원 설악산에 케이블카 설치
사례 22	소각장 건설의 백지화
사례 25	송유관의 기름누출
사례 36	전원도시의 환경보호
사례 40	중금속에 오염된 놀이시설
사례 48	호수에 폐수 방류
사례 51	화학물질의 누출기준치 초과

8장 정보통신과 컴퓨터

8.1 서론

과학기술정보통신부와 한국인터넷진흥원이 함께 실시한 2017년 인터넷 이용실태조사 결과에 의하면, 가구 인터넷접속률은 99.5%로 거의 모든 가구에서 인터넷 접속을 하고 있다. 만 3세 이상 최근 1개월 이내 인터넷이용자 수는 4,528만 명으로 2016년 보다 164만 명이 증가하였다. 또한 인터넷 서비스 이용기기는 데스크탑에서 스마트폰으로 전환된 것을 알 수 있다. 즉 인터넷쇼핑 서비스는 스마트폰 90.6%, 데스크탑 65.2%이고, 인터넷뱅킹 서비스는 스마트폰 90.5%, 데스크탑 55.6%이고, SNS 서비스는 스마트폰 99.7%, 데스크탑 36.5%이었다. 만 12세 이상 인터넷이용자의 쇼핑과 뱅킹 서비스 이용률은 인터넷쇼핑 59.6%, 인터넷뱅킹 63.1%이었고, 만 6세 이상 인터넷이용자의 인터넷 커뮤니케이션 서비스 이용률은 인스턴트메신저 95.1%, SNS 68.2%, 이메일 60.2%로 나타났다.[1] 이와 같이 인터넷 사용자가 4천5백만 명을 넘어섬에 따라 가정, 관공서, 학교, 회사, 상점, 교통수단 등 우리 삶의 모든 영역에서 스마트폰이 필수품이 되었으며 우리의 행동방식과 사고방식까지도 바뀌고 있다. 아침에 일어나 컴퓨터로 일정을 검토하고 이메일을 검색한 후 하루 일과를 컴퓨터 앞에서 처리하

1) 과기정통부, 「2017 인터넷이용실태조사」보도자료, 2018.01.31

고, 취미생활도 동호인들끼리 모임방을 만들어서 의견을 나누면서 즐기고 있다. 이렇게 인터넷상에서 정보교류와 활동이 많아짐에 따라 사람들의 사고가 수평적이고 개인주의적인 경향으로 변화하고 있다. 한편 관공서나 기업체에서는 주민들이나 고객들의 필요한 정보를 데이터베이스화함으로써 업무의 효율을 높이고 있다.[2)]

이처럼 컴퓨터를 활용하여 필요한 정보를 주고받음으로써 시간과 공간의 제약을 받지 않는 편리함에도 불구하고 사람들의 사고가 수평적으로 변화되어 인간으로서 지켜야 할 예의를 망각하거나 개인주의적인 성향이 커짐으로 다른 사람에게 손해를 끼치는 행위도 많이 발생하고 있다. 예를 들면, 업무상 취득한 고객들의 개인정보를 아무런 부담 없이 사고팔며, 오랜 기간 동안 심혈을 기울여 개발한 소프트웨어를 무단복제하고 있다. 또한 아무 근거 없이 재미삼아 연예인들이나 유명 인사들의 좋지 않은 소문을 인터넷상에서 퍼뜨리기도 하고, 바이러스를 메일로 보내거나 해킹을 하여 공공기관의 데이터베이스를 파손하기도 한다. 이런 무분별한 행위로 말미암아 프라이버시(privacy) 침해, 지적소유권 침해, 명예훼손, 업무방해 등의 문제를 일으키고 있다. 이와 같이 컴퓨터에서 정보취득과 활용에 따른 폐해의 급격한 증가에 따라 이에 대처하는 새로운 법률의 제정도 필요하지만 그에 앞서 이에 걸맞은 컴퓨터 사용윤리 즉 정보통신윤리의 정립이 시급히 필요한 실정이다. 왜냐하면 모든 사안들을 다 법으로만 다스릴 수 없고, 근본적으로 행위는 사람이 가지고 있는 윤리적 가치관에 근거를 두고 있기 때문이다.

8장에서는 컴퓨터를 유익하게 활용하기 위해서 가져야 할 정보통신윤리에 관해 다루고자 한다. 주로 다룰 내용은 컴퓨터에서 정보 활용과 프라이버시 침해, 컴퓨터 소프트웨어의 무단복제에 따른 지적소유권 침해, 해킹이나 바이러스를 만들어 퍼뜨림 등과 같은 행위들이 도덕적으로 얼마만큼 나쁜 것인가 하는 것과 이런 문제에 대한 바람직한 도덕적 혹은 윤리적 행위의 방향을 제시하고자 한다.

---

2) 김진 외 9인 공저, *공학윤리*, 철학과 현실사, p.291, 2003.

컴퓨터에서 인터넷을 활용하여 정보를 주고받는 것에 대한 윤리적 논쟁이 발생한 예는 2003년 3월 전국교육행정정보시스템(National Education Information System; NEIS)의 시행을 앞두고 2002년 9월부터 시작된 교원단체와 교육부당국이 충돌한 경우이다. 그 내용을 살펴보면 다음과 같다.[3)]

사례 전국교육행정정보시스템 구축사업

기존 학교종합정보시스템은 학사 및 교무행정만 다루고, 학교단위로 서버를 관리하는 폐쇄방식이어서 온라인상에서 데이터를 취합하여 정보를 생성할 수 없기 때문에 일선학교, 시도교육청, 교육인적자원부 등이 서로 공문서나 자료를 주고받는 데에 많은 인력과 시간이 낭비되었다. 이에 교육인적자원부에서는 삼성SDS를 전담사업자로 하여 2001년 10월 10일부터 2002년 10월 9일까지 총 예산 729억 원으로 전국단위 교육행정정보시스템(NEIS) 구축을 위한 개발 사업을 수행하였다. 그 결과 2002년 11월 4일 인사, 예산, 회계, 시설 등 22개 영역에 대한 서비스를 개통하게 되었고, 교무 및 학사에 관한 5개 영역 서비스를 2003년 3월에 개통할 예정이었다. 개발된 NEIS의 특징은 일선학교의 주요업무와 관련된 데이터베이스를 시·도교육청에 있는 서버에 구축해 놓고, 일선 학교의 사용자가 인터넷을 이용하여 원격관리 하도록 되어 있는 것이다. 다만 시·도교육청에서는 보안시스템을 가동하여 로그관리와 데이터 변조방지를 하도록 하였다. 또한 NEIS는 인터넷을 이용하여 데이터의 가공생성이 가능하게 함으로써 학교업무처리는 물론이거니와 교육인적자원부에서도 필요한 정보를 직접 생성하여 활용할 수 있게 하고, 졸업증명서나 성적증명서의 발급도 온라인상에서 할 수 있게 한 것이다. 그래서 교사의 업무 부담을 덜어주고 효율성을 높이고자 한 것이다.

그러나 2003년 11월 이 시스템의 활용에 대하여 전국교직원노동조합과 시민

3) "상처만 남긴 채 봉합된 NEIS 파문", 연합뉴스, 2004. 9. 23.

단체가 NEIS에 저장된 교사들과 학생들의 신상정보들이 본인의 동의 없이 유출되어 활용되는 것은 개인의 인격권과 프라이버시를 침해하는 것이므로 시정해달라는 진정서를 국가인권위원회에 제출하였다. 이에 따라 국가인권위원회는 NEIS는 사생활 침해 방지와 기본권 보호라는 헌법정신에 위배되므로 교무.학사, 보건, 입학.진학 등의 3개 영역은 별도로 운영할 것을 권고하였다. 국무총리실 산하 교육정보화위원회는 2003년 말 NEIS의 27개 영역 중 문제가 된 3개 영역을 학교별로 단독 또는 그룹별 서버를 구축하되 교육청별로 같은 장소에 모아 관리하도록 큰 틀에 합의했다. 그 후 합의된 내용대로 시스템을 개발보완하고 시범운영을 거쳐서 2006년 3월 14일부터 새로운 정보시스템이 본격 운영에 들어갔다. 현재 NEIS는 전국 1만여 학교, 17개 시도교육청과 교육부를 네트워크로 연결하여 학교와 교육청의 관련 업무를 편리하게 처리할 수 있고, 학생 및 학부모는 학교생활기록부, 교육관련 모든 증명서 등을 인터넷으로 발급받을 수 있게 되었다.

위 사례와 같이 컴퓨터에서 수집한 개인정보의 활용에 관한 윤리적 쟁점들을 체계적으로 분석하고 좋은 해결책을 찾기 위해서는 이미 2장에서 설명된 윤리적 쟁점에 대한 분석 및 해결 기법들을 모두 적용해 보는 것이 바람직하다. 컴퓨터에서 정보를 활용하는 새로운 기술들이 많이 나왔기 때문에, 윤리적 문제와 관련된 개념을 정의하는 데에 쟁점이 발생하고, 그 개념들을 새로운 상황에 적용하는 데에도 쟁점이 발생한다. 예를 들어 공공기관의 컴퓨터에 저장되어 있는 개인정보를 활용하여 삶의 스타일과 습관을 추론하는 것이 프라이버시의 침해인가? 또한 이 경우에 프라이버시의 개념을 어떻게 정의해야 하며, 과연 '프라이버시 침해'라는 것은 무엇을 의미해야 하는가에 대한 개념적 쟁점이 있다. 그리고 이런 정도의 공공정보의 활용을 프라이버시의 침해라고 생각해야 하는지 아닌지에 대한 적용 쟁점이 있다.[4)]

컴퓨터에서 수집한 정보를 활용함으로써 발생되는 윤리적 쟁점들을 선긋기

4) C. E. Harris et. al., *Engineering Ethics,* 3rd ed., Thomson Wadsworth, p.103, 2005.

기법으로 해결할 수 있는 경우도 있지만, 때로는 선긋기 기법의 기본적인 사고의 절차만이 사용될 때도 있다. 컴퓨터에서 수집한 정보의 활용으로 인해 제기된 수많은 쟁점들은 기존에 정립된 윤리나 법에 딱 들어맞지 않는 경우가 많다. 예를 들면, 소프트웨어는 저작권보호법에서 말하는 저작권에 적합한 대상은 아닐 뿐만 아니라 그렇다고 특허에 적합한 대상도 아니다. 이것은 소프트웨어를 어떻게 법적으로 보호해야 하는지에 대한 질문을 제기한다. 다른 예로 인터넷에서 바이러스를 전파하는 것은 어떤 범죄의 유형인가 하는 것이다. 이것이 프라이버시의 침해인가? 또는 재산의 손실 즉 재산권의 침해인가? 이러한 질문에 답하기 위해서는 전형적인 사례와 컴퓨터에서 정보를 활용하는 것과 관련된 많은 변칙적인 행위와 비교해야 한다. 이러한 비교분석을 위해 선긋기 기법을 수행함으로써 윤리적 쟁점의 해결방안을 찾을 수 있을 것이다.

컴퓨터에서 정보를 활용하는 것에 대한 윤리에서도 역시 공리주의와 인간존중 윤리에 근거하여 논의하는 것이 바람직하다. 그 논의의 이론적 근거를 이해하는 것은 그것들을 더 명확하게 이해하는 데에 도움이 된다. 또한 서로 다른 이론에 기초한 논의들도 윤리적인 정당성을 가질 수 있다는 것을 인정하는 데도 유용하다. 예를 들면, 컴퓨터에서 개인에 대한 정보를 모아서 방대한 데이터베이스로 만드는 것은 상당히 사회적 효용성이 있지만, 개인의 도덕적 권한을 위반하는 것이 될 수도 있다. 이처럼 상반되는 논의들을 평가하고 분석하는 데에, 두 논의들은 깊은 도덕적 근거를 가질 수 있다는 것을 아는 것도 중요하다.

8.2 정보통신과 프라이버시

프라이버시는 개인이 다른 사람의 간섭을 받지 않고 자유롭게 살 수 있는 권리를 말한다. 컴퓨터에서 정보의 활용과 관련된 프라이버시는 공적인 목적이나 상품 거래를 위하여 제공한 정보를 제삼자에게 알릴 것인가의 여부를 정보제공자 스스로 결정할 수 있는 권리를 뜻한다. 즉, 이 권리는 개인정보에 대한 부당한 접근을 통제할 것과 자신의 정보가 자신의 동의 아래 유통되도록 하는 권리다. 그러나 인터넷의 발달로 개인정보가 본인의 동의 없이 제삼자에게 개인정보를 사고파는 경우도 늘고 있다. 특히 주민등록번호나 은행계좌번호를 인터넷을 통해 불법으로 유통하는 일이 크게 늘어난 것으로 나타났다. 국회 과학기술정보방송통신위원회 소속 조명희 의원(국민의힘)이 한국인터넷진흥원에서 받은 자료를 보면, 2016년 1월부터 2020년 8월까지 4년8개월 동안 적발된 개인정보 불법거래는 모두 52만3146건으로 연평균 11만 건이다. 개인정보 불법거래가 가장 많이 일어난 곳은 커뮤니티나 개인 쇼핑몰에서 26만7381건이었다. 이에 비해 포털과 SNS에서 적발된 불법거래 건수는 올해 들어 줄어드는 모습을 보였다. 조 의원은 "국내 포털과 SNS에 대한 단속이 강화되자 개인 사이트 쪽에서 불법거래가 늘어난 것"이라고 설명했다.[5)]

개인정보를 구입한 업자들은 대부분 고객 확보를 위한 타깃 마케팅이 필요한 사람들이다. 즉 은행 영업점, 보험 대리점, 기획 부동산 등에서 일하는 사람들이다. 이렇게 유출된 개인정보를 임의로 사용해서 물질적 피해는 물론이고 정신적 피해를 입어서 사생활을 영위하기 어려운 경우도 있다.

최근 개인정보 유출을 엄격하게 규제하기 위해 관련 법률에서 어긴 사람의 처벌을 강화하고 있다. 현행 주민등록법 제37조 8호에 의하면, "주민등록번호 도용행위는 3년 이하의 징역 또는 3000만 원 이하의 벌금에 처한다."고 되어 있다. 또한 개인정보보호법 제22조와 제24조에 의하면, "동의 없는 개인정보 수집" 이나 "이용자 동의 없는 개인정보 제3자 제공"은 3년~10년의 징역 또는 3천만 원~1억 원의 벌금에 처하고 있다.

그러나 처벌만으로 개인정보 유출 및 도용을 막기는 어렵고, 근본적인 것은 개인정보를 수집하여 컴퓨터에 저장하는 것이므로 개인정보의 수집을 최소화하고 수집한 정보를 저장하는 기간을 법적으로 정해야 한다. 그렇지만 개인정보를 수집하고 관리하는 공공기관이나 사업자가 법적기간이 넘어도 그 정보를 삭제하지 않았다 할지라도 범죄행위로 드러나지 않는 한 그 사실을 알 수 없기

---

5) 최민영, "주민번호 · 계좌번호 등 개인정보 불법유통", 한겨레신문, 2020.10.05.

때문에 제재할 수가 없다. 그러므로 개인정보를 수집하는 사람들이 정보제공자들의 프라이버시와 인격권을 존중할 수 있는 수준의 윤리의식을 갖도록 공교육과 사회교육을 병행하는 것이 선결과제라 생각한다.

프라이버시에는 중요한 두 가지 유형이 있는데, 하나는 소비자의 프라이버시이고 다른 하나는 고용인의 프라이버시이다. 소비자의 프라이버시는 보험회사나 신용카드회사 등과 같은 곳으로부터 보호되어야 한다. 소비자는 자신에 대한 정보나 자신의 거래 내역에 대해 보호받을 권리가 있다. 소비자로 등록된 데이터들이 소비자의 동의 없이 다른 단체에 의해 사용되는 경우가 많다. 개인정보가 여러 곳에서 공유되는 것은 프라이버시 침해이다. 이렇게 개인정보가 다른 사람에 의해 공유됨으로써 크고 작은 일에서 스스로 자신이 결정을 해야 할 경우에 자신만의 정보를 가지고 결정할 수 있는 능력이 제한된다. 소비자의 프라이버시는 단지 상거래만 아니라 법률, 의료, 사회 복지 등의 넓은 영역까지 보호되어야 한다. 예컨대 전과경력이나 병원치료기록과 같은 개인의 정보가 타인에게 노출되어서는 안 된다.[6]

다른 하나는 고용인의 개인정보를 지나치게 수집하여 프라이버시를 침해하는 경우이다. 고용인의 작업습관이나 생산활동을 카메라로 모니터하는 것이 그 유형일 것이다. 고용인이 고용주에게 제공한 정보에 접근하는 것을 금지하거나 제한할 권리가 고용인에게 있다. 예컨대 노동조합을 탄압할 목적으로 고용주가 고용인의 개인 정보를 사용하려 한다면, 이에 대해 저항할 수 있는 권리가 고용인에게 있다. 그런데 문제는 고용인은 자신의 정보가 수집되고 있는지 아닌지를 모르고 있다는 사실이다.

또 다른 문제는 공중의 이익에 중대한 손실을 미치는 정보까지도 단지 프라이버시 보호란 이름으로 보호되어야 하는가 하는 것이다. 만약 프라이버시의 보호가 사생활의 의도적 은폐를 인정하는 것으로 확장된다면, 프라이버시를 사회적 공익과 관련시켜 최적으로 보호할 수 있는 상태가 어떤 것인지를 규정하는 것이 필요하다. 이와 같이 두 종류의 가치가 충돌하는 경우에 컴퓨터에서

---

6) 이대식, 김영필, 김영진 공저 *공학윤리*, 인터비전, p.148, 2003.

개인에 관한 데이터베이스 활용과 프라이버시의 보호가 어떻게 조화를 이룰 수 있는가? 초기에는 프라이버시의 보호를 위해 전산화된 데이터베이스의 구축을 제한하려고 했다. 그 예가 1974년에 미국의회에서 통과된 프라이버시 법령이다. 그 법령에서는 한 행정 부서에서 특별한 목적으로 수집한 정보를 다른 목적에 사용하는 것을 금지하였다. 그러나 수집한 정보를 다른 목적에 사용하는 것을 막는 권한을 정부가 가지고 있었으므로 프라이버시 보호가 제대로 이뤄지지 않았다.

프라이버시 법령의 취지를 반영하여 개인정보를 수집할 때, 창의적 중도해결책을 찾기 위한 지침들은 다음과 같다.[7]

1) 개인정보를 수집하여 저장하는 데이터시스템의 존재를 공식적으로 알려야 한다.
2) 개인정보가 수집되는 개인이나 법적 대리인의 동의를 받고 정보를 수집해야 한다.
3) 개인정보는 명확한 목적으로 수집되고, 그 목적에 맞게 사용되어야 한다.
4) 개인정보는 정보가 수집되는 사람의 동의 없이 제3자와 공유해서는 안 된다.
5) 수집된 개인정보는 저장기간이 제한되어야 하며, 각 개인들이 자기의 정보를 열람하고 잘못을 수정할 수 있도록 해야 한다.
6) 개인정보를 수집하는 사람들은 데이터시스템의 보안을 보장해야 한다.

개인적 프라이버시를 보호하고 컴퓨터 데이터베이스가 공헌하는 사회적 공익성을 증진시키기 위해 앞에 제시된 지침들에도 몇 가지 지적할 점이 있다. 그 중 하나는 개인적 프라이버시를 너무 중요시한다고 할 수 있다. 예를 들면, 유사한 공익적인 목적으로 제 3자와 방대한 개인정보들을 공유하고자 할 때, 모든 사람의 동의를 획득한다는 것은 어려울 것이다. 또한 수집하여 저장된 정보를 일정기간 경과 후에 삭제해야 한다면, 동일한 정보를 또 다시 수집해야

7) C. E. Harris et. al., *Engineering Ethics,* 3rd ed., Thomson Wadsworth, p.106, 2005.

하는 불합리함이 있다. 개인들에게 자기의 정보에서 잘못된 것을 수정하도록 하는 권한을 주는 것은 수집된 정보가 분명한 사실임에도 자기에게 불리한 내용을 좋게 고칠 수도 있다. 그러므로 개인정보를 수집하여 관리할 때에 프라이버시를 인정하기 위해서는 위에서 제시한 모순점들을 해결하기 위한 방안도 미리 세워져야 한다. 왜냐하면 자신의 프라이버시를 보호받을 권리를 지나치게 강조하는 것은 사회적 공익에 참여해야 할 의무를 상대적으로 무시하는 것이 되기 때문이다.

그렇다고 개인의 프라이버시 보호를 개인이 자신에 관한 정보를 독점할 수 있는 권리로 소극적으로 해석하기보다는 개인의 인권문제와 연관시켜 적극적으로 해석하는 것이 바람직하다. 개인에 관한 정보에 침입하는 것은 바로 개인의 인격을 존중하지 않는 데서 비롯되기 때문에 윤리적으로 옳지 않다. 개인의 프라이버시 보호는 개인이 다양한 사회적 관계를 가지면서 자신의 삶을 유지하기 위해 중요한 것이다. 프라이버시는 존경, 사랑, 신뢰 등과 같은 매우 기본적인 소양과 관련되어 있다. 프라이버시는 이러한 기본적인 관계를 진전시키기 위한 좋은 기술이 아니라 그런 관계를 형성하기 위해서 없어서는 안 되는 요소이다. 개인의 프라이버시가 수단이 아니라 목적 그 자체로서 존중될 수 있는 사회가 바람직한 사회일 것이다.[8]

8.3 소프트웨어 소유권

소프트웨어는 주로 일반 사무처리, 제품설계, 정보통신 등에 이용되었지만, 21세기 지능·정보화 사회에서는 소프트웨어 산업은 다른 산업과 융·복합화되는 경우가 많아서 소프트웨어 산업은 기간산업의 성격도 가진다. 최근 항공기, 자동차, 선박 등의 장비가 첨단화되면서 소프트웨어의 활용이 증가하고 있다.

8) 이대식, 김영필, 김영진 공저, *공학윤리*, 인터비젼, p.149, 2003.

예를 들면, 전투기 기능 중 소프트웨어로 수행되는 비율은 1960년 개발된 F-4는 8%에 비해 1982년 개발된 F-16은 45%, 2007년 개발된 F-35는 90%로 크게 증가하고 있다.[9] 이처럼 정보화 사회가 시작된 21세기에는 눈에 보이지 않는 무형의 상품인 소프트웨어가 부를 창출하는 도구가 되고 있다. 왜냐하면 하드웨어기술이 상향평준화되어서 더 이상 차별화가 어려워지면서 이제 하드웨어에 어떤 서비스(콘텐츠)를 담을 것인지가 더 중요한 문제로 부상했기 때문이다. 하드웨어에 담을 콘텐츠인 소프트웨어의 개발에 주력할 때이다. 한국IDC의 '소프트웨어 시장 전망 보고서(2017~2021년)'에 의하면, 2017년 국내 소프트웨어 시장 규모는 4조1947억 원, 2021년은 연평균 성장률 3.2%로 하여 4조7310억 원으로 전망하였다.[10]

그러나 국내 소프트웨어 시장 및 해외에서 국산 소프트웨어의 점유율을 높이고 미래 산업을 선도하기 위해서는 선결과제가 있다. 가장 먼저 해마다 증가하는 불법 소프트웨어 문제를 해결해야한다. 한국소프트웨어저작권협회는 불법복제 소프트웨어 제보사이트 '엔젤(Angel)'서비스를 통해 2020년 기업 또는 개인의 불법복제 소프트웨어 사용 통계조사 자료를 발표했다. 이 조사결과를 보면, 불법 프로그램의 용도별로는 일반 사무용 349건, 운영체제 207건, 설계(CAD/CAM) 196건, 그래픽 116건, 유틸리티 19건, 기타 33건이다. 프로그램 유형별로는 일반 사무용 프로그램과 운영체계프로그램이 556건으로 전체의 약 60% 비중을 차지했다. 불법복제 유형별로는 정품 미보유가 58%, 라이선스 위반(초과사용 포함)이 40%로 여전히 정품 소프트웨어를 구매하지 않고 불법복제를 통해 사용하는 경우가 상당수인 것으로 나타났다. 이러한 불법복제행위가 음성적으로 자행된다는 점을 감안할 때, 불법복제건수는 이 수치를 훨씬 뛰어넘을 것으로 보인다.[11] 최근 한국소프트웨어저작권협회는 정부와 공공부문, 전문 관련단체들과 유기적 협력 구축을 토대로 2030년까지 불법복제율을 10%대로 낮추겠다는 목표를 제시하였다.

---

9) 류성일, 한국소프트웨어산업의현황및제언, kt경제경영연구소, 2014.06.11.
10) 박근모, "올해 국내 소프트웨어 시장 규모", 디지털투데이, 2017.06.13.
11) 류은주, "불법복제 SW 60%는 일반 사무용", IT조선, 2021.01.25.

그러나 정부나 관련협회의 과도한 개입은 모든 사용자와 온라인 서비스 제공자들을 잠재적 지적재산권 침해사범으로 만들 수 있으며, 이용자와 권리자간 불신이 더욱 깊어지는 것 역시 문제다. 따라서 근본적으로 파일공유 사이트를 통한 불법소프트웨어 복제 문제들을 해결하기 위해서는 단속 위주의 저작권보호보다는 학교교육 및 사회교육을 통하여 사용자 모두에게 지적재산권에 대해서 바른 인식을 확립시켜 주어야 한다.

컴퓨터 소프트웨어를 어떻게 보호할 것인가를 논의하기 전에 왜 컴퓨터 소프트웨어가 보호되어야 하는가 하는 점을 먼저 생각해야 한다. 앞에서 설명한 대로 소프트웨어가 많은 부가가치를 지닌다고 해서 법적 보호를 받아야 하는가? 이에 대한 답을 찾기 위해서 소유권과 지적재산권에 관련된 개념적인 쟁점과 도덕적인 쟁점들을 살펴보자.[12)]

일반 지적재산권처럼 소프트웨어의 소유자에게 유사한 자유 재량권을 부여하는 것이 정당한가? 정당성은 공리주의적 관점과 인간존중의 관점에서 찾아볼 수 있다. 우선 공리주의적 관점에서는, 법률로써 소프트웨어 개발자들에게 제한된 기간 동안 그들의 소프트웨어에 대하여 배타적인 권리를 보장함으로써 과학기술의 발전을 촉진시켜서 공공복리에 기여할 수 있기 때문이다. 이것은 규칙(법률)에 따를 때에 공중의 이익이 커지는 규칙 공리주의적 논리이다. 일부 사람들은 지적재산권을 인정하는 사회적 시스템 때문에 기술혁신의 속도가 빨라졌다고 믿고 있다. 이것은 저작권을 보호해서 더 좋은 소프트웨어의 개발을 유도한다는 마이크로소프트사의 설립자인 빌 게이츠(Bill Gates)의 주장이다.[13)]

그러나 소프트웨어의 개발자에게 법적 보호를 부여하지 않는 것이 더 공익성을 높인다는 견해도 있다. 일부 사람들은 소프트웨어를 자유롭게 사용할 수 있었던 소프트웨어 개발 초기에 더 많은 기술혁신이 이루어졌다고 말한다. 소프트웨어를 법으로 보호하면 소프트웨어의 가격은 올라가게 되지만 품질은 떨어질 수 있다. 왜냐하면 경쟁이 제한적이거나 감소되기 때문이다. 이렇게 제한

---

12) C. E. Harris et. al., *Engineering Ethics,* 3rd ed., Thomson Wadsworth, p.108, 2005.
13) 김진 외 9인 공저, *공학윤리*, 철학과 현실사, p.295, 2003.

적 경쟁으로 소프트웨어의 가격이 높아지면 인터넷으로 많은 정보를 공유해야 하는 정보화시대에 계층, 지역 및 국가들 사이에서 많은 사람들의 삶의 질이 격차가 나게 되고, 공동체의 갈등의 요인으로 작용할 수도 있다. 그래서 프로그램 소스코드를 무료로 공개한 리눅스(Linux)의 창시자 리눅스 토팔즈(Linux Topalz)는 정보의 공유를 통해서 인간적인 공동체의 복원이 필요하다고 주장하였다. 이와 같은 두 가지 공리주의적인 관점에서 어느 것이 옳은 관점인지를 결정하는 것은 어렵다.

이제 소프트웨어 소유권의 정당성을 인간존중의 관점에서 살펴보자. 이 관점은 우리가 소유한 것 중에서 가장 중요한 것이 우리의 몸이고, 우리 몸이 가지고 있는 육체적 혹은 정신적 노동력을 투여해서 새로운 것을 만들어 냈다면 그 결과물은 노동력을 투여한 사람의 소유로 인정할 수 있다는 논리이다. 예를 들어 한 사람이 주인이 없는 땅을 개간하여 거기에 곡식을 심고 가꾸어서 수확을 했다면, 수확물은 자신의 노동력을 땅에 투여하여 얻은 대가이므로 그 소유권을 주장할 수 있다. 마찬가지로 만약 어떤 사람이 누구나 다 알고 있는 과학지식과 논리에서 아이디어를 얻어서 새로운 컴퓨터 프로그램을 개발했다면, 그 아이디어에 자신의 지적 노동력을 덧붙인 것이므로 그 프로그램의 소유권을 주장할 수 있다.[14)]

공리주의 논리와 인간존중 논리는 모두 상당한 도덕적 힘을 지닌다. 특히 공리주의 논리는 법률에 근거를 가지고 있기 때문에 법적 논쟁에서는 탁월하다. 그러나 소유권자의 노동이론에 근거한 논리는 직관적인 호소이기 때문에 소유권에 관한 우리의 생각에 크게 영향을 미친다. 아마도 우리 대부분은 그 두 논리를 절충한 것을 선호할 것이다. 디지털 시대의 공중의 이익이란 디지털 기술을 널리 공유함으로써 삶의 질을 확보하는 것이고, 개인의 이익이란 그 기술 개발자들에게 일정한 독점권을 주는 것이다. 문제는 사회 구성원들 사이의 정보격차를 효과적으로 줄이면서 기술의 발전을 가능하게 하는 방안을 모색하는 일이다. 예를 들면, 지적재산권법은 사회 구성원이 인정할 수 있는 적절한 선

---

14) C. E. Harris et. al., *Engineering Ethics,* 3rd ed., Thomson Wadsworth, pp.109~110, 2005.

에서 정해져야한다. 구성원 대부분이 윤리적으로 문제가 없다고 여기는 부분도 규제하는 법이라면 그것은 기술발전만을 우선시 하고, 사회 구성원의 정보격차는 줄이려는 노력은 하지 않는 것이다. 문제는 아날로그 환경에 맞춰서 만들어진 기존 저작권법을 어떻게 디지털 환경에 적용할 것인가이다.

일반적으로 지적재산권을 보호하기 위해 저작권과 특허권의 두 가지 방안이 제시된다. 그러나 소프트웨어의 고유한 특성 때문에 이러한 두 방안이 모두 문제가 된다. 소프트웨어는 저작권이나 특허 중 어느 한쪽에 꼭 맞지 않다. 어떤 경우에는 소프트웨어는 원작자의 작품과 같아서 저작권에 적합하다. 왜냐하면 프로그램은 결국 '언어'를 사용하여 이야기나 극처럼 논리적인 결과물을 만든다. 그리고 또 어떤 경우에 소프트웨어가 발명품이라고 할 수 있다. 왜냐하면 기계가 주어진 조건에 따라 반응하는 것처럼 소프트웨어인 프로그램도 주어진 조건에 따라 반응하기 때문이다. 이러한 분류의 문제 때문에 소프트웨어는 '법적 하이브리드(legal hybrid)'로 분류되어야 한다고 주장하는 사람들도 있다. 그래서 소프트웨어를 보호하기 위해서는 저작권이나 특허에 적용되는 법과 다른 특별한 법을 만들어야 한다.

그러나 소프트웨어를 보호하기 위한 특별법을 만드는 데에는 불리한 점이 있다. 그 중의 하나는 한 국가에서 만든 소프트웨어 보호법들이 다른 나라에서는 인정되지 않을 수도 있기 때문이다. 그래서 법적 하이브리드 접근은 널리 받아들여지지 않고 있으며, 소프트웨어 논쟁을 저작권-특허 논쟁이라고 부르는 것이 당연하다고 생각한다. 왜냐하면 소프트웨어는 저작권을 취득할 수 있는 특징들과 특허를 받기에 적합한 특징들을 모두 포함하고 있기 때문이다. 실제로 소프트웨어의 소유권 문제를 다루기 위해서 어떤 법을 적용할 것인지는 선긋기 기법을 통하여 해결하는 것이 바람직하다. 소프트웨어가 특허에 적합한 창작물인가? 아니면 저작권에 더 적합한 창작물인가? 소프트웨어 보호의 가장 흔한 형식이 되어왔던 저작권을 더 자세히 살펴봄으로써 위의 질문에 대한 답을 찾고자 한다.

만약 우리가 프로그램을 문학작품으로 간주한다면, 소프트웨어는 저작권에 적합하다. 그러나 저작권법의 중심 원리는 저작권은 아이디어 자체가 아니고 오직 아이디어의 표현만을 보호할 수 있다는 것이다. 저작권법은 기본 아이디어가 저작권의 대상이 아니지만, 아이디어의 특별한 표현은 저작권의 대상이 될 수 있다고 주장한다. 젊은 청년이 어여쁜 아가씨를 만나 서로 사랑에 빠져 행복하게 살아간다는 소설에 대한 아이디어를 저작권으로 할 수 없다. 왜냐하면 이러한 기본 아이디어는 누구나 가질 수 있기 때문이다. 저자는 이 아이디어를 자세히 글로 '기록하거나' 다른 어떤 형태로 '표현한' 특정한 이야기를 저작권 대상으로 삼을 수 있다. 그 저자는 젊은 청년과 어여쁜 아가씨의 배경, 그들의 만남의 환경, 약혼과 결혼으로 이끄는 사건들 그리고 왜 그들의 삶이 만족으로 가득 차 있는지 그 이유들을 묘사해야 한다.

표현이 사실상 저작권 대상이 되는지 아닌지를 결정하는 데에 법원은 몇 가지 지침을 제시한다. 첫째, 그 표현은 저자에게서 나온 독창적인 것이어야 한다. 둘째, 그 표현은 실제로 사용할 수 있는 기능성을 가져야 한다. 셋째, 그 표현이 기존 것과 다른 새로운 것이어야 한다.

다음 로터스(Lotus)의 소송사건을 통하여 저작권 인정여부를 살펴보자. 1990년에 회계프로그램 로터스 1-2-3을 개발한 로터스사는 다른 회계프로그램 브피플래너(VP-Planner)를 개발한 페이퍼백 인터네이셔널(Paperback International)사를 저작권 침해혐의로 고발하였다. 이 소송에 대하여 판결이 나지 않았고 로터스의 프로그램이 기존 회계프로그램에 비하여 특이점이 있다고 가정하고 선긋기 기법으로 저작권 인정 여부를 결정해 보자.[15)]

로터스사와 페이퍼백사의 주장을 살펴보자. 우선 로터스사는 브이피 플래너가 로터스 1-2-3의 메뉴구조를 그대로 베꼈다고 주장했다. 또한 브이피 플래너의 매뉴얼에 따르면, 브이피 플래너는 로터스 1-2-3과 같은 작업방식을 택하고, 명령 트리(tree)도 같게 했다고 했으므로 로터스사와 같은 종류의 계산과 숫자 정보를 허용하게 되어 있다. 그렇지만 페이퍼백사는 C언어로 표현된 컴퓨터 프로그램의 일부분만을 저작권으로 인정해야 한다고 주장했다. 프로그램의 전체

---

15) C. E. Harris et. al., *Engineering Ethics,* 3rd ed., Thomson Wadsworth, p.111, 2005.

표 8.1 로터스 1-2-3의 저작권 인정여부

고려사항	인정불가 (NP)	평 가 0 1 2 3 4 5 6 7 8 9 10	인정가능 (PP)	가중치	가중 평가점수
독창성	아니오	-----------------------X---	예	2	18
기능성	아니오	-----------------------X---	예	1	9
유일성	아니오	-----------------------X---	예	1	9
합 계	-	-	-	4	36/40

조직, 프로그램 명령체계의 구조, 메뉴, 그리고 스크린상의 정보제시와 같은 프로그램의 그래픽 부분은 저작권을 인정해서는 안 된다고 말했다. 이에 대해 로터스사는 저작권 보호는 독창적인 표현이 담긴 컴퓨터 프로그램의 모든 요소에 확대되어야 한다고 논증함으로써 반격했다.

로터스 1-2-3이 저작권을 가질 수 있는지를 선긋기 기법으로 분석해보면, 표 8.1과 같이 모든 고려사항들에 대한 평가가 40점 만점에 36점이므로 로터스 1-2-3은 저작권을 인정할 수 있다. 이 평가는 로터스사에서 개발한 회계처리 프로그램의 독창적 표현을 브이피 플래너가 도용했다는 사실을 로터스사가 입증했다는 것을 전제로 한 것이다.

소프트웨어가 저작권을 취득할 수 있는 기본요소는 문학작품처럼 아이디어가 제삼자가 읽을 수 있는 언어로 표현되는 것이다. 위의 로터스사례는 그 프로그램의 개발자나 사용자가 내용을 읽을 수 있는 소스코드로 표현된 경우이다.

그러나 프로그램을 읽을 수 없다고 하더라도 저작권을 취득할 수 있다는 것을 암시하는 판례도 있다. 애플 브이 프랭클린(Apple V. Franklin)은 애플 컴퓨터의 운영프로그램을 복제하여 설치한 컴퓨터를 팔았기 때문에 저작권법 위반혐의로 소송을 당했다. 프랭클린은 자신이 복제한 프로그램은 실행프로그램으로 사용자가 읽을 수 없으므로 저작권 침해가 아니라고 자신의 행위를 정당화시켰다. 그렇지만 법정은 저작권에는 사람이 읽을 수 있는 고급언어로 표현된 소스코드와 기계언어로 된 오브젝트 코드를 다 포괄할 수 있다고 판결했다.

위의 사례에서 알 수 있듯이 저작권 보호는 소프트웨어를 보호하는 통상적인 경계를 넘는 범위까지 확대할 수 있지만 한계는 분명히 있다. 특히 저작권은 컴퓨터 소프트웨어에서 가장 독창성이 요구되는 알고리즘(algorithm)을 보호하지 않는다. 만약 우리가 독창성의 산물들이 보호되어야 한다고 가정한다면, 알고리즘 그 자체를 보호할지도 모르는 특허를 살펴보아야 한다. 특허를 획득하려면, 특허출원자는 반드시 특허대상의 유용성, 참신성과 기타 특허에 적합한 내용들을 보여주어야 한다. 일반 특허에서는 기타에 제조프로세스, 장치, 재료의 성분 등이 포함된다. 그렇지만 컴퓨터 프로그램은 이러한 범주에 꼭 들어맞지는 않다. 프로그램은 대개 하나의 프로세스로 생각되지만, 프로세스는 반드시 어떤 것을 변화 혹은 변형시켜야 한다. 이것은 프로그램에 의해 무엇이 변화되는지에 관한 질문이 생긴다. 그것은 데이터인가 아니면 컴퓨터의 내적 구조인가?

다른 문제는 특허의 대상을 명시하는 것이다. 미국 연방 대법원은 수학적 알고리즘은 특허가 되지 않는다고 인정했다. 수학적 알고리즘은 특허가 되지 않기 때문에, 특허 출원자는 수학적 알고리즘을 포함시키지 않거나 그 알고리즘은 특허 내용의 근거가 아니라는 것을 보여주어야 한다. 불행하게도 둘 사이에 선을 긋는 것은 항상 쉬운 일이 아니다. 예를 들어 이와하시(Iwahashi)의 특허소송에서는 전산화된 수학 공식에 대한 답들을 계산하는 전산수치해법에 특허가 인정되었다.

앞에서 살펴본 소프트웨어 보호를 지지하는 강한 도덕적 논리와 같이 저작권과 특허의 보호는 필요하다. 저작권과 특허 중 어느 것이 소유자의 권리보호에 더 효과적이고 실현 가능한지는 주변 환경뿐만 아니라 소프트웨어의 성격에 따라 결정된다.

8.4 정보통신의 남용

정보통신의 남용은 인터넷을 통해서 사회적으로 비난받을 수 있는 행위를 하는 것으로 해킹과 바이러스 유포, 악성댓글, 음란물 유포 등의 비윤리적인 행위들이 이에 해당한다. 이러한 정보통신의 남용은 다른 사람에게 심각한 물질적 및 정신적 피해를 준다는 것을 2006학년도 대입원서접수 사이트 마비사태를 통하여 알 수 있다.

2006학년도 대입 정시모집 마감일인 2005년 12월 28일 오전 10시부터 각 대학 홈페이지에 연결된 원서 접수대행 사이트가 과다한 접속으로 인하여 마비되었다. 이 때문에 대다수 대학들이 마감시간을 연장하였지만 수험생과 가족들은 접속이 원활하지 못해서 몹시 애를 태웠다. 다시 교육부가 각 대학에 29일 오후 5시까지 연장하도록 긴급지시를 내려서 원서접수는 원활히 처리되었다. 그런데 2006년 2월 10일 서울경찰청 사이버범죄수사대가 밝힌 바에 의하면, 2005년 12월의 대입원서 서버가 다운된 것은 자신이 지원한 학과의 경쟁률을 낮추기 위한 일부 수험생들의 해킹 때문이었다. 경찰에 붙잡힌 학생 38명은 '방법2006'이라는 해킹프로그램을 사용하여 클릭 한 번으로 특정 사이트에 동시다발 접속이 가능해 서버 마비가 일어나게 된 것으로 드러났다. 이것은 실정법을 위반한 명백한 범죄임에도 아무런 죄의식 없이 이루어졌다는 것이 큰 문제로 지적된다. 심지어 피의자 중 한 명인 여고생은 자신의 오빠를 도와주기 위해서 해킹에 가담한 것으로 알려졌다. 경찰 수사결과 발표에 따라 교육부는 원서접수 사이트의 해킹에 가담한 대입합격생 25명의 합격을 취소하도록 하였다.[16)]

이와 같은 정보통신의 남용을 줄이거나 예방하기 위해서는 사이버상의 비윤리적인 행위도 엄연한 범죄행위로 처벌을 받게 된다는 점을 분명하게 할 필요가 있다. 이를 통해 막연한 호기심이나 영웅 심리에서 사이버 범죄를 일으키는 것을 일부 줄일 수 있을 것이다. 또한 정보가 재화로 인정되는 정보사회에서는 그 정보를 손상시키거나 파괴하는 행위가 타인의 재산권을 침해하는 행위라는 것을 알려야 한다. 또한 이러한 행위가 결국 사회 구성원들에 대한 신뢰를 근본적으로 뒤흔드는 비윤리적인 행위라는 점을 인식시켜야 한다. 이에 상응하는

16) 양근만, "원서접수 해킹 대학입학 25명 합격 취소될 듯", 조선일보, 2006. 2. 13.

'사이버 윤리교육'의 확대도 컴퓨터에서 정보통신 남용의 피해를 줄이는 역할을 할 것이다.

우리나라에서는 정보통신 남용의 피해를 줄이기 위해 2000년 6월 정보통신부 주관으로 '네티즌 윤리강령' 제정 위원회를 구성하고 네티즌 행동강령을 제정하였다.[17] 네티즌 윤리강령은 다음과 같다.

1. 우리는 타인의 인권과 사생활을 존중하고 보호한다.
2. 우리는 건전한 정보를 제공하고 올바르게 사용한다.
3. 우리는 불건전한 정보를 배격하며 유포하지 않는다.
4. 우리는 타인의 정보를 보호하며, 자신의 정보도 철저히 관리한다.
5. 우리는 비·속어나 욕설 사용을 자제하고, 바른 언어를 사용한다.
6. 우리는 실명으로 활동하며, 자신의 아이디로 행한 행동에 책임을 진다.
7. 우리는 바이러스 유포나 해킹 등 불법적인 행동을 하지 않는다.
8. 우리는 타인의 지적재산권을 보호하고 존중한다.
9. 우리는 사이버 공간에 대한 자율적 감사와 비판활동에 적극 참여한다.
10. 우리는 네티즌 윤리강령 실천을 통해 건전한 네티즌 문화를 조성한다.

이러한 방안들을 구체화하기 위해서 정보통신의 남용 예 중에서 피해가 심각한 것으로 여겨지는 컴퓨터 해킹, 바이러스 유포, 악성댓글 등에 관련된 사례들에 대하여 선긋기 기법을 적용하여 이들 행위의 도덕적 정당성 여부를 평가해보자. 우선 컴퓨터 해킹과 바이러스로 인해서 도덕적으로 심각하게 영향을 미치는 행위에 대한 몇 가지 특징들을 살펴보기로 한다.[18]

첫째, 사람의 태도이다. 태도는 단순한 부주의와 무시에서 다른 사람의 복지를 무시하는 무모한 행동, 의도적으로 해를 끼치려는 행동까지 이른다.

둘째, 실제로 입은 손해정도이다. 손해정도는 아무런 손상이 없는 것, 잠시

17) 인터넷윤리실천협의회 저, 인터넷 윤리, pp.98~101, 이한출판사, 2011.
18) C. E. Harris et. al., *Engineering Ethics,* 3rd ed., Thomson Wadsworth, p.112, 2005.

컴퓨터의 사용이 방해받는 것, 컴퓨터 기록이나 하드웨어 일부의 손상, 컴퓨터의 기록이나 하드웨어가 전혀 못 쓰게 되는 것 등과 같이 다양하다. 또한 실제적인 손해와 더불어 그 피해를 복구하기 위하여 요구되는 시간 그리고 바이러스와 같은 악성 프로그램의 2차적인 영향에 의한 손해도 고려해야 한다. 2차적 손해는 기존 프로그램의 신뢰를 떨어뜨리고 제대로 받은 메일조차 믿을 수 없게 되어 필터링하는 소프트웨어를 설치하는 비용과 이러한 소프트웨어를 작동하는 데에 필요한 메모리 설치비용 등이다.

셋째, 복구의 난이도와 소요비용이다. 비용 측면에서 전혀 돈이 들지 않는 일시적인 장애의 경우, 약간 비용이 드는 경우, 상당히 많은 비용이 요구되는 경우 등으로 분류될 수 있다.

넷째, 행동의 사회적 가치이다. 정보통신 남용의 사회적 가치는 아주 큰 것부터 아무것도 아닌 것까지 있을 수 있다. 컴퓨터 해커들은 종종 자신들의 행동이 정보통신의 약점인 안전에 관한 결함을 찾아내기 때문에 사회적으로 가치를 가진다고 주장한다.

이제 구체적으로 컴퓨터 해킹, 바이러스 유포, 악성댓글에 관한 사례들을 통하여 정보통신의 남용에 따른 도덕적 심각성의 정도를 위에 나열된 4개의 특징들을 가지고 분석하기로 한다.

사례 I 한국과학기술원 학생들의 A대학 해킹 사건

1996년 4월 6일 아침, A대학 전자전기공학과 전산시스템 관리자는 평소와 다름없이 시스템을 가동시켰다. 그날따라 시스템이 제대로 작동되지 않아 이리저리 살펴보던 관리자는 학과 전산시스템이 해킹을 당했다는 사실을 감지하고는 매우 당황했다. 관리자를 더욱 경악하게 만든 것은 상상을 뛰어넘는 해킹 수법이었다. 지금껏 학교를 둘러싼 해킹 사건은 전산망에 침입하거나 비밀번호 파일을 빼내는 수준이었다. 그런데 이번엔 시스템의 읽기전용 기억 소자인 EEP-롬의 비밀번호를 바꿔버려 EEP-롬 자체를 새 것으로 바꾸지 않으면 시스템의 재사용이 불가능한 지경이었다. 뿐만 아니라 교수 및 연구원들의 연구자료, 학생들의 각종 과제물 등 모든 전산자료를 삭제해 전자전기공학과의 학사행정이 완전히 마비될 수밖에 없었다. 사태의 심각성을 인식한 관리자는 황급히 학과장과 학교 당국에 이 사실을 보고했다. 그런데 문제는 전자전기공학과뿐만 아니라 물리학과의 7개 워크스테이션급 전산시스템의 본체 비밀번호가 바뀌고 모든 자료가 파괴된 것을 확인했다. 학사행정 및 연구기능 마비로 인한 피해가 심각한 정도였다.

A대학에서는 손상된 시스템의 EEP-롬을 같은 모델의 제품으로 대체하고 하드디스크 쪽 부팅 관련 섹터를 완전히 교체하여 시스템을 정상화시키는 데만 꼬박 1개월이 소요됐다. 그 짧지 않은 기간 동안 해당 학과의 학사행정과 연구에 빚어진 차질은 상상이 가고도 남을 일이다. 더욱 큰 피해는 삭제된 데이터에 있었다. 해킹으로 삭제된 대학원생 및 연구원들의 논문과 공동 프로젝트 자료 중 상당량이 복구할 수 없는 것으로 알려졌다.

서울지방검찰청 특별범죄수사본부 소속 정보범죄수사센터에 A대학의 전산시스템 해킹 사실에 대한 익명의 제보가 접수된 것은 사건 발생일로부터 일주일이 지난 4월 12일이었다. 이에 담당 검사는 A대학에 해킹담당 수사관들을 급파했다. 당시 수사팀은 한국과학기술원에 있는 컴퓨터시스템 동아리의 서버시스템을 통해서 침투한 흔적을 포착했다. 이 동아리는 국내에서 발생하는 해킹사고를 접수하여 처리하는 부서를 실질적으로 지원하는 전산망 보안분야에 제법 실력이 있는 학생들로 구성되었다. 그리하여 즉시 한국과학기술원에 가서 컴퓨터시스템 동아리 회원들을 1차 조사했으나 학생들은 해킹한 사실을 완강히 부인하였다.

4월 15일 이번에는 담당검사가 직접 수사대를 이끌고 한국과학기술원으로 향했다. 담당검사는 컴퓨터시스템 동아리와 관련 교내 전산시스템에 대한 조사를 전개했다. 물론 관련 동아리 회원들에 대한 간략한 조사도 병행했다. 그러나 컴퓨터시스템 동아리의 회장을 비롯한 동아리의 학생들은 이번에도 A대학에 대한 해킹은 없었다고 잘라 말했다. 수사진은 결백하다며 지나칠 정도의 과

민반응을 보이는 일부 회원들에 대해 정황적으로 혐의를 두기 시작했다. 그런데 물증이 없었으므로 우선 증거물로 확보한 시스템 데이터를 조사한 뒤 수사를 속개하기로 하였다. 확보한 한국과학기술원 전산시스템 데이터에 대한 정밀조사를 했지만, A대학에 대한 해킹이 일어났던 4월 5일 새벽 시간대에 해당하는 로그 파일(전산시스템에서 CPU 및 입출력장치의 사용시간, 수행시킨 명령어, 시작 및 종료 시간 등 컴퓨터시스템의 운용기록)에 아무런 사용 흔적이 없었다.

수사팀은 이 문제를 놓고 며칠간 고심한 끝에 혐의를 받고 있는 한국과학기술원의 학생들이 로그 파일의 기록을 삭제했을 가능성이 높다는 결론을 내렸다. 4월 29일 법원의 압수 수색영장을 발부받은 수사팀은 다시 한국과학기술원으로 출동해서 학생들이 숨겨 놓았을 것으로 추측되는 컴퓨터시스템 동아리의 관련 자료들을 찾기 위해 전체 전산시스템을 일시적으로 다운시켰다.

수사팀은 압수한 전산시스템 자료를 며칠 밤을 꼬박 새우며 분석한 결과, 5월 2일 새벽 해킹이 발생한 시간대에 미처 지워버리지 못한 1줄 정도의 로그파일을 발견해 냈다. 완강히 버티던 학생들이 그 한 줄의 파일 기록에 모든 사실을 시인했다. 실제로 4월 5일 A대학 시스템을 해킹한 사람은 3명으로 밝혀졌다. 5월 3일 담당검사는 컴퓨터시스템 동아리 회장과 해킹에 참여하지는 않았으나 수사 기간 중에 관련 파일을 삭제한 학생 1명을 전산망 보급 확장 및 이용촉진에 관한 법률위반 혐의로 구속하고 나머지 회원 2명은 불구속 입건이라는 최종 결정을 내렸다.

한국과학기술원에서는 이들의 능력을 중시해 처벌을 받은 후에 재입학의 기회를 주고 썬마이크로시스템사에 유학을 보내서 성장할 기회를 제공할 것이라고 했다. 또한 일부 대기업에서는 이들에 대한 스카웃 움직임도 있었다. 이와 같은 상황을 바탕으로 "구속까지는 너무 심한 것이 아닌가? 아까운 재능을 발휘할 수 있게 해야 한다."는 동정론도 강하게 일었다. 그러나 검찰에서는 "능력이 뛰어난 사람이라고 해서 능력이 없는 사람들에게 해악을 끼치고도 구제를 받게 되는 상황은 법치국가에서 있을 수 없는 일이다."라는 입장을 고수했

표 8.2 한국과학기술원 학생들의 A대학 해킹

고려사항	부도덕함	평 가											도덕적임	가중치	가중 평가점수
	(NP)	0	1	2	3	4	5	6	7	8	9	10	(PP)		
태도	악의적					X							친절한	2	8
손해	심각함			X									없음	2	4
복구비용	매우 큼			X									없음	2	4
사회적 가치	없음		X										매우 큼	1	1
합 계	–	–											–	7	17/70

다. 한국과학기술원 학생들의 A대학 해킹 사례를 선긋기 기법으로 분석해보면, 표 8.2와 같이 평가점수가 70점 만점에 17점이어서 부도덕한 행위라고 할 수 있다.

사례 Ⅱ 악성바이러스 치료사기

컴퓨터프로그래머인 K씨 등은 2005년 12월 스파이웨어(Spy-ware) 검색프로그램인 '비패스트(Be-fast)'를 만들어 포털사이트의 카페나 브로그를 통하여 퍼뜨렸다. 스파이웨어란 스파이와 소프트웨어의 합성어로 다른 사람의 컴퓨터에 몰래 숨어 있다가 개인정보를 빼내가는 악성바이러스를 말한다. 이들이 개발한 비패스트에는 스파이웨어 5개를 몰래 설치하는 실행파일이 같이 들어 있어서 이 프로그램을 다운받으면 스파이웨어가 컴퓨터에 같이 깔리게 된다. 이 비패스트로 컴퓨터를 검색하여 몰래 설치된 스파이웨어가 발견되면 '치료 받으려면 홈페이지에서 회원에 가입하세요.'라는 메시지가 뜨게 하는 수법으로 2만 3천여 명에게 치료프로그램 한 카피당 500~24,000원씩에 팔아 모두 1억 8천여만원의 부당이득을 챙겼다. 이와 같이 컴퓨터 자체의 손상은 없지만, 돈을 벌기 위하여 의도적으로 악성바이러스를 퍼뜨려서 그 치료프로그램을 사게 한 행위는 각 개인이 지불한 비용이 적을지라도 도덕적으로 바람직한 일은 아니다. 그

표 8.3 악성 바이러스 치료사기

고려사항	부도덕함 (NP)	평가 0 1 2 3 4 5 6 7 8 9 10	도덕적임 (PP)	가중치	가중 평가점수
태도	악의적	X--------------------------	친절한	2	0
손해	심각함	-------------X-------------	없음	2	10
복구비용	매우 큼	-------------X-------------	없음	2	10
사회적 가치	없음	---X-----------------------	매우 큼	1	1
합 계	-	-	-	7	21/70

래서 서울경찰청 사이버수사대는 이들을 상습사기로 구속하였다.[19] 이 사례를 통하여 인터넷상에서 무료로 제공되는 프로그램이 있더라도 섣불리 설치해서는 안 된다는 간접 경험을 할 수 있다. 악성 바이러스 치료사기 사례를 선긋기 기법으로 분석해보면, 표 8.3과 같이 평가점수가 70점 만점에 21점이어서 부도덕한 행위라고 할 수 있다.

이제 컴퓨터에서 정보통신의 남용으로 심각한 도덕적 영향을 끼치는 악성댓글 소위 악플(악성 리플라이의 줄인 말)에 대하여 살펴보자. 인터넷이 일상화된 현대사회에서 인터넷 서핑의 재미를 높여주는 요소 중 하나는 바로 댓글이다. 한 건의 기사이건 하나의 의견이건 밑에 달린 댓글을 통해 더 많은 자료를 얻을 수 있고, 상반된 의견을 접해서는 나름대로 생각을 정립할 수 있다. 그러나 간혹 가다 악의적인 댓글인 악플이 달리게 되면, 그날의 기분을 망치는 것은 물론 사람들에 대한 두려운 마음이 생기기도 한다. 그만큼 악플이 한 개인에게 미치는 심리적 영향은 매우 크다.

이 악성댓글은 온라인에서는 신분이 밝혀지지 않기 때문에 어떤 생각이든 표현할 수 있는 것으로 착각하여 오프라인에서는 좀처럼 볼 수 없는 내용도 서슴없이 밝히고 있다. 그러면서 표현의 자유라고 강변한다. 법조계에 따르면 온라인이나 오프라인 모두 법적인 책임은 동일하며, 오히려 온라인에서는 글로

19) 권호, "스파이웨어 병 주고 약 주고", 중앙일보, 2006. 4. 4.

저장되기 때문에 명예훼손에 대한 증거가 확실히 남게 된다는 점에서 주의해야 한다. 또한 악성댓글이 인터넷에서 벌어지니까 단순히 신세대 문제로 치부하는 경향이 있다. 그러나 실제 조사에 의하면, 정치적, 경제적 및 사회적 쟁점들에 대한 악성댓글을 다는 사람들 중에 40~50대가 제법 많이 포함되어 있다고 한다. 그 원인은 한 번도 사회의 불합리나 불의에 대해 내놓고 얘기하지 못했던 기성세대가 맺혔던 것을 공격적으로 쏟아 놓기 때문이라고 생각한다. 그 전형적인 예가 L씨 아들의 사망사건에 대한 악플 사건이다. 악성댓글은 인터넷을 사용하는 사람들의 문제이므로, 학교에서 이에 대한 윤리교육과 서로의 의견을 존중하고 귀를 기울이는 사회의식이 성숙되어야 한다.

마음대로 쓴 댓글이 도덕적으로 정당한지 아닌지를 댓글을 다는 사람의 태도, 상대방이 입는 피해의 정도, 그 댓글로 인한 사회적 가치 등을 고려하여 다음 사례를 분석해 보자.

2005년 7월 L씨의 아들이 필리핀의 한 리조트 수영장에서 익사한 것을 보도한 기사의 댓글에서 자신의 아들의 죽음을 '빨갱이', '인과응보', '사필귀정' 등으로 조롱하고 비난하는 글을 올린 네티즌 30여명을 L씨가 검찰에 고소한 바 있다.[20)]

사례 Ⅲ L씨 아들 사망기사의 댓글

L씨는 1989년 학생시절에 평양학생축전에 참가한 바 있다. 따라서 그는 법을 위반하게 되었고 이에 대한 처벌을 받았다. 그렇다하더라도 숭고한 어린 생명을 잃은 부모의 마음을 헤집고 상처를 주는 표현을 한 것은 인간된 도리로서 지나친 것이라고 생각된다. 더구나 밝혀진 바에 의하면 악성댓글을 단 사람들 중 고발된 네티즌들은 자녀가 있는 사회의 지도층이라는 사실에 더욱 놀라움을 금할 수 없다. 고소당한 네티즌들의 신분은 주로 금융기관 임원, 대기업 직원,

20) 류승연, "앞으로 댓글 달 때 명예훼손 조심하세요", 브레이크뉴스, 2006. 1. 24.

표 8.4 L씨 아들사망 기사의 악성댓글

고려사항	부도덕함 (NP)	평가 0 1 2 3 4 5 6 7 8 9 10	도덕적임 (PP)	가중치	가중 평가점수
태도	악의적	-------------X-------------	친절한	2	10
피해	심각함	---X-----------------------	없음	2	2
사회적 가치	없음	X--------------------------	매우 큼	1	0
합 계	-	-	-	5	12/50

대학교수 등 고학력층 40~50대 남성인 것으로 알려졌다.

서울중앙지검은 고소를 당한 네티즌 중 혐의가 확인된 14명을 각각 벌금 100만원에 약식 기소했다. 이 사례를 선긋기 기법으로 분석해보면, 표 8.4와 같이 평가점수가 50점 만점에 12점이어서 부도덕한 행위라고 할 수 있다.

컴퓨터에서 정보통신의 남용에 대한 도덕적 심각성을 평가하는 것은 항상 쉬운 일은 아니다. 앞의 사례들에서 살펴본 바와 같이 한국과학기술원 학생들의 행동은 단순한 영웅심이나 호기심에서 출발한 것이지만 그들의 의도와 상관없이 해킹으로 입은 물질이나 시간의 손해는 실로 막대하므로 도덕적으로 허용할 수 없다. 그렇지만 해커들은 해킹으로 보안의 약점을 찾아냄으로써 공중의 복지를 증진시킨다고 주장하면서 자신들의 행동을 정당화하려 한다. 그러나 해킹을 당한 소규모 기업이나 단체는 컴퓨터와 파일을 복구할 비용이 없어서 정상적인 업무에 심각한 타격을 입을 경우도 생길 수 있다. 이런 경우에 해커의 행동은 피해 기업이나 단체와 관련된 많은 사람들의 복지증진에 어긋나는 것이므로 절대 정당화될 수 없다. 그러므로 컴퓨터 시스템 분야의 탁월한 재능을 가진 사람들은 다른 사람을 제압하려 하지 말고, 자신이 가진 것을 정보화 사회의 순기능을 위하여 쓸 수 있도록 배려해야 한다. 또한 악성댓글은 해킹에 비하여 물질적 피해는 별로 없지만, 개똥녀 사건이나 L씨의 아들 사망사건처럼 한 개인에게 정신적으로 심각한 피해를 줄 수 있으므로 도덕적 기준에서 보면 하찮은 것으로 여겨서는 안 된다. 한편 음란물 유포도 청소년들의 건전한 성의

식을 해치게 되므로 이런 행위의 자제가 요청된다.

이제 컴퓨터는 새로운 정보획득과 의사소통 수단으로 자리 잡아가고 있으므로, 우리 모두가 온라인에서도 오프라인에서와 같이 서로를 존중하고 배려함으로써 보다 더 아름다운 공동체를 형성하도록 노력해야 한다.

고려할 사례

사례 12	대학원생의 바이러스 유포
사례 23	소프트웨어의 소유권
사례 29	연예인에 대한 결혼설 유포
사례 33	인터넷에서 주가 조작
사례 34	인터넷 포털의 검색순위 조작
사례 43	친일작가의 망언에 악성댓글
사례 44	컴퓨터엔지니어가 제공한 소프트웨어
사례 45	학력위조 의혹 사건

참고문헌

• 단행본 및 학술지

1. Anspach Grossman Portugal 사, *빌딩종류 연구*, Architectural Record, 1976년 8월.
2. C. E. Harris et. al., *Engineering Ethics*, 2nd ed., Wadsworth, 2000.
3. C. E. Harris et. al., *Engineering Ethics*, 3rd ed., Thomson Wadsworth, 2005.
4. C. E. Harris et. al, "Engineering Ethics: What? Why? How? and When?", *Journal of Engineering Education,* 1996.
5. C. MacDonald, Creating a Code of Ethics for Your Organization, Dalhousie University, Philosophy Dept., Halifax, Canada.
6. M. W. Martin and R. Schinzinger, *Ethics in Engineering,* 3rd ed., McGraw-Hill, 1996.
7. M. W. Martin and R. Schinzinger, *Ethics in Engineering,* 4th ed., McGraw-Hill, 2005.
8. 공학교육을 위한 PBL Workshop 자료집, 연세대학교 공학교육혁신센터, 2007.
9. 교육인적자원부, *연구 윤리 소개*, 2006.
10. 堀田源治 著, *工學倫理*, 工學圖書株式會社, 2006.
11. 금교영, "영남대 공학윤리교육", 2010 한국공학교육학회 공학윤리 워크숍 자료집.
12. 기계공학개론교재편찬위원회, *기계공학개론*, 북스힐, 2011.
13. 김동욱 외 2인, 최신 환경과학, 교문사, 2020.
14. 김양희, "도요타 리콜사태의 발생원인과 교훈," 대외정책연구원, 10권, 1호, 2010.
15. 김유근 외 1인, 대기오염이론, 시스마프레스, 2015.
16. 김유신, "기술, 정보사회, 윤리", *통합연구*, 1996.
17. 김정식, *공학기술 윤리학*, 인터비전, 2004.
18. 김정식, 최우승 공저, *공학윤리*, 연학사, 2009.
19. 김진 외 9인 공저, *공학윤리*, 철학과 현실사, 2003.
20. 김환석, 과학기술의 민주화: 왜? 그리고 어떻게?, 국민대 사회학과.

21. 양해림 외 3인 공저, *과학기술시대의 공학윤리*, 철학과 현실사, 2006.
22. 이광수, 이재성 공역(C.B.Fleddermann 원저), *공학윤리*, 3판, 홍릉과학출판사, 2009.
23. 이대식, 김영필, 김영진 공저, *공학윤리*, 인터비전, 2003.
24. 이장규, 과학기술자의 인권과 사회적 책임, 서울대 전기컴퓨터공학부.
25. 이재성 외 4인 공역(C.B.Fleddermann 원저), 공학윤리, 4판, 북스힐, 2015.
26. 인터넷윤리실천협의회 저, 인터넷 윤리, 이한출판사, 2011.
27. 전영록 외 5인 공역(Gerard Voland 원저), *공학문제해결을 위한 공학설계*, 2판, 교보문고, 2008.
28. 전영록 외 8인 공역(M. W. Martin 원저), *공학윤리*, 4판, 교보문고, 2009.
29. 정문석 외 9인, 대기오염개론, 신광문화사, 2015.
30. 최병순 외 4인, 토양오염개론, 동화기술교역, 1999.

• 신문기사 및 기타

1. 과기정통부, 「2017 인터넷이용실태조사」보도자료, 2018.1.31.
2. 권호, "스파이웨어 병 주고 약 주고", 중앙일보, 2006.4.4.
3. 김기홍, "미국 PC업체에 1400억원 지급키로", 조선일보, 2006.5.11.
4. 김동은, "주가조작 수사 '인터넷 카페'로 확대", 매일경제, 2013.04.04
5. 류성일, 한국 소프트웨어 산업의 현황 및 제언, kt경제경영연구소, 2014.6.11.
6. 류승연, "앞으로 댓글 달 때 명예훼손 조심하세요", 브레이크뉴스, 2006.1.24.
7. 류은주, "불법복제 SW 60%는 일반 사무용", IT조선, 2021.1.25.
8. 미래와 소통, "원자력 발전소는 폐기되어야 한다. 찬반 논점 정리", 2019.11.11.
9. 박근모, "올해 국내 소프트웨어 시장 규모", 디지털투데이, 2017.6.13.
10. 서의동, 박팔령, "정부대책 혼선에 주민 불신 증폭", 연합뉴스, 2003.11.21.
11. 양근만, "원서접수 해킹 대학입학 25명 합격 취소될 듯", 조선일보, 2006.2.13.
12. 양충모, "브레이크 없는 급발진 미스터리", 동아일보, 2014.4.8.
13. 연합뉴스, "상처만 남긴 채 봉합된 NEIS 파문", 2004.9.23.
14. 오승환, "원전 기술력과 탈원전 정책의 딜레마?", 시사뉴스, 2019.8.27.

15. 오종석, "다렌항 '올스톱' …한국업체 피해 불가피", 국민일보, 2010.7.20.
16. 이원호, "네이버 뉴스 기사 댓글 하루 10개까지만 허용", 중앙일보, 2006.4.8.
17. 이정현, "원전피폭선량 평가방식 변경", 연합뉴스, 2012.10.8.
18. 이정환, "스마트 지팡이", 전자신문, 2014.4.25.
19. 이지형, "[아듀 20세기] 낙동강 페놀 오염", 조선일보, 1999.10.10.
20. 조병국, 서울시, "수질조작 하수 방류 한강 오염", 기호일보, 2015.10.13.
21. 조봉권, "전문가 의견이라고 다 믿을 수 있을까?", 국제신문, 20011.4.9.
22. 조일준, "반도체 산재 인정하라" 10년째 외침, 한겨레신문, 2017.11.20.
23 조홍섭, "놀이터 아이들 '중금속 기구' 타고 놀았네", 한겨레신문, 2006.10.13.
24. 중앙일보 탐사기획팀, "논문, 고도 성장의 그늘〈상〉", 중앙일보, 2006.3.13.
25. 중앙일보 탐사기획팀, "논문, 고도 성장의 그늘〈하〉", 중앙일보, 2006.3.16.
26. 최경운, "2조 날린 도롱뇽 소송 3년 만에 마침표", 조선일보, 2006.6.2.
27. 최민영, "주민번호·계좌번호 등 개인정보 불법유통", 한겨레신문, 2020.10.05.
28. 향동지식산업센터, "설악산 오색케이블카 설치 갈등", 네이버 블로그, 2021.1.27.

부 록

부록 I

공학윤리헌장

(Codes of Ethics)

[Association for Computing Machinery : ACM Code of Ethics and Professional Conduct]

* Preamble
* Contents & Guidelines

Preamble

Commitment to ethical professional conduct is expected of every member (voting members, associate members, and student members) of the Association for Computing Machinery (ACM).

This Code, consisting of 24 imperatives formulated as statements of personal responsibility, identifies the elements of such a commitment. It contains many, but not all, issues professionals are likely to face. Section 1 outlines fundamental ethical considerations, while Section 2 addresses additional, more specific considerations of professional conduct. Statements in Section 3 pertain more specifically to individuals who have a leadership role, whether in the workplace or in a volunteer capacity such as with organizations like ACM Principles involving compliance with this Code are given in Section 4.

The Code shall be supplemented by a set of Guidelines, which provide explanation to assist members in dealing with the various issues contained in the Code. It is expected that the Guidelines will be changed more frequently than the Code.

The Code and its supplemented Guidelines are intended to serve as a basis for ethical decision making in the conduct of professional work. Secondarily, they may serve as a basis for judging the merit of a formal complaint pertaining to violation of professional ethical standards.

It should be noted that although computing is not mentioned in the imperatives of Section, the Code is concerned with how these fundamental imperatives apply to one' s conduct as a computing professional. These imperatives are expressed in a general form to emphasize that ethical principles which apply to computer ethics are derived from more general ethical principles.

It is understood that some words and phrases in a code of ethics are subject to varying interpretations, and that any ethical principle may conflict with other ethical principles in specific situations. Questions related to ethical conflicts can best be answered by thoughtful consideration of fundamental principles, rather than reliance on detailed regulations.

Contents & Guidelines

1 General Moral Imperatives

2 More Specific Professional Responsibilities

3 Organizational Leadership Imperatives

4 Compliance with the Code

5 Acknowledgments

1. General Moral Imperatives.

As an ACM member I will…

1.1 Contribute to society and human well-being.

This principle concerning the quality of life of all people affirms an obligation to protect fundamental human rights and to respect the diversity of all cultures. An essential aim of computing professionals is to minimize negative consequences of computing systems, including threats to health and safety. When designing or implementing systems, computing professionals must attempt to ensure that the products of their efforts will be used in socially responsible ways, will meet social needs, and will avoid harmful effects to health and welfare.

In addition to a safe social environment, human well-being includes a safe natural environment. Therefore, computing professionals who design and develop systems must be alert to, and make others aware of, any potential damage to the local or global environment.

1.2 Avoid harm to others.

"Harm" means injury or negative consequences, such as undesirable loss of information, loss of property, property damage, or unwanted environmental impacts. This principle prohibits use of computing technology in ways that result in harm to any of the following users, the general public, employees, employers harmful actions include intentional destruction or modification of files and programs leading to serious loss of resources or unnecessary expenditure of human resources such as the time and effort required to purge systems, (if "computer viruses" well-intended actions, including those that accomplish assigned duties, may lead to harm unexpectedly. In such an event the responsible person or persons are obligated to undo or mitigate the negative consequences as much as possible. One way to avoid unintentional harm is to carefully consider potential impacts on all those affected by decisions made during design and implementation.

To minimize the possibility of indirectly harming others, computing professionals must minimize malfunctions by following generally accepted standards for system design and testing. Furthermore, it is often necessary to assess the social consequences of systems to project the likelihood of any serious harm to others. If system features are misrepresented to users, coworkers, or supervisors, the individual computing professional is responsible for any resulting injury.

In the work environment the computing professional has the additional obligation to report any signs of system dangers that might result in serious personal or social damage. If one' s superiors do not act to curtail or mitigate such dangers, it may be necessary to "blow the whistle" to help correct the problem or reduce the risk. However, capricious or misguided reporting of violations can, itself, be harmful. Before reporting violations, all relevant aspects of the incident must be thoroughly assessed. In particular, the assessment of risk and responsibility must be credible. It is suggested that advice be sought from other computing professionals. See principle 2.5 regarding thorough evaluations.

1.3 Be honest and trustworthy.

Honesty is an essential component of trust. Without trust an organization cannot function effectively. The honest computing professional will not make deliberately false or deceptive claims about a system or system design, but will instead provide full disclosure of all pertinent system limitations and problems.

A computer professional has a duty to be honest about his or her own qualifications, and about any circumstances that might lead to conflicts of interest.

Membership in volunteer organizations such as ACM may at times place individuals in situations where their statements or actions could be interpreted as carrying the "weight" of a larger group of professionals. An ACM member will exercise care to not misrepresent ACM or positions and policies of ACM or any ACM units.

1.4 Be fair and take action not to discriminate.

The values of equality, tolerance, respect for others, and the principles of equal justice govern this imperative. Discrimination on the basis of race, sex, religion, age, disability, national origin, or other such factors is an explicit violation of ACM policy and will not be tolerated.

Inequities between different groups of people may result from the use or misuse of information and technology. In a fair society, all individuals would have equal opportunity to participate in, or benefit from, the use of computer resources regardless of race, sex, religion, age, disability, national origin or other such similar factors. However, these ideals do not justify unauthorized use of computer resources nor do they provide an adequate basis for violation of any other ethical imperatives of this code.

1.5 Honor property rights including copyrights and patent.

Violation of copyrights, patents, trade secrets and the terms of license agreements is prohibited by law in most circumstances. Even when software is not so protected, such violations are contrary to professional behavior. Copies of software should be made only with proper authorization. Unauthorized duplication of materials must not be condoned.

1.6 Give proper credit for intellectual property.

Computing professionals are obligated to protect the integrity of intellectual property. Specifically, one must not take credit for other' s ideas or work, even in cases where the work has not been explicitly protected by copyright, patent, etc.

1.7 Respect the privacy of others.

Computing and communication technology enables the collection and exchange of personal information on a scale unprecedented in the history of civilization. Thus there is increased potential for violating the privacy of individuals and groups. It is the responsibility of professionals to maintain the privacy and integrity of data describing individuals. This includes taking precautions to ensure the accuracy of data, as well as protecting it from unauthorized access or accidental disclosure to inappropriate individuals. Furthermore, procedures must be established to allow individuals to review their records and correct inaccuracies.

This imperative implies that only the necessary amount of personal information be collected in a system, that retention and disposal periods for that information be clearly defined and enforced, and that personal information gathered for a specific purpose not be used for other purposes without consent of the individual(s). These principles apply to electronic communications, including electronic mail, and prohibit procedures that capture or monitor electronic user data, including messages, without the permission of users or bona fide authorization related to system operation and maintenance. User data observed during the normal duties of system operation and maintenance must be treated with strictest confidentiality, except in cases where it is evidence for the violation of law, organizational regulations, or this code. In these cases, the nature or contents of that information must be disclosed only to proper authorities.

1.8 Honor confidentiality.

The principle of honesty extends to issues of confidentiality of information whenever one has made an explicit promise to honor confidentiality or, implicitly, when private information not directly related to the performance of one' s duties becomes available. The ethical concern is to respect all obligations of confidentiality to employers, clients, and users unless discharged from such obligations by requirements of the law or other principles of this Code.

2. More Specific Professional Responsibilities.

As an ACM computing professional I will…

2.1 Strive to achieve the highest quality, effectiveness and dignity in both the process and products of professional work.

Excellence is perhaps the most important obligation of a professional. The computing professional must strive to achieve quality and to be cognizant of the serious negative consequences that may result from poor quality in a system.

2.2 Acquire and maintain professional competence.

Excellence depends on individuals who take responsibility for acquiring and maintaining professional competence. A professional must participate in setting standards for appropriate levels of competence, and strive to achieve those standards. Upgrading technical knowledge and competence can be achieved in several ways: doing independent study; attending seminars, conferences, or courses; and being involved in professional organizations.

2.3 Know and respect existing laws pertaining to professional work.

ACM members must obey existing local, state, province, national, and international laws unless there is a compelling ethical basis not to do so. Policies and procedures of the organizations in which one participates must also be obeyed. But compliance must be balanced with the recognition that sometimes existing laws and rules may be immoral or inappropriate and, therefore, must be challenged. Violation of a law or regulation may be ethical when that law or rule has inadequate moral basis or when it conflicts with another law judged to be more important. If one decides to violate a law or rule because it is viewed as unethical, or for any other reason, one must fully accept responsibility for one's actions and for the consequences.

2.4 Accept and provide appropriate professional review.

Quality professional work, especially in the computing profession, depends on professional reviewing and critiquing. Whenever appropriate, individual members should seek and utilize peer review as well as provide critical review of the work of others.

2.5 Give comprehensive and thorough evaluations of computer systems and their impacts, including analysis of possible risks.

Computer professionals must strive to be perceptive, thorough, and objective when evaluating, recommending, and presenting system descriptions and alternatives. Computer professionals are in a position of special trust, and therefore have a special responsibility to provide objective, credible evaluations to employers, clients, users, and the public. When providing evaluations the professional must also identify any relevant conflicts of interest, as stated in imperative 1.3.

As noted in the discussion of principle 1.2 on avoiding harm, any signs of danger from systems must be reported to those who have opportunity and/or responsibility to resolve them. See the guidelines for imperative 1.2 for more details concerning harm, including the reporting of professional violations.

2.6 Honor contracts, agreements, and assigned responsibilities.

Honoring one' s commitments is a matter of integrity and honesty. For the computer professional this includes ensuring that system elements perform as intended. Also, when one contracts for work with another party, one has an obligation to keep that party properly informed about progress toward completing that work.

A computing professional has a responsibility to request a change in any assignment that he or she feels cannot be completed as defined. Only after serious consideration and with full disclosure of risks and concerns to the employer or client, should one accept the assign-merit. He major underlying principle here is the obligation to accept personal accountability for professional work. On some occasions other ethical principles may take greater priority.

A judgment that a specific assignment should not be performed may not be accepted. Having clearly identified one' s concerns and reasons for that judgment, but failing to procure a change in that assignment, one may yet be obligated, by contract or by law, to proceed as directed. The computing professional's ethical judgment should be the final guide in deciding whether or not to proceed. Regardless of the decision, one must accept the responsibility for the consequences.

However, performing assignments "against one' s own judgment" does not relieve the professional of responsibility for any negative consequences.

2.7 Improve public understanding of computing and its consequences.

Computing professionals have a responsibility to share technical knowledge with the public by encouraging understanding of computing, including the impacts of computer systems and their limitations. This imperative implies an obligation to counter any false views related to computing.

2.8 Access computing and communication.

Resources only when authorized to do so. Theft or destruction of tangible and electronic property is prohibited by imperative 1.2- "Avoid harm to others." Trespassing and unauthorized use of a computer or communication system is addressed by this imperative. Trespassing includes accessing communication networks and computer systems, or accounts and/or files associated with those systems, without explicit authorization to do so. Individuals and organizations have the right to restrict access to their systems so long as they do not violate the discrimination principle (see 1.4). No one should enter or use another' s computer system, software, or data files without permission. One must always have appropriate approval before using system resources, including communication ports, file space, other system peripherals, and computer time.

3. Organizational Leadership Imperatives.

As an ACM member and an organizational leader, I will…

3.1 Articulate social responsibilities of members of an organizational unit and encourage full acceptance of those responsibilities.

Because organizations of all kinds have impacts on the public, they must accept responsibilities to society. Organizational procedures and attitudes oriented toward quality and the welfare of society will reduce harm to members of the public, thereby serving public interest and fulfilling social responsibility. Therefore, organizational leaders must encourage full participation in meeting social responsibilities as well as quality performance.

3.2 Manage personnel and resources to design and build information systems that enhance the quality of working life.

Organizational leaders are responsible for ensuring that computer systems enhance, not degrade, the quality of working life. When implementing a computer system, organizations must consider the personal and professional development, physical safety, and human dignity of all workers. Appropriate human-computer ergonomic standards should be considered in system design and in the workplace.

3.3 Acknowledge and support proper and authorized uses of an organization's computing and communication resources.

Because computer systems can become tools to harm as well as to benefit an organization, the leadership has the responsibility to clearly define appropriate and inappropriate uses of organizational computing resources. While the number and scope of such rules should be minimal, they should be fully enforced when established.

3.4 Ensure that users and those who will be affected by a system have their needs clearly articulated during the assessment and design of requirements; later the system must be validated to meet requirements.

Current system users, potential users and other persons whose lives may be affected by a system must have their needs assessed and incorporated in the statement of requirements. System validation should ensure compliance with those requirements.

BACKGROUND NOTE : This section draws extensively from the draft IFIP Code of Ethics, especially its sections on organizational ethics and international concerns. The ethical obligations of organizations tend to be neglected in most codes of professional conduct, perhaps because these codes are written from the perspective of the individual member. This dilemma is addressed by stating these imperatives from the perspective of the organizational leader. In this context "leader" is viewed as any organizational member who has leadership or educational responsibilities. These imperatives generally may apply to organizations as well as their leaders. In this context "organizations" are corporations, government agencies, and other "employers" as well as volunteer professional organizations.

3.5 Articulate and support policies that protect the dignity of users and others affected by a computing system.

Designing or implementing systems that deliberately or inadvertently demean individuals or groups is ethically unacceptable, computer professionals who are in decision making positions should verify that systems are designed and implemented to protect personal privacy and enhance personal dignity.

3.6 Create opportunities for members of the organization to learn the principles and limitations of computer systems.

This complements the imperative on public understanding (2.7). Educational opportunities are essential to facilitate optimal participation of all organizational members. Opportunities must be available to all members to help them improve their knowledge and skills in computing, including courses that familiarize them with the consequences and limitations of particular types of systems. In particular, professionals must be made aware of the dangers of building systems around oversimplified models, the improbability of anticipating and designing for every possible operating condition, and other issues related to the complexity of this profession.

4. Compliance with the Code

As an ACM member I will…

4.1 Uphold and promote the principles of this Code.

The future of the computing profession depends on both technical and ethical excellence. Not only is it important for ACM computing professionals to adhere to the principles expressed in this Code, each member should encourage and support adherence by other members.

4.2 Treat violations of this code as inconsistent with membership in the ACM.

Adherence of professionals to a code of ethics is largely a voluntary matter. However, if a member does not follow this code by engaging in gross misconduct, membership in ACM may be terminated.

This Code and the supplemental Guidelines were developed by the Task Force for the Revision of the ACM Code of Ethics and Professional Conduct. Ronald E. Anderson, Chair, Gerald Engel, Donald Gotterbarn, Grace C. Hertlein, Alex Hoffman, Bruce Jawer, Deborah G. Johnson, Doris K. Lidtke, Joyce Currie Little, Diamie Martin, Donn B. Parker, Judith A. Perrolle, and Richard S. Rosenberg. The Task Force was organized by ACM/SIGCAS and funding was provided by the ACM SIG Discretionary Fund. This Code and the supplemental Guidelines were adopted by the ACM Council on October 16, 1992.

This Code may be published without permission as long as it is not changed in any way and it carries the copyright notice. Copyright @ 1997, Association for Computing Machinery, Inc.

American Institute of Chemical Engineers (AIChE) Code of Ethics

Members of the American Institute of Chemical Engineers shall uphold and advance the integrity, honor and dignity of the engineering profession by: being honest and impartial and serving with fidelity their employers, their clients, and the public, striving to increase the competence and prestige of the engineering profession; and using their knowledge and skill for the enhancement of human welfare. To achieve these goals, members shall

1. Hold paramount the safety, health and welfare of the public and protect the environment in performance of their professional duties.
2. Formally advise their employers or clients (and consider further disclosure, if warranted) if they perceive that a consequence of their duties will adversely affect the present or future health or safety of their colleagues or the public.
3. Accept responsibility for their actions, seek and heed critical review of their work and offer objective criticism of the work of others.
4. Issue statements or present information only in an objective and truthful manner.
5. Act in professional matters for each employer or client as faithful agents or trustees, avoiding conflicts of interest and never breaching confidentiality.
6. Treat fairly and respectfully all colleagues and coworkers, recognizing their unique contributions and capabilities.
7. Perform professional services only in areas of their competence.
8. Build their professional reputations on the merits of their services.
9. Continue their professional development throughout their careers, and provide opportunities for the professional development of those under their supervision.
10. Never tolerate harassment.
11. Conduct themselves in a fair, honorable and respectful manner.

American Society of Civil Engineers : Code of Ethics

Fundamental Principles

Engineers uphold and advance the integrity, honor and dignity of the engineering profession by:

1. using their knowledge and skill for the enhancement of human welfare and the environment;
2. being honest and impartial and serving with fidelity the public, their employers and clients;
3. striving to increase the competence and prestige of the engineering profession; and
4. supporting the professional and technical societies of their disciplines.

Fundamental Canons

1. Engineers shall hold paramount the safety, health and welfare of the public and shall strive to comply with the principles of sustainable development in the performance of their professional duties.
2. Engineers shall perform services only in areas of their competence.
3. Engineers shall issue public statements only in an objective and truthful manner.
4. Engineers shall act in professional matters for each employer or client as faithful agents or trustees, and shall avoid conflicts of interest.
5. Engineers shall build their professional reputation on the merit of their services and shall not compete unfairly with others.
6. Engineers shall act in such a manner as to uphold and enhance the honor, integrity, and dignity of the engineering profession.

7. Engineers shall continue their professional development throughout their careers, and shall provide opportunities for the professional development of those engineers under their supervision.

Guidelines to Practice Under the fundamental Canons of Ethics

Canon 1.

Engineers shall hold paramount the safety, health and welfare of the public and shall strive to comply with the principles of sustainable development in the performance of their professional duties.

a. Engineers shall recognize that the lives, safety, health and welfare of the general public are dependent upon engineering judgments, decisions and practices incorporated into structures, machines, products, processes and devices.
b. Engineers shall approve or seal only those design documents, reviewed or prepared by them, which are determined to be safe for public health and welfare in conformity with accepted engineering standards.
c. Engineers whose professional judgment is overruled under circumstances where the safety, health and welfare of the public are endangered, or the principles of sustainable development ignored, shall inform their clients or employers of the possible consequences.
d. Engineers who have knowledge or reason to believe that another person or firm may be in violation of any of the provisions of Canon 1 shall present such information to the proper authority in writing and shall cooperate with the proper authority in furnishing such further information or assistance as may be required.

e. Engineers should seek opportunities to be of constructive service in civic affairs and work for the advancement of the safety, health and well-being of their communities, and the protection of the environment through the practice of sustainable development.

f. Engineers should be committed to improving the environment by adherence to the principles of sustainable development so as to enhance the quality of life of the general public.

Canon 2.

Engineers shall perform services only in areas of their competence.

a. Engineers shall undertake to perform engineering assignments only when qualified by education or experience in the technical field of engineering involved.

b. Engineers may accept an assignment requiring education or experience outside of their own fields of competence, provided their services are restricted to those phases of the project in which they are qualified. All other phases of such project shall be performed by qualified associates, consultants, or employees.

c. Engineers shall not affix their signatures or seals to any engineering plan or document dealing with subject matter in which they lack competence by virtue of education or experience or to any such plan or document not reviewed or prepared under their supervisory control.

Canon 3.

Engineers shall issue public statements only in an objective and truthful manner.

a. Engineers should endeavor to extend the public knowledge of engineering and sustainable development, and shall not participate in the dissemination of untrue, unfair or exaggerated statements regarding engineering.

b. Engineers shall be objective and truthful in professional reports, statements, or testimony. They shall include all relevant and pertinent information in such reports, statements, or testimony.

c. Engineers, when serving as expert witnesses, shall express an engineering opinion only when it is founded upon adequate knowledge of the facts, upon a background of technical competence, and upon honest conviction.

d. Engineers shall issue no statements, criticisms, or arguments on engineering matters which are inspired or paid for by interested parties, unless they indicate on whose behalf the statements are made.

e. Engineers shall be dignified and modest in explaining their work and merit, and will avoid any act tending to promote their own interests at the expense of the integrity, honor and dignity of the profession.

Canon 4.

Engineers shall act in professional matters for each employer or client as faithful agents or trustees, and shall avoid conflicts of interest.

a. Engineers shall avoid all known or potential conflicts of interest with their employers or clients and shall promptly inform their employers or clients of any business association, interests, or circumstances which could influence their judgment or the quality of their services.

b. Engineers shall not accept compensation from more than one party for services, on the same project, or for services pertaining to the same project, unless the circumstances are fully disclosed to and agreed to, by all interested parties.

c. Engineers shall not solicit or accept gratuities, directly or indirectly, from contractors, their agents, or other parties dealing with their clients or employers in connection with work for which they are responsible.

d. Engineers in public service as members, advisors, or employees of a governmental body or department shall not participate in considerations or actions with respect to services solicited or provided by them or their organization in private or public engineering practice.

e. Engineers shall advise their employers or clients when, as a result of their studies, they believe a project will not be successful.

f. Engineers shall not use confidential information coming to them in the course of their assignments as a means of making personal profit if such action is adverse to the interests of their clients, employers or the public.

g. Engineers shall not accept professional employment outside of their regular work or interest without the knowledge of their employers.

Canon 5.

Engineers shall build their professional reputation on the merit of their services and shall not compete unfairly with others.

a. Engineers shall not give, solicit or receive either directly or indirectly, any political contribution, gratuity, or unlawful consideration in order to secure work, exclusive of securing salaried positions through employment agencies.

b. Engineers should negotiate contracts for professional services fairly and on the basis of demonstrated competence and qualifications for the type of professional service required.

c. Engineers may request, propose or accept professional commissions on a contingent basis only under circumstances in which their professional judgements would not be compromised.

d. Engineers shall not falsify or permit misrepresentation of their academic or professional qualifications or experience.

e. Engineers shall give proper credit for engineering work. to those to whom credit is due, and shall recognize the proprietary interests of others. Whenever possible, they shall name the person or persons who may be responsible for designs, inventions, writings or other accomplishments.

f. Engineers may advertise professional services in a way that does not contain misleading language or in any other manner derogatory to the dignity of the profession examines of permissible advertising are as follows.

* Professional cards in recognized, dignified publications, and listings in rosters or directories published by responsible organizations, provided that the cards or listings are consistent in size and content and are in a section of the publication regularly devoted to such professional cards.

* Brochures, which factually describe experience, facilities, personnel and capacity to render service, providing they are not misleading with respect to the engineer's participation in protects described.

* Display advertising in recognized dignified business and professional publications, providing it is factual and is not misleading with respect to the engineer's extent of participation in projects described.

* A statement of the engineers' names or the name of the firm and statement of the type of service posted on projects for which they render services.

* Preparation or authorization of descriptive articles for the lay or technical press, which are factual and dignified. Such articles shall not imply anything more than direct participation in the project described.

* Permission by engineers for their names to be used in commercial advertisements, such as may be published by contractors, material suppliers, etc., only by means of a modest, dignified notation acknowledging the engineers' participation in the project described. Such permission shall not include public endorsement of proprietary products.

g. Engineers shall not maliciously or falsely, directly or indirectly, injure the professional reputation, prospects, practice or employment of another engineer or indiscriminately criticize another's work.

h. Engineers shall not use equipment, supplies, laboratory or office facilities of their employers to carry on outside private practice without the consent of their employers.

Canon 6.

Engineers, shall act in such a manner as to uphold and enhance the honor, integrity, and dignity of the engineering profession.

a. Engineers shall not knowingly act in a manner which will be derogatory to the honor, integrity, or dignity of the engineering profession or knowingly engage in business or professional practices of a fraudulent, dishonest or unethical nature.

Canon 7.

Engineers shall continue their professional development throughout their careers, and shall provide opportunities for the professional development of those engineers under their supervision.

a. Engineers should keep current in their specialty fields by engaging in professional practice, participating in continuing education courses, reading in the technical literature, and attending professional meetings and seminars.

b. Engineers should encourage their engineering employees to become registered at the earliest possible dates.

c. Engineers should encourage engineering employees to attend and present papers at professional and technical society meetings.

d. Engineers shall uphold the principle of mutually satisfying relationships between employers and employees with respect to terms of employment including professional grade descriptions, salary ranges, and fringe benefits.

[American Society of Mechanical Engineers, ASME International]

Society Policy

Ethics

ASME requires ethical practice by each of its members and has adopted the following Code of Ethics of Engineers as referenced in the ASME Constitution, Article C2.1.1.

Code of Ethics of Engineers

The fundamental Principles

Engineers uphold and advance the integrity, honor, and dignity of the Engineering profession by :

I. using their knowledge and skill for the enhancement of human welfare,

II. being honest and impartial, and serving with fidelity the public, their employers and clients; and

III. striving to increase the competence and prestige of the engineering profession.

The fundamental Canons

1. Engineers shall hold paramount the safety, health and welfare of the public in the performance of their professional duties.
2. Engineers shall perform services only in areas of their competence.
3. Engineers shall continue their professional development throughout their careers and shall provide opportunities for the professional development of those engineers under their supervision.
4. Engineers shall act in professional matters for each employer or client as faithful agents or trustees, and shall avoid conflicts of interest.
5 Engineers shall build their professional reputation on the merit of their services and shall not compete unfairly with others.
6. Engineers shall associate only with reputable persons or organizations.
7. Engineers shall issue public statements only in an objective and truthful manner.
8. Engineers shall consider environmental impact in the performance of their professional duties.

The ASME Criteria for Interpretation of the Canons

The ASME criteria for interpretation of the Canons are guidelines and represent the objectives toward which members of the engineering profession should strive. They are principles which an engineer can reference in specific situations. In addition, they provide interpretive guidance to the ASME Board on Professional Practice and Ethics on the Code of Ethics of Engineers.

1. Engineers shall hold paramount the safety, health and welfare of the public in the performance of their professional duties.

a. Engineers shall recognize that the lives, safety, health and welfare of the general public are dependent upon engineering judgments, decisions and practices incorporated into structures, machines, products, processes and devices.

b. Engineers shall not approve or seal plans and/or specifications that are not of a design safe to the public health and welfare and in conformity with accepted engineering standards.

c. Whenever the Engineers' professional judgements are over ruled under circumstances where the safety, health, and welfare of the public are endangered, the Engineers shall inform their clients and/or employers of the possible consequences.

  (1) Engineers shall endeavor to provide data such as published standards, test codes, and quality control procedures that will enable the users to understand safe use during life expectancy associated with the designs, products, or systems for which they are responsible.

  (2) Engineers shall conduct reviews of the safety and reliability of the designs, products, or systems for which they are responsible before giving their approval to the plans for the design.

  (3) Whenever Engineers observe conditions, directly related to their employment, which they believe will endanger public safety or health, they shall inform the proper authority of the situation.

d. If engineers have knowledge of or reason to believe that another person or firm may be in violation of any of the provisions of these Canons, they shall present such information to the proper authority in writing and shall cooperate with the proper authority in furnishing such further information or assistance as may be required.

2. **Engineers shall perform services only in areas of their competence.**

a. Engineers shall undertake to perform engineering assignments only when qualified by education and/or experience in the specific technical field of engineering involved.

b. Engineers may accept an assignment requiring education and/or experience outside of their own fields of competence, but their services shall be restricted to other phases of the project in which they are qualified. All other phases of such project shall be performed by qualified associates, consultants, or employees.

3. **Engineers shall continue their professional development throughout their careers, and should provide opportunities for the professional and ethical development of those engineers under their supervision.**

4. **Engineers shall act in professional matters for each employer or client as faithful agents or trustees, and shall avoid conflicts of interest or the appearance of conflicts of interest.**

a. Engineers shall avoid all known conflicts of interest with their employers or clients and shall promptly inform their employers or clients of any business association, interests, or circumstances which could influence their judgment or the quality of their services.

b. Engineers shall not undertake any assignments which would knowingly create a potential conflict of interest between themselves and their clients or their employers.

c. Engineers shall not accept compensation, financial or otherwise, from more than one party for services on the same project, or for services pertaining to the same project unless the circumstances are fully disclosed to, and agreed to, by all interested parties.

d. Engineers shall not solicit or accept financial or other valuable considerations, for specifying products or material or equipment suppliers, without disclosure to their clients or employers.

e. Engineers shall not solicit or accept gratuities, directly or indirectly, from contractors, their clients, or other parties dealing with their clients or employers in connection with work for which they are responsible. Where official public policy or employers' policies tolerate acceptance of modest gratuities or gifts, engineers shall avoid a conflict of interest by complying with appropriate policies and shall avoid the appearance of a conflict of interest.

f. When in public service as members, advisors, or employees of a governmental body or department, Engineers shall not participate in considerations or actions with respect to services provided by them or their organization(s) in private or product engineering practice.

g. Engineers shall not solicit an engineering contract from a governmental body or other entity on which a principal, officer, or employee of their organization serves as a member without disclosing their relationship and removing themselves from any activity of the body which concerns their organization.

h. Engineers working on codes, standards or governmental sanctioned rules and specifications shall exercise careful judgment in their determinations to ensure a balanced viewpoint, and avoid a conflict of interest.

i. When, as a result of their studies, Engineers believe a project(s) will not be successful, they shall so advise their employer or client.

j. Engineers shall treat information coming to them in the course of their assignments as confidential, and shall not use such information as a means of making personal profit if such action is adverse to the interests of their clients, their employers or the public.

(1) They will not disclose confidential information concern me the business affairs or technical processes of any present or former employer or client or bidder under evaluation, without his consent, unless required by law or court order.

(2) They shall not reveal confidential information or finding of any commission or board of which they are members unless required by law or court order.

(3) Designs supplied to Engineers by clients shall not be duplicated by the Engineers for others without the express permission of the client(s).

k. Engineers shall act with fairness and justice to all parties when administering a construction (or other) contract.

l. Before undertaking work for others in which Engineers may make improvements, plans, designs, inventions, or other records which may justify seeking copyrights, patents, or proprietary rights, Engineers shall enter into positive agreements regarding the rights of respective parties.

m. Engineers shall admit their own errors when proven wrong and refrain from distorting or altering the facts to justify their mistakes or decisions.

n. Engineers shall not accept professional employment or assignments outside of their regular work without the knowledge of their employers.

o. Engineers shall not attempt to attract an employee from other employers or from the market place by false or misleading representations.

5. Engineers shall build their professional reputation on the merit of their services and shall not compete unfairly with others.

a. Engineers shall negotiate contracts for professional services on the basis of demonstrated competence and qualifications for the type of professional service required.

b. Engineers shall not request, propose, or accept professional commissions on a contingent basis if, under the circumstances, their professional judgments may be compromised.

c. Engineers shall not falsify or permit misrepresentation of their, or their associates, academic or professional qualification. They shall not misrepresent or exaggerate their degrees of responsibility in or for the subject matter of prior assignments. Brochures or other presentations used to solicit personal employment shall not misrepresent pertinent facts concerning employers, employees, associates, joint venturers, or their accomplishments.

d. Engineers shall prepare articles for the lay or technical press which are only factual Technical Communications for publication (theses, articles, papers, reports, etc.) which are based on research involving more than one individual (including students and supervising faculty, industrial supervisor/researcher or other co-workers) must recognize all significant contributors. Plagiarism, the act of substantially using another's ideas or written materials without due credit, is unethical.

e. Engineers shall not maliciously or falsely, directly or indirectly, injure the professional reputation, prospects, practice or employment of another engineer, nor shall they indiscriminately criticize another' s work.

f. Engineers shall not use equipment, supplies, laboratory or office facilities of their employers to carry on outside private practice without consent.

6. Engineers shall associate only with reputable persons or organizations.

a. Engineers shall not knowingly associate with or permit the use of their names or firm names in business ventures by any person or firm which they know, or have reason to believe, are engaging in business or professional practices of a fraudulent or dishonest nature.

b. Engineers shall not use association with non-engineers, corporations, or partnerships to disguise unethical acts.

7. Engineers shall issue public statements only in an objective and truthful manner.

a. Engineers shall endeavor to extend public knowledge, and to prevent misunderstandings of the achievements of engineering.

b. Engineers shall be completely objective and truthful in all professional reports, statements or testimony. They shall include all relevant and pertinent information in such reports, statements or testimony.

c. Engineers, when serving as expert or technical witnesses before any court, commission, or other tribunal, shall express an engineering opinion only when it is founded on their adequate knowledge of the facts in issue, their background of technical competence in the subject matter, and their belief in the accuracy and propriety of their testimony.

d. Engineers shall issue no statements, criticisms, or arguments on engineering matters which are inspired or paid for by an interested party, or parties, unless they preface their comments by identifying themselves, by disclosing the identities of the party or parties on whose behalf they are speaking, and by revealing the existence of any financial interest they may have in matters under discussion.

e. Engineers shall be truthful in explaining their work and merit, and shall avoid any act tending to promote their own interest at the expense of the integrity and honor of the profession or another individual.

8. Engineers accepting membership in The American Society of Mechanical Engineers by this action agree to abide by this Society Policy on Ethics and procedures for its implementation.

Institute of Industrial Engineers Engineering Code of Ethics

IIE endorses the Canon of Ethics provided by the Accreditation Board for Engineering and Technology.

Code Accreditation Board of Engineering and Technology

The Fundamental Principles

Engineers uphold and advance the integrity, honor and dignity of the engineering profession by

1. Using their knowledge and skill for the enhancement of human welfare;
2. Being honest and impartial, and serving with fidelity the public, their employers and clients;
3 Striving to increase the competence and prestige of the engineering

profession; and

4. Supporting the professional and technical societies of their disciplines.

The Seven Fundamental Canons

1. Engineers shall hold paramount the safety, health and welfare of the public in the performance of their professional duties.
2. Engineers shall perform services only in the areas of their competence.
3. Engineers shall issue public statements only in an objective and truthful manner.
4. Engineers shall act in professional matters for each employer or client as faithful agents or trustees, and shall avoid conflicts of interest.
5. Engineers shall build their professional reputation on the merit of their services and shall not compete unfairly with others.
6. Engineers shall act in such a manner as to uphold and enhance their honor, integrity and dignity of their profession.
7. Engineers shall continue their professional development throughout their careers and shall provide opportunities for the professional development of those engineer under their supervision.

[IEEE Code of Ethics]

We, the members of the IEEE, in recognition of the importance of our technologies in affecting the quality of life throughout the world, and in accepting a personal obligation to our profession, its members and the communities we serve, do hereby commit ourselves to the highest ethical and professional conduct and agree

1. to accept responsibility in making engineering decisions consistent with the safety, health and welfare of the public, and to disclose promptly factors that might endanger the public or the environment;
2. to avoid real or perceived conflicts of interest whenever possible, and to disclose them to affected parties when they do exist;
3. to be honest and realistic in stating claims or estimates based on available data;
4. to reject bribery in all its forms;
5. to improve the understanding of technology, its appropriate application, and potential consequences;
6. to maintain and improve our technical competence and to undertake technological tasks for others only if qualified by training or experience, or after full disclosure of pertinent limitations;
7. to seek, accept, and offer honest criticism of technical work, to acknowledge and correct errors, and to credit properly the contributions of others;
8. to treat fairly all persons regardless of such factors as race, religion, gender, disability, age, or national origin;
9. to avoid injuring others, their property, reputation, or employment by false or malicious action;
10. to assist colleagues and co-workers in their professional development and to support them in following this code of ethics.

Approved by the IEEE Board of Directors, August 1990.

NSPE Code of Ethics for Engineers

Preamble

Engineering is an important and learned profession. As members of this profession, engineers are expected to exhibit the highest standards of honesty and integrity. Engineering has a direct and vital impact on the quality of life for all people. Accordingly, the services provided by engineers require honesty, impartiality, fairness, and equity, and must be dedicated to the protection of the public health, safely, and welfare. Engineers must perform under a standard of professional behavior that requires adherence to the highest principles of ethical conduct.

I. Fundamental Canons

Engineers, in the fulfillment of their professional duties, shall:

1. Hold paramount the safety, health and welfare of the public.
2. Perform services only in areas of their competence.
3. Issue public statements only in an objective and truthful manner.
4. Act for each employer or client as faithful agents or trustees.
5. Avoid deceptive acts.
6. Conduct themselves honorably, responsibly, ethically, and lawfully so as to enhance the honor, reputation, and usefulness of the profession.

II. Rules of Practice

1. Engineers shall hold paramount the safety, health, and welfare of the public.

a. If engineers' judgment is overruled under circumstances that endanger life or property, they shall notify their employer or client and such other authority as may be appropriate.

b. Engineers shall approve only those engineering documents that are in conformity with applicable standards.

c. Engineers shall not reveal facts, data, or information without the prior consent of the client or employer except as authorized or required by law or this Code.

d. Engineers shall not permit the use of their name or associate in business ventures with any person or firm that they believe are engaged in fraudulent or dishonest enterprise.

e. Engineers shall not aid or abet the unlawful practice of engineering by a person or firm.

f. Engineers having knowledge of any alleged violation of this Code shall report thereon to appropriate professional bodies and, when relevant, also to public authorities, and cooperate with the proper authorities in furnishing such information or assistance as may be required.

2. Engineers shall perform services only in the areas of their competence.

a. Engineers shall undertake assignments only when qualified by education or experience in the specific technical fields involved.

b. Engineers shall not affix their signatures to any plans or documents dealing with subject matter in which they lack competence, nor to any plan or document not prepared under their direction and control.

c. Engineers may accept assignments and assume responsibility for coordination of an entire project and sign and seal the engineering documents for the entire project, provided that each technical segment is signed and sealed only by the qualified engineers who prepared the segment.

3. Engineers shall issue public statements only in an objective and truthful manner.

a. Engineers shall be objective and truthful in professional reports, statements, or testimony. They shall include all relevant and pertinent information in such reports, statements, or testimony, which should bear the date indicating when it was current.

b. Engineers may express publicly technical opinions that are founded upon knowledge of the facts and competence in the subject matter.

c. Engineers shall issue no statements, criticisms, or arguments on technical matters that are inspired or paid for by interested parties, unless they have prefaced their comments by explicitly identifying the interested parties on whose behalf they are speaking, and by revealing the existence of any interest the engineers may have in the matters.

4. Engineers shall act for each employer or client as faithful agents or trustees.

a. Engineers shall disclose all known or potential conflicts of interest that could influence or appear to influence their judgment or the quality of their services.

b. Engineers shall not accept compensation, financial or otherwise, from more than one party for services on the same project, or for services pertaining to the same project, unless the circumstances are fully disclosed and agreed to by all interested parties.

c. Engineers shall not solicit or accept financial or other valuable consideration, directly or indirectly, from outside agents in connection with the work for which they are responsible.

d. Engineers in public service as members, advisors, or employees of a governmental or quasi-governmental body or department shall not participate in decisions with respect to services solicited or provided by them or their organizations in private or public engineering practice.

e. Engineers shall not solicit or accept a contract from a governmental body on which a principal or officer of their organization serves as a member.

5. Engineers shall avoid deceptive acts.

a. Engineers shall not falsify their qualifications or permit misrepresentation of their or their associates' qualifications. They shall not misrepresent or exaggerate their responsibility in or for the subject matter of prior assignments. Brochures or other presentations incident to the solicitation of employment shall not misrepresent pertinent facts concerning employers, employees, associates, joint venturers, or past accomplishments.

b. Engineers shall not offer, give, solicit or receive, either directly or indirectly, any contribution to influence the award of a contract by public authority, or which may be reasonably construed by the public as having the effect of intent to influencing the awarding of a contract. They shall not offer any gift or other valuable consideration in order to secure work. They shall not pay a commission, percentage, or brokerage fee in order to secure work, except to a bona fide employee or bona fide established commercial or marketing agencies retained by them.

III. Professional Obligations

1. Engineers shall be guided in all their relations by the highest standards of honesty and integrity.

a. Engineers shall acknowledge their errors and shall not distort or alter the facts.

b. Engineers shall advise their clients or employers when they believe a project will not be successful.

c. Engineers shall not accept outside employment to the detriment of their regular work or interest. Before accepting any outside engineering employment they will notify their employers.

d. Engineers shall not attempt to attract an engineer from another employer by false or misleading pretenses.

e. Engineers shall not promote their own interest at the expense of the dignity and integrity of the profession.

2. Engineers shall at all times strive to serve the public interest.

a. Engineers shall seek opportunities to participate in civic affairs, career guidance for youths; and work for the advancement of the safety, health, and well-being of their community.

b. Engineers shall not complete, sign, or seal plans and/or specifications that are not in conformity with applicable engineering standards. If the client or employer insists on such unprofessional conduct, they shall notify the proper authorities and withdraw from further service on the protect.

c. Engineers shall endeavor to extend public knowledge and appreciation of engineering and its achievements.

3. Engineers shall avoid all conduct or practice that deceives the public.

a. Engineers shall avoid the use of statements containing a material misrepresentation of fact or omitting a material fact.

b. Consistent with the foregoing, engineers may advertise for recruitment of personnel.

c. Consistent with the foregoing, engineers may prepare articles for the lay or technical press, but such articles shall not imply credit to the author for work performed by others.

4. Engineers shall not disclose, without consent, confidential information concerning the business affairs or technical processes of any present or former client or employer, or public body on which they serve.

a. Engineers shall not, without the consent of all interested parties, promote or arrange for new employment or practice in connection with a specific project for which the engineer has gained particular and specialized knowledge.

b. Engineers shall not, without the consent of all interested parties, participate in or represent an adversary interest in connection with a specific project or proceeding in which the engineer has gained particular specialized knowledge on behalf of a former client or employer.

5. Engineers shall not be influenced in their professional duties by conflicting interests.

a. Engineers shall not accept financial or other considerations, including free engineering designs, from material or equipment suppliers for specifying their product.

b. Engineers shall not accept commissions or allowances, directly or indirectly, from contractors or other parties dealing with clients or employers of the engineer in connection with work for which the engineer is responsible.

6. Engineers shall not attempt to obtain employment or advancement or professional engagements by untruthfully criticizing other engineers, or by other improper or questionable methods.

a. Engineers shall not request, propose, or accept a commission on a contingent basis under circumstances in which their judgement may be compromised.

b. Engineers in salaried positions shall accept part-time engineering work only to the extent consistent with policies of the employer and in accordance with ethical considerations.

c. Engineers shall not, without consent, use equipment, supplies, laboratory, or office facilities of an employer to carry on outside private practice.

7. **Engineers shall not attempt to injure, maliciously or falsely, directly or indirectly, the professional reputation, prospects, practice, or employment of other engineers. Engineers who believe others are guilty of unethical or illegal practice shall present such information to the proper authority for action.**

a. Engineers in private practice shall not review the work of another engineer for the same client, except with the knowledge of such engineer, or unless the connection of such engineer with the work has been terminated.

b. Engineers in governmental, industrial, or educational employ are entitled to review and evaluate the work of other engineers when so required by their employment duties.

c. Engineers in sales or industrial employ are entitled to make engineering comparisons of represented products with products of other suppliers.

8. **Engineers shall accept personal responsibility for their professional activities, provided, however, that engineers may seek indemnification for services arising out of their practice for other than gross negligence, where the engineer's interests cannot otherwise be protected.**

a. Engineers shall conform with state registration laws in the practice of engineering.

b. Engineers shall not use association with a non-engineer, a corporation, or partnership as a "cloak" for unethical acts.

9. Engineers shall give credit for engineering work to those to whom credit is due, and will recognize the proprietary interests of others.

a. Engineers shall, whenever possible, name the person or persons who may be individually responsible for designs, inventions, writings, or other accomplishments.
b. Engineers using designs supplied by a client recognize that the designs remain the property of the client and may not be duplicated by the engineer for others without express permission.
c. Engineers, before undertaking work for others in connection with which the engineer may make improvements, plans, designs, inventions, or other records that may justify copyrights or patents, should enter into a positive agreement regarding ownership.
d. Engineers' designs, data, records, and notes referring exclusively to an employer' s work are the employer's property. The employer should indemnify the engineer for use of the information for any purpose other than the original purpose.
e. Engineers shall continue their professional development throughout their careers and should keep current in their specialty fields by engaging in professional practice, participating in continuing education courses, reading in the technical literature, and attending professional meetings and seminars.

As Revised January 2003.

"By order of the United States District Court for the District of Columbia, former Section 11(c) of the NSPE Code of Ethics prohibiting competitive bidding, and all policy statements, opinions, rulings or other guidelines interpreting its scope, have been rescinded as unlawfully interfering with the legal right of engineers, protected under the antitrust laws, to provide price information to prospective clients; accordingly, nothing contained in the NSPE Code of Ethics, policy statements, opinions, rulings or other guidelines prohibits the submission of price quotations or competitive bids for engineering services at anytime or in any amount."

Statement by NSPE Executive Committee

In order to correct misunderstandings which have been indicated in some instances since the issuance of the Supreme Court decision and the entry of the Final Judgment, it is noted that in its decision of April 25, 1978, the Supreme Court of the United States declared: "The Sherman Act does not require competitive bidding." It is further noted that as made clear in the Supreme Court decision.

1. Engineers and firms may individually refuse to bid for engineering services.
2. Clients are not required to seek bids for engineering.
3. Federal, state, and local laws governing procedures to procure engineering services are not affected, and remain in full force and effect.
4. State societies and local chapters are free to actively and aggressively seek legislation for professional selection and negotiation procedures by public agencies.
5. State registration board rules of professional conduct, including rules prohibiting competitive bidding for engineering services, are not affected and remain in full force and effect. State registration boards with authority to adopt rules of professional conduct may adopt rules governing procedures to obtain engineering services.
6. As noted by the Supreme Court, "nothing in the judgement prevents NSPE and its members from attempting to influence governmental action…"

NOTE : In regard to the question of application of the Code to corporations vis-a-vis real persons, business form or type should not negate nor influence conformance of individuals to the Code. The Code deals with professional services, which services must be performed by real persons. Real persons in turn establish and implement policies within business structures. The Code is clearly written to apply to the Engineer and items incumbent on members of NSPE to endeavor to live up to its provisions. This applies to all pertinent sections of the Code.

NOTES

1. As adopted September 2, 1914, and most recently amended November 10, 1996.
2. The American Society of Civil Engineers adopted THE FUNDAMENTAL PRINCIPLES of the ABET Code of Ethics of Engineers as accepted by the Accreditation Board for Engineering and Technology, Inc (ABET). (By ASCE Board of Direction action April 12-14, 1975)
3. In November 1996, the ASCE Board of Direction adopted the following definition of Sustainable Development: "Sustainable Development is the challenge of meeting human needs for natural resources, industrial products, energy, food, transportation, shelter, and effective waste management while conserving and protecting environmental quality and the natural resource base essential for future development."

부록 II

사례

사례 목차[1]

---

1) C. E. Harris et. al., *Engineering Ethics*, 3rd ed., Thomson Wadsworth, pp. 301~354, 2005.

* 표시는 추가된 사례

사례 11 단열재의 선정*

사례 12 대학원생의 바이러스 유포

사례 13 맨해튼 프로젝트*

사례 14 반품된 장비의 대책

사례 15 방송국 송신안테나

사례 16 보류된 프로젝트의 수행

사례 17 분쇄기의 안전장치

사례 18 사내 금형부서의 수리비용

사례 19 삼풍백화점의 붕괴*

사례 20 상사의 휴식시간 음주

사례 21 새로운 에어백의 개발*

사례 22 소각장 건설의 백지화*

사례 23 소프트웨어의 소유권

사례 24 소형차 핀토의 연료탱크

사례 25 송유관의 기름누출

사례 26 수질을 조작하여 하수 방류*

사례 27 시각장애인의 스마트 지팡이*

사례 28 엔지니어의 문서 위조

사례 29 연예인에 대한 결혼설 유포*

사례 30 원자력발전소 부지의 피폭선량 평가*

사례 31 원전 포기정책의 찬반 논쟁*

사례 32 유기발광 다이오드 기술의 유출*

사례 33 인터넷에서 주가 조작*

사례 34 인터넷 포털의 검색순위 조작*

사례 35 자동차 급발진 사고*

사례 36 전원도시의 환경보호

사례 37 전자레인지의 전자파

사례 38 정당한 납품가격

사례 39 주문제품의 설계변경

사례 40 중금속에 오염된 놀이시설*

사례 41 체르노빌의 원전 폭발사고*

사례 42 취업추천서 작성

사례 43 친일작가의 망언에 악성댓글*

사례 44 컴퓨터엔지니어가 제공한 소프트웨어*

사례 45 학력위조 의혹 사건*

사례 46 현장실습 학생의 시제품 테스트

사례 47 협조에 대한 대가

사례 48 호수에 폐수 방류

사례 49 호텔 연결통로의 붕괴

사례 50 화재감지기의 생산방향

사례 51 화학물질의 누출기준치 초과

사례 52 화학약품 저장 컨테이너

사례 53 화학폐기물 처리

사례 54 회사의 내부비리 고발

▮ 사 례 ▮

사례 1 개발 중인 촉매의 선정

공과대학 화학공학과를 졸업한 K연구원이 우수 졸업생으로 추천되어 GS산업의 화학연구소에서 근무한 지 몇 달이 지났다. 최근 K연구원이 소속된 부서의 P팀장은 K연구원이 연구한 특수 촉매(일명 촉매 B)를 이용한 공정에 대해 많은 관심을 나타내었다. 그러나 P팀장은 지난주까지 다른 연구과제의 관리에 집중하고 있었다.

P팀장은 K연구원이 소속된 팀의 연구원회의를 소집하여 회사의 주된 제품의 생산공정에 사용할 촉매를 추천하라고 하였다. P팀장은 회의가 빨리 끝나기를 바라는 것 같았다. 한 선임 연구원이 "우리는 몇 년 동안 이와 유사한 프로젝트를 수행해왔습니다. 그 경험에 의하면 당연히 촉매 A를 선택해야 합니다."라고 주장하였고 참석자 중 선임 연구원 몇 사람도 즉시 동의했다. P팀장은 회의에 참석한 연구원들을 잠시 둘러본 뒤 더 이상 의견을 묻지 않고, "좋아요, 대체로 이에 동의하는 것 같은데, 그러면 촉매 A로 결정해도 되지요?"라고 했다. 그때까지 K연구원은 아무 말도 하지 않았지만, 그는 자기가 연구하고 있는 촉매 B가 생산공정에 더 적합할 것 같아서 지난 주 내내 촉매 B에 대한 공정시험을 하여 그 증거를 찾고 있었다. 지난주의 공정시험에서 얻은 결과는 대학시절에 유사한 공정에서 제안했던 연구결과와 잘 일치했다. K연구원은 이 자리에서 자신의 연구진행 상황을 이야기해야 할지, 아니면 선임 연구원들의 제안을 그대로 따라야 할지 고민하고 있었다.

잠시 주저하다가 K연구원은 손을 들었다. 그는 촉매 B를 시험한 결과와 촉매 B가 가져올 이점을 간단하게 설명했다. 그리고 앞으로 2주 동안 그는 좀 더 시험을 할 수 있도록, P팀장에게 생산공정에 적용할 촉매의 추천을 연기해 줄 것을 요청했다. P팀장은 "좀 더 시험하는 것은 좋지만, 우리는 이틀밖에 시간이 없어요. 게다가 2주 내에 상황이 바뀔 것 같지도 않아요. 더구나 우리는 이 분야에 많은 연구경험을 가지고 있어요."라고 말했다. 그리고 P팀장은 K연구원에게 촉매 B에 대해 수집한 시험 결과들은 놓아두고, 새로 공정에 적용할 촉매 A에 관한 보고서를 작성하여 제출하라고 했다.

K연구원은 비록 촉매 B에 관한 자료는 제외하더라도 촉매 A에 관한 자료만으로 결정하기는 어렵다고 답했다. P팀장은 "당신은 똑똑한 사람이니 데이터를 잘 조정하여 보고서를 작성할 수 있을 거요. 내가 말한 보고서를 이틀 안에 만들어 주어요."라고 했다.

K연구원은 대학을 졸업한 후 바로 GS산업의 연구소에서 근무하는 것을 행운으로 여기고 있다. 만일 그가 일을 잘 한다면 곧 연봉도 오를 것이라는 생각이 들어서 K연구원은 P팀장이 요구하는 보고서를 작성하기로 결심했다. 보고서 작성을 끝냈을 때, P팀장은 그에게 보고서에 서명할 것을 요구했다. K연구원은 두 번째로 고민했다.

마지못해 보고서에 서명한 후에도, K연구원은 그의 부서에서 추천한 것과는 다른 생각을 가지고 있었다. 그래서 그는 촉매 B에 관한 공정시험을 계속하였다. 몇 주 후, 그의 연구결과에서는 이전에 제출한 보고서와는 반대로 촉매 B가 새로운 생산공정에 훨씬 더 적합하다는 결정적인 결과를 얻었다.

이 사례에서 K연구원이 직면한 윤리적인 쟁점과 그 해결방안을 설명하라.

사례 2 개인용 공구의 구매

DM공업에서는 직원들에게 회사의 공구를 빌려갈 수 있도록 허용하고 있다. L대리는 이러한 혜택을 충분히 활용하고 있다. 한 걸음 더 나아가 L대리의 부서에는 별로 소용이 없지만, 그의 집수리에 사용될 공구를 자기 부서에서 주문하기도 했다. M사원은 L대리가 회사의 용도가 아닌 개인적인 목적으로 공구를 구매하는 것이 아닐까 하는 의심을 가끔 가졌다. 그러나 L대리와 공구 구매를 담당하는 B대리의 대화를 우연히 듣기 전까지는 명백한 증거를 발견하지 못했다.

M사원은 L대리와 직접 만나고 싶지는 않았고, 그들은 서로 잘 어울리지 못

했다. 왜냐하면 L대리는 부서에서 M사원에게 상당한 영향력을 행사하는 상급자이기 때문이다. 또한 M사원은 신뢰할 수 없는 과장과 그 문제를 논하고 싶은 생각도 없었다.

결국 M사원은 자재부장에게 그 사실을 말했는데, 즉각적으로 "정말 나중에 문제가 될 수 있으므로 내가 알아서 처리하겠네."라는 반응을 보였다. 자재부장은 M사원이 말했다는 사실은 비밀에 붙이기로 했다. 그 후 자재부장은 담당과장에게 믿을 만한 사람이 L대리의 부당한 공구구매에 관하여 알려주었다고 전화했다. 그러자 담당과장은 L대리를 불러서 잘못된 행동을 훈계하였다. 마침내 L대리도 부서 내에서 자신의 행위를 고자질 했을 것이라고 여겨지는 후배 사원들을 불러서 물어보았다. L대리가 M사원에게 물었을 때, M사원은 그런 내용은 전혀 모른다며 부인했다.

나중에 M사원은 그의 아내에게 설명했다. "난 거짓말을 할 수밖에 없었소. 난 L대리에게 '그것에 관해서 아무것도 모른다.'라고 말했소."

이 사례에서 M사원이 직면한 윤리적 쟁점과 그 해결방안을 설명하라.

사례 3 고압호스의 파손

농부들은 농장을 비옥하게 만들기 위해 무수암모니아를 사용한다. 무수암모니아는 물과 맹렬히 반응하기 때문에 사용할 때 매우 조심해야 한다. 무수암모니아액을 뿌릴 수 있도록 농업협동조합에서는 바퀴가 달린 가압탱크를 임대해주며, 그 탱크는 농부들이 트랙터로 끌고 갈 수 있도록 되어 있다. 무수 암모니아액을 땅속에 뿌리기 위해서는 땅속으로 찔러 넣을 수 있는 속이 빈 날카로운 블레이드가 필요하다. 블레이드에는 많은 구멍들이 있어서 암모니아액을 뿌리기가 용이하도록 되어 있고, 이 블레이드와 탱크를 연결하는 호스는 농부들이 구입을 하든지 농업협동조합에서 빌려서 사용한다. 만일 호스에서 암모니아액이 샌다면 인체에 손상을 입힐 수 있다.

산업계 호스의 기준은 수년간 자동차 타이어의 보강재와 같은 강철 망이 들어있는 강화고무로 만들어진 호스였다. 약 20년 전부터, 새로운 고강도 플라스틱을 이용할 수 있게 되었고 호스 보강재인 강철 망을 대체할 수 있었다. 강화플라스틱 호스는 강철 망으로 보강된 고무호스보다 덜 비싸며, 더 가볍고, 다루기도 더 쉬웠다. 새로운 호스는 산업계의 기준을 만족하고 있다. HK호스는 농부들에게 강화 플라스틱 호스를 판매하기 시작했다. 농과대학의 연구팀에 의해 수행된 시험결과에 의하면, 호스의 플라스틱은 무수암모니아액과 화학반응을 일으키지 않지만, 몇 년이 지나면 호스의 플라스틱이 퇴화되어서 일부 기계적인 특성을 잃게 된다고 한다. HK호스의 직원들은 이러한 시험결과를 알고 있었으므로 '호스를 주기적으로 교체하여야 한다.'는 경고문을 제품 포장지 안에 넣어두었다.

제품이 시장에 나온 지 몇 년이 지나, HK호스의 강화 플라스틱 호스를 사용하는 도중 파열 사고가 몇 건 일어났다. 이 사건으로 호스를 사용하던 농부들이 실명을 당하는 중상을 입었고 손해배상 소송이 뒤따랐다. HK호스는 농부들이 그 호스를 잘못 사용했으며 '주기적으로 교체해야 한다.'는 경고를 유념하지 않았으므로 HK호스의 책임은 없다고 변론했다. 그러나 재판부는 그 변론을 받아들이지 않고, 서로 합의를 종용하였다. HK호스는 법정 밖에서 원고측과 배상액에 대해 합의를 보았다.

그 후 HK호스는 강화 플라스틱 호스의 생산라인을 없앤 후, 농부들이 잘 보는 잡지와 생산자 조합의 소식지에 '농부들이 원한다면 HK호스에서 생산한 호스를 전액 변상한다.'는 광고를 실었다. 그 광고에는 'HK호스에서 생산한 농업용 호스에 결함이 있는 것이 아니고, 단지 강화플라스틱 호스의 생산이 중단되었다.'는 사실만을 나타내었다.

이 사례에서 HK호스가 직면한 윤리적 쟁점과 그 해결방안을 설명하라.

사례 4 교통사고와 가로수

M과장은 DY군 도로관리위원회에서 기술분야의 책임자다. 이 도로관리위원

회의 주요 역할은 군내에 있는 도로에서 안전을 유지하는 것이다. 지난 10년간 DY군의 인구는 25%나 증가했고, 그 결과 그 지역 주요 도로의 교통량이 상당히 증가되었다. 아직도 2차선인 백양로는 그 기간 동안 교통량이 두 배 이상 증가했다. 이 백양로는 현재 철강공업 중심지이며, 인구 30만이 넘는 NJ시로 진입하는 주요 도로 중의 하나이다.

지난 수년 동안 백양로를 따라 2킬로미터 사이에 늘어선 메타세콰이어 가로수와 차량의 충돌로 적어도 1년에 한 명이 죽거나 크게 다쳤다. 백양로의 2킬로미터 구간에서 운전자들을 위한 안전을 충분히 유지하지 못했다는 이유로 차량사고를 당한 가족들이 DY군 도로관리위원회를 상대로 두 건의 소송을 제기하였다. 그러나 두 소송 모두 사고 운전자들이 규정 속도인 시속 60킬로미터를 많이 초과하여 달렸다는 이유로 기각되었다.

DY군 도로관리위원회의 일부 위원들은 백양로의 교통문제 해결방안을 찾도록 M과장에게 강하게 요청하였다. 그들은 언젠가는 다시 제기될 군 도로관리위원회에 대한 법률 소송뿐만 아니라 안전 문제에 관해서도 관심을 가졌다. M과장은 고심 끝에 백양로의 확장계획을 수립했다. 그런데 그 확장계획은 길을 따라 서 있는 수십 년 되어 좋은 볼거리로 널리 알려지고, 영화나 드라마 촬영 장소로 활용되기도 했던 메타세콰이어 가로수들을 잘라내도록 되어 있었다.

M과장의 도로 확장계획은 DY군의 도로관리위원회를 통과하였으며 그 도로 확장 계획은 공식적으로 발표되었다. 그 후, DY군민과 환경단체들로 구성된 가로수 보호대책위원회는 가로수 보호를 위한 서명에 들어갔다. 이 대책위원회의 대변인 K는 "이제까지 백양로에서 일어난 사고는 운전자들이 조심하지 않아서 초래된 것이다. 조심하지 않는 운전자를 보호하기 위해 수십 년이나 자란 가로수를 자르는 것은 인간의 편리를 위해 자연 환경을 파괴하고, 우리 군의 자랑스러운 경관을 없애는 것이다. 만일 운전자들이 난폭하게 운전한다면 고발하자. 그리고 우리가 할 수 있는 한 자연의 아름다움과 생태 환경을 보존하자."라고 호소했다.

DY군 신문은 백양로 확장을 위해 오래된 가로수를 자르는 것에 대한 찬성과 반대의 글을 많이 실었다. 지역 TV에서도 아름다운 경관을 가진 가로수를 베어내는 것에 대해 뜨거운 공방이 펼쳐졌다. 백양로 가로수 보호대책위원회는 아름다운 가로수를 살리려는 지역 주민 500여명의 서명이 들어있는 탄원서를 DY군 도로관리위원회에 제출했다.

이 사례에서 M과장이 직면한 윤리적인 쟁점과 그 해결방안을 설명하라.

사례 5 국립공원 설악산에 케이블카 설치2)

설악산 케이블카 설치사업은 지난 1982년에 천연보호구역이자 국내 첫 유네스코 생물권 보존지역이라는 이유로 문화재위원회에서 부결된 후에 사업의 재추진이 지지부진하였다. 그러다가 2020년 12월 29일 중앙행정심판위원회가 원주지방환경청의 처분이 부당하다고 하면서 사업이 재추진하는 것처럼 보였다. 그런데 다시 양양군과 원주지방환경청이 중앙행정심판위원회의 처분을 서로 다르게 해석하면서 갈등을 빚고 있다.

설악산 케이블카 설치사업에 추진 경과를 살펴보면, 1982년에 양양군이 설악산에 오는 관광객의 편의를 도모하고 양양군의 경제를 활성화하기 위해 오색약수터에서 권금성까지 케이블카를 설치하는 사업의 허가를 처음으로 신청하였다. 설악산은 천연보호구역으로 케이블카 설치 등 환경에 영향을 줄 수 있는 행위를 할 때, 지방환경청의 환경영향평가를 거쳐 문화재위원회의 허가를 반드시 받아야 한다. 그런데 문화재위원회에서 산양을 비롯한 희귀 야생동식물의 서식지의 훼손과 환경파괴에 대한 우려로 그 사업신청을 부결하여 사업추진이 중단되었다. 그 후 2011년 3월에 양양군이 환경부에 변경된 설악산 케이블카 사업안의 허가를 신청하였고 양양군민들의 관심을 끌었다. 변경된 사업안은 오색약수터에서 대청봉까지 4.6 km의 노선으로 신청했지만, 환경부 국립공원위원회에서는 정류장의 위치가 부적절하고 경제성이 부족하다고 다시 부결시켰다.

---

2) 향동지식산업센터, "설악산 오색케이블카 설치 갈등", 네이버 블로그, 2021.1.27.

그러나 2014년 박근혜 전 대통령이 설악산 케이블카의 사업추진을 지시하자 2015년 4월 양양군은 오색 약수터에서 끝청까지 3.5㎞의 노선으로 변경하여 신청하였고, 2015년 8월 환경부 국립공원위원회는 산양 등 멸종위기종 의 보전 대책을 비롯한 7가지 조건을 전제로 사업을 승인하였다. 하지만 2016년 문화재청에서는 문화재현상변경허가서의 보완대책이 미흡하다는 이유로 부결시켰다. 그러자 양양군은 중앙행정심판위원회에 행정심판을 청구하여 2017년 6월 "사업을 통해 증대되는 문화향유권의 공익이 문화재 보호라는 공익보다 적다고 할 수 없다"라는 재결서를 수령하여 케이블카 설치사업이 가능하게 되었다. 이에 따라 문화재청도 동식물 서식과 환경의 보호를 위한 대책을 보완하는 조건으로 다시 허가결정을 내렸다. 이로써 2018년 상반기까지 설악산 케이블카사업 관련 행정절차를 마무리하고, 2020년 말 설악산 케이블카를 오픈한다는 계획이었다. 그러나 설악산국립공원지키기국민행동, 설악산국립공원지키기강원행동, 케이블카반대설악권주민대책위 등 3개 시민단체가 감사원의 감사결과를 근거로 2017년 6월 27일 강원도지사, 양양군수, 삭도추진단장 등 책임자 3명을 고발했다. 감사원이 내놓은 감사결과에 따르면, 양양군이 오색케이블카 설치사업을 하면서 지방재정투자사업 심사규칙을 위반하고 구매계약도 절차 이행 없이 체결했다는 내용이 포함되어 있다. 또한 박근혜 정부 당시 관리·감독자인 중앙정부가 이와 같은 부당행위에 대해 제대로 확인하지 않고 '조건부 승인'을 내준 것으로 밝혀졌다.

이에 2019년 9월 환경부에서는 재차 자연훼손을 우려하여 환경영향평가에 부동의하여 설악산 케이블카 사업은 백지화되었다. 2019년 12월 양양군은 행정심판을 다시 청구했고, 2020년 12월 29일 중앙행정심판위원회에서 환경부의 환경영향평가에 대한 부동의 처분은 부당하다고 결론을 냈다. 이에 따라 양양군이 설악산 케이블카 사업을 착공하려하자 원주지방환경청에서는 아래와 같이 주장하였다.

"중앙행정심판위원회의 재결서에 조건부동의나 동의에 대한 언급이 없고, '원주지방환경청은 설악산 오색케이블카 사업의 환경영향평가서를 다시 검토하여야 합니다.'라고 되어 있는 것으로 보아 케이블카 사업의 환경피해를 줄이기 위한 추가 보완기회를 안 준 것이 취소사유다. 그러므로 양양군이 환경영향에 대한 보완내용을 제시하면 원주지방환경청이 다시 검토하겠다." 이로써 양양군에서 추진하는 설악산 케이블카 사업에 대한 논란은 끝날 기미가 보이지 않는다.

이 사례에서 대립되는 쟁점을 정리하고, 합당한 해결방안을 제시하라.

사례 6 납품계약의 위반

SK기계의 품질관리 담당자인 P주임은 주문한 회사에 납품할 기계를 점검하던 중 한 가지 문제를 발견하였다. SK기계는 납품할 제품에 사용되는 모든 부품들을 CJ섬유가 인증한 것을 사용한다는 조건으로 CJ섬유와 제품 공급 계약을 체결했다. 최초 설계도에서는 모든 부품이 계약조건을 만족해야 한다고 명시하고 있었지만, SK기계가 CJ섬유에 납품할 기계에 사용되는 부품 중에서 한 회사의 부품이 CJ섬유가 인증한 것이 아닌 다른 나라에서 만드는 특수한 볼트가 사용된다는 사실을 명시하지 못했다. SK기계가 계약조건을 준수하기 위해 특수볼트 두 개를 새로 설계하고 제작하여 인증을 받아야 하지만 납품기한이 다 되어 그렇게 할 시간이 없다. CJ섬유는 SK기계의 주요 고객이며, P주임은 납기를 맞추지 못해 SK기계에 손해를 끼칠까 염려하고 있다.

P주임은 SK기계가 제품에 일부 외국산 부품을 사용했다는 사실을 CJ섬유에서 알기가 어렵다는 것을 알고 있다. 왜냐하면 문제의 특수볼트들이 어떤 제품인지는 겉모양으로는 알 수 없고, 계약서에 제품수리도 SK기계에서 맡기로 되어 있기 때문이다. 일단 제품에 외국산 특수볼트를 사용하여 납품한 후, 수리가 필요한 경우에 SK기계에서 그 볼트를 새로 만들어서 교체할 수 있다.

이 사례에서 P주임이 직면한 윤리적 쟁점과 그 해결방안을 설명하라.

사례 7 납품기일의 해결방안

DP공업은 10월 말까지 HW산업으로부터 주문 받은 기계들을 전량 납품하겠다고 약속했다. HW산업으로부터 이미 납기를 한번 연장 받았으므로 이번에는 날짜를 반드시 맞추어야 했다. DP공업의 품질관리부 J부장은 납기를 맞추게 될 것이라고 자신했다. 그러나 10월 28일이 되었을 때, 주문받은 기계에 사용할 부품의 공급이 중단되었다는 사실을 알았다.

J부장은 중고부품을 사용하여 납기를 맞출 것인지, 또는 제 날짜에 맞추어 제품을 전달할 수 없을 것이란 사실을 HW산업에 알리고, 납기를 다시 연장할지를 결정해야 했다. J부장은 이 문제에 대해 결정을 내리기 전에, 이 제품의 설계책임자인 C부장과 상의하기로 했다. C부장은 "나도 좋은 생각이 떠오르지 않습니다. 부품을 다시 가공할 수도 있겠지만, 불량품이 생길 수도 있습니다. 아니면 중고부품을 사용할 수도 있습니다. 그러나 내가 책임을 질 수 있는 일이 아니므로 어느 방안을 선택하라고 얘기할 수는 없습니다. P상무를 만나보는 것이 좋을 것 같네요."라고 말했다.

생산본부장을 맡고 있는 P상무는 J부장처럼 몇 년 전에 품질관리부장을 역임했다. 그러나 J부장은 P상무에게 사전에 대비하지 못한 자신의 실수를 인정하는 것이 싫고, 자기 일에 별로 관심을 갖지 않을 것 같아서 혼자서 해결방안을 찾기로 하였다.

이 사례에서 J부장이 직면한 윤리적 쟁점과 그 해결방안을 설명하라.

사례 8 납품업자의 골프 초대

A부장은 DS사에서 자재관리부장으로 근무하고 있다. 그는 DS사에 필요한 부품을 공급하는 납품업자들을 자주 만나고 있는데, 납품업자 중의 한 사람인 K사장이 A부장과 마찬가지로 골프광이란 사실을 알게 되었다. 그들은 좋아하는 골프코스에 대한 정보를 교환하기도 하였다. A부장은 언제나 H컨트리클럽에서

골프를 치고 싶었지만, 그곳은 사설 클럽이기 때문에 그는 여태껏 기회를 갖지 못했다. K사장은 그가 수년 동안 그곳의 회원이었으며 A부장을 초대해 줄 수 있다고 했다.

A부장은 K사장의 골프모임에 초대받아서 A부장, K사장, 그리고 다른 두 회원과 재미있게 18홀 경기를 마쳤다. A부장은 다른 두 회원 중의 한 명인 C사장과 같은 팀을 이루었다. 보통 경기에 A부장은 내기를 걸지 않지만, K사장과 다른 두 명은 그에게 경기에 진 팀이 우승한 팀에게 음료수를 사고, 재미있게 운동하기 위해 홀 당 5만원씩 걸자고 A부장을 설득했다. A부장 팀은 상대팀을 이겼으며 각각 15만원씩 벌었다.

A부장은 이 골프 모임에 자주 참여하여 마침내 K사장과 C사장의 추천으로 H컨트리클럽에 정식회원이 되었다. 이렇게 A부장은 K사장과 오랜 골프 친구관계가 시작된다. A부장은 K사장의 동료들과 점점 내기 골프에 대한 거부감이 없어졌으며, 내기의 액수도 꽤 큰 규모가 되었다. 비록 K사장이 가끔 A부장을 이기기도 했지만, 대부분 A부장이 K사장을 이겼다. 그 후 몇 년 동안 A부장은 완승을 하지는 못했지만, 사람들은 A부장이 K사장에게서 몇 백만 원을 벌었다고 말했다. 한편 K사장은 여전히 A부장이 관리하는 DS사의 납품업자들 중 한 사람이다.

DS사의 구매담당 상무는 납품업자 관리부서의 직원들을 특별 소집했다. 구매담당 상무는 "사장님은 제품비용을 낮추기 위해 나에게 납품업체의 일부를 축소하라고 지시했어요. 만일 고비용 구조를 탈피하지 못한다면 우리는 심각한 위기에 직면하게 될 것입니다. 당신들이 각자 검토해서 납품업자 20%를 축소하는 방안을 다음 월요일까지 보고하기 바랍니다."라고 얘기했다. 다음 날 A부장은 자기 부서에서 다른 납품업자들을 관리하는 두 명의 과장과 토의하여 제외시킬 납품업체들을 제안해야 한다.

A부장은 납품업체의 K사장이 자신의 골프친구인 것을 두 과장에게 얘기했는데, 그 얘기가 판단의 객관성을 해치지 않을까 걱정이 되었다. 두 과장 역시 납품업자들 중 일부와 친분을 가지고 있지만, 각자 상황을 객관적으로 평가할

수 있도록 최선을 다하면 된다면서 A부장을 안심시켰다. 그런데 금요일 저녁 늦게까지 토의한 결과에 따르면, K사장의 업체도 제외대상에 포함될 것 같아서 최종판단을 두 과장에게 일임했고, 두 과장은 K사장의 업체를 납품 제외대상 업체 명단에 포함시켰다. 토요일 아침, A부장은 과장들이 작성한 제외대상 납품업체 명단을 확인하였다.

그 날 오후 늦게 A부장은 K사장과 약속한 골프시합에서 K사장의 업체가 납품제외 대상에 포함되었다는 소식을 전해주었다. K사장은 당황해 하면서 그는 몇 년 동안 DS사를 위해 최선을 다했으며, 특히 A부장을 좋은 친구로 생각해 왔다고 얘기하였다. 이어서 K사장은 두 과장을 설득하도록 A부장에게 부탁했다. A부장이 "우리의 기본적인 의무는 회사에 최선을 다 하는 것이기 때문에 개인적인 친분이 공식적인 업무에 영향을 미치게 할 수는 없었습니다. 그래서 힘들었지만 객관적인 기준으로 결정된 과장들의 제안을 반대할 수 없었습니다."라고 그의 입장을 힘들게 설명하였다. 그러자 K사장이 얼굴을 붉히면서 "나는 그 결정을 받아들일 수 없어요. 내가 당신을 좋은 친구로 생각하고 H컨트리클럽에 회원으로 가입시켜 주지 않았습니까? 몇 년 동안 내게서 딴 돈에 대해 어떻게 생각합니까? 당신이 정말 나보다 골프를 잘 친다고 생각합니까?"라며 감정을 폭발시켰다.

이 사례에서 A부장이 직면한 윤리적인 쟁점과 그 해결방안을 설명하라.

사례 9 농약 제조회사에 취업

Y는 2월에 공과대학 화학공학과에서 석사학위를 받을 예정이었다. 그는 유기농업을 오랫동안 해온 부모님을 돕기 위해 졸업 후 바로 가족들이 운영하고 있는 농장으로 돌아갈 계획이었다. 그러나 1월 초 그의 아버지가 뇌경색으로 쓰러져 대학병원에 입원하게 되자, 부득이 자신의 계획을 연기할 수밖에 없었다. Y의 어머니와 형은 아버지의 입원비를 대기 위해 계속 농장을 운영하지만, 농장의 수익만으로 농장을 담보로 융자받은 영농자금을 갚고 아버지의 막대한

입원비를 충당하기는 힘겨운 상태였다. 가족농장을 구하는 최선책은 Y가 석사학위에 합당한 일자리를 찾는 것이었다.

당초 Y는 가족농장으로 돌아갈 생각이었기 때문에 취업에 관심을 두지 않았고, 지금은 취업시즌이 거의 다 지나가 버렸으므로 서둘러야 했다. 마침 학교 취업지원센터의 웹사이트를 살펴보니, SG농약이 화학공학 석사학위를 가진 연구직을 뽑기 위해 교내에서 다음 주에 면접을 시행할 예정이었다.

물론 Y는 SG농약의 모집분야에 지원할 충분한 자질을 갖추고 있었지만, 한 가지 마음에 꺼림이 있었다. 가족농장에서는 유기농법을 엄격하게 적용시켜 왔고, Y의 가족들은 언제나 농약 사용을 반대했다. Y의 아버지는 유기농법의 필요성에 대한 분명한 견해를 가지고 있는 사람으로 지역에서 잘 알려져 있다. Y는 그런 아버지를 존경했고, 어린 시절에 대학에 가지 않고 자기도 아버지처럼 유기농업을 하겠다고 가끔 이야기했다. 그러나 고등학교를 중퇴한 그의 아버지는 다른 생각을 가지고 있었으므로 Y에게 공부를 더 많이 하도록 충고했다. "대학 학위가 없으면, 너도 나처럼 무능하게 될 것이다. 너는 큰 어려움을 참고 극복해야만 한다. 만일 네가 사람들에게 농약이 나쁘다는 점을 정말로 보여주려면, 그 피해를 전문적인 지식을 가지고 설명할 수 있어야 한다."라고 말했다. 그래서 Y는 대학에 진학하여 화학공학을 배우기로 결심했다. Y가 대학에서 공부하는 동안 살충제가 환경을 해칠 뿐만 아니라 특히 인체에도 해롭다는 것을 확신하고 있었기 때문에 Y는 면접에 참가하지 않기로 했다.

그러나 그의 친구들은 다른 측면에서 그에게 충고했다. "환경을 보호하려는 네 뜻은 좋아. 만일 네가 그 자리에 가지 않으면, 농약이 해충을 없애는 최선책으로 믿고 있는 다른 사람이 그 자리에 가게 될 것이고, 그렇게 되면 환경을 더 훼손시킬 거야. 네가 SG농약에 들어가서 맹목적으로 회사의 방침에 따르지 않는다면, 자연과 인체에 미치는 해를 아주 적게 하는 방안을 찾을 수도 있지 않을까?"

Y는 친구들의 충고에 따라 SG농약의 면접에 참가하기로 결심했다. 그는 면접을 기다리는 동안 불안했지만, 면접을 잘 치를 것으로 생각하였다. 그러나

면접관이 Y에게 다음과 같이 물었다. “요즘 농장에서 농약을 사용하는 데 찬성하지 않는 사람들이 있어요. 물론 우리 SG농약은 그렇게 생각하지 않아요. 농장에서 해충을 없애기 위해 살충제를 사용하는 것에 대해서 어떻게 생각합니까?”Y는 이 질문에 어떻게 답을 해야 할까?

이 사례에서 Y가 직면한 윤리적인 쟁점과 그 해결방안을 설명하라.

사례 10 다롄 항의 송유관 폭발사고3)

지난 2010년 7월 16일 오후 4시쯤 중국 다롄 항에서 30만t급 라이베리아 유조선이 중국석유 송유관에 원유 1500톤을 옮기는 과정에서 화재와 폭발사고가 일어났다. 이 화재로 700 mm 송유관이 6차례 폭발하면서 1명이 사망하고, 인근 주민 600여명이 긴급 대피했다. 소방당국은 15시간의 진화 작업 끝에 17일 오전 9시쯤 불길을 잡았다.

또한 이 송유관 폭발 사고로 바다로 유출된 기름이 인근 해역 50 km^2가 오염된 데서 면적이 계속 늘고 있다. 유출기름 오염해역이 이미 100 km^2로 확대됐다고 중국 화상신보는 19일 보도했다. 이 폭발사고 이후 다롄 소방당국이 500여척의 어선과 함께 바다로 유출된 기름 제거에 나섰다. 그러나 조류와 풍랑 등으로 어려움을 겪는 것으로 전해졌다. 다롄 해사국은 “맑은 날씨가 이어지더라도 기름띠 제거에 최소 10여일 이상 소요될 것이다”라고 밝혔다. 송유관에서 유출된 기름으로 인해 수질 오염은 물론 해양 생물과 조류의 집단 폐사가 우려되는 상황이다. 사고지역 인근 해역에 두께 2 cm 이상의 기름띠가 형성돼 어선들은 조업을 포기했다. 유출기름 오염해역이 늘면서 한국 서해로까지 오염이 확산될 가능성도 배제할 수 없다. 다롄 항은 안전 및 해양오염 방제작업의 이유로 신항 컨테이너부두는 선박의 접안 및 하역이 전면 금지됐다.

한국무역협회 다롄사무소 윤선민 과장은 “당분간 해상 수출입에 차질이 불가

---

3) 오종석, “다롄 항 ‘올스톱’…한국업체 피해 불가피”, 국민일보, 2010.7.20.

피하다"면서 "화물의 처리 등 항구 정상화를 위해서는 최소 1주일 이상의 시간이 필요할 것으로 관측된다"고 말했다. 이에 따라 다롄 항을 이용하여 중국과 교역하는 한국 무역업체들의 피해도 불가피한 상황이다. 다롄 항은 한국과 가까워 선박을 이용한 한·중 간 무역이 활발한 곳이다. 이런 가운데, 이번 사고로 다롄 항을 이용하던 유조선들이 한국으로 목적지를 변경하는 등 다롄항의 기능 대부분이 마비됐다. 특히 중국에 물건을 수출하거나 중국에서 생산한 물건을 제3국에 수출하는 우리 기업들도 항구 폐쇄로 어려움을 겪고 있다.

이 사례에서 폭발 및 오염사고의 원인을 파악하여 관련된 사람들의 윤리적 문제점과 유사한 사고를 방지하기 위해 합당한 해결 방안을 설명하라.

사례 11 단열재의 선정

최근 건축에서 에너지 절감을 위하여 단열 벽을 많이 시공하고 있다. 그 방법은 건물 벽을 이중으로 만들고 두 벽 사이에 단열재인 유리섬유를 채우는 것이다. 그런데 유리섬유로 시공한 주택은 추운 겨울에 주방이나 목욕탕에서 발생하는 습기가 유리섬유에 응결되어 단열효과를 떨어뜨린다.

Y는 엔지니어링 회사에 근무하는 엔지니어이다. 올 3월에 이 회사는 군용막사의 리모델링을 의뢰받았다. Y의 업무는 이 군용막사의 벽을 설계하는 것이다. 군용막사 설계시 이전에는 단열재를 사용하지 않았으나 이번에는 두께 9센티미터인 유리섬유 단열재를 설치하려고 한다. 현재 군용막사의 시공기준은 유리섬유를 단열재로 허용하고 있다. 내년 1월부터는 겨울에 건물 벽에 이슬이 맺히지 않도록 단열재의 사용기준이 강화될 예정이다.

그래서 유리섬유 단열재에 대하여 컴퓨터로 분석해보니 추운 겨울에는 건물 벽에 이슬이 맺힐 수 있다는 것을 확인하였다. 이 분석된 결과를 회사의 기술이사에게 보고하고, "가격은 비싸지만, 이슬이 맺히지 않는 폴리우레탄으로 대체하자."고 제안하였다. 그러나 기술이사는 "현재 회사의 형편이 어려운데다 과당경쟁으로 덤핑낙찰을 받았다. 요즘 겨울은 그리 춥지 않고, 군용막사의 리모델링은 11월 말까지 끝나므로 현재기준은 만족하지 않나? 그러므로 값이 싼 유리섬유를 사용하자."고 하였다.

이 사례에서 Y가 직면한 윤리적 쟁점과 그 해결방안을 설명하라.

사례 12 대학원생의 바이러스 유포

1988년 11월 2일 오후 7시경 코넬대학교 컴퓨터공학과 대학원생인 모리스(Moris)는 인터넷에 컴퓨터 바이러스를 풀어놓았다. 그날 오후 8시에 메사추세츠공과대학(MIT)에 대한 침투를 시작으로 그 다음날 아침까지 전국 6천개 이상의 컴퓨터에 피해를 주었다. 피해를 받은 컴퓨터들은 4.3 BSD 유닉스 시스템으로 운영되는 것들이었다. 이 유닉스 운영시스템은 캘리포니아 버클리대학교의 컴퓨터시스템 연구팀에 의해 개발되어서 미국에 있는 대학 및 연구소에 무료로 공급되었다. 특히 썬마이크로시스템 컴퓨터에서 운영되는 유닉스 운영프로그램에 영향을 주었다. 이 바이러스가 계속적인 자기 복제를 통하여 작동되므로, 컴퓨터 메모리를 둔하게 하여 시스템의 성능을 상당히 저하시켰다. 그러나 시스템이나 사용자 파일 혹은 데이터를 파괴하지는 않았다.

버클리대학교의 컴퓨터시스템연구팀이 버클리대학교에 설치되어 있는 컴퓨터에서 이 바이러스를 제거하는 데 20일 정도 걸렸다. 다른 학교나 연구소에서도 그 피해를 복구하는 데에도 거의 비슷한 시간이 걸렸다고 보고했다. 코넬대학교의 모리스에 대한 조사결과를 보면, 모리스는 바이러스를 무한정 복제할 생각은 없었다. 그러나 자기가 설계한 바이러스가 무한정 복제될 가능성에 대한 점검을 하지 않았다. 모리스의 이 행위는 자신의 과거의 행동과 일치하지 않은 것 같았다. 왜냐하면 모리스가 하버드대학교에서 학부학생으로 공부할 때는 컴퓨터 남용을 적극적으로 반대했었다. 어쨌든 모리스는 컴퓨터 남용법의 위반혐의로 기소된 첫 번째 사례가 되었다.

모리스가 왜 컴퓨터 남용혐의로 기소되었는지를 선긋기 기법을 적용하여 분석하라.

사례 13 맨해튼 프로젝트

제2차 세계대전이 한창이던 1939년 독일의 오토 한(Otto Hann)과 프리츠 스트라스만(Fritz Strassman)이 인공적으로 통제된 핵반응을 성공했다는 발표를 함에 따라 전쟁에 참여한 각 나라들은 핵연료로 쓰이는 우라늄의 확보에 나서고 있었다. 당시 미국에 있었던 아인슈타인은 핵폭탄이 실현 가능할 뿐만 아니라 그 파괴력에 대해서 잘 알고 있었던 몇 안 되는 인물들 중의 한 사람이었다. 그는 루즈벨트 대통령에게 핵폭탄 제조를 건의하였고 이로 인해 미국은 맨해튼 프로젝트를 수립하고 극비리에 핵폭탄제조에 들어갔다. 이 계획은 국방부, 산업체, 학계가 공동으로 수행한 대표적인 프로젝트로서 마침내 1945년 7월 16일 미국 뉴멕시코 주의 사막에서 세계 최초의 핵폭발시험을 수행하였다.

이렇게 개발된 원자폭탄은 1945년 8월 히로시마와 나가사키에 두발이 투하되어 엄청난 인명을 살상하면서 제2차 세계대전은 종식되었다. 1976년 유엔이 제출한 자료에 의하면, 이 원폭으로 35만 명이 직접적인 영향을 받았고, 이 중 14만 명이 1945년 말까지 숨졌을 것으로 추산하고 있다. 살아남은 사람도 원폭의 강력한 열선과 방사선 등의 피해로 내내 고통을 겪어야 했다. 우리나라의 경우는 대한적십자사에 등록된 원폭 1세대만 2100여명 정도이며, 이들의 자녀가 1만 명에 달한다고 할 때 얼마나 많은 2, 3세가 원폭으로 인한 피해를 보고 있을지 추측하기 어렵다.

원자폭탄의 투하로 인해 발생하는 가공할만한 위력과 엄청난 피해를 제2차 세계대전 당시 히로시마 사례를 통하여 자세히 살펴보자. 1945년 8월 6일에 B-29폭격기로부터 TNT 2만 톤의 위력을 가진 우라늄(U-235)이 든 폭탄이 히로시마의 오타 강 위쪽 도심에 떨어졌다. 원폭 투하 0.6초 후 지름 180미터인 온도 3만 도의 불덩이가 섬광과 같이 나타났다. 지열은 곧바로 섭씨 6천도가 되었고, 모든 구조물들은 폭발과 함께 무너져 내렸다. 무너져 내린 집들은 곧 불에 타 버렸고, 도시 7km 지역 내 모든 것들이 황폐화되었다. 원자폭탄이 떨어진 지점에서 5km 떨어진 곳에 있던 사람은 오렌지색 섬광과 함께 수많은 유리조각이 사람의 몸을 뚫고 지나가는 것을 볼 수가 있었다. 또한 건물이 붕괴되는 것과 사람들이 쓰러지고 불타는 광경을 볼 수 있었다. 하지만 자신의 몸을 1만 rad의 방사선이 뚫고 지나가는 것을 알 수가 없었다. 그 부근에 있던 사람들은 대부분 3~4일 안에 죽었다. 핵폭발 후 먼지와 핵분열 생성물이 하늘로 올라갔고 낙진으로 인한 두 번째 방사선 피폭이 시민들에게 내려앉았다. 병원들은 아침부터 저녁까지 응급처치와 사망자로 발 딛을 틈이 없었다. 하루가 지난 뒤 도시에 들어간 사람들은 곳곳에 불에 탄 시체를 볼 수 있었고, 어떤 시체는 죽어가는 어린아이를 보호하기 위해 자신의 몸으로 불길을 막다 죽어간 어머니도 보였다. 핵폭발 2주가 지난 후, 핵폭발 시 아무런 상처도 입지 않았던 원폭지점에서 13km 내 사람들은 방사선으로 인해 머리카락이 빠지기 시작하였다. 이들 중 반 정도는 얼마 안 되어 죽었고, 희생자들에게는 적색반점이 나타났으며, 피는 더 이상 응고가 되지 않았다. 이것은 죽음의 반점이라 불렸고, 매일같이 사람들이 죽어나갔다.

이러한 참혹한 결과를 보고, 맨해튼 프로젝트에 참여했던 과학자들과 엔지니어들은 국가에 대한 충성 의무와 인간생명 중시라는 인간 본연의 책무 사이에서 어떤 자세를 취했어야 했는지를 윤리이론을 적용하여 설명하라.

사례 14 반품된 장비의 대책

SC기계는 수년 동안 DM산업에 정교한 장비를 납품하고 그 장비의 수리를 잘 해왔다. 어느 날 DM산업은 사용하는 장비에서 제대로 작동하지 않는 장비의 부품들에 대한 점검을 SC기계에 의뢰하였다. DM산업을 대표한 H과장, SC기계에서 수리담당 부서를 대표한 N과장과 DM산업이 점검을 의뢰한 것과 같은 종류의 장비를 잘 아는 SC기계의 Y대리가 그 부품들의 상태를 검토하고 대책을 세우는 회의를 하였다.

N과장은 장비의 부품 상태는 모두 양호하다는 SC기계의 공식적 입장을 밝혔다. 그러나 회의가 진행되는 중에 Y대리는 고장의 원인은 SC기계에서 장비를 정확하게 테스트하지 않았기 때문에 발생한 것이라고 생각했다. Y대리는 회의

가 진행되는 동안 침묵했고, DM산업의 H과장이 돌아간 후 N과장에게 자신의 분석결과를 말했다. “장비의 고장원인은 SC기계의 실수이며, 고장 난 장비의 부품을 전량 SC기계에서 교체해 주겠다고 DM산업에 제안합시다.” 라고 했다. N과장은 “나는 그것이 우리 측 실수란 것을 인정하는 것은 현명하다고 생각하지 않아요. 우리 회사의 실수를 밝혀서 우리 회사의 품질에 대한 DM산업의 신뢰를 떨어뜨릴 필요는 없어요. 장비의 부품을 교체해주는 호의만으로도 충분해요.”라고 했다.

SC기계의 경영진에서는 ‘DM산업이 최근 수년간 우수 고객이었으므로 우수 고객의 예우 차원에서 기능이 떨어진 부품을 모두 교체해주겠다.’는 내용을 DM산업에 통보하기로 했다. 비록 SC기계에서 비용을 들여 장비의 부품을 교체했지만, 문제의 본질은 이야기하지 않았다.

이 사례에서 Y대리가 직면한 윤리적인 쟁점과 그 해결방안을 설명하라.

사례 15 방송국의 송신안테나4)

1982년에 텍사스 휴스턴의 한 TV 방송국은 방송 출력을 높이기 위해 텍사스 미주리시에 높이 300미터인 탑 위에 무게 6톤인 FM 안테나를 새로 세우기로 했다. 방송국은 안테나 엔지니어링 회사에 송신탑 설계와 제작을 의뢰하였다. 송신탑의 실제 조립공사는 이 분야의 경험이 많은 지역 설비업체에서 맡기로 했다. 송신탑의 설계는 운반과 설치가 쉽게 크기와 무게가 적절한 여러 개의 구조물로 만들고 순차적으로 들어 올려서 볼트로 체결하여 조립하는 방안을 채택하였다. 엔지니어링 회사에서 설계한 도면은 설비회사에 보내서 각 구조물을 들어올리기 위한 고리의 위치가 적절한지를 검토 받았다.

설비업체 직원들은 이미 설치된 탑의 구조물 위에 새로운 구조물을 들어올

4) 이대식, 김영필, 김영진, 공학윤리, 인터비젼, pp. 138-139, 2003.

리기 위해 현장에 세워놓은 수직으로 올라가는 크레인을 사용하였다. 마지막에 탑 꼭대기에 두 부분으로 이뤄진 안테나를 올려놓게 된다. 이 설계된 탑은 기둥이 세 개이므로 세발 탑으로 불린다. 탑의 발은 지름 20센티미터인 강철봉으로 만들고, 각 구조물은 높이 15미터이고 무게 4.5톤이다. 탑의 구조물들은 300미터 높이까지는 아무런 사고 없이 잘 올라갔다.

1982년 11월 18일 설비업체가 마지막 송신탑 구조물을 인계받았을 때 새로운 문제가 생겼다. 들어 올리는 고리가 트럭에 수평으로 놓여 있는 구조물을 들어 올리는 데는 적합했지만, 수직으로 매달기에는 적합하지 못했다. 왜냐하면 크레인의 와이어 로프가 마지막 구조물의 측면에 붙어 있는 마이크로웨이브 바스킷에 걸리기 때문이었다. 설비업체는 엔지니어링 회사에 마이크로웨이브 바스킷을 제거하고 구조물을 조립한 후에 바스킷을 다시 설치하게 해달라고 요청했지만 거절당했다. 왜냐하면 엔지니어링 회사는 지난번에 바스킷을 제거했다가 다시 설치하는 중에 손상되어서 수리하여 다시 설치하는 데 상당히 많은 비용이 들었기 때문이다.

설비업체 직원들은 해결책을 고민한 끝에 케이블이 안테나 바스킷에 닿지 않도록 임시로 확장 지지대를 만들어서 마지막 구조물에 볼트로 체결한 상태로 들어올리기로 하였다. 설비업체 직원들은 자신들의 전문지식이 부족하다는 것을 알고, 안테나 엔지니어링 회사의 엔지니어에게 자신들이 제안한 해결책을 검토해 달라고 요청했다. 엔지니어링 회사의 엔지니어들은 다시 거부했고, 회사의 경영진으로부터 확장지지대의 설계도면을 검토하지 말고 마지막 구조물을 들어 올릴 때도 공사현장에 있지 말라는 지시를 받았다. 왜냐하면 엔지니어링 회사 경영진은 사고 시 책임질 것을 두려워했기 때문이다. 또한 엔지니어링 회사의 엔지니어는 설비업체가 구조물을 매달기 위한 방안을 전문가에게 검토시켜야 한다는 것을 제안하지도 않았다.

설비업체 직원들은 상층부 구조물의 무게를 알고 있었으므로 새로 수정된 부분을 고려하여 그 무게들을 지탱할 수 있는 볼트를 구입하여 상층부를 들어 올리기 위한 케이블 연결작업을 완료하였다. 상층부 구조물이 올라가던 중 연결볼트가 부러지고 떨어지는 구조물 조각이 구조물을 버티고 있던 와이어 로프를 절단시키면서 탑이 무너지게 되었다. 이 사고로 인하여 다섯 명의 설비기사들이 추락하여 숨졌다. 설비기사들은 연결 볼트의 크기 계산에서 볼트체결 위치에서 들어 올리는 케이블까지의 거리에 따른 굽힘모멘트도 고려해야 된다는 사실을 몰랐기 때문이다.

이 사례에서 관련된 사람들의 윤리적인 문제점과 이러한 사고를 방지하기 위한 현실적인 방안은 무엇이었는가를 설명하라.

사례 16 보류된 프로젝트의 수행

H대리는 최고의 기분으로 S실장의 사무실을 걸어 나갔다. LS산업에서 비교적 연구경험이 적은 H대리는 조금 전 S실장의 사무실에서 가정용 정수기에 대한 그의 아이디어를 구체화시킬 가능성을 보았다. 신제품 개발실을 책임지고 있는 S실장은 H대리의 아이디어를 좋아했을 뿐만 아니라, 시제품을 개발하기 위하여 H대리에게 프로젝트팀을 구성하여 이끌어가도록 지시했다.

H대리는 프로젝트를 이끄는 것이 생각했던 것보다 재미있다는 사실을 발견했다. H대리는 비용을 절감하기 위해, 그가 원하던 사람들보다 경험이 약간 적은 사람들로 팀을 구성했다. H대리가 팀을 운영한 경험이 없어서, 처음 구상했던 설계의 개념과 재료의 선정이 일부 수정되었으며, 곧 정수기 시제품의 원가가 당초 예상보다 상승되었다는 사실을 알게 되었다.

그러나 그 프로젝트 팀은 여러 가지 시험을 거쳐 마침내 시작품을 완성하게 되었다. H대리는 S실장과 시작품을 검토하고 시연해 볼 것을 제안했다. S실장은 그 정수기 제품에 대한 마케팅부서의 관심을 확인하기 위해, LS산업의 마케팅 부사장과 함께 검토하기로 했다. 그런데 마케팅 부사장은 정수기 시제품의 가격에 대한 H대리의 발표를 중단시키면서, "나는 자네가 새로운 제품의 개발을 시작하기 전에 마케팅 부서에 의견을 물었으면 좋았을 것 같네. 실은 우리 부서는 어떤 형식의 정수기에도 관심이 없네. 나는 이 프로젝트를 중단하고 시작품을 폐기해야 한다고 생각하네. 만일 우리가 이 아이디어를 채택할 생각이 들면 자네를 다시 찾겠네. 그러나 가까운 시일 내에 그럴 가능성은 없을 거네." 라고 했다. S실장은 H대리에게 최종 보고서를 작성하고 시제품을 개발 자료실에 갖다 놓으라고 지시했다. H대리의 팀원들에게 다른 프로젝트가 배정되었다.

H대리는 처음으로 수행한 프로젝트팀 리더로서의 역할이 실패했다는 사실에 당황해 하면서도, 그렇게 쉽게 포기할 수는 없다고 결심했다. LS산업에서는 연구개발 부서의 연구원들에게 10퍼센트의 시간을 자유롭게 새로운 아이디어를 구상하는 데 사용할 수 있도록 허용하고 있다. 그래서 H대리는 새 아이디어의 구상시간을 활용하여 개발이 보류된 정수기 프로젝트를 계속 수행하였다. H대리는 정수기 프로젝트에 소요되는 시간을 10퍼센트로 제한하려고 했지만, 오히려 더 많은 시간을 소비할 정도로 푹 빠져들었다. 그는 보다 나은 재료를 구하기 위해 여러 판매업체를 다녔고, 제어시스템을 연구하기 위해 전자연구소에 있는 친구와 연락하였다. 그리고 정수기 시제품의 가공에 대해 더 조사하기 위하여 다른 프로젝트에 할당된 시간을 이용해 관련된 가공업체를 찾아다녔다.

H대리는 그에게 배정된 프로젝트의 진행은 늦어졌지만, 그가 추진했던 정수기 프로젝트에서는 상당한 성과를 거둘 수 있었다. 그는 S실장에게 자신이 정수기 프로젝트를 아직도 그만두지 않았다는 사실을 언제 어떻게 얘기해야 할지 혼자서 고심했다. 정수기 프로젝트를 계속 진행할 수 있게 허락을 받고, 마케팅 부서를 움직이게 만들 수 있는 확신을 S실장에게 줄 수 있는 시장 조사 자료를 어떻게든 구하고 싶었다.

H대리는 종종 자기 아내와 정수기 프로젝트에 관해 의논했고, 어느 날 그의 아내는 시장조사 자료를 빠르게 얻을 수 있는 방법을 그에게 말했다. 아내는 지역 상가에서 주방제품 직원들이 지나가는 사람들을 대상으로 전시된 제품에 대한 설문지를 받는 것을 본 적이 있었다. H대리는 정수기를 지역 주민들에게 선보이기 위하여 아내의 친구들을 동원했다. 그리고 정수기를 구경하러 온 사람들에게 그 제품에 대한 관심사항과 적절한 판매 가격을 물어보는 설문지에 답해주길 요구했다. H대리는 그 정수기 시제품을 회사 실험실에서 밖으로 가

지고 나올 수 있는 권한이 없기 때문에 제품에서 회사의 표시가 보이지 않도록 특히 조심했다.

아마추어적인 접근에도 불구하고, 상당한 분량의 자료가 모아졌다. 자료를 검토한 H대리는 그가 여태껏 개발된 정수기 제품들보다 시장성이 더 좋다는 확신을 가지게 되었으며, 이 점을 S실장에게 납득시키고 싶었다. 그는 정수기의 잠재 시장에 대하여 아주 설득력 있게 주장할 수 있다고 확신했다. H대리는 빠른 시일 내에 S실장을 만나기로 결심했다.

만일 당신이 S실장이라면, H대리가 새로운 정수기의 성능과 그 설문결과를 전할 때 어떻게 반응해야 하는가? 또한 H대리가 혼자서 책임추궁을 감수하고 성공한 사실이 윤리적으로 합당한지를 설명하라.

사례 17 분쇄기의 안전장치

M과장은 GL농기계에서 분쇄기(chipper-shredder) 설계책임자로 근무하고 있다. 이 회사는 들판의 잡초들을 잘게 부수어서 흙과 섞어서 퇴비를 만들 수 있는 10마력짜리 강판날개를 가진 분쇄기를 생산하고 있다. 특히 이 분쇄기는 집 주변에 자란 대량의 잡초를 제거하려는 가정에서 인기가 좋다.

강판날개는 강력한 엔진에 의해 고속으로 회전하기 때문에, 사용자가 조심하지 않으면 다치기 쉽다. 보도된 바에 의하면 분쇄기가 팔린 5년 동안 100여명의 사용자가 사고를 당했다. 사고는 잡초 부스러기들로 배출구가 막혔을 경우 내부의 잡초를 제거하기 위해 사용자가 손을 집어넣을 때 가장 많이 일어난다. 사용자가 너무 깊이 손을 넣게 되면, 회전칼날에 손가락이 잘리거나 치명상을 입을 수 있다.

GL농기계의 사장은 비용을 별로 들이지 않으면서 분쇄기 판매와 관련된 법적인 책임을 줄이고자 설계담당자들과 법률담당 직원을 불러 모았다. 법률담당 직원은 법적인 책임을 줄이는 몇 가지 방안을 다음과 같이 제안하였다.

• 분쇄기의 겉에 '위험! 날개가 고속으로 회전함'이라는 노란 색 경고문을

붙임

- 사용자 매뉴얼의 첫 페이지에 '기계가 작동 중일 때 회전 날개에 손을 대지 말 것'이라는 경고문을 붙임
- 사용자 매뉴얼에 '만일 배출구가 잡초로 막히면, 반드시 분쇄기의 전원을 끈 뒤, 부스러기 수집 자루를 분리하고, 잡초를 제거해야 한다.'라는 주의사항을 포함시킴.

M과장은 법률담당직원의 제안을 들은 후, 분쇄기 설계팀 직원들과 의논한 결과를 바탕으로 M과장이 세운 해결방안은 다음과 같다.

해결방안 1: 여가시간을 이용해 분쇄기를 재설계하여 배출구가 막히는 문제를 해결한다. 재설계 비용은 다른 개발제품의 설계비용에서 비공식적으로 부담한다.

해결방안 2: 법률담당직원이 제시한 것과 같이 경고문을 분쇄기와 사용자 매뉴얼에 붙이고, 주의사항을 사용자 매뉴얼에 굵은 글씨로 써넣는다.

해결방안 3: 분쇄기가 막히지 않게 재설계하는 비용 1500만원을 회사가 부담하도록 경영진을 설득한다.

M과장이 세운 각 해결방안에 대하여 그 타당성과 윤리적인 문제점을 검토하고, 최선의 해결방안을 선택하라.

사례 18 사내 금형부서의 수리비용

HD공구에서 필요한 공구를 가공하는 절차는 먼저 회사의 공구 개발 담당자가 사내에서 공구를 설계한다. 개발된 공구의 설계에 대한 승인이 이루어지면, 구매부서는 공구의 부품도와 자재명세서를 적어도 세 군데 가공업체에 보내서

견적을 받는다. 보통은 제일 적당한 가격과 빠른 납품일자를 제시한 외부 납품업체와 계약을 체결한다. 구매부서에서는 S대리가 공구 제작업체에서 견적서를 받고 계약서를 만드는 실무를 담당하고 있다.

HD공구에도 공구나 금형을 가공하는 부서가 있는데, 지금까지 그 공구가공 부서는 외부업체에서 제작한 공구나 금형을 사용하다가 부분적으로 수리하는 역할을 하였다. 그러나 공구가공 부서장은 회사 안에서도 공구를 가공하여 납품할 수 있게 해달라고 경영진에게 건의하여 사내에서도 새 공구의 제작에 대한 견적서를 제출할 수 있게 되었다. 그 후 공구가공 부서에서 새 공구의 제작 견적서를 담당하게 된 L대리는 견적서 작성에 참고하기 위해 평소 잘 알고 있는 구매부서의 S대리에게 전화를 걸어서 외부 공구 납품업체의 가격정보를 요청하였다. "내가 견적서 작성 업무를 처음으로 맡게 되어서 잘 모르니 외부업체의 견적서를 잠간 볼 수 없을까요? 우리는 같은 식구이니 서로 도우면서 삽시다."라고 말했다.

S대리는 L대리에게 어떻게 답을 해야 할까? 이 사례에서 윤리적인 쟁점과 합당한 해결방안은 무엇인가?

이 사례에서 S대리가 직면한 윤리적인 쟁점과 그 해결방안을 설명하라.

사례 19 삼풍백화점의 붕괴

1995년 6월, 삼풍백화점 붕괴사고는 우리에겐 부끄러운 자화상이었다. 테러리스트가 폭탄을 터트린 것도 아니고 건물이 스스로 무너져 내린 사실은 공학계의 큰 충격이었다. 삼풍백화점의 붕괴 원인은 곧 밝혀졌다. 건축과정의 결함을 넘어선 한국 사회의 구조적인 모순이 자리 잡고 있었다. 이와 관련 2006년 5월 23일 KBS 1 TV '세계걸작 다큐멘터리'는 외국 시선에서 바라본 삼풍백화점 붕괴 원인을 다룬 '삼풍백화점 붕괴의 진실'을 방영해 관심을 모았다. 방송은 삼풍백화점 붕괴 원인에 집중했다.

먼저 설계상의 결함이었다. 애초 삼풍백화점은 근린상가로 설계됐지만 건물주의 지시에 따라 대형 쇼핑몰로 변경됐다. 건설을 맡은 업체가 시공을 거부하자 건물주는 건설업체를 변경해 자신의 의도를 관철시켰다. 설계를 변경하면서 80센티미터 기둥은 58센티미터로 줄어들었다. 에스컬레이터 기둥은 더 작게 축소되었다. 건물은 4층에서 5층으로 증축되었다. 가는 기둥은 3천 톤의 콘크리트를 더 지탱해야 했다. 5층은 식당가였다. 중량이 많이 나가는 주방기구들이 많았고, 한식당 바닥은 온돌을 까느라 30센티미터 두께의 콘크리트가 추가됐다. 여기다 건물 옥상에는 87톤의 대형 에어컨 냉각탑이 설치됐다. 그런데 에어컨 냉각탑의 큰 소음으로 인해 근처 주민들의 민원이 제기되면서 반대 방향으로 옮겼다. 냉각탑을 옮길 때, 크레인으로 들어서 옮기는 대신 냉각탑이 옥상바닥에 닿은 채로 밀어서 옮겼기 때문에 옥상 바닥이 갈라졌다.

건물 붕괴 원인 분석가인 매카시는 방송에서 "물리법칙을 그렇게 무시하다니 놀랍다. 결국 그 대가를 치르게 된 것이다."라고 예고된 사고로 주장했다. 옥상 바닥이 갈라진 후, 실제로 5년 동안 별탈이 없었던 건물은 조금씩 균열이 가기 시작했다. 5층 옥상이 솟아올랐고, 식당 주방 천정은 금이 갔다. 건물 검사관은 즉시 위험을 알리고 대피를 권고했다. 그러나 백화점 경영진은 옥상 보수만을 지시하고, 귀중품을 지하실로 옮긴 후 영업은 계속하도록 한 채 건물을 빠져나갔다. 삼풍백화점은 준공 5년 만에 마치 폭탄을 맞은 듯 처참하게 무너져 내렸고, 희생자만 500명이 넘었다.

이에 대해 방송은 "삼풍백화점의 건물주가 하루 수억 원대의 매출을 놓치기 싫었을 것이다. 결론은 돈이었다."라고 주장했다. 물욕에 눈이 멀었던 경영주의 과욕이 삼풍백화점 붕괴를 불러왔다는 것이다.

붕괴 후 경영주와 그의 아들 그리고 12명의 관련 공무원은 실형을 선고받았다. 한편으로는 한국 사회의 안전 불감증에 큰 경종을 울렸다. 다시는 되풀이되지 말아야 할 인간의 실수에 의한 재난이었다.

이 붕괴사고의 원인을 파악하여 관련된 사람들의 윤리적 문제점을 제시하고, 그 사고를 예방하기 위해서 그들이 어떤 역할을 했어야 하는지를 설명하라.

사례 20 상사의 휴식시간 음주

KD석유는 최근 경쟁사들에게 판매시장을 잠식당하고 있다. KD석유는 판매시장 축소의 원인이 음주라고 생각하여 술이 취한 상태에서 일하다가 적발된 종업원들에게 제재를 가하는 방침을 채택하였다.

K대리와 R과장은 3년 동안 KD석유의 안전검사부에서 함께 일했다. K대리는 점심시간 후에 R과장에게서 술 냄새가 나는 것을 알았다. 그러나 새로운 방침이 발표되기 전까지만 해도 K대리는 다른 사람에게는 물론 R과장에게도 음주문제에 대해 뭐라고 이야기해야 할 필요가 없었다. R과장의 업적은 언제나 최고 수준이었으며, K대리도 다른 사람의 안 좋은 면을 다른 사람들과 이야기하길 좋아하는 사람은 아니었다.

회사에서 근무 중 음주제재방침을 발표하기 이틀 전, R과장은 자신이 안전검사부장으로 거론되고 있다고 K대리에게 말했다. R과장이 승진되는 것은 기쁜 일이지만, K대리는 R과장이 음주로 인해 제대로 업무를 감당할 수 있을지를 걱정하고 있었다.

R과장과 K대리가 3년 동안 함께 일한 것을 알고 있는 인사담당 J상무는 안전검사부장 자리에 R과장과 다른 한 사람으로 선택 범위를 좁혀 놓았다. 그는 R과장에 관해 좀 더 알아보기 위해 점심시간에 K대리를 밖으로 불러냈다. J상무는 R과장에 대해 K대리에게 물었다. "K대리가 R과장과 3년 동안 같이 근무했고 친하게 지내니까 R과장의 근무자세 특히 음주습관에 대해서 잘 알 것이니 있는 대로 얘기해주길 바라네. 우리 회사에서 안전검사부장 자리에는 최고로 성실한 사람을 필요로 하네. 우리는 작업 현장에서 술 때문에 지난 몇 년간 제품의 품질과 작업의 안전성이 떨어지고 있네. 나는 얼마 전에 업무 중 술에 취한 C부장을 품질관리부장에서 면직시켰어. 우리는 다시 이런 일이 일어나지 않도록 해야 하네. 회사의 새로운 방침이 제품의 품질과 안전성 확보에 도움이 되리라 생각하네. 자, K대리, 얘기해 보게."

이 사례에서 K대리가 직면한 윤리적 쟁점과 그 해결방안을 설명하라.

사례 21 새로운 에어백의 개발

자동차용 에어백 기술개발에 35년 이상을 보내고 은퇴한 70대의 칼 클라크(Carl Clark)는 지금도 그는 여전히 에어백의 적절한 사용과 개선을 위해 일을 하고 있다. 앞좌석에 탄 어린이의 에어백에 의한 최근의 위험 경고문은 1960년대 클라크가 주장한 것보다 30년 이상이나 늦다. 요즘 그는 에어백을 자동차의 범퍼에 설치해야 한다고 주장하고 있다. 그는 아이디어를 이용해 돈을 벌려고 하지 않았다. 그가 제안한 범퍼용 에어백은 누군가 다른 사람이 특허등록을 했다. 그는 "나는 인생의 3/4을 현재 당면하는 문제를 해결하기 위해 보냈습니다. 이제 나머지 인생을 미래를 위하여 보내고 싶습니다."라고 말했다. 1971년 클라크는 시속 80킬로미터로 달리는 자동차의 앞에 갑자기 사람이 나타나 브레이크를 밟을 여유가 없을 때, 충돌을 막기 위한 역추진로켓 브레이크시스템에 대한 특허를 획득했다. 그는 이 장치로 문제가 완전히 해결되는 것은 아니지만, 이러한 안전장치를 개발하는 것은 충분한 가치가 있다고 믿고 있다. 그래서 이 자동차 안전장치를 되도록 빨리 더 빠른 속도에서 테스트할 것을 정부에 건의했다. 그렇지만 자동차업계가 자동차 제조비용이 너무 높아진다는 이유로 이 장치의 도입을 강력하게 반대해서 정부는 이 장치의 실차 테스트를 보류하였다. 클라크가 이와 같은 노력을 계속할 수 있게 한 동기는 더 나은 세상을 만들어야 한다는 믿음을 가지고 자랐기 때문이라고 한다.

클라크가 한 일들에 대한 엔지니어로서 윤리적 자세에 대하여 설명하라.

사례 22 소각장 건설의 백지화

서울시에서는 강동구 고덕동 일대 28,930평의 부지에 강동구와 성동구의 쓰레기처리를 위해 1일 처리량 1,900톤 규모의 소각장 건설계획을 1992년 1월 수립하여 1994년 상반기까지 주민 참여 없이 행정적인 절차를 이행하였다. 1994년 5월 주민설명회를 통해 지역주민들에게 이 사실이 알려지면서 서울시와 갈

등이 시작되었다. 주민들은 즉각 강동쓰레기 소각장 건설대책 시민모임(이하 시민모임)을 결성하여 서울시 주관 공청회에서 반대의견을 제시하였다. 고덕동에 소각장 건설이 불가피하다는 서울시의 답변에 따라 6월 강동구, 도봉구, 강남구 주민 2천여 명이 종묘 앞에 모여 연합시위를 벌였다. 또한 서울시가 경찰력을 동원한 가운데 공청회를 강행하자 주민 1천여 명이 반대집회를 열어 공청회를 무산시켰다. 그 후 주민들은 환경영향평가법에 주민참여가 보장되어 있음을 알고 환경영향평가 과정에서 주민의견을 제시하기로 방향을 전환했다. 7월에 열린 공청회에서 환경단체와 연계하여 환경영향평가서 초안의 문제점을 논리적으로 지적하여 서울시로부터 환경영향평가 보완 및 소각장 용량 재조정 답변을 이끌어냈다. 이에 따라 서울시에서는 소각용량을 하루 1,900톤에서 1,400톤으로 조정하였으나, 주민들이 민간연구소에 의뢰해 산정한 용량인 74~112톤 규모와는 그 차이가 너무 커 합의점을 도출하지 못했다.

이러한 상황에서 1995년 지방선거에서 시민모임에 참여한 사람들이 다수 시의회와 구의회에 진출하였고, 소각장 건설계획 재검토를 공약으로 내세운 후보가 민선구청장으로 당선됨으로써 결국 강동구소각장 건설계획은 백지화되었다.

이 사례에서 관련된 사람들의 윤리적 쟁점을 제시하고, 엔지니어로서 합리적인 해결방안을 제시하라.

사례 23 소프트웨어의 소유권

한 때 S차장은 관리업무용 소프트웨어 개발이 전문인 MS컴퓨터에서 일했었다. MS컴퓨터에서 S차장은 혁신적인 고객지원용 소프트웨어의 개발팀의 핵심인력이었다. MS컴퓨터에서 개발된 소프트웨어는 회사의 중요한 자산이지만, MS컴퓨터는 S차장에게 '근무 중 개발한 소프트웨어는 회사 재산에 귀속된다.' 라는 합의서에 서명할 것을 요구하지 않았다. 그러나 S차장이 MS컴퓨터를 퇴직한 후에 부임한 신임 사장은 직원들에게 업무 중 개발한 소프트웨어의 소유권에 대한 합의서에 서명할 것을 요구했다.

S차장은 이제 훨씬 큰 SP컴퓨터에서 일하고 있다. S차장의 담당업무는 고객지원 분야이며, 그는 시스템에 문제가 있는 고객들과 전화로 상담을 하는데 대부분의 시간을 보내고 있는데, 이 업무는 대량의 정보조회가 요구되었다. 그 조회업무는 MS컴퓨터에서 개발한 고객지원용 소프트웨어를 조금만 바꾸면 아주 쉽게 해결될 수 있다는 사실을 알게 되었다.

금요일, S차장은 그 정보조회 소프트웨어를 월요일 아침 일찍 출근하여 수정하기로 했다. 그러던 토요일 저녁 그는 오랜 두 친구와 저녁식사를 하게 되었다. S차장과 친구들은 서로 최근 진행하고 있는 일을 이야기하면서 시간을 보냈다. S차장은 월요일에 작업할 그 소프트웨어에 대해 이야기를 했다. 그러자 친구 중 하나가 "그런 것은 윤리적으로 어긋나는 것이 아닌가? 네가 수정하려는 프로그램은 사실 너희 옛날 회사 사장의 소유잖아?"라고 말했다. S차장은 "그러나 나는 단지 내 일을 좀 더 효율적으로 하려고 할 뿐이야. 내가 다른 사람에게 그 소프트웨어를 팔지는 않을 거야. 사실 그 프로그램은 내가 개발한 것이잖아. 게다가, 내가 몇 가지 수정을 하면 똑같은 프로그램도 아니야."라고 대답했다.

S차장은 월요일 아침 MS컴퓨터에서 근무하면서 개발한 프로그램에서 몇 가지를 수정한 후에 자기 업무에 활용하기 위해 자기 컴퓨터에 설치했다. 곧 담당부서의 사람들은 S차장의 능력에 탄복하게 되었다. S차장은 그 고객지원 소프트웨어가 회사의 모든 부서에 적용될 수 있다는 것을 알게 되었다. 그의 상사들도 이런 사실을 알게 되었으며, 그래서 상사들은 회사의 모든 부서에 그 프로그램을 설치하라는 지시를 내렸다.

S차장은 지난 주말 만난 친구들의 얘기가 생각나서 친구의 말이 맞지 않을까 걱정하기 시작했다. 그는 회사 측이 MS컴퓨터와 협의하여 그 소프트웨어를 사용하기를 제안했다. 그러나 그의 생각은 상관들에 의해 거절되었다. 그의 상관들은 그 소프트웨어는 S차장이 그 아이디어를 냈고, SP컴퓨터에서 수정한 것이므로 SP컴퓨터의 소유라고 주장했다. S차장은 MS컴퓨터와 상의하지 않고 그 프로그램을 수정하여 사용한 것을 후회했다. 상관들은 S차장이 그 일을 원치 않는다면, 누군가 다른 사람을 데려와 그 작업을 진행시킬 것이며, 어떤 일

이 있더라도 수정작업을 통해 전 부서에서 사용할 수 있게 할 것이라고 했다.

이 사례에서 S차장이 직면한 윤리적인 쟁점과 그 해결방안을 설명하라.

사례 24 소형차 핀토의 연료탱크

1960년대 말, 오일쇼크를 계기로 연료효율이 좋은 일본 자동차가 폭발적으로 팔리고 있는 가운데 미국에서는 가솔린을 사용하는 대형차의 판매가 매우 부진하였다. 이에 따라 포드사는 무게가 2천 파운드 이하이고 판매가격도 2천 달러 이하인 소형차 핀토(Pinto)를 설계했다. 보통 포드자동차에서 신모델 개발에서 생산까지 3년 반 정도 걸렸지만, 외제 소형차들과 경쟁하기 위해 핀토의 개발기간은 2년 정도의 짧은 준비를 거친 후에 서둘러 생산을 개시했다. 짧은 개발기간 동안 여러 차례 자동차의 외관을 바꾸었으므로 보통 때보다 제품설계에 대한 검토 및 평가가 제대로 이뤄지지 못했다. 그 결과로 자동차의 차동기어박스의 볼트머리가 노출되었으며, 후방 충돌 시 연료탱크가 앞으로 기울어지면 차동기어박스의 볼트머리가 연료탱크를 뚫을 수도 있었다.

이 사실은 포드사가 핀토의 시제품에 대하여 수행한 후방충돌시험에서 확인되었다. 즉, 시속 20마일로 움직이는 장벽에 의해 후방으로부터 충돌 당한 시제품들은 연료탱크가 앞으로 기울어지며 구멍이 뚫려 연료 누출을 일으켰다. 또한 시속 20마일로 달리는 자동차의 고정 장벽에 대한 충돌시험에서 핀토 생산품 중 한 대는 차량에서 연료탱크가 떨어져 나갔으며, 다른 한 대의 연료탱크는 차동기어박스의 볼트머리에 의해 구멍이 뚫렸다. 포드사는 후방충돌 시 연료탱크를 보호하기 위해 연료탱크를 두 축보다 약간 높은 곳에 설치하거나 연료탱크 표면에 고무주머니를 설치하여 후방충돌 시험을 수행했다. 양쪽 모두 시속 20마일의 후방충돌 시험을 안전하게 통과했다.

그런데 당시 핀토는 '연료탱크 설계에 대한 연방 안전기준'을 모두 충족시켰다. 그리고 포드사에서 발표한 '후방충돌에 의한 연료누출과 화재'란 연구보고서에 따르면, 후방 충돌 시 소형차 핀토의 연료탱크의 폭발을 막기 위해 차량

1대에 11달러의 설계개선 비용이 필요한 것으로 파악되었다. 그 보고서에서 산정한 차량 화재사고의 보상비용은 4천9백만 달러이고, 설계개선비용은 1억3천7백만 달러이었다. 상세한 비용내역은 아래와 같다. 그래서 포드사는 경영적 측면을 우선시 하여 연료탱크의 설계개선보다 차량사고에 대해 보상하는 방안을 채택하기로 하였다. 그 결과로 포드사는 1978년 2월 캘리포니아 주법원에서 1억2천8백만 달러의 제조물책임 소송사상 최대 배상금을 지급하도록 명령을 받았고, 엄청난 비용을 들여서 새 차의 엔진을 안전한 구형 모델의 엔진으로 대체해야 했다. 또한 핀토차의 개발에 관련된 엔지니어와 경영진이 모두 사법처리 되었다.

〈사고보상비용〉

사고예상	사망자 180명, 부상자 180명, 자동차화재 2,100대
보상비용	\$200,000/사망자, \$67,000/부상자, \$700/자동차
총보상비용	180 x \$200,000 + 180 x \$67,000 +2,100 x \$700
	= \$49,150,000

〈설계개선비용〉

차량판매대수	승용차 11,000,000대, 경트럭 1,500,000대
설계개선비용	\$11/승용차, \$11/트럭
총개선비용	11,000,000 x \$11 + 1,500,000 x \$11
	= \$137,000,000

이 사례에서 포드사의 소형차 핀토의 설계개선 여부에 대한 판단이 적절했는지를 윤리이론(공리주의, 인간존중 원리)으로 설명하라. 만약 적절치 않았다면 그 이유를 제시하고 합리적인 대안을 제시하라.

사례 25 송유관의 기름누출

엔지니어링 회사에 근무하는 B부장은 수년 동안 KD석유의 남부지부에 기술

자문을 해 왔으며, 남부지역 비축기지 책임자인 O이사와 서로 믿으며 잘 지내고 있다. B부장의 권고에 따라 O이사의 남부지역 석유비축기지는 모든 환경규제 사항을 잘 준수했으며, 지역 환경청에서도 좋은 평판을 받고 있다. 남부지역기지는 송유관과 탱크로리를 통해 다양한 종류의 석유화학물질을 받아들인 후, 개인 사업자들에게 다시 판매하기 위해 배합하는 일을 수행한다.

B부장의 권고를 매우 고맙게 생각한 O이사는 B부장을 그 지역기지의 기술고문으로 추천하여 함께 일하게 되었다. 이것은 B부장과 그의 엔지니어링 회사의 업무추진에 큰 도움이 될 뿐만 아니라 B부장의 빠른 승진을 보장하는 것이다.

어느 날 커피를 마시며, O이사는 송유관을 통해 받은 석유화학원료의 일부에서 알 수 없는 손실이 발생했던 이야기를 B부장에게 꺼냈다. KD석유에서 화학물질관리가 소홀했던 2000년대 중반에 작성한 회계장부를 살펴보던 중에 사라진 화학물질이 약 2만 리터나 되는 것을 확인하였다. 송유관에 대한 압력테스트를 수행한 후, 공장장은 송유관들 중 한 곳이 부식되어서 화학물질이 땅으로 새고 있는 것을 발견했다. 부식된 송유관들을 수리하여 화학물질의 누출을 막은 후, 공장에서는 관측 및 샘플 채취용 우물을 팠다. 누출된 화학물질은 수직 기둥모양으로 땅속에 스며들어 있으며, 깊은 대수층으로 천천히 확산되고 있는 것을 발견했다. 그러나 공장 소유부지 바깥의 지표면이나 지하수 오염이 없었기 때문에, 공장장은 아무런 조치를 취하지 않기로 결정했다. 비록 샘플우물에 대한 마지막 테스트에서 지하 120미터 이내 지하수는 전혀 오염되지 않았지만, O이사는 여전히 공장 아래 어딘가에 이와 같은 화학물질 기둥이 존재할 것이라고 믿고 있었다. 샘플 채취용 우물은 폐쇄되었고, KD석유의 화학물질 누출에 관한 얘기는 전혀 보도되지 않았다.

O이사는 B부장으로부터 뜻밖의 이야기를 듣고 깜짝 놀랐다. 토양환경보존법에 의하면, 모든 오염물질의 누출 사고는 지역 환경청에 보고해야 하고, 그렇지 않으면 처벌을 받게 된다는 것이었다. “그러나 오래 전에 누출사고가 일어났는데 석유화학물질이 어디까지 번졌는지는 어떻게 보고합니까?”라고 O이사가 말했다. B부장은 눈살을 찌푸리며 O이사에게 “당신도 알다시피, 우리는 지

역 환경청에 그 누출사고를 보고해야 합니다."라고 말했다.

O이사는 못 믿겠다는 표정이었다. "그러나 누출은 존재하지 않아요. 만일 지역 환경청이 우리더러 찾으라고 해도, 아마 우리는 찾을 수 없을 겁니다. 설사 우리가 찾았다고 하더라도, 그것을 파내서 어찌 처리할 수 있는 것은 아니잖아요?" "그러나 환경법에 따르면 우리는 보고하도록 되어 있는데……."라고 B부장이 다시 말했다.

"B부장, 자 보시오, 나는 당신을 믿고 이야기 했어요. 당신에게도 고객의 비밀을 지켜야 하는 직업윤리가 있을 거요. 그리고 이 사실을 지역 환경청에 보고해서 무엇이 좋겠소? 아무것도 달라질 게 없소. 단지 상상할 수 있는 것은 고칠 수도 없고 개선할 필요도 없는 상황을 해결하기 위해 회사가 이리저리 불려 다니며 쓸데없이 돈을 낭비할 것이란 겁니다."

"O이사, 그러나……."

"B부장, 솔직하게 말해봅시다. 당신이 이것을 지역 환경청에 보고한다고 해도, 당신 회사나, 당신의 경력이나 그 어느 것에게도 도움이 되지 않소. 고객에 대한 신의를 가벼이 여기는 기술고문은 나에게 필요 없소이다."

이 사례에서 B부장이 직면한 윤리적 쟁점과 그 해결방안을 설명하라.

사례 26 수질을 조작하여 하수 방류[5)]

서울시가 하수처리장 방류수 수질을 조작해 환경 기준을 초과한 하수를 방류한 탓에 한강이 오염돼 녹조피해를 당했다며 지난 8월 30일 한강에서 선상시위를 벌였던 고양시 행주어촌계 어민들이 10월 12일 서울중앙지검에 고발장을 냈다.

행주어촌계 주민들은 고발장에서 "서울시가 하수처리장 4곳의 처리수를 방류하면서 최종 방류구가 아닌 엉뚱한 곳의 물을 채수해 수질을 조작하고 허위

5) 조병국, 서울시, "수질조작 하수 방류 한강 오염", 기호일보, 2015.10.13.

수질결과를 공표 및 유포하는 등 한강 하류 주민과 어민들에게 막대한 피해를 주었다"고 주장했다. 특히 이들은 "법적기준을 초과한 무단 불법 방류수로 어장이 황폐화해 서울시 홈페이지에 40여 차례 민원을 접수했다"며 "그럼에도 서울시는 불법을 인정하기는커녕 거짓 답변으로 일관했다"고 강조했다. 행주어촌계는 환경부 장관과 한국환경공단 이사장도 이런 사실을 묵인하고 동조해 함께 고발장을 접수했다. 이날 어민들은 수질 조작 주장에 대한 근거로 서울시 홈페이지에 게재된 '2013년도 서울시 하수도분야 업무편람'과 고양시가 2013년 6월과 7월 두 차례 실시한 수질검사 결과와의 차이를 제시했다.

서울시의 수질조사 결과는 서남·난지하수처리장의 방류수 수질이 생물학적 산소요구량(BOD) 6.8~7.1 mg/L(기준 10 mg/L), 부유물질(SS) 3.1~3.5 mg/L(기준 10 mg/L), 총질소(T-N) 12.11~15.06 mg/L(기준 20 mg/L), 총인(T-P) 0.98~1.57 mg/L(기준 0.5 mg/L) 등으로 총인을 제외한 나머지 항목은 모두 기준치 이내다. 하지만 한강합수지점에서 채수한 고양시의 수질 조사결과는 서울시 조사결과와 현격한 차이를 보이고 있다. 고양시가 지난 2013년 7월 실시한 수질조사 결과는 생물학적 BOD는 85.2~106.05 mg/L, SS는 46.00~50.35 mg/L, 총 질소 8.12~9.41 mg/L, 총인 4.67~6.61 mg/L로 크게 차이가 났다. 현행법상 최종 방류구인 한강 합수지점이 대표성을 보장하는 적합한 시료 채취지점이지만, 서울시는 처리장 내 경계지점 내부 관로에서 시료를 채취하는 등 적법한 수질 검사 규정을 어긴 의혹을 사고 있는 대목이다. 실제로 지난 4월 한강 하류 행주대교와 김포·신곡 수중보 일대에서 끈벌레가 대량으로 출몰해 실뱀장어 90%가 폐사하고, 6월과 7월에는 녹조가 발생해 물고기가 집단으로 폐사했다. 행주어촌계 박찬수(57)계장은 "서울시 운영 기피시설의 최장수, 최대 피해자인 한강하구 행주어촌계 어민들은 소수 의견이라는 이유로 지난 40년간 멸시와 무시를 당해왔다"며 "그러나 서울시와 고양시, 어느 누구도 사과는커녕 미안해하지도 않고 있다"고 분통을 터뜨렸다. 이어 그는 "행주어촌계 공동어장인 한강 하류는 세계 최대 하수와 분뇨처리시설 등이 밀집돼 있는데 서울시의 갑질 횡포와 어민을 보호하고 대변해야 할 고양시의 어민 무시 행정으로 한강은 시커멓게 오염되고 있다"며 "이 때문에 한강 물고기는 헐값에 팔아야 했고 이마저도 먹지도, 잡지도 말라는 서울시의 발표로 헐값조차 받지 못하고 있다"고 강조했다.

이 사례에서 윤리적인 쟁점을 분석하여 정리하고, 이런 사고를 방지하기 위한 합당한 해결 방안을 제시하라.

사례 27 시각장애인의 스마트 지팡이6)

지난 수년간 다양한 연구기관들이 시각장애인을 '흰색 전자 지팡이'를 개발하여 실험해왔다. 최근 미국 센트럴 미시간 대학교의 연구팀이 시각 장애인의 나침반 역할을 할 수 있는 이른바 '스마트 지팡이(smart cane)'를 개발해서 관심을 모으고 있다. 이 스마트 지팡이는 전자태그(RPID)를 이용해 주변의 장애물을 감지하고 시각 장애인의 보행하는 위치와 진행방향을 알려준다.

초음파 센서가 장착된 지팡이는 사용자가 메고 있는 가방 속의 내비게이션 시스템과 함께 작동된다. 시각 장애인이 이 가방과 지팡이를 들고 걸으면 지팡이에 내장된 시스템이 주변 땅에 박힌 전자태그를 인식한다. 인식된 지형 정보는 가방 끈에 달린 스피커를 통해 이 시각 장애인에게 전달된다. 만일 장애물과 마주치면 어느 방향으로 움직일 것인지를 보행자에게 알려주는 방식이다.

소리를 들을 수 없는 시청각 장애인은 진동 기능이 설치된 장갑을 끼고 그 진동신호를 따라 진로를 선택하면 된다.

이 연구 프로젝트를 이끈 쿠마르 옐라마르티 교수는 "스마트 지팡이는 전자태그를 이용한 최초의 야외용 장비이고, 앞으로 이 제품의 기능을 더 개선함으로써 공학이 어떻게 사람을 도울 수 있는지를 보여줄 것이다."라고 말했다.

이 사례에서 시각 장애인을 위한 프로젝트를 수행한 옐라마르티 교수의 공학자로서 윤리적 자세에 대하여 설명하라.

---

6) 이정환, "스마트 지팡이", 전자신문, 2009. 8. 13.

사례 28 엔지니어의 문서 위조

전직 앵커리지 시의원이며 전문 건설엔지니어가 아닌 찰스 랜더스(Charles Landers)가 파트너 헨리 윌슨(Henry Wilson)의 서명을 도용하여 적어도 40건의 문서를 위조한 사실이 발각되었다. 문서 위조는 윌슨이 모르게 행해졌으며, 위조가 일어날 당시 윌슨은 사무실에 없었다. 전문 건설엔지니어들의 역할은 사용 중인 하수처리설비를 시험하여 시에서 정한 하수처리기준을 만족하는 것을 확인하고, 앵커리지 시 보건 당국에 제출할 확인서에 자신의 서명과 전문엔지니어 도장을 찍는 것이다. 순회 판사 마이클 월버톤(Michael Wolverton)은 1년 동안 엔지니어링, 건축, 또는 측량 업무에 랜더스의 참여를 금지시켰다. 또한 랜더스에게 수감 20일, 사회봉사 160시간, 벌금 4천 달러, 그리고 1년간의 집행유예를 선고했다. 그리고 부동산 소유주들에게 랜더스가 대리로 서명했던 문서의 문제점과 그것을 바로잡을 방법을 알려주고, 다시 작성한 문서를 전문 엔지니어에게 검토시킨 후, 그의 서명과 전문엔지니어 도장을 받아오라고 지시했다.

검사 댄 쿠퍼(Dan Cooper)는 4년간의 집행유예와 벌금 4만 달러에 달하는 최고형을 구형했다. 쿠퍼는 "전문엔지니어의 도장을 남용하여 40회에 걸쳐 위조를 되풀이한 것으로 볼 때 그는 중대한 범죄자다."라고 주장했다. 알래스카에서 그런 종류의 사건이 법정에서 다루어지기는 처음이었다. 쿠퍼 검사는 앵커리지 지역의 여러 전문 엔지니어들로부터 이 사건에 대한 자문을 구하기 위해 노력했다.

쿠퍼에 따르면, 랜더스는 그의 고객들이 부동산 거래에 필요한 그 문서를 당장 만들어달라고 했기 때문에 자신이 서명하고 전문 엔지니어 도장을 찍었다고 했다. 랜더스의 변호사 빌 오벌리(Bill Oberly)는 그가 실제로 공중의 건강과 안전을 위태롭게 하지는 않았으므로 최저형을 받아야한다고 주장했다. 이후 전문 엔지니어에 의한 문서검증 결과, 서명 위조와 전문 엔지니어 도장 남용 외에는 기준을 위반한 점이 발견되지 않았다. 따라서 보건 당국은 그 문서들을 변경하지 않고 다시 접수받았다.

그러나 월버톤 판사는 랜더스의 행위는 공중의 신뢰에 중대한 침해를 끼쳤다고 주장했다. 일반대중은 특별한 책임을 부여받고 있는 전문 엔지니어들과 마찬가지로 그들의 말을 신뢰하고 있다. "만일 사람들의 말을 믿을 수가 없다면 우리 사회 시스템은 완전히 파괴되어 버릴 것이다."라고 말했다.

판사는 또한 건축공학회 회장이며 알래스카 경제통상부의 측량위원인 리차드 암스트롱(Richard Armstrong)에게서 온 편지를 인용했다. 암스트롱은 다음과 같이 쓰고 있다.

전문 엔지니어들에게 업무에 전문 엔지니어 도장을 사용하게 하는 이유 중의 일부는 무자격 참여자들로부터 일반대중을 보호하기 위한 것이다. 전문 분야에 유능한 소수를 보호하고, 전문 엔지니어들이 그들의 일에 책임감을 가지고 일하게 만들며, 전문직 종사자의 윤리 수준을 향상시키는 것이다. 이 사건으로 인해 사람들은 전문 엔지니어 자격을 소지한 사람들이 목적에 잘 맞게 설계한 다른 공학 분야도 의심하게 될 것이다.

이 사례에서 랜더스의 행위에 대한 윤리적인 쟁점들을 찾아내고 월버튼 판사의 판결의 당위성에 대해서 설명하라.

사례 29 연예인에 대한 결혼설 유포

2006년 6월 8일 방송 뉴스에 의하면, 연예인 K씨가 자신과 재벌 2세와의 근거 없는 결혼설이 인터넷에 유포되고 악의적인 댓글이 이어지는 것에 결국 법적 조치를 취하기로 결정했다. 8일 오후 K씨의 소속사인 NM기획은 대리인 자격으로 보도 자료를 내, "도저히 납득할 수 없는 얘기들과 확인되지 않은 추측들이 점차 확대 재생산되는 것을 더 이상은 방관할 수 없다고 판단하여 법적인 조치를 취하기로 결정했다."고 밝혔다. NM기획은 또 "1차로 온라인 포털 사이트에 확인되지 않은 사실을 유포하는 인터넷의 댓글들에 대한 모니터링 작업을 마치고, 각 아이디에 대한 신병확보를 끝마쳤으며 8일 오후 5시 반 경 서울지방경찰청 사이버수사대에 고소장을 접수했다"고 덧붙였다. K씨가 이 같은 법적조치를 취하게 된 데는 최근 "친언니와 함께 미국 뉴욕으로 어학연수를 가서 재벌 2세와 결혼하는 것 아니냐?"는 식으로 인터넷상에 악성 루머와 댓글이 더욱 활개를 치게 된데서 비롯됐다. 이 같은 미국 원정 결혼설은 증권가와 광고계, 심지어 K씨가 최근 찍은 영화사, 언론사 등에도 폭넓게 확산돼 소속사에는 끊임없는 확인전화가 이어졌다고 한다. 그동안 K씨는 수차례 정식 인터뷰를 통해서도 '근거 없는 낭설'이라고 일축해 왔지만 미국 어학연수와 더불어 또 이 같은 악성루머가 인터넷을 통해 확대 재생산되는 것을 보고 더 이상은 안 되겠다고 판단한 것으로 보인다.

K씨는 소속사에 이 같은 법적조치 문제를 상의한 후 적극적인 대응 쪽으로 방향을 잡았고 소속사는 K씨가 미국으로 떠난 지 3일 만에 조치를 취했다. 소속사는 "이와 비슷한 악의적인 인터넷 루머 때문에 괴로워하다가 고소, 고발을 진행해 엉뚱한 소문과 악의적인 댓글의 근원을 찾아낸 가수 '비'나 '변정수'씨와 같이 저희 NM기획도 도저히 납득할 수 없는 얘기들과 확인되지 않은 추측들이 점차 확대 재생산되는 것을 더 이상은 방관할 수 없다고 판단했다."고 설명했다. 소속사 관계자는 "1년 6개월 전에 계획된 일정일 뿐 어떤 다른 의도도 없는데도 연예인을 떠나 한사람에게 정신적 고통을 끼치는 이 같은 행위는 반드시 근절되어야 한다."고 강조했다.

이 사례에서 악성댓글을 쓴 사람들의 행위가 윤리적으로 왜 부당한지를 선긋기 기법으로 분석하여 제시하라.

사례 30 원자력발전소 부지의 피폭선량 평가7)

2012년 10월 8일 연합뉴스의 보도에 따르면, 한국원자력안전기술원이 같은 원전부지 내에 신규 원전을 더 쉽게 건설할 수 있도록 원전부지 피폭선량 평가 방식을 2013년부터 변경하기로 해서 논란을 일으킨 적이 있다.

그 당시 국회 교육과학기술위원회 박홍근(민주통합당) 의원이 한국원자력안

7) 이정현, "원전피폭선량 평가방식 변경, 원전건설 쉽게 해", 연합뉴스, 2012. 10. 8.

전기술원으로부터 제출받은 자료에 따르면, 원자력안전기술원은 한국수력원자력(한수원)의 요구에 따라 피폭선량 평가방식을 변경하기로 하고 2013년부터 새 평가방식이 반영된 주민피폭선량평가 프로그램을 가동하기로 했었다.

주민피폭선량평가는 원자력 시설에서 방출되는 방사성유출물에 의한 피폭방사선량이 '방사선 방호 등에 관한 기준고시'에 제시된 선량기준 조건을 만족하는지 확인하는 작업이다.

주민피폭선량평가는 피폭 받는 사람의 위치를 포함한 피폭경로를 결정해야 한다. 지금까지는 각 원자로에서 방출되는 16방위의 방사선량을 평가하고, 그것들을 각 방위별로 합친 방사선량이 전체 원자로 중앙의 한 점에서 방출되는 것으로 간주하여 피폭선량 규제기준치(연간 1밀리 시바트)에 도달하는 영역을 평가하는 단일선원(單一線源) 방식으로 이뤄졌다.

그런데 이번에 각 원자로의 실제 위치에서 방출되는 방사선량을 각 지점마다 합산하여 피폭선량 규제기준치에 도달하는 영역을 평가하는 다중선원(多重線源) 방식으로 개선한 것이다.

박 의원은 "평가방식을 변경하면 원전부지 내에서 피폭선량이 규제기준치에 도달하는 영역이 지금보다 최대 2,400미터, 최소 560미터 축소됨에 따라 같은 원전부지 내에 신규 원전을 쉽게 건설할 수 있게 된다."고 지적했다. 또한 그는 "원전의 안전규제를 보수적으로 관리해야 할 원자력안전기술원이 평가방식을 변경하여 한수원의 요구를 들어주기 위해 안전규제를 완화하는 셈이 되었다. 즉각 새로운 평가계획을 백지화해야 된다."라고 덧붙였다. 이에 원자력안전기술원 측은 "현재의 피폭선량 규제기준치는 인간이 자연상태에서 연간 피폭되는 방사선량에 비해 적은 값이므로 별 문제가 되지 않는다."라고 하였다.

이 사례에서 원자력안전기술원 평가자들의 피폭선량 평가방식의 변경이 엔지니어로서 윤리적으로 합당한지를 평가하고, 바람직한 엔지니어의 자세에 대하여 설명하라.

사례 31 원전 포기정책의 찬반 논쟁[8)]

2017년 6월 문재인 정부가 안전한 대한민국을 만든다며 탈원전 정책을 선언하자 이 정책에 대한 찬반논쟁이 시작되었다. 원자력 발전의 안전성을 우려하는 환경단체들은 탈원전 정책을 적극 지지하지만, 원전부품을 공급하는 업체들, 원자력 관련 연구기관 등의 원전 유지론자들은 탈원전 정책을 적극 반대하고 있다. 이 정책의 찬성과 반대의 논점을 살펴보자

먼저 탈원전 정책에 찬성하는 사람들의 요점을 살펴보면 다음과 같다.

첫째, 원전에서 사고가 발생하는 경우 그 피해의 범위가 넓고 오래간다. 2011년 3월 일본 동북부 후쿠시마 원자력 발전소의 방사능 누출사고로 토양이 오염되어 후쿠시마 인근 주민들이 삶의 터전을 잃어버렸다. 이 방사성 물질은 바람을 타고 이동하여 미국, 유럽, 중국은 물론 우리나라에서도 검출되었다. 원전사고나 핵폐기물에서 유출된 방사성에 인간이 피폭되면 각종 질병이 발생하고, 인체에 축적된 방사능은 다음 세대까지 후유증을 남긴다. 예를 들면, 1945년 일본 원폭 피해 2세들은 우리나라 사람들보다 우울증 93배, 백혈병 70배, 갑상선 질환 21배 등의 발병률을 보였다. 우리나라에서 공개된 원자력 발전소의 고장은 653회로 증기발생기 결함, 방사선 누출, 핵 연료봉 손상, 핵연료의 유출 등이다. 원전사고는 원전의 기술적 결함만이 아니라 원전설비를 다루는 사람의 실수로 발생할 수도 있어 안전성을 보장하기는 어렵다.

둘째, 핵폐기물의 처리비용이 천문학적이다. 사람의 수명은 길어야 100년이지만, 원전에서 나온 핵폐기물은 10만 년을 간다. 미국 자산운용사 라자드가 2017년 발표한 발전원별(發電源別) 균등화 발전단가를 보면, 핵폐기물 처리비용 등이 제대로 포함된 원전의 균등화 발전단가는 MWh 당 148달러이었다. 이는 우리가 핵폐기물의 처리비용을 감당할 수 없으리라는 것을 의미한다. 현재 안정적인 핵폐기물 처리기술이 없어서 중저준위 폐기물 중 고체는 지하 동굴에 넣고 납으로 밀봉하지만, 고준위 폐기물은 심해에 투기하거나 지하에 매립하고

---

8) 미래와 소통, “원자력 발전소는 폐기되어야 한다. 찬반 논점 정리”, 2019.11.11.

있다.

셋째, 원전의 초기 건설비용과 폐기비용이 막대하다. 핵발전소를 건설하는 비용은 3조 5000억 원 가량이고 폐기하는 비용이 1조 원 이상으로 막대하다. 그러므로 환경을 보호하고 원전의 건설.운영.폐기의 막대한 비용을 줄이기 위해 태양광, 풍력, 바이오매스 등의 대체 에너지의 비율을 높이는 것이 필요하다. 선진국에서 생산되는 에너지 중 재생 에너지의 비율은 미국은 11.6%, 유럽은 20~70%, 우리나라는 1%이다. 또한 핵발전소나 핵폐기물 처리장 부지 선정에 따른 지역 주민들과의 갈등도 만만치 않다. 원전사업자가 원전 인근지역의 주민에게 지불하는 비용만이 아니라 다른 사회 구성원들의 피해로 인한 지불되는 사회적 비용도 적다고 할 수 없다.

한편 탈원전 정책에 반대하는 사람들의 요점을 살펴보면 다음과 같다.

첫째, 원전의 사고 확률은 매우 낮다. 원전에서 사고의 가능성이 전혀 없는 것은 아니지만, 사고의 확률은 낮다고 할 수 있다. 왜냐하면 한국의 원전기술이 2017년 10월 EUR(유럽 사업자 요건) 인증과 함께 2019년 8월 미국 원자력규제위원회(NRC)에서 신형경수로 APR1400의 인증을 받을 정도로 국제적으로 입증되었기 때문이다. 이들 설계인증은 원전의 건설·운영을 허가하는 안전 확인증명서로 관련 국가에서 운전의 건설·운영이 가능하다. APR1400은 우리나라에서는 신고리 3~6호기, 신한울 1·2호기에서 상업운전하거나 건설 중이며, 한국 원전사업 첫 수출인 UAE 바라카 원전 건설에도 사용하고 있다.[9)]

둘째, 원전은 친환경적이다. 원전은 화석 연료에 비하여 대기오염의 가능성이 거의 없는 청정 에너지원이다. 원자력발전은 이산화탄소와 미세먼지를 거의 발생시키지 않으므로 이산화탄소와 미세먼지의 배출측면에서 가스발전이나 석탄발전 보다 훨씬 유리하다. 2018년 원전의 kWh당 이산화탄소 발생량은 석탄, 가스 등의 1/10에 불과하다. 그래서 2018년 10월 기후변화 정부 간 협의회 총회에서는 지구 온도 상승률을 1.5도 이하로 낮추려면 원자력 에너지를 2020년까지 현재보다 59~106% 늘려야 한다고 권고하였다. 한편 사용 후 핵연료를 처

---

9) 오승환, "원전 기술력과 탈원전 정책의 딜레마?" , 시사뉴스, 2019.8.27.

리하는 방법에 대한 연구도 미국, 일본, 중국 등에서 진행이 되고 있다. 태양광과 풍력을 35%까지 늘려온 독일도 이탄화탄소의 배출량이 2011년 탈원전 선언 이후 전혀 줄지 않아서 국제적인 우려의 대상이다.

셋째, 원자력 발전은 경제적이다. 발전 생산단가(건설비.연료비.운영비)는 2015년 국회예산 정책처의 자료에 의하면 kWh당 원자력 50원, 석유 60원, 가스 147원, 신재생 221원으로 원자력이 훨씬 저렴하다. 1982년부터 2010년까지 29년간 소비자물가가 240% 상승했지만, 전기요금은 18.5%만 오른 것은 원자력 발전이 전력생산량에서 상당한 비중(18%)을 차지하기 때문이다. 탈원전 정책으로 원전을 줄이면 모자란 전력생산량을 신재생에너지로 보충하기에는 턱없이 부족하므로 석유나 석탄의 발전에 의존해야 한다. 우리나라는 석탄이나 석유를 대부분 수입하므로 국제 유가에 민감해지고 석유파동이 일어나면 경제의 불안정을 가져올 수 있다.

이 사례에서 대립되는 쟁점을 해결하기 위한 합리적인 방안을 윤리이론(공리주의, 인간존중 원리)으로 분석하여 제시하라.

사례 32 유기발광 다이오드 기술의 유출

유기 발광 다이오드는 일명 OLED(Organic Light Emitting Diode)라고 한다. 이 물질은 형광성 유기 화합물에 전류가 흐르면 빛을 내는 전계발광 현상을 이용하여 스스로 빛을 내는 자체 발광형 유기 물질을 말한다. LCD 이상의 화질과 단순한 제조공정으로 가격경쟁에서 유리한 물질이다.

2006년 차세대 디스플레이 기술인 유기 발광 다이오드 생산기술을 통째로 중국, 싱가포르 등 해외에 유출하려던 연구원들이 국가정보원에 적발되었다. 국가정보원은 OLED 공정현황을 비롯한 회사의 기밀자료를 유출해 해외 자본주와 함께 OLED 공장을 설립하려고 한 NT전자재료 전 직원을 적발했다고 밝혔다. 사건을 이첩 받은 수원지검은 이날 NT전자재료의 제조기술팀장이던 K씨와 공정담당과장이던 L씨 2명을 업무상 배임 등의 혐의로 구속기소했다. 국가

정보원은 NT전자재료는 자본금 1천억 원을 투입하여 OLED 공장을 설립해 양산 체제에 들어간 상태였으며, 자칫 세계적으로 수준급에 있는 국내 OLED 제조기술이 유출될 상황이었다고 설명했다. 사건 혐의를 받고 있는 NT전자재료의 연구팀 K씨는 2000년 초부터 자신이 직접 개발한 OLED 생산 및 신기술을 가지고 중소기업을 차려 자기 사업을 해보고 싶었다고 한다. NT전자재료를 그만둔 K씨는 곧 디스플레이 개발연구를 하는 벤처기업을 차리고, 휴대전화 화면 제조업체 등에 메일을 보내 공동 연구 및 생산을 제의했다. K씨의 이런 활동은 신기술 유출 여부를 점검하던 국가정보원에 의해 추적됐다.

이 기술 유출사건에 관련된 엔지니어들이 왜 윤리적으로 문제가 되는지를 설명하라.

사례 33 인터넷에서 주가조작10)

주가조작을 위해 사전연습까지 한 인터넷 주식카페 회원들이 검찰에 적발됐다. 이를 계기로 검찰은 주가조작의 새로운 온상으로 꼽히고 있는 인터넷 주식카페에 대한 강력한 수사 의지를 밝혔다. 주식카페를 통한 불공정거래 행위가 범행 기법이나 범행 참여자의 신분 등을 따져볼 때 위험수위에 이르렀다고 판단하기 때문이다.

서울중앙지검 금융조세조사2부는 3일 인터넷 주식카페를 이용해 유료회원을 모집한 뒤 이들과 함께 코스닥 상장사 S사 주가를 조작한 혐의(자본시장법 위반 등)로 주가조작 전문가 김모씨(31)를 구속기소했다. 또 김씨와 함께 주가조작에 적극 가담한 중학교 교사 최모씨(31), 간호사 임모씨(33), 대학생 이모씨(22) 등 카페 회원 3명을 불구속기소하고 단순 가담 회원 20명에 대해선 약식명령을 청구했다.

검찰에 따르면 김씨는 지난해 8~10월 고가매수, 통정매매 등 각종 수법을 통

10) 김동은, "주가조작 수사 '인터넷 카페'로 확대", 매일경제, 2013.04.04.

원해 총 2046회에 걸쳐 S사 주가를 조종했다. 이 과정에서 S사 주가는 6만5400원에서 21만원으로 321%나 급등했다. 김씨 등은 이를 통해 1억8000만원의 부당이득을 챙긴 것으로 확인됐다. 이를 위해 김씨는 먼저 포털사이트에 개인 블로그·카페를 만들어 월 회비 10만원을 받고 유료회원을 모집했다. 이들 중 작전에 참여할 회원을 뽑은 뒤 이들에게 작전 대상 종목, 매매 수량과 가격, 타이밍 등을 지시했다. 작전 지시는 카카오톡·마이피플 메신저 대화방에서 이뤄졌으며 실제 작전에 나서기 직전 다른 종목을 대상으로 주가조작 예행연습을 하기도 했다. 김씨는 또 유명 증권 사이트에 `S사가 밀양공항 수혜주로 거듭났다` 등 허위 내용을 올려 이를 본 일반투자자들의 매수세가 몰리도록 유도한 혐의도 받고 있다.

또한 검찰에 따르면 대형 인터넷 포털 사이트 한 곳당 회원 수 1만 명이 넘는 대형 주식카페가 100개가 넘고 회원 수 10만 명을 넘는 곳도 수십 곳이라고 한다. 특히 검찰은 회원들로부터 회비를 받아 운영하는 유료 주식카페 상당수가 주가조작에 가담한 것으로 의심하고 있다. 실제로 서울중앙지검은 주식을 미리 매수한 뒤 인터넷 카페 등을 통해 해당 종목 매수를 권유하는 방법으로 차익을 거둔 모 증권사 직원 3명을 수사 중이다. 지난 2월 증권방송에 출연해 특정 주식 매수를 반복적으로 권유해 주가를 조작한 혐의로 구속 기소된 증권전문가 전모씨(34)는 인터넷 카페를 개설해 운영하며 유료회원에게는 주가를 조작하려는 종목을 한발 앞서 귀띔해 주기도 했다.

검찰 관계자는 “인터넷 카페, 블로그 등 불특정 다수에게 영향을 줄 수 있는 매체가 다양해지면서 이를 주가조작 도구로 삼는 경우가 늘고 있으며 일반인들도 죄의식 없이 주가조작에 참여하는 상황”이라며 주식카페에 대한 수사 확대가 필요하다고 밝혔다. 문제는 검찰이 주가조작 발생을 직접 인지할 수 없어 한국거래소 등 증권유관기관의 협조를 받아야 한다는 점이다. 이 과정에서 사건의 인지시점에서 검찰 통보까지 길게는 1년 이상 걸리기도 해 잡을 수 있는 주가조작 사범을 놓치는 경우도 있다.

이번 사건은 시세조종 피해자가 검찰에 직접 신고를 한 덕분에 수사착수에서 구속기소까지 2개월 만에 끝낼 수 있었다는 것이 검찰 설명이다. 검찰 관계자는 “다수에 의해 은밀하게 이루어지고 대량의 데이터에 대한 전문적인 분석을 요하는 시세조종 범죄의 특성상 금융감독원과 거래소의 신속한 협조가 필수이다”라고 말했다.

이 사례에서 관련된 사람들의 윤리적인 쟁점과 그 해결방안을 제시하라.

사례 34 인터넷 포털의 검색순위 조작

근래 몇 년 사이에 인터넷을 기반으로 하는 업체의 수가 부쩍 늘어 지금은 거의 포화상태이다. 몇몇 대형 인터넷 업체들은 너무나도 유명하기에 타 업체에 비해 자신의 존재를 알리려 많이 애쓰지 않아도 된다. 하지만 대부분의 영세한 인터넷 업체들은 자신들의 이름을 조금이라도 더 알리는 것이 자신들의 생존과도 맞닿아 있다. 그렇기에 영세한 인터넷 업체들을 대상으로 포털 사이트에서 순위를 조작해주는 웹 프로모션, 즉 검색순위 조작업체들이 성행하고 있다. 이들은 인터넷 검색 순위에서 상위에 있으면 많은 사람이 찾기 때문에 믿을 수 있고 물건도 괜찮을 거라고 생각하는 일반 대중의 심리를 교묘하게 이용하고 있다.

SBS TV에서 2006년 3월 21일에 방영된 ‘돈 주면 화면 맨 위로 올려줍니다.’라는 검색순위 조작업체 성행이라는 보도내용을 살펴보자.

앵커 : 인터넷 포털에서 검색을 하다보면 많이 찾는 홈페이지를 알아서 알려주는데 이 순위가 조작됐다고요?

기자 : 네, 인터넷 검색순위는 포털 사이트 검색창이 가진 여러 가지 편리한 기능 중에 하나인데요. 인터넷 검색 순위에서 상위에 있으면 많은 사람이 찾기 때문에 믿을 수 있고 물건도 괜찮을 거라고 생각하기가 쉽습니다.

그런데 이 검색 순위를 조작해 준 업체가 적발된 것이다. 홈페이지를 자동 클릭하는 프로그램을 만들어서 조회 수를 늘리는 데에 이용했다. 조작한 방문자 수가 무려 1천7백만 명에 달했다. 이 대가로 적발된 업체는 지난 여섯 달 동안 15억 원을 받아 챙겼다. 그렇게 해서 유명 포털사이트 검색에 오르기 힘든 영세한 인터넷 업체가 주 고객이 되었기 때문에 국내 4대 포털사이트에 올라온 7백50여 개 기업의 검색순위가 교란되었다. 포털 사이트를 검색하면 나오는 순위를 그래도 신뢰도와 연결시키는 네티즌들의 심리를 이용한 것이다. 하지만 이 업체는 인터넷 상에서는 관행처럼 이루어지는 일이라고 항변했다.

이 사례를 통하여 인터넷 검색순위 조작이 왜 윤리적으로 문제가 되는지를 엔지니어의 입장에서 설명하라.

사례 35 자동차의 급발진 사고11)

최근 미국에서 4년 동안 지속돼온 일본 도요타 자동차의 급발진 추정사고에 관한 소송의 결말이 지어졌다. 2014년 3월 19일 미국 법무부는 벌금 12억 달러를 도요타에 부과한다고 밝혔다. 2009년과 2010년 도요타 렉서스 차량 급발진 추정사고와 관련해 도요타가 정부당국과 일반인에게 잘못된 정보를 제공한 사실을 시인한 것에 따른 조치였다. 이 액수는 미국 정부가 자동차업체에게 매긴 벌금 가운데 사상 최고액이다.

그동안 도요타는 운전석 바닥 매트가 가속페달을 눌러 급발진사고가 날 수 있다는 점을 파악하고도 이를 숨기기에 바빴다. 이날 에릭 홀더 미 법무부 장관은 "도요타는 안전문제를 개선하지 않은 채 소비자에게 제대로 알리지 않고 의회에도 잘못된 정보를 전달했다."고 비난했다.

도요타는 미 법무부에 벌금을 납부하는 대신 3년간 기소유예 처분을 받아 형사처벌은 피할 수 있게 되었다. 하지만 도요타가 받은 상처는 크다. 현재까

11) 양충모, "브레이크 없는 급발진 미스터리", 동아일보 2014. 4. 8.

지도 도요타가 급발진문제로 리콜한 자동차는 1200만대, 배상에 지불한 돈은 40억 달러다. 이번 벌금까지 합산하면 52억 달러로 늘어난다. 이는 도요타 연간 영업이익의 40%에 달하는 수치이다. 여기에 자동차 업체에게는 치명적인 '브랜드 이미지 실추'가 가져올 손해까지 더하면 도요타는 이번 벌금으로 적지 않은 타격을 입을 것으로 보인다.

지금까지 급발진 사고에 대한 원인 규명은 쉽지 않은 것으로 알려져 있다. 자동차 급발진이란 통상 차량을 정지시키거나 매우 낮은 속도에서 출발시키려 할 때, 운전자가 의도하지 않은 높은 출력이 굉음과 함께 나타나면서 차량을 제어할 수 없는 상태가 되는 현상을 뜻한다. 그러나 자동차 자체가 3만 개 이상의 부품으로 결합되어 있기 때문에 그 정확한 원인을 찾기가 매우 힘들다. 국내뿐만 아니라 해외에서도 급발진 원인을 규명하려는 노력이 이어졌으나 명확한 결론을 내리지 못했다.

이 사례에서 윤리적 쟁점을 분석하고, 엔지니어로서 취해야 할 윤리적인 자세를 설명하라.

사례 36 전원도시의 환경보호

J과장이 근무하는 GT산업은 복잡한 대도시에 자리 잡고 있는 대기업이다. J과장은 작은 전원도시에 사는 것을 좋아해서 거주인구 5만 명인 SW시에 살면서 매일 40킬로미터씩 출퇴근하고 있다.

환경문제 전문가로 잘 알려진 J과장은 작지만 활발하게 활동하는 시민단체인 SW시 환경보호위원회에서 활동하고 있다. 지난해 그 위원회는 SW시 휴양 및 야생동물 서식지에 대한 상업지구 구획정리 사업을 성공적으로 막아내는 데 앞장섰다. 상업적 개발이 지역경제에 도움이 된다는 사실을 알면서도, 위원회는 경제적 이득을 위해 환경을 심하게 훼손시키는 개발을 할 수 없다는 사실을 시의회에 확신시켰다.

그러나 지금 J과장은 난감한 문제에 직면해 있다. 왜냐하면 J과장이 근무하는 GT산업은 새로운 상업시설을 SW시에 건설하려 한다는 것을 알게 되었기 때문이다. 그러나 SW시에서 부지를 제공하려는 지역은 당장 나타나지 않았다. GT산업의 기획위원회는 주변 지역을 둘러본 뒤, 새 시설의 최적 후보지역으로 SW시 야생동물 서식지 근처로 결정했다. GT산업은 기획위원회에 SW시 시의회와의 교섭권을 부여했다.

GT산업은 시의회에 상당히 좋은 조건으로 사업허가를 요청하기로 했다. 그 사업허가요청서에는 상업지구는 야생동물 서식지의 25%만 필요로 하며, 최고 수준의 환경설비를 사용하여 대기와 수질을 오염을 방지하며 남아있는 75%의 서식지를 보존하고 관리하기 위해 매년 정기적으로 환경보호자금을 지원하겠다고 했다. 덧붙여, GT산업은 새로운 상업시설을 유치함으로써 SW시의 세수 증대, 고용 창출, 그리고 지역경제 활성화에 대한 효과가 있을 것이라고 언급했다.

GT산업 기획위원 중 한 명이 GT산업의 J과장이 SW시에 살고 있다는 사실을 알게 되었다. 그는 기획위원회 위원장인 K이사에게 J과장이 SW시 시의원들의 태도를 GT산업의 개발계획에 협조하도록 할 수 있는지 알아보도록 제안했다. K이사는 좋은 생각이라고 여기고, J과장이 소속되어 있는 부서의 L부장을 불러서 "L부장, 당신 부서의 J과장에게 SW시에 부지를 확보하려는 우리의 노력을 잘 전해 주게."라고 했다. K이사는 GT산업의 계획과 그가 J과장에게 부탁하고 싶은 것에 대해 L부장에게 상세히 설명했다.

K이사와 대화를 마친 직후, L부장은 J과장을 그의 사무실로 불러 K이사의 메시지를 전했다. J과장이 SW시 환경보호위원회에 소속되어 있다는 사실을 모르고, L부장은 "당신이 알고 있는 시의원 중에서 이 사실을 이야기할 수 있을 정도로 친한 사람이 있어요?"라고 물었다.

L부장은 K이사에게 J과장은 별로 도움이 될 것 같지 않다고 보고했다. "그 내용을 이야기할 수 있을 만큼 J과장이 잘 알고 있는 시의원은 한 명도 없다고 합니다."라고 말했다.

L부장의 얘기를 다 들은 후, K이사는 "내가 방금 30분 전에 안 것이 뭔지

알겠는가? 나는 지난 가을 SW시에서 이사 온 옛 친구와 전화통화를 했다네. 그의 말에 따르면 J과장은 SW시의 환경보호위원이라네. 그는 시의회 의원들을 아주 잘 알고 있다네. 그와 그의 위원회 위원들은 작년 의회에 맞서 우리가 원하는 그 지역을 상업적으로 개발하려는 의회의 노력을 차단했다네. 우리는 그를 잘 감시해야 하네. 이 일에 관해서 그는 잠자코 있는 게 좋다고 말해 주게." 라고 대답했다.

2주가 넘도록 J과장은 GT산업의 상업지구 개발계획을 혼자만 알고 지냈다. 그때 SW시의 환경보호위원회로부터 긴급회의를 통고받았다. 회의에서 환경보호위원회 위원장은 얼마 전에 GT산업의 상업지구 개발계획을 알았다고 했다. 그는 "우리는 이에 대항하는 세력을 모으기 위해 신속하게 행동해야 합니다." 라고 하였다.

J과장이 직면한 윤리적인 쟁점은 무엇이고, 그 합리적인 해결방안을 설명하라. 특히 그가 소속된 GT산업과 SW시 환경보호위원회에서 취해야 할 자세를 설명하라.

사례 37 전자레인지의 전자파

공과대학을 졸업한 N사원의 첫 직장은 HA전자이다. HA전자는 전자레인지와 기타 시간 절약형 주방기구를 만들고 있다. N사원의 첫 업무는 전자레인지의 해동능력을 테스트하는 것이다. 그는 회사 실험실에 테스트를 기다리고 있는 수십 상자의 전자레인지를 발견했다. 그 곳에는 HA전자의 경쟁사 브랜드를 포함한 모든 브랜드의 전자레인지가 있었다.

N사원은 시험할 전자레인지들의 포장을 풀고 해동능력 테스트를 시작했다. 이 해동능력 테스트는 시간이 많이 걸린다. 그래서 전자레인지의 해동능력 테스트를 수행하는 동안, 그 실험실에 무엇이 있는지 살펴보기 위해 캐비닛을 살펴보기 시작했다. N사원은 그 실험실에서 전자레인지의 창문을 통과한 전자파의 양을 측정하는 실험도 수행했다는 사실을 알게 되었다. 또한 전자파의 수준

을 측정하는데 이용된 것으로 보이는 작은 장치를 발견하고, N사원은 그 장치를 사용해 보고 싶은 마음이 생겼다.

N사원은 그 장치를 켜서 방 주변과 창밖을 비추어 보았다. 그 기구로 일부 전자레인지들을 비추었을 때, 매우 높은 수치가 나타났다. 또한 다른 모든 전자레인지를 끄고서 나타난 그 수치가 우연으로 된 것이 아니란 사실도 알았다. 눈앞에 놓여있는 전자레인지들은 평균보다 훨씬 높은 전자파를 방출하고 있었다. 그 전자레인지 중의 하나는 HA전자 제품이고 다른 것은 HA전자의 경쟁사인 KA전자 제품이란 사실을 발견했다. 이 전자레인지들은 가장 값이 싸기 때문에 최근 시장에서 가장 잘 팔리는 제품들이다. 이들 싼 전자레인지들은 생각만큼 안전하지 않을 수도 있었다.

좀 더 살펴본 후, N사원은 HA전자의 모든 전자레인지 모델에 대한 전자파 방출량을 기록한 시험 보고서를 발견했다. 그 보고서에서 고가품과 중간 가격대의 전자레인지들만 제대로 측정시험이 수행되었다는 사실을 알았다. 저가의 전자레인지는 다른 전자레인지의 측정결과에서 추정한 결과를 기록한 것이 분명했다.

이 사례에서 N사원이 직면한 윤리적인 쟁점과 그 해결방안을 설명하라.

사례 38 정당한 납품가격

PK정밀은 제품생산을 위해 ST기계에 5,000개의 부품을 주문하였고, 처음에는 주문단가가 개당 5만원이었다. 계약서에서는 ST기계가 '제작할 때 고품질의 재료'를 사용하도록 명시되어 있다.

계약이 체결된 후, 부품생산을 시작하기 전에 ST기계의 H대리는 부품 제작에 사용할 재료를 대체할 수 있는 재료가 있는지 살펴보기 위해 문헌을 조사하던 중 부품제작에 주로 사용했던 합금 A 대신에 훨씬 값이 싼 합금 B를 발견했다. 합금 B를 사용하면 ST기계는 부품 1개에 1만 5천원의 재료비를 절감할 수 있었다.

H대리는 새로 발견한 합금 B로 대체하기 위해 생산변경제안서를 작성했다.

생산변경제안서는 PK정밀이 주문한 제품의 계약책임자인 W과장의 관심을 끌게 되었다. 합금 A를 합금 B로 대체하는 것에 대해 이야기하는 도중에, W과장은 "다른 사람들이 차이점을 알 수 있을까?"라고 물었다. H대리는 "아마 그들이 상당히 많은 양을 시험하여 차이를 찾아내려고 노력하지 않는 한 결코 알아채지 못할 것입니다."라고 답했다. 그는 또 새로운 재료를 사용할 때 PK정밀에서 주문한 제품의 품질에 어떤 차이가 나타날지 물었다. "제 생각으로는 차이가 없습니다. 그 제품이 더 좋아지지는 않지만, 더 나빠지지도 않을 것입니다. 물론 새로 발견한 재료는 기존 재료처럼 실제 사용된 기록을 가지고 있지는 않습니다. 그래서 우리는 장기적인 신뢰성에 대해서는 완벽한 확신을 할 수는 없습니다."라고 H대리가 대답했다.

"좋아, H대리, 자네는 ST기계에 큰 공헌을 하게 되었네."라고 W과장이 말했다. H대리는 당황해 하며, "그러나 PK정밀에 변경 사실을 말해야하지 않을까요?"라고 물었다. "왜?"라며 W과장이 물었다. "우리의 기본적인 생각은 양질의 부품으로 소비자를 만족시키는 것이네. 그리고 우리가 그렇게 할 것이라고 자네는 말하지 않았나? 그런데 뭐가 문제지?"

H대리가 생각하기에 문제는 기존 제품과 같이 장기적인 신뢰성을 소비자들에게 줄 수 없을 지도 모른다는 것이다. 더구나 비록 PK정밀이 대체 부품에 만족하더라도 비용절감의 혜택을 서로 나누자고 하지 않을지 걱정이 되었다.

H대리는 자신의 생각을 W과장에게 털어놓았다. 그는 "난 그렇게 생각하지 않아. H대리, 이것은 경영적 측면의 결정이지, 공학적 측면의 결정이 아니야. PK정밀은 좋은 구매자가 될 것이고, 우리는 좋은 공급자가 될 거야. 자네도 알다시피, 우리는 돈을 마구 쓰기 위해 사업하는 것이 아니야. 게다가 우리에겐 때로 새로운 재료를 찾아낼 시간과 돈이 필요해."라고 대답했다.

새로운 합금 B로 만든 값싼 부품이 생산되었고, PK정밀에 부품을 보내기 위해 선적을 준비하게 되었다. H대리는 생산된 부품들이 PK정밀의 요구사항들을 만족하고 있다는 것을 확인하는 문서에 서명을 해야 했다. H대리는 W과장의 행위가 계약에 대한 어떤 명백한 위반을 포함하는지 확신이 서지 않았다. H대리는 문서에 서명하는 것이 전문가의 양심을 위반하는 것인지 고민하게 되었다.
이 사례에서 H대리가 직면한 윤리적인 쟁점과 그 해결방안을 설명하라.

사례 39 주문제품의 설계변경

N주임은 EP개발이라는 중소기업의 설계담당자이다. EP개발의 주요업무는 다른 회사에서 판매하는 큰 장비의 부품을 설계하고 생산하는 일이다. EP개발은 농작물 수확장비회사인 HV장비와 한 가지 복잡한 부품을 설계하여 만들기로 계약했다.

EP개발은 '약간 미흡한 부분'이 있지만, HV장비가 대체로 만족하게 생각하는 부품을 설계했다. 부품 단가는 20만원으로 책정되었다. HV장비는 1,000개의 부품을 주문했으며, 순조롭게 진행된다면 HV장비는 다른 계약 건에 대하여 EP개발의 영업과 K과장과 설계실 N주임에게 협의할 예정이었다.

EP개발은 설계된 부품을 생산하여 샘플을 제 때에 HV장비로 보냈다. 이때까지 HV장비는 그 부품에 대해 매우 만족했으며 가능한 빨리 EP개발이 나머지 주문량을 보내주길 원했다. N주임은 그 부품에 대한 설계를 늘 마음에 두고 있었으며, 샘플 부품의 설계에서 '약간 미흡한 부분'에 대하여 확실한 해결책을 생각해냈다. 그 해결책은 제품의 생산 공정을 약간 변경하는 것으로 부품 당 5천 원 정도의 추가비용이 요구되었다. 이 생산 공정의 변경으로 부품의 품질은 상당히 개선되지만 설계를 완전히 바꾸는 것은 아니었다. N주임은 주문 제품의 생산 물량을 채우기 위해 서두르고 있었기 때문에 제품의 생산 이외에 다른 일을 할 시간이 많지 않았다. 그는 주말까지 일하고 나서 그의 생각을 재검토하기로 마음먹었다.

N주임은 HV장비에 납품할 부품에 있었던 '약간 미흡한 부분'을 간단한 설계변경으로 해결할 수 있다는 사실을 확인했다. 그러나 그는 나머지 주문 물량에 적용시키는 일을 약간 뒤로 미루고, 그 설계변경에 대해 EP개발내의 관련된 사람들과 회의를 했다.

N주임은 설계변경에 관한 회의에서 참석자들에게 “비록 그 계약을 완수할 수도 있고, HV장비에서 아무런 말도 하지 않는다면 법률상의 문제도 없겠지요. 그러나 EP개발이 설계변경을 시행하기 위한 비용을 부담하든 안 하든 간에 당장 HV장비에 새로운 설계를 알려야 할 도덕적 의무를 가지고 있습니다.”라고 말했다. 그는 “초기 설계상의 미흡한 부분은 EP개발의 책임입니다.”라고 강력히 주장했다. N주임은 “HV장비는 우리가 할 수 있는 최고의 설계를 그들에게 제공한다는 전제 하에 우리와 계약했습니다. 그래서 우리는 그들에게 그 설계 개선방안에 관해 말해 주어야 합니다.”라고 말했다.

회사의 경리과 C과장은 부품 당 5천 원의 추가 생산비를 염려했다. C과장은 “현재 우리 회사의 수익이 그리 많지 않습니다. 비록 지금은 단지 2.5퍼센트의 비용 상승만 나타나고 있지만, 실제로는 생산 지연뿐만 아니라 추가로 드는 돈도 상당할 것입니다.”라고 말했다. C과장은 “HV장비가 다른 부품의 주문을 우리에게 한다면, 그때 우리가 그 부품의 설계개선을 언급하는 것이 나을 것입니다.”라고 말했다.

영업과 K과장은 절충안을 제시했다. K과장은 “HV장비에 설계개선에 관한 비용을 공동으로 분담하자고 제안합시다.”라고 말했다. 왜냐하면 나중에 HV장비가 ‘처음 주문할 때 왜 개선하지 않았느냐?’고 불평할 것을 우려했기 때문이다. “비록 EP개발이 첫 주문 때까지는 설계변경을 예상하지 못했다고 주장할 수 있으나, 그래도 의심이 남습니다. 정확히 말해 EP개발이 HV장비에 제공할 수 있는 최고의 제품을 공급하지 못했다는 것입니다. 결국 이것은 두 회사 간 거래가 줄어들거나 심지어 끊어지는 것을 의미할 수 있습니다.”라고 K과장은 말했다. “이러한 정보를 감추는 것은 단기적으로 우리의 수입을 증가시키겠지만 HV장비에 관련된 우리 미래에 있어서는 불행을 의미할 수 있습니다. 그리고 사업영역에서 우리의 입지가 줄어들 것입니다. 게다가 우리는 이미 다른 회사에 비해 뒤쳐져 있습니다.”라고 말했다.

이 사례에서 N주임이 직면한 윤리적인 쟁점과 그 해결방안을 설명하라.

사례 40 중금속에 오염된 놀이시설[12)]

2006년 한겨레신문 보도에 의하면, 전국 어린이놀이터의 놀이시설들이 납, 비소 등 유해중금속으로 심각하게 오염된 것으로 조사됐다. 어린이들은 고농도의 중금속이 들어있는 놀이시설의 표면을 만지거나 긁은 뒤 손을 입으로 가져가기 쉬워 기존 유해시설물의 보수와 관리가 시급하게 요청되고 있다.

환경부는 강원대 환경과학과 김희갑 교수팀에 맡겨 서울·대전·춘천·시흥·화천 등 전국 10개 지역 실외놀이터 64곳을 대상으로 실시한 어린이의 유해물질 노출실태 조사 결과를 발표했다. 이번 조사에서 그동안 지적된 크롬·구리·비소 방부처리 목재에 따른 어린이 건강위협이 전국에 걸쳐 확인됐다.

이제까지 놀이터 오염의 주범으로 여겨졌던 모래보다는 놀이시설인 방부목재와 페인트에서 묻어나오는 중금속이 훨씬 많은 것으로 드러났다. 방부처리 목재로 만든 놀이시설에서 나오는 중금속이 철재시설의 페인트에서 나오는 것보다 수십에서 수백 배 높게 검출됐다. 특히 방부목재의 표면을 마른 천으로 닦았을 때보다 젖은 천으로 문질렀을 때 각종 중금속이 2~3배 많이 나왔다는 점이다. 이는 아이들이 놀이시설에서 노는 동안 손 접촉으로 유해물질이 쉽게 묻어날 수 있음을 가리킨다. 실제로 방부목재 놀이시설에 논 어린이들의 손을 씻어 측정한 비소와 크롬의 농도가 다른 시설에서 논 아이들의 손에서보다 각각 5.3배와 1.7배 높은 사례가 학계에 보고되기도 했다. 이번 조사에서는 사용이 금지된 납성분 페인트가 놀이터 시설에 광범하게 쓰이고 있음이 드러나 충격을 준다. 연구팀은 철재 놀이시설 표면의 페인트 속에서 미국 소비자제품안전위원회 기준치의 45배인 2만7천200ppm의 납을 검출했다.

놀이터 모래에서는 놀이시설 설치전의 모래에 비해 비소는 방부목재시설 근처에서 5배, 철재시설 부근에선 3배나 많이 나왔다. 또한 납은 방부목재시설 주변에선 원 모래에 비해 10배, 철재시설 곁에서 12배 높게 검출되어 놀이시설에 칠한 납 페인트로부터 녹아나오는 양이 상당한 것으로 밝혀졌다.

---

12) 조홍섭, "놀이터 아이들 '중금속 기구' 타고 놀았네", 한겨레신문, 2006.10.13.

이 사례에서 관련된 사람들의 윤리적인 쟁점과 그 해결방안을 설명하라.

사례 41 체르노빌의 원전 폭발사고[13)]

옛날 소련 우크라이나 공화국의 체르노빌이라는 소도시에 1978년부터 1984년까지 원자력발전을 위한 100만kw급 흑연형 원자로를 4기를 건설하였고, 추가로 같은 원자로 2기를 건설하고 있었다. 1986년 4월 25일 오후에 1984년 건설된 4호기에서 고압증기의 공급을 차단한 후 터빈의 회전관성에 의해 얼마동안 발전을 계속할 수 있는지를 시험하고 있었다. 이 관성운전 시험 중 출력이 요구되는 수준보다 훨씬 낮아서 출력을 높이기 위해 엔지니어가 원자로의 핵반응 속도를 제어하는 제어봉을 빼버렸다. 또한 반응로 에니지어들은 관성운전 시험 중 부수적인 전력소모를 방지하기 위해 자동으로 원자로에 냉각수를 공급하는 비상 코어 냉각장치의 밸브를 잠가버렸다.

그 결과 원자로에서 엄청난 속도로 핵반응을 일으킨 핵연료의 열이 핵연료 자체는 물론이고 원자로 바닥을 녹일 정도가 되었다. 원자로 내에 발생한 높은 열을 식히기 위해 대량의 냉각수가 투입되었는데, 그 냉각수가 원자로 내의 고열에 의해 증기로 변하고 그 고압증기로 인해 원자로가 폭발해 버렸다. 폭발과 함께 원자로에서 유출된 방사능 가스와 물질은 공기 중으로 높이 솟아오르고 넓게 퍼져 나갔다. 이 폭발사고로 원자력발전소에서 일하던 직원이 현장에서 죽었으며, 나머지 29명은 방사능 물질에 오염되어 얼마 뒤에 죽었다. 사고가 난지 며칠이 지나 원전에서 반경 30킬로미터 이내에 살던 12만 명이 다른 지역으로 옮겨 갔다. 1986년 8월 국제원자력기구에 보고된 소련대표의 얘기에 의하면, 그 때까지 사망자는 31명이고 입원환자는 200명에 이르고 방사선 피폭으로 암에 걸려 사망할 것으로 예상되는 사람 수는 약 5천명으로 추정된다고 하였다. 또한 유럽 각지에서는 체르노빌 원전 폭발사고로 우유와 같은 축산물

13) 김정식, 최우승 공저, 공학윤리, 연학사, pp. 208-211, 2009.

과 채소를 비롯한 농작물의 피해가 280억 달러에 이른다고 하였다.

이 사례에서 발생한 윤리적인 쟁점을 찾아내고, 이러한 사고를 막기 위해 엔지니어로서 취해야 할 합당한 방안을 설명하라.

사례 42 취업추천서의 작성

M부장은 대학시절 친구인 S과장을 위해 추천서를 쓰고 있었다. 공과대학에서 기숙사 룸메이트였던 그들은 모두 기계공학을 전공하였다. M부장은 우수한 성적으로 박사과정에 진학했다. 과외활동에 많은 시간을 보낸 S과장은 학업성적이 부진했으며 M부장으로부터 많은 도움을 받았고, 돈을 낭비하는 습관을 가지고 있어서 M부장에게서 돈도 자주 빌렸다. S과장은 학부를 졸업한 후 바로 취직했다. M부장과 S과장은 오랫동안 우정을 지켰으며 매우 가까이 지냈다.

대학원 졸업 후에 M부장은 KS전자의 생산기술연구소에 취직했고, 10년이 지난 후 그는 지금 KS전자의 생산기술연구소에서 책임연구원이 되었다. S과장은 여러 분야에서 일을 해보았으나 특별히 성공하지는 못했다. 3년 전 M부장의 도움을 받아 KS전자 생산기술연구소의 CAD 부서로 자리를 옮겼다. 그런데 최근 S과장은 자기부서의 구조조정으로 2주전에 KS전자의 생산기술연구소에서 해고되었다는 사실을 M부장에게 전했다. S과장의 부탁으로 M부장은 S과장의 상사에게 그가 구제될 수 있는지를 물어보았다. 그 상사는 “S과장은 좋은 사람이며 괜찮은 연구자에요. 하지만 일에 집중하지 못해요. 그는 골프경기, 주식시장, 그리고 다른 잡다한 것들에 더 관심이 많아요. 또한 그는 출장을 갔다 온 뒤 아주 비싼 계산서를 일부 제출했으며, 비록 증거는 없지만 난 그가 출장비의 일부를 조작해서 부풀렸을 것이라고 생각해요. 어쩌면 전부인지도 모르겠지만. 이런 사실들에 비추어 나는 그가 퇴출대상이 분명하다고 생각해요.”라고 대답했다.

M부장이 S과장에게 이러한 내용을 솔직히 털어놓자. S과장은 M부장에게 친구로서 다른 일자리를 구할 수 있도록 추천서를 써 줄 수 있는지 물어보았다.

S과장은 "너도 알다시피, 나는 상관으로부터 추천서를 받을 수 없는 실정이다. 그리고 M부장, 너는 오랫동안 나를 알았었고 내 능력도 알고 있잖아? 만일 내가 다른 일자리를 구할 수 있도록 도와준다면, 난 최선을 다해 훌륭한 연구자라는 것을 보여줄 수 있어."라고 말했다.

그래서 M부장은 친구를 위한 긍정적인 추천서를 작성하였다. M부장은 S과장의 능력과 열의에 관하여 긍정적인 면을 나열한 추천서를 써서 관심을 가질만한 사람들에게 보내고 S과장에게도 주었다. 그 추천서에서 S과장의 결점들은 언급하지 않고, S과장이 일을 잘 해왔다는 것을 우회적으로 표현하였다.

몇 주 지나서 M부장은 KS전자의 생산기술연구소와 과제를 수행하는 중소기업체의 기술이사로부터 전화를 받았다. S과장의 채용 면접을 했던 그 이사는 M부장의 추천서를 받았으며 프로젝트 관리업무에 대한 S과장의 수행능력을 문의하기 위해 전화를 한 것이었다. M부장은 S과장이 그 일을 맡으면 잘 할 수 있을 것이라고 느꼈기 때문에 가능한 좋게 말해주었다.

며칠 후 S과장은 M부장에게 일자리를 구했다는 전화를 했다. M부장은 이번 새 일자리에서는 그가 최선을 다해야 한다는 진지한 충고를 했으며, S과장은 과거의 실수를 거울삼아 열심히 하겠다고 M부장을 안심시켰다. 두 달이 지난 뒤 M부장과 S과장은 함께 골프를 쳤고, 골프 중에 S과장은 M부장에게 모든 업무를 파악했으며 그가 맡은 일은 잘 진행되고 있다고 말했다. M부장은 안도의 한숨을 쉬며 추천서를 써 준 일을 잘했다고 느꼈다.

그러나 곧 M부장의 안도는 산산이 부서지게 된다. 어느 날 M부장은 그의 상사이며 KS전자의 생산기술연구소 소장인 P상무의 사무실로 와달라는 전화를 받았다. M부장이 P상무의 사무실로 들어갔을 때, 그는 인사부 B부장과 같이 있는 것을 발견했다.

P상무는 "M부장, 심각한 문제가 있어요."라고 말문을 열었다. "이틀 전 나는 오랜 친구로부터 전화를 한 통 받았어요. 그는 S과장이 다니고 있는 회사의 기술부사장이요. 그는 우리가 추천한 S과장이 자신이 맡은 프로젝트를 엉망으로 관리해서 중요한 정부과제를 진행하고 있는 고객들에게 아마 위약금을 물어내

야 할 것이라고 했어요. 내가 B인사부장에게 왜 우리가 S과장을 그 회사에 추천했느냐고 물었더니 아무런 대답을 하지 않았어요. 그래서 나는 그 친구에게 다시 채용경위를 묻는 전화를 했어요. 그는 M부장이 작성한 추천서를 받았으며, 더구나 당신은 그 쪽 기술이사와의 통화에서 S과장을 적극 추천했다고 들었어요. 이 모든 사실들을 당신은 잘 알고 있지요?!"

이 사례에서 M부장이 직면한 윤리적인 쟁점과 그 해결방안을 설명하라.

사례 43 친일작가의 망언에 악성댓글

2006년 5월 30일자 방송뉴스에 의하면, 검찰은 친일작가 K씨의 망언에 악성댓글을 단 네티즌 천여 명에 대해서 "의견과 표현은 과격해도 사회상식규범에 반하지 않으면 처벌하지 못 한다."라고 하면서 불기소 처분하기로 했다.

지난 2월 친일작가 K씨는 네티즌 천여 명을 검찰과 경찰에 무더기로 고소했다. 이들이 지난해 3월 '독도를 일본에 돌려주라'는 자신의 글에 욕설을 퍼붓는 등 악의적 댓글을 달았다는 이유에서였다.

그러나 서울중앙지검 형사 1부는 이번 사건은 죄가 안 된다며 고소를 당한 네티즌들을 모두 기소하지 않기로 했다. 왜냐하면 독도가 일본 영토라는 K씨의 망언에 대해 네티즌들이 반박하는 차원에서 의견을 올린만큼 다소 거친 표현이나 욕설을 썼더라도 '위법성 인정할만한 사유가 없음'에 해당한다는 것이다. 검찰은 오히려 K씨가 지난해 3월 일본의 독도 도발 때 '친일파를 위한 변명'이라는 자신의 책을 홍보하기 위해서 네티즌들의 반발이 있을 것이 분명한데도 인터넷에 글을 올려 국민감정을 자극했다고 판단했다. 그리하여 검찰은 이번 수사 과정에서 글을 올린 네티즌들에 대해서는 조사 필요성을 느끼지 못해 한 명도 조사하지 않았다. 특히 검찰 관계자는 "이번 사건은 14명이 약식기소된 L씨 아들 사망기사의 악성댓글 사건과는 질적으로 다르다."고 밝혔다.

한편 검찰은 K씨를 국가모독죄로 처벌해 줄 것을 요구한 고소와 진정 사건과 관련해서도 현행법상 '국가모독죄'가 없다며 K씨를 불기소하기로 했다.

이 사건의 경우에 악성댓글을 쓴 사람들의 행위가 윤리적인지 아닌지를 선긋기 기법으로 분석하라.

사례 44 컴퓨터엔지니어가 제공한 소프트웨어

대학원생인 K는 최근 대학구내에 있는 SM컴퓨터 대리점에서 컴퓨터를 구입하였는데, 컴퓨터엔지니어는 기본 운영프로그램 이외에 대학생 때부터 꼭 써보고 싶었던 PT사의 새로운 3차원 모델링 프로그램을 깔아주었다. 그러면서 "이 프로그램은 기존 모델링 프로그램보다 솔리드모델링 기능이 탁월하고, 2차원 도면도 손쉽게 만들 수 있어서 현장에서도 탐내는 것이다. 이 프로그램은 내가 정품을 샀고, PT사에 사용자로 등록되어 있기 때문에 별 문제가 없을 것이다." 라고 말했다. K는 PT사의 3차원 모델링 프로그램을 이용하여 DS중공업에서 요청한 원자력발전소의 열교환기 설계를 훌륭하게 해내서 회사로부터 칭찬과 함께 장학금을 받았다. 그 후 지도교수는 K에게 DS중공업 열교환기 설계내용을 가지고, PT사가 매년 자기 회사의 모델링 프로그램을 확산시키기 위하여 개최하는 국제 사용자 경진대회에 참가를 권유하였다. 이 대회에 참가하여 입상한 사람에게는 미국 실리콘밸리의 첨단산업체 견학과 함께 서부 유명관광지를 여행하는 비용을 PT사가 지원하고 있다. K는 석사과정을 마친 후에 박사과정은 미국에서 하려고 한다. K가 어떻게 해야 하는지를 윤리적 관점에서 논하라.

이 사례에서 K가 직면한 윤리적인 쟁점과 그 해결방안을 설명하라.

사례 45 학력위조 의혹 사건

미국의 명문대에서 3년 9개월 만에 석사학위까지 취득한 힙합가수 타블로에 대해 그의 독특한 이력으로 인해 누리꾼들이 학력을 검증하겠다고 나섰고, 서로 반박증거를 제시하면서 논쟁이 일어났다.

타블로가 알려진 것과는 달리 스탠퍼드대를 졸업하지 않았다는 의혹은 인터넷을 통해 꾸준히 제기되었고 2010년 5월 11일 네이버 카페 타진요'(타블로에게 진실을 요구합니다)'가 만들어지면서 본격적으로 제기되었다. 카페는 미국에 사는 교포 K씨가 왓비컴즈라는 아이디로 운영하였으며, 10월 8일까지 18만 명이 넘는 누리꾼들이 가입하여 스탠퍼드대를 다니지 않았다는 그럴듯한 증거를 내 놓으며 폭발적인 관심을 끌었다.

누리꾼들은 스탠퍼드대 논문 목록에 타블로의 석사학위 논문이 없는데다 미국의 학력인증기관을 통해 확인한 재학기간이 타블로 측의 설명과 다르다는 점을 학력 위조의 근거로 제시하였다.

타블로는 자신이 다닌 석사과정은 논문을 쓰지 않고 졸업하도록 돼 있다고 해명했고, 재학기간이 다른 것은 학력인증기관의 전산 오류 때문이라고 밝혀져 논란이 끝나는 듯 했다. 하지만 누리꾼들은 여기서 그치지 않고 타블로가 실제로 스탠퍼드 대학을 졸업한 인물을 사칭한다는 의혹을 제기하였고, 대학에 다니면서 틈틈이 한국에 들어와 영어학원 강사로 일한 경력도 이러한 의심을 사는데 일조했다.

소극적 대응으로 일관하던 타블로 측이 8월 16일 '타진요' 운영자 등 22명을 명예 훼손으로 고소하고, 9월 7일 네이버 카페 '상진세(상식이 진리인 세상)' 회원들이 타블로가 내놓은 성적증명서가 위조됐다고 고발하면서 결국 학력검증은 수사기관의 손으로 넘어갔다. 경찰은 9월 20일 스탠퍼드 대학에서 타블로의 성적증명서를 확보하였고, 10월 8일 타블로가 스탠퍼드대를 졸업한 사실을 확인했다. 그간 타블로의 학력 의혹을 끊임없이 제기해온 인터넷 카페 '타진요' 운영자 왓비컴즈에 대해서 명예훼손 혐의로 체포영장을 신청할 방침을 발표하였다.

타블로의 학력을 둘러싼 논란이 이처럼 확대된 것은 연예인의 사생활이나 사회적 물의를 일으킨 사람의 신상을 확인하는 데 큰 관심을 보여 온 누리꾼들의 주장이 인터넷을 통해 널리 퍼지면서 여론의 힘을 얻은 탓이다.

이 사례에서 타진요의 운영자 왓비컴즈가 윤리적으로 왜 문제가 되는지를 선긋기 기법을 이용하여 분석하라.

사례 46 현장실습 학생의 시제품 테스트

프로젝트 책임자 P부장은 GT설비의 새 설비 모델의 현장테스트에 사용될 몇 가지 시제품 개발하고 있다. 새 모델의 한 가지 특수 플라스틱 부품은 설비가 원활하게 작동되기 전에 자주 고장이 발생하여 실험실에서 테스트하는 데 어려움이 있었다. P부장은 사내 연구소의 소재물성 연구실에서 추천한 새롭고 강한 공업용 플라스틱을 사용하여 그 부품을 재설계하였다. 재설계된 부품에 대한 실제 응력 테스트를 해야 하지만, P부장은 인력과 시간이 부족했으므로 우선 시제품 제작을 진행시켰다.

P부장은 새 부품 샘플에 대한 응력 테스트를 수행하는 데 도움을 받기 위해 소재물성 연구실의 S실장을 찾아갔다. 소재물성 연구실의 도움을 받으면 시제품의 제작을 계속 진척시킬 수가 있고 동시에 테스트도 수행할 수 있기 때문이었다.

소재물성 연구실의 S실장은 새로운 플라스틱 개발이 GT설비의 설비개발 계획의 미래에 있어서 얼마나 중요한지 잘 알고 있기 때문에 기꺼이 도와주려고 했다. 그러나 S실장의 부서도 바쁜 시기이어서 S실장은 현장실습을 수행하는 학생에게 테스트 업무를 맡기자고 P부장에게 말했다. S실장은 현장실습 학생들의 현장지도교수이므로 현장경험을 얻을 수 있는 일에 실습학생들을 참여시키고 싶어 했다.

S실장은 공과대학에서 두 차례나 현장실습을 나온 학생인 J군에게 그 테스트 업무를 맡겼다. 왜냐하면 J군은 테스트 장비를 잘 다루고, 현장실습 학생 중에서도 비교적 일을 잘 했기 때문이다. S실장은 J군에게 현장실습이 며칠 남지 않았지만, 학교로 돌아갈 때까지 새 플라스틱 부품의 응력테스트를 모두 마치기를 당부했다.

J군은 소재연구실에서 짜준 계획에 맞춰 테스트를 마치고, 새 플라스틱 부품이

정해진 응력테스트 기준을 만족한다는 보고서를 S실장에게 제출했다. J군은 그 테스트에 관한 보고서를 작성한 후, 바로 새 학기를 준비하기 위해 대학으로 돌아갔다. S실장은 P부장에게 시제품의 현장 테스트는 계획대로 잘 진행되었고, 시제품들이 정해진 기준을 만족한다는 기쁜 소식을 전했다.

몇 주 후, P부장은 S실장의 사무실로 달려와 S실장의 실험실에서 테스트된 플라스틱 부품에 치명적인 결함이 있어서 대다수의 시제품들이 제대로 작동되지 않는다고 말했다. 그래서 P부장은 당장 J군과 그 응력테스트 결과에 대하여 의논하고 싶어 했다. 그러나 J군은 이미 대학으로 돌아가 버렸으므로 P부장과 S실장은 J군의 응력실험 노트를 상세히 살펴보기로 했다.

검토 후, S실장은 "P부장, 이 실험 데이터가 너무 잘 나온 것 같아요. 난 우리 실험실의 장비들을 잘 알고 있어요. J군이 측정한 데이터가 지금보다 더 분산되어야 하는데, 내 생각에는 모두는 아니지만 일부 측정 자료는 잘못되었거나 조작된 것 같아요. 아마 J군은 몇 포인트만 측정하고 나머지는 짐작해서 대충 써넣은 것 같기도 해요."라고 말했다.

이 사례에서 관련된 사람들의 윤리적인 쟁점과 그 해결방안을 설명하라.

사례 47 협조에 대한 대가

L은 산업체 실무경험이 전혀 없지만, 공대 고분자과에서 새로운 플라스틱 개발에 관한 연구로 석사학위를 받았고 정보처리기사 1급 자격증을 소지하고 있다. 이에 SC산업은 플라스틱 분야의 품질관리를 개선시키기 위해 L을 대리로 특별채용했다.

L대리는 통계처리 제어상의 요소들을 구현하고, 드러난 플라스틱 부품의 품질을 지속적으로 개선하기 시작했다. L대리는 작은 납품업체인 HQ재료가 고품질의 원료를 생산한다는 사실을 알았다. 그 원료는 종종 색상문제를 제외하고는 우수한 성능을 나타내었다. L대리는 이러한 사실을 HQ재료의 판매 담당자인 M대리에게 전화를 걸어서 HQ재료에서 생산하는 원료의 품질 우수성과 색

상의 불안정에 대해 얘기하고, 그 원료의 구입에 대해 협의를 하였다. M대리는 L대리와 비슷한 나이의 젊은이다. HQ재료의 M대리는 자기 회사 원료의 색상에 일관성이 없는 문제를 해결하기 위해 SC산업의 L대리에게 도움을 요청했다. 어느 날 저녁 식사 후 L대리는 원료의 색상에 일관성이 없는 근본원인을 찾기 위해 일련의 실험을 구상했다.

M대리는 실험에 필요한 원료 샘플을 HQ재료에서 공급하기로 했다. SC산업의 L대리는 그가 고안한 실험을 수행하기 위해 며칠 동안 밤늦게까지 일했다. 그 실험을 통해 L대리는 원료의 색상 일관성을 개선시킬 수 있는 공식변경을 M대리에게 제안할 수 있었다. M대리는 감사의 표시로 L대리와 그의 아내를 고급 식당에 초대하여 저녁식사를 대접했다. "이것은 당신이 우리의 공통 관심사인 품질문제를 해결하기 위해 밤늦도록 일한 것에 대한 보답입니다."라고 M대리는 말했다.

L대리가 제안한 변경된 공식은 잘 들어맞아서, HQ재료 원료의 색상 일관성은 현저히 개선되었다. M대리는 SC산업에 영업 관련 전화를 자주하면서 지속적으로 성능을 조사했다. 종종 M대리가 L대리에게 점심을 대접하게 되면서, 그들의 친분은 깊어지게 되었다. 그러는 중에 M대리는 더 많은 플라스틱 원료를 HQ재료에서 구매하도록 L대리가 SC산업에 추천해달라고 요청했다. L대리는 그의 구매 부서에 HQ재료의 품질이 향상되었으므로 HQ재료에서 많이 구매하도록 추천했다.

HQ재료가 SC산업으로부터 대규모 주문을 따낸 직후, M대리는 L대리를 인도네시아 골프여행에 초대하였다. 비록 L대리가 골프 초보자이지만, 인도네시아 골프 코스의 멋진 풍경을 얘기하면서, L대리가 M대리의 초대를 받아들이길 권했다. SC산업의 사내윤리강령은 납품업체로부터 금품을 받는 것을 금지하고 있지만, 두 사람은 SC산업의 윤리강령에 대해 한 번도 이야기한 적이 없었다. 전에 M대리가 SC산업 구매부서의 직원 2명에게도 골프여행에 초대했지만, 회사 윤리강령 때문에 거절했다는 사실을 L대리는 알지 못했다.

L대리가 품질관리부의 한 동료에게 골프여행에 대해 이야기할 때, 자신이 회

사의 윤리강령을 위반하고 있다는 사실을 알게 되었다. 그러나 L대리는 인도네시아를 가보고 싶었기 때문에 M대리의 골프초대를 받아들이기로 했다. 그는 어쨌든 골프여행을 가기로 하고 동료에게는 "아무에게도 말하지 말라."고 했다. L대리는 그의 상사에게 "집수리를 위해 이틀 간 연가를 내겠습니다."라고 말했다.

L대리는 M대리가 초청한 골프여행을 굉장히 즐겼고, 그 여행비용은 L대리가 지출할 수 있는 수준을 훨씬 넘어섰다. 불행히도 L대리는 골프 중에 다리를 헛디뎌서 다쳤으며 다리에 반 깁스를 하고 집으로 돌아왔다. 다음날 출근한 L대리는 집에서 일을 하다가 넘어져서 다쳤다고 변명했다.

그런데 인도네시아 골프여행에 대한 소문이 L대리의 상사에게 전해졌다. 그 상사는 L대리를 불러서 회사 윤리강령의 위반 사실을 말해주었다. L대리는 회사의 윤리강령이 있는 것을 잘 몰랐다며 용서를 빌었다. 상사는 그를 나무라며 처음이므로 HQ재료의 담당자를 만나서 그 골프여행 비용을 갚으라는 가벼운 처벌을 내렸다.

L대리는 M대리에게 전화해서 자신의 상황을 설명하고 골프비용이 얼마나 들었는지를 물었다. M대리는 웃으면서 말했다, "L대리, 잊어버려, 내가 자네를 골프여행에 초청한 것은 우리 회사제품의 품질을 향상시켜 준 것에 대한 보답이야. 만일 누군가가 나에게 묻는다면, 자네 몫은 자네가 지불했다고 말해 줄께. 우리는 또 자네의 도움을 필요하게 될지도 몰라!" L대리는 안도의 한숨을 쉬었다. 왜냐하면 그의 가족 생활비에서 그렇게 많은 여행비용을 지불할 여유가 없었기 때문이다.

이 사례에서 관련된 사람들의 윤리적인 쟁점과 그 해결방안을 설명하라.

사례 48 호수에 폐수 방류

Y대리는 유명 관광단지 호수로 유입되는 작은 하천에 오폐수를 처리하여 방류하고 있는 농공단지 공장에서 환경기사로 근무하고 있다. 모든 공장들이 겨우 이익을 내면서 같은 소비자를 대상으로 경쟁하고 있다. Y대리의 업무는 자

기 공장에서 방출하는 물과 공기를 감시하고 지역 환경청에 제출할 보고서를 주기적으로 작성하는 것이다. Y대리는 방금 공장 방류수의 오염치가 법정 기준치를 약간 초과하는 보고서를 작성했다. 그의 상사인 관리부장은 "방류수의 오염치가 기준보다 약간 높은 것은 측정상의 기술적 오류라고 해도 될 텐데..." 라고 말했다. 그는 공장이 기준을 잘 준수하고 있는 것처럼 보이도록 데이터를 조작할 것을 요구하고 있다. Y대리는 공장이 사실상 기준을 잘 지키고 있다면 약간의 초과로 인해 인간이나 물고기의 생명이 위태롭게 되지 않을 것이라고 생각한다. 그러나 그 문제를 해결하기 위해 신규 장비를 도입하려면 막대한 자금이 소요된다고 한다. "우리는 새 장비를 살 돈이 없어요. 그 비용은 심지어 몇 명의 임금에 해당될 수도 있어요. 그것은 우리 공장의 경쟁력을 떨어뜨릴 것이고, 근처 관광단지도 큰 타격을 받을 수 있어요. 그것은 모든 사람들에게 피해를 줄 수도 있어요."라고 관리부장이 말한다.

이 사례에서 Y대리가 직면한 윤리적인 쟁점과 그 해결방안을 설명하라.

사례 49 호텔 연결통로의 붕괴[14)]

1981년 7월 17일 밤, 미국 미주리 주 캔자스 시 하얏트 리젠시(Hyatt Regency) 호텔 1층 홀에서 개최되는 댄스경연대회에 참가하거나 구경하기 위해 1600명 정도가 모였다. 이 하얏트 호텔에는 특이하게 북측 객실과 남측 객실의 2, 3, 4층을 연결하기 위해 1층 홀 위를 지나는 세 개의 보행통로가 천장에 매달린 구조로 되어 있었다. 특히 2층 통로와 4층 통로는 수직으로 직접 연결되어 있었고, 3층 통로는 약간 떨어져서 설치되었다. 각 보행통로는 길이 37미터, 무게 29톤이었다. 당일 오후 7시경에 2층 통로에는 40명 정도, 4층 통로에는 20명 정도의 사람들이 아래 홀에서 벌어지는 댄스 경연대회를 보기 위해 서있었다. 통로 위에서 구경하던 사람들 중의 상당수도 춤을 추기 시작했다. 그러던 중,

14) 이광수, 이재성 공역(Charles B. Fleddermann 원저), 공학윤리, 홍릉과학, pp. 92-93, 2009.

2층 통로와 4층 통로를 연결하는 부위가 파손되어 4층 통로가 2층 통로 위로 떨어지고 이어서 두 통로가 함께 1층 홀 바닥으로 떨어졌다. 이 사고로 현장에서 111명이 죽고 219명이 부상을 당했다. 추가로 3명이 병원에 이송된 후에 죽어서 전체 사망자수는 114명이었다.

사고 발생 삼일 후, 캔사스 시 '스타 뉴스페이퍼'에 고용된 건축 엔지니어인 웨인 리쉬카(Wayne Lischka)가 찾아낸 바에 의하면, 그 사고원인은 통로의 초기설계를 변경한 데 있다고 하였다. 잭 길럼(Jack Gillum)의 회사에서 제안한 보행통로의 초기설계는 지름 32밀리미터인 강철봉 여섯 개를 2층과 4층 통로의 빔에 같이 끼우고 너트로 체결한 후에 천정에 매다는 방식이었다. 즉, 긴 강철봉에 끼워진 각 통로의 플랫 홈을 그 층의 높이에 맞게 ㄷ자형 채널을 맞대어 용접한 빔 위에 놓고 너트로 체결하여 자리를 잡도록 하였다. 사고조사보고서에 의하면, 이 초기설계는 캔사스 시 건축규정에서 요구하는 최소하중의 60%정도만 지탱할 수 있었다.

그런데 강철봉을 제작하는 회사인 해븐스 스틸(Havens Steel)은 긴 봉의 중간에 나사를 가공하고 너트를 체결하는 것이 어렵고, 시공 시에 나사가 손상될 것을 염려하여 초기설계에 반대하였다. 해븐스 스틸은 2층과 4층 통로의 연결봉을 따로 만들고, 봉 하나는 4층 통로와 천정을 연결하고 다른 것은 2층 통로를 4층 통로에 연결하는 설계변경을 제안하였다. 이 설계변경에는 나중에 치명적인 결함이 있는 것이 밝혀졌다. 왜냐하면 원래 설계는 4층 통로의 아래에 체결되는 너트가 4층 통로의 하중만 받게 되지만, 해븐스 스틸의 제안은 그 너트가 4층과 2층 통로의 하중을 다 지탱하기 때문이다. 그런데도 통로의 초기설계를 담당한 길럼 회사의 엔지니어들은 별다른 검토 없이 해븐스 스틸이 변경을 요청한 설계도면을 승인하여 그대로 제작 시공되었다.

이 비극적인 통로 붕괴사고의 결과로 최종 제작도면을 승인한 잭 길럼의 회사에 근무하는 두 엔지니어는 미주리 주의 건축사, 전문 엔지니어와 측량사 위원회에 의해 전반적인 업무 태만과 공학 현장에서 직업윤리 위반하는 잘못을 범했다고 지적받았다. 이에 따라 그 엔지니어들은 그들의 전문 엔지니어 자격증과 ASCE 회원 자격을 상실하게 되었다. 또한 길럼의 회사는 엔지니어링 회사로서의 영업허가가 취소되었다.

이 사례에서 발생한 윤리적인 쟁점과 유사 사례가 발생하지 않기 위한 합당한 엔지니어의 자세를 설명하라.

사례 50 화재감지기의 생산방향

주택화재로 인해 해마다 수많은 사람이 목숨을 잃었다. 몇몇 회사들이 생산하는 화재감지기의 시장은 경쟁이 치열하다. C부장은 화재감지기를 생산하는 회사에서 생산관리부를 책임지고 있다. C부장은 화재감지기 제조와 판매에 있어 회사가 선택해야 할 방향에 대해 관계가 있는 부장들과 논의하기 위해 회의에 참석하였다.

C부장은 기본적으로 두 종류의 화재감지기가 A형과 B형의 두 종류가 있다는 것을 알고 있다. A형은 화재에 대하여 대체로 좋은 성능을 나타낸다. 그러나 연기가 심한 화재에서는 응답이 너무 느려 감지하기까지 시간이 많이 걸리므로 그 화재로 목숨을 잃게 되는 경우도 있다. 대부분의 생산업체는 여전히 설치비가 싸고 고장이 잘 나지 않는 A형을 생산하고 있다. A형 감지기의 가격은 12000원에서 15000원에 팔린다.

B형 감지기는 A형의 감지 기능에 화재의 약 5% 정도를 차지하는 연기가 심한 화재를 감지하는 센서가 포함되어 있다. 이것은 25000원에서 30000원 선에서 팔리고 있는데, 대량생산체재가 구축되면 거의 A형 가격으로 팔릴 수 있다. 그렇게 되려면 많은 회사들이 공중의 안전에 지대한 관심을 가지고, 오직 B형 화재감지기만 판매하겠다는 결단을 해야 한다.

그러나 이런 결단을 할 가능성은 거의 보이지 않는다. 대다수 회사들은 그들의 이윤 추구를 위해 A형을 생산하거나 적어도 A형태에 의존하고 있는 것이 현실이다. 상대적으로 B형은 현재와 같은 시장조건에서는 거의 팔리지 않을 것이다. 그러나 단지 B형 감지기만 판매할 경우 회사의 실질적 영향은 확실히 모른다. 그것은 다른 기업들이 따라하도록 자극할 수도 있으며, 혹은 A형 감지기의 사용을 금지시키는 정책을 세우도록 정부에 촉구하는 기회가 될 수도 있다.

C부장의 회사는 B형 감지기만 생산하더라도 회사의 재정형편은 무리가 없을 것이다. 왜냐하면 B형에 대한 판매 수요도 있을 뿐만 아니라, C부장의 회사에서 화재감지기는 생산되는 여러 제품 중의 한 가지에 불과하기 때문이다. C부장은 공중의 안전과 복지를 최상으로 유지하기 위한 엔지니어의 책임에 대해 진지하게 고민하고 있다. C부장은 다음의 두 가지 선택 중 하나를 선택해야 한다.

선택 1

주로 A형 감지기를 생산하고, B형 감지기는 전체 감지기 판매량의 3% 정도로 소량 판매하는 회사의 기존 정책을 고수한다. 물론 A형 감지기도 알려진 결함을 제외하고는 안전하며, 이 결함은 B형 감지기를 이용해 보완될 수 있다. 게다가 지금까지 A형 감지기는 95%의 화재에 잘 동작하고 있다. 또한 현재의 시장 조건에서는 더 많은 사람들이 A형 감지기를 구매할 것이다.

선택 2

C부장은 윤리적인 책임을 강조하면서 회사가 A형 감지기를 만드는 사업에서 벗어나 B형 감지기만 만들도록 촉구할 수 있다. 궁극적으로, 만일 다른 회사들도 동참한다면, 더 많은 목숨을 구할 수 있으며 사람들이 일반적으로 깨닫지 못하는 위험에 노출되지 않을 것이다(일반적으로 사람들은 A형과 B형 감지기 사이의 차이를 잘 알지 못한다.).

이 사례에서 C부장이 직면한 쟁점과 그 해결방안을 설명하라.

사례 51 화학물질의 누출기준치 초과

S대리는 관리부장인 B부장이 화학물질 누출에 대한 S대리의 보고서를 보고 좋아하지 않을 것이란 사실을 알고 있었다. 왜냐하면 유해화학물질관리법에 따

르면 유해화학물질 유출 데이터는 지역 환경청에 보고해야 할 정도로 많은 양이었기 때문이다. 특히 B부장은 화학 산업이 지역 환경청에 의해 지나치게 규제를 받고 있다고 주장하는 사람이라는 사실도 S대리는 알고 있었다. 동시에 B부장은 화학 산업의 환경관리지도자로 PM화학의 공적인 평판을 관리하는 주요 인물로 자부하고 있었다. 종종 B부장은 "우리는 힘든 일을 하고 있다. 읽기 힘들고, 해석하기도 어려우며, 또한 오해하기도 쉬운 환경부 규정이 담긴 문서철들은 우리들에게는 소용없다. 단속반원들이 설치기 전까지만 해도 우리들은 일을 세련되게 처리했으며, 지금도 잘 처리하고 있다."라고 말했다.

S대리가 만든 유해물질 배출량에 관한 보고서를 제출하자 B부장은 화를 벌컥 냈다. "지역 환경청에 이 따위 보고서는 하나도 보내지 않겠어. 한도보다 고작 몇 리터 초과한 것 때문에, 넌더리나는 서류를 작성하는 것은 시간낭비야. 난 당신이 이 같은 보고서를 제출한 것을 이해할 수 없어. S대리, 자리로 돌아가서 문제가 되지 않도록 이 숫자들을 조정하게. 난 이런 자료를 더 이상 보고 싶진 않아."

S대리는 그 보고서를 다시 작성하기를 다시 하길 거부했다. S대리의 자기 자리로 돌아가서 처음 만든 보고서에 서명하고 B부장과의 대화내용에 대한 메모를 작성했다. 그리고 B부장의 사무실로 다시 찾아갔다. S대리는 처음 보고서를 B부장에게 건네주면서 "부장님은 이 쓰레기 같은 보고서를 더 이상 보고 싶지 않죠? 저도 역시 보고 싶지 않아요. 여기 봉투에 제가 작성자로 서명한 원래 보고서가 들어 있습니다. 이것을 여기에 두고 가겠습니다. 저는 보고서의 데이터를 조작하지는 못하겠습니다. 제가 회사를 그만 두겠습니다."라고 말했다. S대리는 떠나려고 돌아서며, "그런데 부장님, 부장님이 시켰던 일은 법에 어긋나므로 우리들이 앞서 대화한 것에 대해 메모를 만들었고, 이 메모를 상부로 보내겠습니다."라고 말했다.

S대리가 회사를 떠난 후에 M대리가 S대리의 자리를 차지하게 되었다. M대리가 맡은 자리는 책임은 크지만 보수는 좋았으므로 매우 기분이 좋았다. M대리는 S대리가 회사를 떠나게 된 상황을 알고 있었다. 처음 몇 달 동안 모든 일이

순조롭게 진행되었다. 또 다시 유해화학물질의 유출사고가 일어났다. M대리가 미리 계산한 바에 의하면, 유출 양은 지역 환경청에 보고해야 할 정도로 많았다. 또한 M대리는 B부장이 이처럼 좋지 않은 결과에 어떻게 반응을 할 것인지도 알고 있었다. M대리는 현재에 이르기까지 열심히 일했고, PM화학에서 더 높이 승진하기를 원했다. 분명 M대리 나이에 다시 일자리를 찾아 헤매고 싶지는 않았다. M대리는 '이 수치들은 유출량 보고 한도에 아주 가까우므로 몇 곳을 조금만 조정하면, 보고하지 않아도 무리가 없을 거야!' 라고 생각했다.

S대리와 M대리의 윤리적인 자세를 평가하고, 엔지니어로서 바람직한 해결방안을 설명하라.

사례 52 화학약품의 저장 컨테이너

CP컨테이너는 매우 활성적인 화학약품을 저장하기 위한 대형 컨테이너를 설계, 제작 및 설치하는 회사다. 이들 컨테이너는 튼튼해야 하며, 약품이 넘치거나 새는 것을 막기 위해 확실하고 안전한 밀폐장치, 정밀한 온도제어장치, 그리고 유입과 유출을 제어하기 위한 자동밸브시스템이 요구된다.

CP켄테이너는 여러 해 동안 컨테이너만을 제작했다. CP켄테이너의 주요 고객은 회사의 감독을 받지 않고 컨테이너를 설치해왔다. 그러나 최근 자동화를 통해 설계된 신제품은 복잡한 설치과정이 요구된다. 만일 실수한다면 기계가 손상되고, 작업이 중단되는 것부터 시작하여 작업자가 중상을 입는 정도에 이르기까지 값비싼 대가를 치르게 될 수 있다. 그래서 CP켄테이너는 이 설치를 감독하기 위해 각 지역에 엔지니어들을 보내고 있다.

CP켄테이너 설치 부서의 총괄책임자인 H부장은 설치 감독자들을 관리한다. H부장은 지난 5년 동안의 설치부서 근무기록에 대해 자부심을 가지고 있다. CP켄테이너에 관련되어 보도된 중요사고는 단지 2건에 불과했고, 두 건 다 컨테이너의 결함이라기보다는 컨테이너를 사용하는 화학회사의 부분적인 과실에 기인한 것으로 밝혀졌다.

H부장의 설치 부서는 CP켄테이너의 품질과 안전 기록에 적지 않은 영향을 미치고 있다. 비록 감독 업무가 지루하지만, H부장은 자기부서의 엔지니어들이 각 설치단계를 신중히 감독하고 있다고 믿고 있다. 작업량이 너무 많아 엔지니어들이 설치 마감일을 맞추기 힘들 때, 고객들은 감독 없이 컨테이너를 설치할 수 있도록 CP켄테이너에 가끔 압력을 가하기도 한다. 그러나 H부장은 적절한 감독이 행해지지 않으면 품질과 심지어는 작업자의 안전조차도 위협받을 수 있다는 사실을 잘 알고 있다. 더구나 H부장은 CP켄테이너의 법적인 책임을 최소화하기 위해 늘 고심하고 있다. 그래서 그의 사무실 벽에는 '서둘러서 후회하는 것보다 조금 늦는 편이 낫다!' 라는 표어가 걸려 있다. 일반적으로 설치 지역에는 CP켄테이너의 엔지니어 한 명을 보낸다. 그러나 설치 절차가 아주 복잡하기 때문에, H부장은 신임 엔지니어가 설치 감독하는 작업에 대해 첫 한 달 동안은 고참 엔지니어에게 이중으로 감독하게 한다. 고참 엔지니어는 신임 엔지니어를 지시하면서 설치를 함께 관리한다. 각 컨테이너에는 설치 엔지니어를 추적할 수 있는 날짜가 기록된 점검 번호표가 부착되어 있다. 이중으로 검사된 컨테이너는 번호표를 두 개 가지고 있으며, 한 개는 설치 감독에 참여한 신임 엔지니어를, 나머지는 고참 엔지니어를 알 수 있게 해준다. 신임 엔지니어들에게 한 달 동안 훈련을 시키는 CP켄테이너의 요건도 H부장의 아이디어였다. 비록 법적으로 요구되지 않지만, H부장은 그런 요건이 품질과 안전을 향상시킨다는 것을 CP켄테이너 경영자들에게 확신시켜 주었다.

신입사원 R은 한 달 수습기간의 마지막 주를 근무하고 있었다. R은 전체 수습 기간 동안 C과장과 함께 설치 감독에 참여 하였다. C과장은 함께 일한 바로 첫 주에 신입사원 R이 철저하고 유능한 감독자가 될 소질을 가지고 있다는 것을 알아차렸다. 셋째 주 말쯤 되어, 그들 모두에게 R은 혼자서도 일할 준비가 충분히 되어 있는 것처럼 보였다. 그러나 그들 스스로 훈련기간은 완전한 한 달이란 사실을 상기했다. 그래서 그들은 완전한 수습기간 동안 그것을 고수할 작정이었다.

마지막 주 초 R은 C과장이 기운이 없어 보이고 업무를 제대로 처리하지 못하는 것을 알았다. R은 C과장에게 괜찮은지를 물었을 때, "난 조금 피곤하네. 최근에 스트레스를 많이 받아 잠을 설쳐서 그런 것 같아."라고 대답했다. R은 C과장이 쉴 수 있도록 이틀 정도 병가를 낼 것을 제안했다. 그러자 C과장은 "우리는 마지막 이틀 동안 내 대신 다른 사람을 지정해 달라고 H부장에게 요청할 수 있네."라고 대답하면서 C과장은 "하지만 올해 남은 연가를 다 써버렸으며 집의 경제상황이 안 좋아서 현장 감독수당을 꼭 받아야 하네." 라고 말했다. "게다가 H부장에게는 이번 주 나를 대체할 사람이 전혀 없고, 이 일을 연기할 수도 없다네."라고 C과장은 말했다. 금요일이 되자 C과장은 너무 아파서 일에 집중할 수 없었다.

R은 C과장에게 그날 하루 동안 집에 가서 쉬기를 권했다. 그러나 C과장은 "나도 오늘 집에서 쉬려고 생각해 보았지만 그럴 여유가 없다네. 그리고 우리는 어쨌든 이번 주까지 이 작업을 끝내야 하네. 이번 주말에 좀 쉬면 다음 주에는 괜찮아 지겠지. 우리는 오늘도 잘 보낼 수 있다네. 다음 주에는 어쨌든 자네 혼자야. 3주 동안 나는 자네 업무를 점검했다네. 자네는 내가 여태껏 본 최고의 감독자라네. 걱정하지 않아도 되네, 자네가 잘 처리할 수 있을 거야."라고 대답했다.

이 사례가 제기하는 윤리적 쟁점들을 찾아내고 신입사원 R이 취할 자세를 설명하라.

사례 53 화학폐기물의 처리

SP산업의 화학폐기물은 시 외곽에 있는 저장소에 저장된다. K대리는 저장소를 조사하는 도중 몇 개의 드럼이 새고 있은 것을 발견했다. K대리는 SP산업 화학폐기물 부서의 책임자 L부장에게 전화를 했다. L부장은 "새는 드럼을 즉시 공장으로 옮기도록 하겠네."라고 대답했다. K대리는 화학폐기물을 다시 공장으로 갖다놓는 것은 법으로 금지되어 있다는 사실을 얘기했다. L부장은 "그건 알고 있네. 하지만 외부 사람들에게 처리를 맡길 자신이 없네. 우리는 이것을 어떻게 처리하는 것이 좋은지 잘 알고 있네. 우리가 직접 처리하는 방식은 법 조항에 맞지 않지만, 법 정신에는 부합된다네."라고 답했다.

K대리는 환경오염의 예방에 있어서 특히 SP산업에서 일어날 수 있는 일에 L부장이 신중하다는 것을 믿고 있다. 그렇지만 지역 환경청에서 L부장의 처리방식을 알면 문제가 된다는 것도 알고 있다. 만일 이 문제가 잘못되면, SP산업은 법적으로 심각한 어려움에 처할 수 있다.

비록 옳은 일을 하고 있는지 확신하지는 못하지만, K대리는 더 이상 말없이 새는 드럼을 SP산업으로 다시 갖다놓기 위해 트럭으로 옮기는 L부장의 작업을 도와주었다. 그 화학폐기물은 말썽 없이 SP산업으로 옮겨졌다.

또한 L부장은 자신의 행동을 더욱 정당화시키기 위하여 그 화학물질을 누군가 다른 사람에게 맡기는 것보다 그들 스스로 문제를 해결함으로써 SP산업은 많은 돈을 절약했다는 사실을 K대리에게 강조했다.

그 후 몇 년이 지났다. L부장은 은퇴 후 고향인 시골로 내려갔다. 한편 K대리는 그 저장소에서 화학물질이 새는 드럼을 옮기는 일을 도운 직후 SP산업을 떠났다. K대리는 지금 인근 도시에서 화학플랜트 관리책임자로 근무하고 있다. 어느 날 K대리는 신문 1면 기사를 보고 깜짝 놀랐다. SP산업이 회사의 인근지역에 지하수를 오염시킨 혐의로 기소를 당한 것이다. 그 신문은 SP산업이 수년 동안 폐기물을 투기하여 법을 위반한 주요 증거를 가지고 있다고 주장했다. 법을 위반한 기간 동안 화학폐기물 처리의 주요 책임자는 L부장이라고 언급했다. 그 기간은 K대리가 SP산업에 재직했던 짧은 기간이 포함되어 있었다. 지역 시민단체는 SP산업에 대한 집단소송을 제기하였다. 3주 후 K대리는 SP산업에 대한 기소와 관련하여 청문회 출석을 요구받았다.

이 사례에서 K대리가 직면한 윤리적인 쟁점과 그 해결방안을 설명하라.

사례 54 회사의 내부비리의 고발

J대리는 평범한 HJ컴퓨터 고객지원팀의 직원이었다. 고집이 세긴 했지만 동

료들과의 관계도 괜찮았다. 1993년 HJ컴퓨터 '청년임원회의' 간사로 활동했을 정도다. 청년임원회의는 사원들 중 혁신 마인드를 가진 10여 명으로 구성되어 있으며, 그 중에서 J대리는 꽤 인정받는 사원이었다.

그런 J대리의 운명을 송두리째 바꿔놓은 것은 '영수증 한 장'이었다. 1996년 11월 어느 날 오전 J대리는 사내컴퓨터 서버 AS를 준비하고 있었다. 때마침 본사에 부품이 없어서 하청업체에 AS에 필요한 부품을 주문하였다. 당일 오후 2시경 퀵서비스 직원으로부터 요청한 부품과 영수증을 받았다. AS할 부품의 번호와 납품가격을 확인하던 J대리는 깜짝 놀랐다. 왜냐하면 부품의 납품가격이 터무니없이 비쌌기 때문이었다. 예상되는 납품가격이 5백만 원인데, 영수증에 기재된 납품가격은 2천8백만 원으로 5배 이상 부풀려져 있었다. 본사 구매부서와 하청업체 사이의 검은 커넥션이 형성돼 있음을 감지한 J대리는 본사 감사팀에 신고를 하였다.

HJ컴퓨터 감사팀은 그해 11월에서 12월까지 구매부서에 대해 한 달간 강도 높은 감사를 펼쳤다. 그 결과, 감사팀은 부품 구매담당자가 AS할 부품을 하청업체에 비싼 금액으로 주문하고, 납품업체로부터 많은 금품을 받은 증거를 찾았다고 보고하였다. J대리의 내부고발이 사실로 드러난 셈이고, 그는 뿌듯한 마음이었다. 그러나 내부고발 이후 그의 회사생활은 꼬이기 시작했다. 승진 대상자였던 그는 낮은 인사고과 점수 때문에 연거푸 승진에서 떨어졌다. 그의 인사고과 점수는 각각 49점(1998년), 58점(1999년)이었다. 그는 "승진 대상자에게 50점도 안 되는 점수를 준다는 것은 말도 안 되는 처사입니다."라고 상사에게 화를 냈고, 내부고발에 대한 보복성 조치가 분명하다고 확신했다. 그러나 HJ컴퓨터의 인사책임자는 시종일관 "합리적인 평가에 따른 진급 누락일 뿐이다."라는 주장을 되풀이하고 있다. 누구의 말이 진실인지 가늠하기는 어렵다. 다만 J대리가 내부고발 이후 직장상사로부터 곱지 않은 시선을 받았음을 엿볼 수 있는 사례가 수없이 많을 뿐이다.

진급에서 누락된 J대리는 직장상사로부터 사직원 제출을 강요받았고, 구조조정 대상자로 지목됐다. J대리는 사직원 제출을 거절했다. 그 이후 개인용 컴퓨터, 이메일 계정, 개인사물함 등이 모두 회수되었고, 일거리를 전혀 주지 않았다. 심지어 책상도 창가에 홀로 배치됐고, 수차례에 걸쳐 폭행도 당했다.

그 후 J대리는 HJ컴퓨터의 전 대표를 찾아내어 법원에 고소하였다. 하지만 검찰은 단 한 차례도 HJ컴퓨터 전 대표를 소환하지 않고, 수사를 차일피일 미루다 결국 무혐의 처분함으로써 J대리는 피해보상을 전혀 받지 못하게 되었다.

이 사례를 통하여 회사비리의 내부고발에 대한 윤리적 쟁점들을 설명하고, J대리가 선택할 수 있는 방안을 설명하라.

부록 III

PBL 관련자료

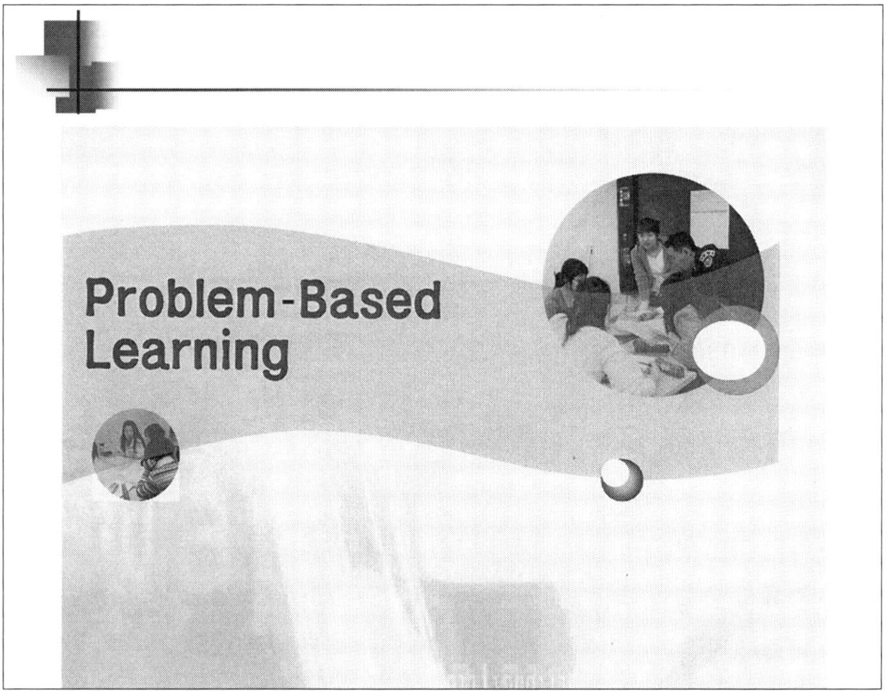

어떤 인재를 길러내야 하는가?

• 21세기가 원하는 유능한 인재란?

광범위한 지식을 보유하고, 새로운 지식을 문제해결에 적용할 수 있으며, 팀 구성원으로서 역할과 기능을 다할 수 있는 사람
(Hmelo & Evensen, 2000)

➡ 대학은 사회에서 요구하는 인재를 양성하기 위해 학습자들에게 문제해결과 협동학습의 기회를 제공해 줄 수 있는 학습방법을 탐구해야 한다.

교육 패러다임의 변화

20세기 교육		21세기 교육
• 교수 (Teaching)		• 학습 (Learning)
• 강사 (정보제공자)		• 강사 (학습안내자)
• 학생 (정보수혜자)	➡	• 학생 (정보창조자)
• 주입/강의 위주		• 이해/참여/토론 위주
• 강사 주도/통제/책임		• 상호 주도/통제/책임
• 교과서 위주		• 열린 교육 정보

Problem-Based Learning

학습자들에게 실제적인 문제를 제시하고, 그 제시된 문제를 해결하기 위해 학습자들 상호간에 공동으로 문제해결 방안을 강구하고, 개별학습과 협동학습을 통해 공통의 해결안을 마련하는 일련의 과정에서 학습이 이루어지게 되는 학습방법이다. (Barrows, 1995)

→ **넓은 의미의 PBL**

PBL 과정

- ▶ 초기활동
- ▶ 문제제시 및 문제에의 접근
- ▶ 문제에서 요구하는 학습내용추론 →
- ▶ 자기주도학습
- ▶ 문제해결을 위한 새로운 지식의 적용 및 문제해결계획에 대한 검토
- ▶ 문제의 해결안 작성
- ▶ 문제의 해결안 발표 및 종합정리

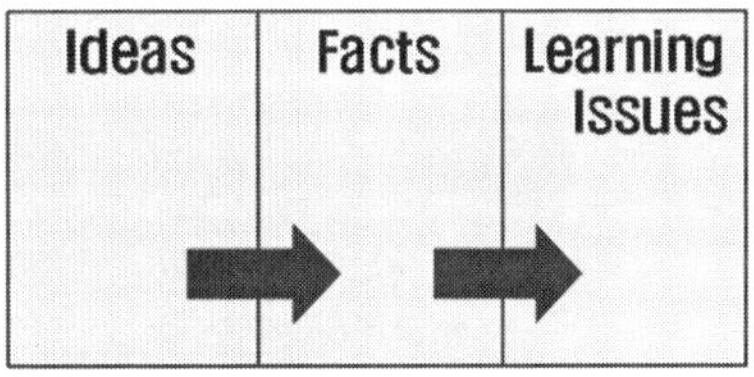

PBL 과정

(1) 초기활동

▶ 팀 편성

▶ 팀원 소개

▶ 팀 규칙 정함

➡ 친근하고 허용적인 분위기 형성을 위해 매우 중요

(2) 문제제시 및 문제에 대한 접근

▶ 문제제시[첫 시간 배포]로부터 학습이 시작

PBL 과정

(3) 문제에서 요구하는 학습내용추론 - 수행계획서 작성

가 정 / 해 결 안 [I d e a s]	이미 알고 있는 사실들 [known Facts]	더 알아야 할 것들 [Learning Issues]
가정 : 주어진 과제를 풀기 위해 정해야 하는 것 해결안 : 2, 3가지 방안을 생각함	주어진 과제를 풀기 위해 규명한 사실과 정보 중에서 이미 알고 있는 것들	주어진 과제를 풀기 위해 규명된 사실과 정보 중에서 알지 못하고 있는 것들 ➔ Topic 결정 : 분담 조사

(4) 자기주도학습의 수행[방과후]

➔ 맡은 분야에 대하여 전문가 수준으로 다른 학생에게 설명

PBL 과정

(5) 문제해결을 위한 새 지식 적용/문제해결안에 대한 재검토[2,3회 반복]

가정/해결안 [Ideas]	이미 알고 있는 사실들 [known Facts]	더 알아야 할 것들 [Learning issues]
가정: 주어진 과제를 풀기 위해 정해야 하는 것 해결안 : 2, 3가지 방안을 생각함	주어진 과제를 풀기 위해 규명한 사실과 정보 중에서 이미 알고 있는 것들	주어진 과제를 풀기 위해 규명된 사실과 정보 중에서 알지 못하고 있는 것들

서로 알려 주어서 Fact가 증가

PBL 과정

(6) 문제의 해결안 작성

▶ 문제에 대한 전문가의 입장이 되어 문제의 해결안을 구상

▶ 문제의 해결안은 문제에서 요구하는 형태로 작성
: 조별보고서 초안 작성[hand writing]

▶ 문제해결을 위해 무엇을 학습했으며, 이를 어떻게 적용하였는가?
: 개인 성찰노트[양식은 학부 홈페이지에 게시함] 작성하여 제출

(7) 문제의 해결안 발표 및 요약 정리

▶ 조별보고서(한글워드) 제출

▶ 발표자료[Power Point] 제출 – 발표하는 조만

▶ 평가 및 요약 정리 : 담당교수

PBL 과정 중 학습자 활동[1/2]

PBL 전개과정	학습자 활동	비고
1. 초기활동	• 자기소개를 한다 • 서로에게 질문한다. • 팀의 규칙을 정한(팀 운영과 관련된 의견을 발표한다.)	첫 시간
2. 문제제시 및 문제에의 접근	• 사회자 기록자를 정한다. • 문제를 읽는다.	첫 시간
3. 문제에서 요구하는 학습내용추론 및 수행계획서 작성.제출	• 토론을 진행한다(사회자) • 의견을 기록한다(서기) • 논의된 모든 내용을 기록한다(팀원 모두) – 개인토의노트 준비 • 자신의 아이디어를 제시한다. • 다른 사람의 아이디어에 의견을 제시한다.(관점의 차이 등) • 제시된 의견 등에 동의여부를 표시한다. • 질문한다. • 질문에 대답한다. • 알고 있는 것을 기술한다. • (제시된 자료가 있을 경우) 자료, 팀원의 발표 내용 등을 분석한다. • 팀의 의견을 요약한다. • 팀의 의견을 재검토한다. • 팀의 의견을 수정한다. • 팀의 의견을 나열한다. • 팀의 의견을 선택한다. • 학습할 내용을 분담한다. • 수행계획서를 작성하여 제출한다. • 팀 모임 시간 및 자료공유방법을 결정한다.	첫 시간

PBL 과정 중 학습자 활동[2/2]

PBL 전개과정	학습자 활동	비고
4. 자기주도학습	• 분담한 학습내용을 학습하기 위한 자료를 검색한다. • 자기주도학습 동안 필요한 자료를 선택한다. • 필요한 자료를 수집한다(문헌, 사진, 의견 등) • 수집한 자료를 읽고, 이해하여 요약한다. – 개인토의노트에	방과후
5. 문제해결을 위한 새 지식 적용 및 해결안에 대한 재검토	• 분담한 학습내용을 다른 팀원에게 설명한다. • 다른 팀원이 사용한 자료의 적절성의 여부를 판단한다. • 논의된 모든 내용을 기록한다(팀원 모두) – 개인토의노트에 • 자신의 아이디어를 제시한다. • 다른 사람의 아이디어에 의견을 제시한다(관점의 차이 등) • 제시된 의견에 동의 여부를 표시한다. • 질문한다. • 질문에 대답한다. • 알고 있는 것을 기술한다. • (제시된 자료가 있을 경우) 자료, 팀원의 발표내용 등을 분석한다. • 팀의 의견을 요약한다. • 팀의 의견을 재검토한다. • 팀의 의견을 수정한다. • 팀의 의견을 나열한다. • 팀의 의견을 선택한다.	둘째 시간
6. 문제의 해결안 작성	• 최종보고서 초안을 작성한다(담당교수의 확인을 받는다). • 개인성찰노트를 작성하여 제출한다.	둘째 시간
7. 문제의 해결안 발표 및 요약정리	• 최종보고서 및 발표자료를 제출하고 발표한다. – 지정된 팀만 발표 • 담당교수는 평가 및 요약 정리를 한다.	셋째 시간

PBL 자료 정리

첫 시간 : 조별 과제수행계획서 작성하여 제출

둘째 시간 :

1) 조별보고서 초안 작성[담당교수의 확인을 받을 것]

2) 개인 성찰노트 작성하여 제출

셋째 시간 :

1) 최종조별보고서(한글워드) 제출

2) 발표 유인물 (PPT) 제출 [파일은 이메일로]

PBL 자료 정리

최종 조별보고서에 포함 할 내용 - 윤리이론을 활용하는 경우

1) 사례 요약
- 알고 있는 내용
- 알아 낸 내용[최종 해결책을 얻는 데에 도움 받은 자료만 정리]

2) 사례분석
- 해결방안을 가정, 영향을 받는 사람들 파악
- 공리주의적 분석 : 관련자들의 이득과 손실의 양을 상대적으로 비교하여 결론을 제시
  [알아 낸 내용을 근거로 필요한 비용을 산정]
- 인간존중 분석 : 관련자들의 권리침해(의무위반)나 권리보장(신장)의 수준과 양을 상대적으로 비교하여 결론을 제시
  - ➔ 두 분석결과가 일치하면 처음 해결방안을 선택
  - ➔ 두 분석결과가 일치하지 않으면, 창의적 중도 해결책 모색
    [창의적 중도 해결책은 가능한 한 관련된 사람들 대다수가 받아들일 수 있는 내용을 선택]

PBL 자료 정리

최종 조별보고서에 포함 할 내용 - 선긋기 분석을 활용하는 경우

1) 사례 요약
- 알고 있는 내용
- 알아 낸 내용[최종 해결책을 얻는 데에 도움 받은 자료만 정리]

2) 사례분석

(1) 쟁점분석 – 사실적 쟁점, 개념적 쟁점, 도덕적 기준 쟁점

(2) 선긋기 분석

- 쟁점의 해결방안을 선택
- 패러다임, 고려사항과 가중치를 결정

  [영향을 받는 사람과 알아 낸 내용을 근거로]

  [고려사항은 중복되지 않고, 합리적인 것으로]
- 현재상황을 x로 표시(알아 낸 내용을 근거로)

➔ 분석결과가 한 쪽에 완전히 치우치면, 처음 해결방안을 선택

➔ 분석결과가 완전히 치우치지 않으면, 창의적 중도 해결책 모색

[창의적 중도 해결책은 가능한 한 관련된 사람들 대다수가 받아들일 수 있는 내용을 선택]

과제명	교통사고와 가로수				해당영역	문제설정 및 분석
개발자	소속	기계공학부	성명	김종식	개발일자	2022. 4. 10.
학습목표	공학윤리문제를 설정하고 분석하여 합당한 해결책을 찾는 과정을 배우기 위함					
과제	Y과장은 SY군 도로관리위원회에서 기술분야의 책임자로 일하고 있다. 군 도로관리위원회의 역할은 군에서 도로의 안전을 유지하기 위한 내용들을 심의하는 것이다. 지난 10년간에 걸쳐 SY군의 인구는 20%정도 증가했다. 이것은 그 지역 주요 간선도로의 교통량을 증가시키는 결과를 가져왔다. 아직도 2차선인 수림로는 그 기간 동안 교통량이 두 배 이상 증가했다. 오늘날 그 도로는 상공업 중심지이며 인구 40만이 넘는 HD시로 진입하는 주요 도로 중의 하나이다. 지난 7년 동안 적어도 매년 한 명씩은 수림로를 따라 2킬로미터 정도 늘어선 가로수와 충돌하여 치명적인 자동차사고를 당했다. 일부 가로수는 포장도로에 아주 가까이 서있다. 수림로에서 가로수 구간에 걸쳐 충분한 안전을 유지하지 못한 이유로 군도로위원회에 대한 두 건의 소송이 제기되었다. 두 소송은 운전자들이 시속 60킬로미터를 초과하여 달렸기 때문에 기각되었다. 군 도로관리위원회의 일부 위원들은 수림로의 교통문제를 해결하도록 Y과장에게 압력을 가해왔다. 그들은 언젠가는 다시 제기될 군 도로관리위원회에 대한 법률 소송뿐만 아니라 안전 문제에 관해서도 관심을 가졌다. Y과장은 도로 확장계획을 수립했다. 그런데 그 계획은 길을 따라 서있는 30주의 오래된 가로수들을 잘라내기로 되어 있었다. Y과장의 계획은 군 도로관리위원회에서 채택되었으며 공식적으로 발표되었다. 즉시 시민들이 주도하는 환경보호대책위원회가 구성되었고 반대 서명에 들어갔다. 환경보호대책위원회의 대변인은 “이들 사고는 운전자들이 조심하지 않아서 초래된 것이다. 조심하지 않는 운전자를 보호하기 위해 좋은 경관을 만들고 있는 가로수들을 자르는 것은 인간의 발전을 위해 자연 환경을 파괴하는 표본을 만든다. 이제 주변을 돌아볼 때가 되었다. 만일 운전자들이 난폭하게 운전한다면 고발하자. 그리고 우리가 할 수 있는 한 자연의 아름다움과 생태 환경을 보존하자”라고 불평했다. SY군 소식지는 그 쟁점의 찬반에 관한 많은 글들을 실었다. 지역 TV에서도 뜨거운 공방이 펼쳐졌다. 지역 환경단체는 가로수를 살리려는 지역 주민 250명의 서명이 들어있는 탄원서를 군 도로관리위원회에 제출했다. 이 사례에서 Y과장이 윤리적인 쟁점을 어떻게 처리해야 하는지를 설명하라.					
참고사항						

조별 과제 수행계획서(작성예)

조번호	3	작성일자	2022년 5월 20일
조원			
과제명	교통사고와 가로수		

가정/해결안 설정(Ideas)

가정 : 가로수는 지정된 보호수가 아니다.[필요할 경우에만]
해결안
1) 가로수를 자르고 도로를 확장한다.
2) 우회도로를 건설한다.

알고 있는 사실(Facts)

1) SY군은 지난 10년간 인구가 20% 증가하여 교통량이 2배 증가
2) 지난 7년간 매년 한명 이상 가로수와 충돌하여 치명적인 자동차사고 발생
3) SY군 도로위원회: 도로확장 계획으로 30주의 가로수를 제거하기로 결정
4) 환경단체: 환경보호를 위해 가로수 제거 반대 및 난폭 운전자 고발조치
5) 교통사고 소송사건: 운전자들이 시속 60킬로미터를 초과하였기 때문에 기각됨

더 알아야 할 것(Learning Issues) - 자료조사 분담내역

1) 가로수 주변 환경 - 이승윤
2) 도로확장이 사고발생률 감소에 기여하는 정도 - 정홍일
3) SY군의 도로 관리 예산 - 이무진
4) 우회도로 건설사업비 및 환경훼손 정도 - 이승기

학습자료(Resources)

1) SY군청 웹사이트
2) 교통사고 관련 보험회사의 홈페이지
3) 교재 : 2장 쟁점분석

공학윤리 조별활동 평가서

분반		조번호		작성일자	년 월 일

* 본인과 조원의 이름을 기입하고, 아래 작성 예와 같이 조별로 수행한 활동에 대한 기여도를 항목별로 점수를 기입해 주세요. [각 항목 소계(점수)를 기여도에 따라 배분해야 함]

항목 \ 조원	본인	조원1	조원2	조원3	항목 소계
1. 문제해결에 대한 기여도					30점
2. 자료조사 기여도					20점
3. 보고서 작성 기여도					30점
4. 발표준비 및 발표 기여도					20점
합 계					100점

1. 문제해결에 대한 기여도 : 문제의 해결을 위한 접근방법 및 결론도출을 위한 아이디어를 제시하는 데 기여한 정도를 평가
2. 자료조사 기여도 : 각종 참고자료를 수집하고 정리하는 데 기여한 정도를 평가
3. 보고서 작성 기여도 : 보고서를 작성하는 데 기여한 정도를 평가
4. 발표 준비 및 발표 기여도 : 발표할 때까지 발표자료(파워포인트)의 작성 및 최종 발표에 대한 기여도를 평가

〈작성 예〉

항 목	본인	조원 1	조원 2	조원 3	소 계
	이승윤	정홍일	이무진	이승기	
1. 문제해결 기여도	8	8	7	7	30점
2. 자료조사 기여도	5	5	5	5	20점
3. 보고서 작성 기여도	7	8	8	7	30점
4. 발표준비 기여도	6	6	4	4	20점
합 계	26	27	24	23	100점

개인 성찰 노트

과제번호				과제명			
작성자	조번호		학번		성명	작성일자	

※ 다음 질문에 대하여 답하라.

1. 과제와 관련하여 자신이 수집한 자료의 내용을 요약하라.

2. 수집한 자료를 통하여 배운 내용을 설명하라.

3. 수집한 자료가 토의와 최종보고서 작성에 어떻게 활용되었는가?

4. 토의를 통하여 얻은 과제의 해결방안에 대한 자신의 결론은 무엇인가?

찾아보기

PBL을 위한 공학윤리 3판

초판 1쇄 발행 | 2011년 8월 01일
2판 8쇄 발행 | 2020년 9월 05일
3판 1쇄 발행 | 2023년 2월 15일

편저자 | 배원병 · 김종식 · 윤순현 · 임오강
펴낸이 | 조승식
펴낸곳 | (주)도서출판 **북스힐**

등 록 | 1998년 7월 28일 제22-457호
주 소 | 서울시 강북구 한천로 153길 17
전 화 | (02) 994-0071
팩 스 | (02) 994-0073

홈페이지 | www.bookshill.com
이메일 | bookshill@bookshill.com

정가 23,000원

ISBN 979-11-5971-473-3